计算机网络综合实验教程

——协议分析与应用

李志远 编著

電子工業出版社
Publishing House of Electronics Industry
北京·BEIJING

内 容 简 介

本实验教程是《计算机网络（第8版）》（谢希仁编著）教材的配套实验教程，主要内容是以一个基本的校园网络为实验基础，将教材中所阐述的常用的网络协议应用到校园网络中，并通过抓包分析的方式，对协议的概念及协议的工作流程进行较为详细的分析与阐述。

本实验教程在每个实验开始之前，对实验协议进行了必要的补充，以便读者能够更好地理解教材中的协议，在此基础上，一共设计了20个实验，这些实验涵盖了教材中所讲述的、常用的网络协议。

本实验教程采用“以协议分析为中心、以实践实验为辅助”的原则，从应用协议的角度出发，精心设计实验内容、实验手段和实验方法，具有实验设计新颖、思路清晰、连贯性强及重协议分析的特点。本书可供计算机类专业的学生使用，也可作为计算机网络工作者的参考用书。

图书在版编目（CIP）数据

计算机网络综合实验教程：协议分析与应用 / 李志远编著. —北京：电子工业出版社，2022.2

ISBN 978-7-121-42867-8

Ⅰ. ①计… Ⅱ. ①李… Ⅲ. ①计算机网络—实验—教材 Ⅳ. ①TP393-33

中国版本图书馆 CIP 数据核字（2022）第 025409 号

责任编辑：郝志恒
印　　刷：三河市鑫金马印装有限公司
装　　订：三河市鑫金马印装有限公司
出版发行：电子工业出版社
　　　　　北京市海淀区万寿路 173 信箱　　邮编：100036
开　　本：787×1092　1/16　印张：20　字数：576 千字
版　　次：2022 年 2 月第 1 版
印　　次：2023 年 1 月第 2 次印刷
定　　价：59.80 元

凡所购买电子工业出版社图书有缺损问题，请向购买书店调换。若书店售缺，请与本社发行部联系，联系及邮购电话：（010）88254888，88258888。

质量投诉请发邮件至 zlts@phei.com.cn，盗版侵权举报请发邮件至 dbqq@phei.com.cn。

本书咨询联系方式：QQ 1098545482。

前　　言

一、内容更新之处

《计算机网络综合实验教程——协议分析与应用》是针对谢希仁编著的《计算机网络（第 8 版）》编写的配套实验教程。本版实验教程一共安排了 20 个实验，内容更新之处体现在以下几个方面：

（1）删除了前一版中 Python 仿真的相关内容，这部分内容将以其他形式展现；

（2）增加了“IPv6 与 ICMPv6”“MPLS”和“IP 多播”的实验内容；

（3）重新绘制了绝大部分图片，同时也删除了一些不必要的图片；

（4）对前一版中存在的错误及描述不当之处进行了修改；

（5）部分实验中增加了思考题（笔者目前无法提供思考题参考答案）。

二、实验内容安排

在内容编排上，按数据链路层、网络层、运输层及应用层的顺序组织实验内容。考虑到与前一版内容的一致性，前 17 个实验的顺序和实验名称没有发生变化。每个实验均对协议的理论知识进行了简单的阐述，详细理论知识请参考理论教材或相关的 RFC。

如果有相同或类似的实验内容在不同实验章节中出现，实验章节或思考题中有明确的提示。由于新增加的 3 个实验有一定的难度，因此全部安排在教程的最后面，供读者选用。

三、教程使用方式

实验 1、实验 2 和实验 3 的主要目的是按单位需求搭建网络拓扑、分配 IP 地址、实现网络的互联互通，这 3 个实验是后续实验的基础，读者一定要正确无误地完成。

建议读者在学习了《计算机网络（第 8 版）》中的第 4 章“网络层”之后开始使用本实验教程，也可以在学习计算机网络理论知识的同时，完全按照实验教程的步骤按部就班地同步学习实验 1～实验 3（参考视频讲解）。这种学习方式有不少益处：读者完成前 3 个实验之后，可以更好地理解理论知识，同时，通过解决实验过程中的各类问题，也能够掌握理论知识，实现了“做中学、学中做”的目的。在实际教学工作中，我们采用的就是这种做、学同步的方法，取得了较好的效果。

本实验教程在编写过程中得到了桂林航天工业学院计算机网络课程教学团队及其他部分高校教师的大力支持，在此表示感谢。

由于笔者水平有限，本实验教程中难免存在一些错误，欢迎读者批评指正。

李志远

2021 年 8 月

目　　录

实验 1　网络分析与设计

建议学时：2 学时。

实验知识点：IP 地址（P122[①]）、无分类编址 CIDR（P125）、CIDR 地址块划分举例（P129）。

1.1　实验目的

1. 了解组建网络的设备。
2. 掌握网络设备接口类型。
3. 掌握 IP 地址分配方法（CIDR）。
4. 掌握在 GNS3 中绘制实验网络拓扑图。

1.2　网络分析

1. 需求分析

简单起见，假设某单位共有 1 号楼、2 号楼两幢楼，该单位有 4 个部门，分别称为部门 10、部门 20、部门 30 和部门 80，其中部门 20、部门 30 和部门 80 的工作人员全部在 1 号楼，而部门 10 的工作人员分散在 1 号楼和 2 号楼。该单位未来 5 年内人员数及所需 IP 地址的情况如下：

（1）部门 10 约 70 人，需要 100 个 IP 地址。

（2）部门 20 约 300 人，需要 500 个 IP 地址。

（3）部门 30 约 150 人，需要 200 个 IP 地址。

（4）部门 80 约 70 人，需要 100 个 IP 地址。

该单位需建立一个网络并与 Internet 相连。

2. 网络拓扑

根据单位需求，建立如图 1.1 所示的网络拓扑图。

交换机 ESW1 安放在 1 号楼，交换机 ESW2 安放在 2 号楼。4 个部门对应的虚拟局域网分别是 vlan10、vlan20、vlan30 和 vlan80。

（1）绘制网络拓扑

在 GNS3 中，按图 1.1 的要求，正确建立网络拓扑图，特别注意网络设备二层接口与三层接口的区别。GNS3 的使用方法请参考附录 A 及 GNS3 官网：https://www.gns3.com/。

[①] 用 PXXX 形式给出本部分内容在《计算机网络（第 8 版）》上的对应页码。此处表示在《计算机网络（第 8 版）》第 122 页可以查阅有关 IP 地址的相关内容。

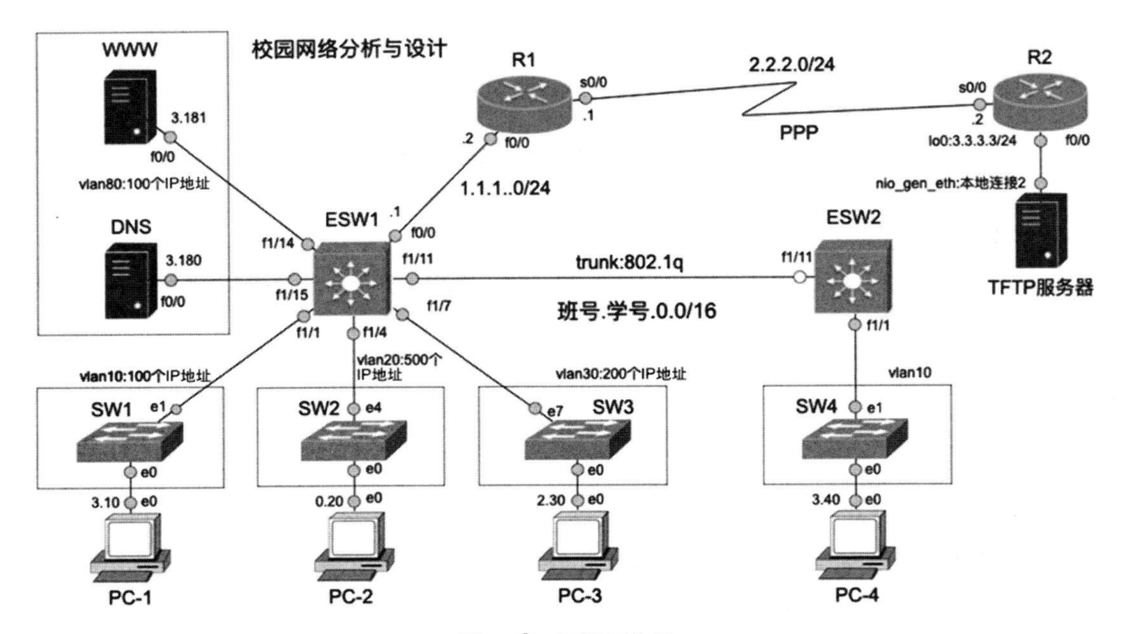

图 1.1① 网络拓扑图

ESW1 与 R1 之间、R1 与 R2 之间的连接接口均为三层接口，可以配置 IP 地址。

TFTP 服务器为 Cloud 设备，连接真实计算机，连接方法参考附录 A。不同的实验内容，该设备功能会有所不同。

（2）设备接口

R1 与 R2 的 IOS 为 C3745，C3745 的三层模块为 GT96100-FE，带有 2 个快速以太口（f0/0、f0/1）。广域网模块是手动添加的，WIC-1T 表示只有 1 个 serial 口，WIC-2T 表示有 2 个 serial 口，如图 1.2 所示。

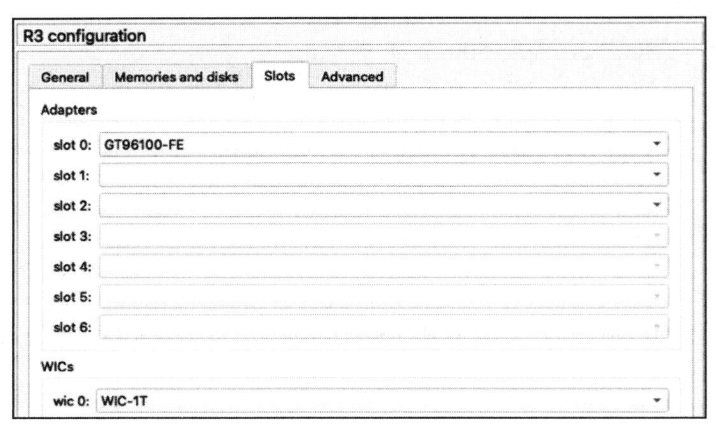

图 1.2 配置图

ESW1 和 ESW2 的 IOS 为 3660，在添加 IOS 时，需勾选“This is an EtherSwitch router”选项，如图 1.3 所示，这样添加的三层设备自动添加二层模块：NM-16ESW（slot 1，16 个

① 后面的章节都是以此图为基础介绍的，包括思考题，提到的 R1 和 R2，都是指图 1.1 中的。

二层快速以太口），并带有 1 个三层模块 Leopard-2FE（slot 0，2 个三层快速以太口），如图 1.4 所示。

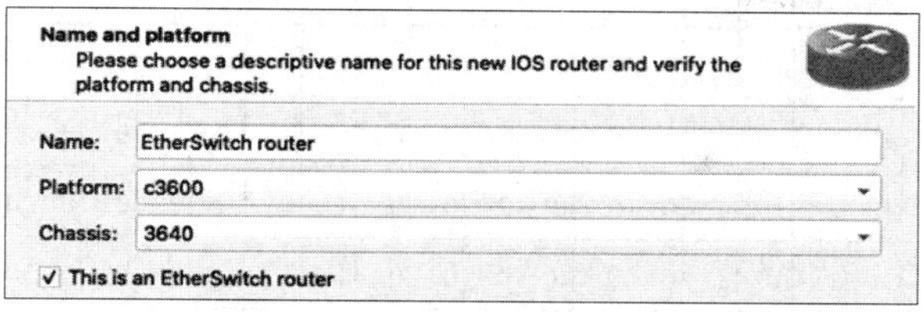

图 1.3　添加三层交换机

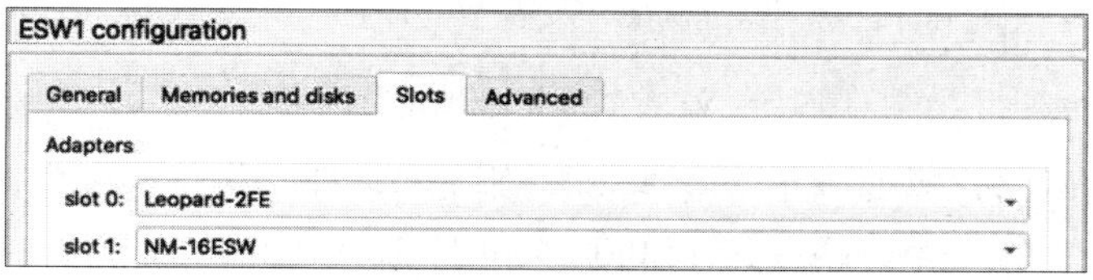

图 1.4　三层交换机模块

在本实验过程中，由于选用的 IOS 版本不同，接口的名称等也可能不同，只要注意哪些用三层接口连接，哪些用二层接口连接，就不会影响本实验教程的使用。

注意：在图 1.4 中，三层交换机的 slot 0 模块上的接口为三层接口（可以配置 IP 地址），如 f0/0 和 f0/1，slot 1 模块上的接口为二层接口，如 f1/1 等（全称是“fastethernet 1/1”，可简写为“f1/1”或“fa 1/1”，且不区分大小写，如“Fa 1/1”或“F 1/1”）。

图 1.1 中 R1 和 R2 上的 s0/0 也是三层接口，全称是“serial 0/0”。

3. IP 地址规划（P125）

本实验教程以 10.10.0.0/16 网络进行 IP 地址规划，根据各部门人数，确定各部门所需 IP 地址数如下：

（1）部门 10：对应 vlan10，共需要 1/2 个 C 类网络的 IP 地址。

（2）部门 20：对应 vlan20，共需要 2 个 C 类网络的 IP 地址。

（3）部门 30：对应 vlan30，共需要 1 个 C 类网络的 IP 地址。

（4）部门 80：对应 vlan80，共需要 1/2 个 C 类网络的 IP 地址。

（5）设备 ESW1 与 R1 之间的网络，需要 2 个 IP 地址（简单起见，直接使用 1 个 C 类网络）。

（6）设备 R1 与 R2 之间的网络，需要 2 个 IP 地址（简单起见，直接使用 1 个 C 类网络）。

（7）外部 Internet，需要 1 个 IP 地址。

教师在使用过程中，建议使用“（班号 + 100）.学号.0.0/16”格式的网络，以便区别学生的实验作业。例如，某同学班号为 2 班，学号为 23 号，则其使用的网络为 102.23.0.0/16（请注意，组合成的 IP 地址必须合法）。

（1）部门 IP 地址分配

采用变长子网掩码的方式进行分配（CIDR 地址块），从需要最多 IP 地址的部门开始分配，分配方法如图 1.5 所示。

图中深颜色部分对应的是网络分配得到的主机位，其值（0 或 1）可以任意变化，其他部分固定不能变化，表示网络号。

10.10.0.0/16	十进制				二进制									二进制							
	10	.	10	.	0	0	0	0	0	0	0	0	.	0	0	0	0	0	0	0	0
10.10.0.0/23	10	.	10	.	0	0	0	0	0	0	0	0	.	0	0	0	0	0	0	0	0
	10	.	10	.	0	0	0	0	0	0	0	1	.	0	0	0	0	0	0	0	0
10.10.2.0/24	10	.	10	.	0	0	0	0	0	0	1	0	.	0	0	0	0	0	0	0	0
10.10.3.0/25	10	.	10	.	0	0	0	0	0	0	1	1	.	0	0	0	0	0	0	0	0
10.10.3.128/25	10	.	10	.	0	0	0	0	0	0	1	1	.	1	0	0	0	0	0	0	0
比特位	前 16 个比特				16	17	18	19	20	21	22	23		24	25	26	27	28	29	30	31

图 1.5　VLAN 网络 IP 地址分配方法

IP 数为 500 的网络，需要满足 2^n-2≥500，则 n=9，即主机位为 9 位，网络位为 23 位：10.10.0.0/23，包含 2 个 C 类网络：10.10.0.0/24 和 10.10.1.0/24。

IP 数为 200 的网络，需要满足 2^n-2≥200，则 n=8，即主机位为 8 位，网络位为 24 位：10.10.2.0/24，1 个 C 类网络：10.10.2.0/24。

有 2 个部门分别需要 100 个 IP 地址，需要满足 2^n-2≥100，则 n=7，即主机位为 7 位，它们分别分配 1/2 个 C 类网络即可：10.10.3.0/25 和 10.10.3.128/25。

一般情况下，网络管理员使用 IP 网络中的最低地址或最高地址作为该网络的网关（通俗点可以理解为某个网络通往其他网络的出口）。各部门 IP 地址分配如表 1.1 所示。

表 1.1　VLAN 的 IP 地址分配

VLAN	网络号	子网掩码	第 1 个可用的 IP 地址	最后一个可用的 IP 地址	网关
20	10.10.0.0/23	255.255.254.0	10.10.0.1	10.10.1.254	10.10.0.1
30	10.10.2.0/24	255.255.255.0	10.10.2.1	10.10.2.254	10.10.2.1
10	10.10.3.0/25	255.255.255.128	10.10.3.1	10.10.3.126	10.10.3.1
80	10.10.3.128/25	255.255.255.128	10.10.3.129	10.10.3.254	10.10.3.129

（2）终端设备 IP 地址分配（如表 1.2 所示）

表 1.2　终端设备 IP 地址分配

设备名称	IP 地址	子网掩码	默认网关	所属 VLAN
DNS 服务器	10.10.3.180	255.255.255.128	10.10.3.129	vlan80
WWW 服务器	10.10.3.181			
PC-1	10.10.3.10	255.255.255.128	10.10.3.1	vlan10
PC-4	10.10.3.40			
PC-2	10.10.0.20	255.255.254.0	10.10.0.1	vlan20
PC-3	10.10.2.30	255.255.255.0	10.10.2.1	vlan30
Internet 服务器	3.3.3.3	255.255.255.0	-	-

（3）网络设备三层接口 IP 地址分配（如表 1.3 所示）

表 1.3　网络设备三层接口 IP 地址分配

设备	接口	IP 地址	子网掩码
vlan80	虚拟接口 SVI	10.10.3.129	255.255.255.128
vlan30	虚拟接口 SVI	10.10.2.1	255.255.255.0
vlan20	虚拟接口 SVI	10.10.0.1	255.255.254.0
vlan10	虚拟接口 SVI	10.10.3.1	255.255.255.128
R1	F0/0	1.1.1.2	255.255.255.0
	S0/0	2.2.2.1	255.255.255.0
R2	S0/0	2.2.2.2	255.255.255.0
	loopback 0	3.3.3.3	255.255.255.0
ESW1	F0/0	1.1.1.1	255.255.255.0

注：vlan10~vlan80 不应该被称为“设备”，因为要配置 SVI 接口，所以在表 1.3 中暂时称之为“设备”（请参考实验 3）。

思考题

1. 如果 vlan10 需要 600 个 IP 地址，vlan20 需要 600 个 IP 地址，vlan30 需要 300 个 IP 地址，vlan80 需要 200 个 IP 地址，请读者给出网络 172.16.0.0/16 的 IP 地址分配。
2. 网络拓扑如图 1.6 所示（SW 是一个二层交换机），请问 PC-1 是否能够 ping 通 PC-2？请分析具体原因（参考实验 17 思考题 1）。

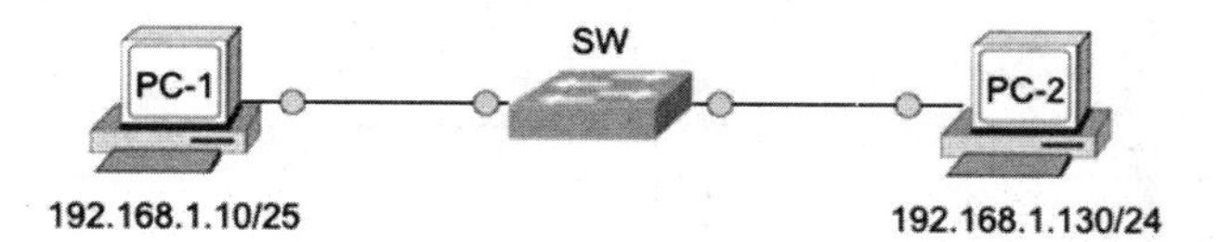

图 1.6　网络拓扑

实验 2　VLAN 配置

建议学时：1 学时。

实验知识点：Cisco 设备 CLI 配置命令、VLAN（P104）。

2.1　实验目的

1.　掌握 Cisco IOS 配置方法。
2.　掌握交换机基于端口划分 VLAN 的配置与管理。

2.2　Cisco 设备配置

1. Cisco IOS 命令

Cisco IOS 配置流程如图 2.1 所示，Cisco IOS 有 3 种接口进入网络设备的用户配置模式。需要注意的是，AUX 和 VTY 默认没有配置密码，不允许登录到 Cisco 网络设备。

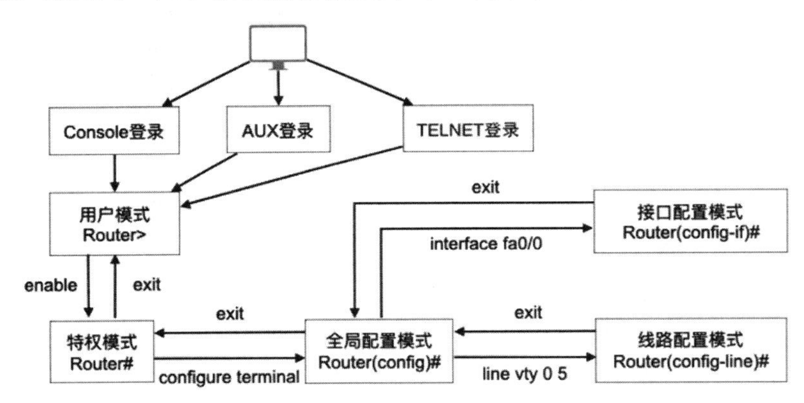

图 2.1　Cisco 设备配置方式

（1）exit：退出到上级。

（2）end：退出到特权模式。

（3）Ctrl+Z：退出到特权模式。

更为详细的 IOS 配置命令，请读者参考相关资料。在任何模式下，输入“？”号，即可显示该模式下支持的所有命令。

2. GNS3 中配置工具的选择

在 GNS3 中，用鼠标双击网络设备便可进入该设备的 CLI 特权配置模式，默认的登录客户端为 Putty。读者如果安装了 GNS3 支持的其他远程登录软件，如 SecureCRT，则可用以下方法进入 CLI 特权配置模式。

用鼠标右击 GNS3 中的网络设备，从出现的快捷菜单中选择“Custom console”选项（如图 2.2 所示），然后会弹出“Command”对话框（如图 2.3 所示），在该对话框的“Choose a predefined command”下拉列表中选择“SecureCRT”选项（如图 2.4 所示），单击“OK”按钮即可。

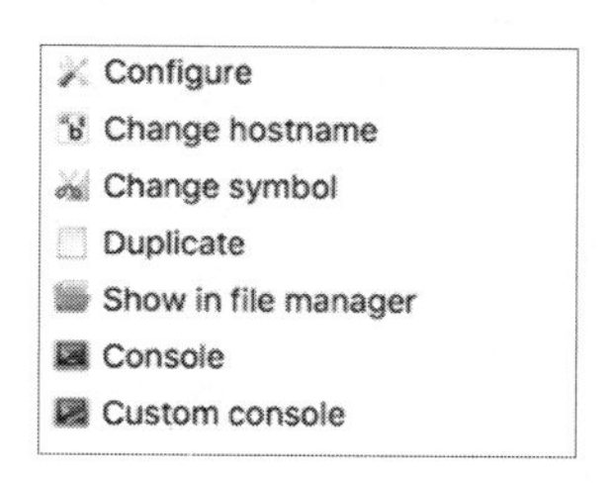

图 2.2　选择“Custom console”选项

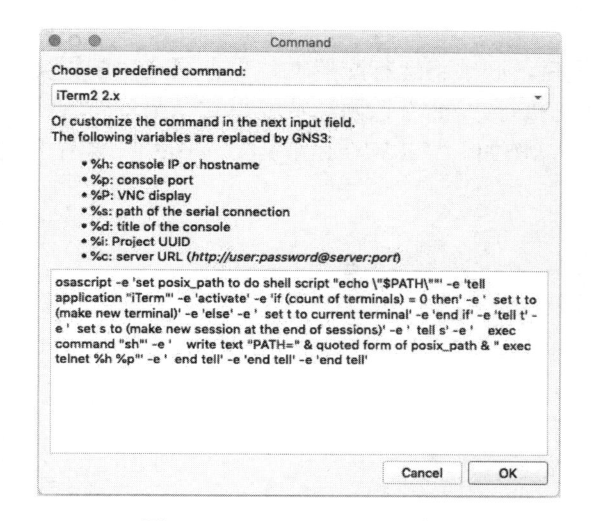

图 2.3　“Command”对话框

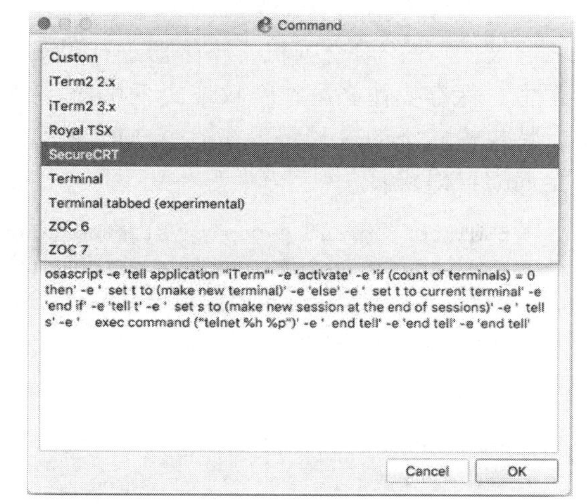

图 2.4　选择登录工具

需要注意的是，网络拓扑图中不能开启过多的 VPCS，笔者使用的 GNS3 版本，在本实验环境下，最多可同时打开 8 个 VPCS，第 9 个会出现“Good-bye”。

解决办法：将所有运行的 VPCS 全部关闭，将需要配置的 VPCS 开启，即可实现对该 VPCS 的操作；另一种方法是用路由器仿真 PC（类似图 1.1 中的 WWW、DNS 服务器）。

注意：因后续实验需要本次实验结果，以下实验请在图 1.1 所示的网络拓扑中完成。

2.3　VLAN 划分

1. 实验流程（如图 2.5 所示）

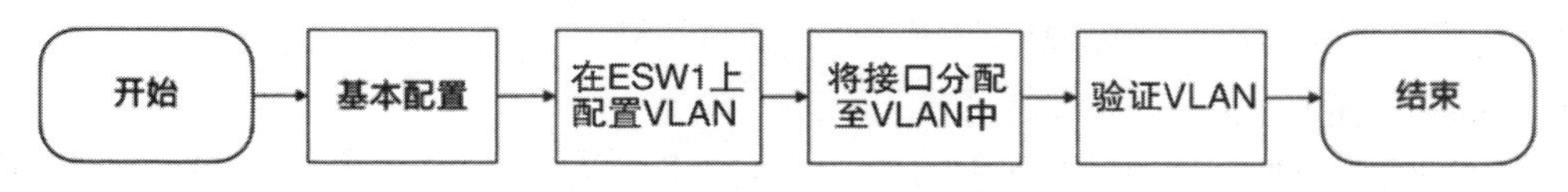

图 2.5　VLAN 实验流程

2. 基本配置

（1）为防止命令错误而出现域名查找（参考实验 14），所有网络设备均应关闭域名查找。在 GNS3 中，网络设备默认为关闭该功能（可以不配置）。

双击图 1.1 中的网络设备，如 ESW1、R1、R2 等，在弹出的远程登录工具中就可以对这些网络设备实施 CLI 模式的管理配置工作，“ESW1#”表示对 ESW1 设备进行配置，“#”表示是特权模式，如下所示：

```
ESW1#configure termial                        # 在特权模式下进入全局配置模式
ESW1(config)#no ip domain lookup              # 在全局配置模式下关闭域名查找
R1#conf t                                     # 支持命令缩写
R1(config)#no ip domain lookup
R2#conf t
R2(config)#no ip domain lookup
```

（2）每次对交换机、路由器进行更改配置后，必须将运行配置文件保存至启动配置文件中。保存操作必须在特权模式下执行，因此先执行“end”返回至特权模式。另外一种执行特权模式下的方式是，在命令之前加上“do”，例如，“ESW1(config)#do write”（当前为全局配置模式）。

```
ESW1#copy running-config startup-config
ESW2#copy running-config startup-config
R1#copy running-config startup-config
R2#copy run star
```

或者：

```
ESW1#write
ESW2#write
R1#wr
R2#wr
```

（3）密码配置（可以不配置，为抓取 TCP 及 TELNET 报文，必须配置 R1）。

仅以 R1 配置为例，其他设备参考如下：

```
R1#conf t
R1(config)#enable password cisco              # 配置使能密码（特权用户密码）
R1(config)#line vty 0 5                       # 选择虚拟终端
R1(config-line)#login                         # 登录需要密码
R1(config-line)#password cisco                # 配置远程登录密码
```

3. VLAN 配置

有关 VLAN 的基本概念，请参考实验 6 及《计算机网络（第 8 版）》教材 P104。

依据实验 1 的要求，在交换机 ESW1 上配置 VLAN，基本配置命令如下：

```
ESW1#vlan database
ESW1(vlan)#vlan 10 name vlan10              # 创建vlan 10并命名该vlan为vlan10
VLAN 10 added:
   Name: vlan10
```

```
ESW1(vlan)#vlan 20 name vlan20
VLAN 20 added:
    Name: vlan20
ESW1(vlan)#vlan 30 name vlan30
VLAN 30 added:
    Name: vlan30
ESW1(vlan)#vlan 80 name vlan80
VLAN 80 added:
    Name: vlan80
ESW1(vlan)#exit                                 # vlan配置完成，一定要退出
APPLY completed.
Exiting….
---------------------------  ---------  ---------------------------------
ESW1#show vlan-switch brief                     # 查看vlan基本信息
VLAN Name                        Status         Ports
---------------------------  ---------  ---------------------------------
-
1    default                     active         Fa1/0, Fa1/1, Fa1/2, Fa1/3
                                                Fa1/4, Fa1/5, Fa1/6, Fa1/7
                                                Fa1/8, Fa1/9, Fa1/10, Fa1/11
                                                Fa1/12, Fa1/13, Fa1/14, Fa1/15
10   vlan10                      active         # 新建的vlan10，该VLAN中无接口
20   vlan20                      active         # 新建的vlan20，该VLAN中无接口
30   vlan30                      active         # 新建的vlan30，该VLAN中无接口
80   vlan80                      active         # 新建的vlan80，该VLAN中无接口
……
```

“vlan 1”为默认 vlan，即默认情况下，交换机上的所有接口都属于该 VLAN，并且该 VLAN 是不能被删除的。

注意：在新版 IOS 和 PT（Packet Tracer）中，创建 VLAN 是在全局配置模式下实现的，具体参考命令如下：

```
SW#conf t                                 # 全局配置模式
SW(config)#vlan 10                        # 创建vlan 10
SW(config-vlan)#name VLAN10               # vlan名称为VLAN10
SW(config-vlan)#vlan 20
SW(config-vlan)#name VLAN20
SW(config-vlan)#end                       # 返回特权模式
SW#show vlan brief                        # 查看vlan信息
```

4. 分配端口到 VLAN

前面命令已经在交换机上创建了 3 个 VLAN，在这 3 个 VLAN 中并没有分配接口，所有接口仍属于 vlan 1，以下命令就是把交换机的相关接口分配到这 3 个 VLAN 中。

```
ESW1#conf t
ESW1(config)#int range f1/14 - 15      # 选择连续编号的接口，注意“-”前后有一空格
ESW1(config-if-range)#switchport mode access         # 配置接口为接入模式
ESW1(config-if-range)#switchport access vlan 80      # 将该接口分配到vlan80
```

```
ESW1(config-if-range)#no shut                     # 启用接口
ESW1(config-if-range)#int range f1/1 - 7          # 选择 f1/1 至 f1/7 接口
ESW1(config-if-range)#switchport mode access      # 接口配置为接入模式
ESW1(config-if-range)#no shut
ESW1(config-if-range)#int f1/1
ESW1(config-if)#switchport access vlan 10
ESW1(config-if)#int f1/4
ESW1(config-if)#switchport access vlan 20
ESW1(config-if)#int f1/7
ESW1(config-if)#switchport access vlan 30
ESW1(config-if)#end
ESW1#copy run star
```

这里解释一下命令“int range f1/14 - 15”，其中，int 是 interface 的缩写（Cisco 命令支持缩写，但该缩写要能唯一表示该命令），其含义是选择接口；range 是选择连续编号的若干个接口；f1/14 表示交换机第 1 个插槽中编号为 14 的 fastEthernet 以太网接口，完整的命令是“interface fastEthernet 1/14”。因此，“int range f1/14 - 15”命令的含义是：选择交换机第 1 个插槽中编号为 14 和 15 的两个接口（注意“-”前后各有一个空格）。

有关 Cisco 设备接口的命名方式，请参考相关资料。

5. 验证 VLAN 配置

```
ESW1#show vlan-switch brief
VLAN Name                 Status      Ports
---- -------------------- ---------   ----------------------------
1    default              active      Fa1/0, Fa1/2, Fa1/3, Fa1/5
                                      Fa1/6, Fa1/8, Fa1/9, Fa1/10
                                      Fa1/11, Fa1/12, Fa1/13
10   vlan10               active      Fa1/1              # 接口 f1/1 分配到 vlan10 中
20   vlan20               active      Fa1/4              # 接口 f1/4 分配到 vlan20 中
30   vlan30               active      Fa1/7              # 接口 f1/7 分配到 vlan30 中
80   vlan80               active      Fa1/14, Fa1/15     # 接口 f1/14、f1/15 分配到 vlan80 中
……
```

请读者仔细检查以上配置的正确性。

6. 命令技巧

（1）在输入 Cisco 配置命令时，多用“Tab”键和“？”键。

（2）“Tab”键用来补齐命令。

（3）“？”键用于命令帮助。

（4）“↑”键和“↓”键显示历史输入命令。

例如，读者可以试试如下命令：

```
R1#con?                         # 显示“con”开始的所有命令
R1#config ?                     # 显示“config”命令可带的参数
R1#sh + “Tab”                   # 输入 sh 后按“Tab”键
R1#                             # 试试按上箭头或下箭头键
```

思考题

1. 在网络中，为什么需要划分 VLAN? VLAN 常用的划分方法有哪些？

实验 3　RIP 配置

建议学时：2 学时。

实验知识点：网关、RIP 路由选择协议（P159）。

3.1　实验目的

1. 掌握网络设备、终端设备接口 IP 地址配置。
2. 掌握网关的基本概念。
3. 掌握 RIP 路由选择协议配置。
4. 掌握网络配置排错基本方法。

3.2　基本概念

1. 网关

网关实质上是一个网络通向其他网络的出口（该出口的 IP 地址）。类似于人们必须经过大楼出口（注意：是楼内向楼外方向）之后才能去往另一幢大楼，如图 3.1 所示。

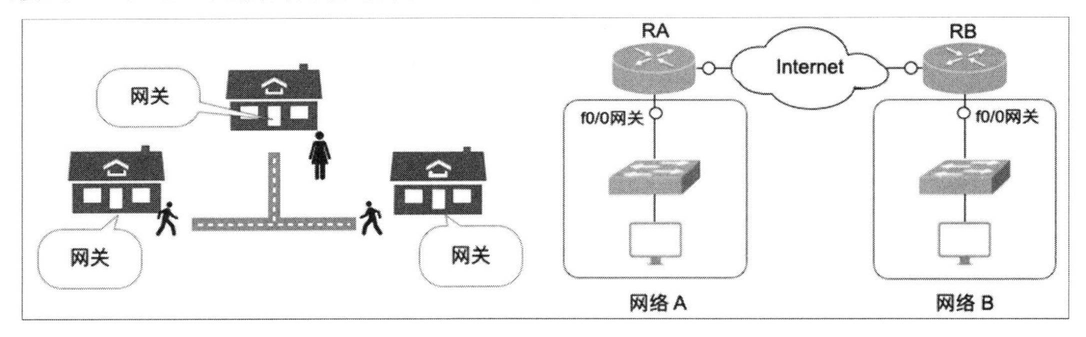

图 3.1　网关的概念图

路由器 RA 的接口 f0/0 为网络 A 的网关，路由器 RB 的接口 f0/0 为网络 B 的网关。

当然，这里所说的网关是网络层的概念，在网络层以上也有“网关”的概念，确切地说，网络层以上的“网关”称为“协议变换器”，例如，通过“协议变换器”，可以实现应用层上某两个互不兼容的电子邮件系统之间转发电子邮件。

2. SVI

三层交换机中不同 VLAN 之间相互通信，必须经过网关，如果没有路由器，可以用 SVI 作为 VLAN 的网关。

VLAN Interface，被称为 SVI（Switched Virtual Interface），是三层交换机为 VLAN 自动生成的一个虚拟接口，一个交换机虚拟接口对应一个 VLAN，该接口是 VLAN 收发数据的接口，它不作为物理实体存在于设备上。一般情况下，应当为所有 VLAN 配置 SVI 接口，以便在 VLAN 间路由通信。

VLAN 虚拟接口配置了 IP 地址后，该接口即可作为本 VLAN 内通信设备的网关，如图 3.2 所示。

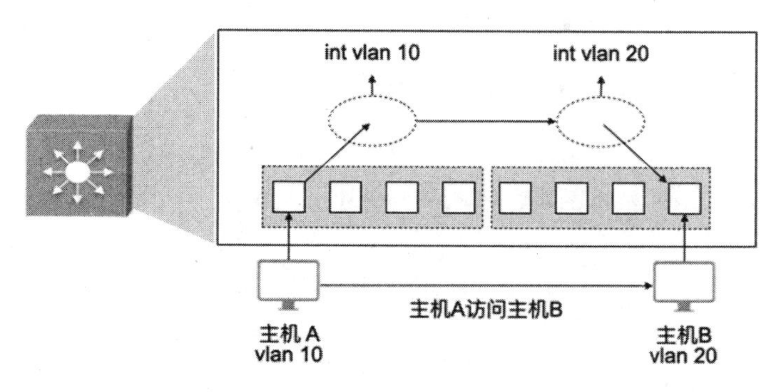

图 3.2　VLAN 虚拟接口

注意：本实验是后续实验的基础，以下实验内容请在图 1.1 所示的网络拓扑中完成。

3.3　接口配置

1. 实验流程

实验流程如图 3.3 所示。

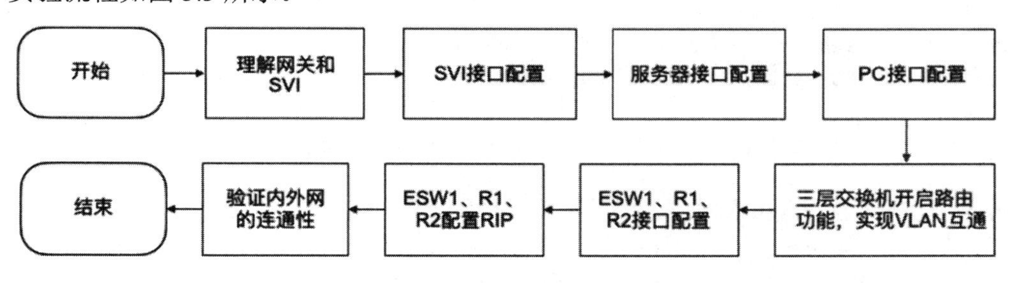

图 3.3　实验流程

2. SVI 接口配置

按照实验 1 中表 1.3 分配的 IP 地址，对各 SVI 接口配置 IP 地址。

```
ESW1#conf t
ESW1(config)#int vlan 80                            # vlan80 的虚拟接口，可以配置 IP 地址
ESW1(config-if)#ip address 10.10.3.129 255.255.255.128  # vlan80 的网关
ESW1(config-if)#int vlan 30
ESW1(config-if)#ip address 10.10.2.1 255.255.255.0      # vlan30 的网关
ESW1(config-if)#int vlan 20
ESW1(config-if)#ip address 10.10.0.1 255.255.254.0      # vlan20 的网关
ESW1(config-if)#int vlan 10
ESW1(config-if)#ip address 10.10.3.1 255.255.255.128    # vlan10 的网关
```

3. 服务器接口配置

按照实验 1 中表 1.2 分配的 IP 地址，配置服务器的 IP 地址及默认网关。

（1）由于服务器是由路由仿真实现的，需要用下列命令配置 IP 地址和网关。

```
WWW#conf t
WWW(config)#int f0/0
WWW(config-if)#ip address 10.10.3.181 255.255.255.128   # 配置 IP 地址
WWW(config-if)#no shut
WWW(config-if)#exit
WWW(config)#ip route 0.0.0.0 0.0.0.0 10.10.3.129        # 配置默认网关
WWW(config)#end
WWW#wr

DNS#conf t
DNS(config)#int f0/0
DNS(config-if)#ip address 10.10.3.180 255.255.255.128
DNS(config-if)#no shut
DNS(config-if)#exit
DNS(config)#ip route 0.0.0.0 0.0.0.0 10.10.3.129
DNS(config)#end
DNS#wr
```

（2）验证服务器与网关（vlan80 虚拟接口）的连通性。

```
WWW#ping 10.10.3.129
Type escape sequence to abort.
Sending 5, 100-byte ICMP Echos to 10.10.3.129, timeout is 2 seconds:
!!!!!                                                  # “!”表示“通”的意思
Success rate is 100 percent (5/5), round-trip min/avg/max = 60/60/64 ms

DNS#ping 10.10.3.129
Type escape sequence to abort.
Sending 5, 100-byte ICMP Echos to 10.10.3.129, timeout is 2 seconds:
!!!!!
Success rate is 100 percent (5/5), round-trip min/avg/max = 64/65/72 ms
```

4. PC 接口配置

按照实验 1 中表 1.2 分配的 IP 地址，配置 PC 的 IP 地址及默认网关。

PC 是由 GNS3 提供的 VPCS 仿真的，请用下列命令设置 IP 地址及网关。

（1）配置 PC-1 的 IP 地址及网关。

/25 表示子网掩码为 25 位连续的 1，转为十进制为 255.255.255.128（P126）。

```
PC-1> ip 10.10.3.10/25 10.10.3.1              # 配置 IP 地址、子网掩码和默认网关
Checking for duplicate address...
PC1 : 10.10.3.10 255.255.255.128 gateway 10.10.3.1
PC-1> save                                     # 保存配置
Saving startup configuration to startup.vpc
.  done
```

```
PC-1> ping 10.10.3.1                                   # 验证PC-1与网关的连通性
84 bytes from 10.10.3.1 icmp_seq=1 ttl=255 time=2.773 ms
                                                       # 连通，参考实验17中的ping命令
……
```

（2）配置 PC-2 的 IP 地址及网关。

/23 表示子网掩码为 23 位连续的 1，转为十进制为 255.255.254.0（P126）。

```
PC-2> ip 10.10.0.20/23 10.10.0.1
Checking for duplicate address...
PC1 : 10.10.0.20 255.255.254.0 gateway 10.10.0.1
PC-2> save
Saving startup configuration to startup.vpc
.  done
PC-2> ping 10.10.0.1
84 bytes from 10.10.0.1 icmp_seq=1 ttl=255 time=6.460 ms
……
```

（3）配置 PC-3 的 IP 地址及网关。

/24 表示子网掩码为 24 位连续的 1，转为十进制为 255.255.255.0（P126）。

```
PC-3> ip 10.10.2.30/24 10.10.2.1
Checking for duplicate address...
PC1 : 10.10.2.30 255.255.255.0 gateway 10.10.2.1
PC-3> save
Saving startup configuration to startup.vpc
.  done
PC-3> ping 10.10.2.1
84 bytes from 10.10.2.1 icmp_seq=1 ttl=255 time=11.505 ms
……
```

3.4 VLAN 连通性配置

1. 验证 VLAN 间的连通性

通过以上配置，每个 VLAN 中的计算机均能 ping 通 VLAN 的网关，但 VLAN 之间相互不通。以下只验证了 vlan10 与 vlan30 之间的连通性。IP 地址 10.10.2.30 为 PC-3 的 IP 地址，属于 vlan30。

```
PC-1> ping 10.10.2.30                     # vlan10与vlan30间不通，PC-1在vlan10中
10.10.2.30icmp_seq=1 timeout              # timeout表示超时，即不通
……
```

2. 开启三层交换机的路由功能

开启路由功能，使得不同 VLAN 的 PC 之间可以相互访问。

```
ESW1#conf t
ESW1(config)#ip routing                              # 开启三层交换机的路由功能
ESW1(config)#end
```

```
ESW1#wr
```

3. 再次验证 VLAN 间的连通性（这里仅验证 vlan10 与其他 VLAN 间的连通性）

（1）验证 vlan10 与 vlan20 的连通性。

```
PC-1> ping 10.10.0.20                                  # 验证 PC-1 与 PC-2 之间的连通性
84 bytes from 10.10.0.20 icmp_seq=1 ttl=63 time=18.813 ms
……
```

（2）验证 vlan10 与 vlan30 的连通性。

```
PC-1> ping 10.10.2.30                                  # 验证 PC-1 与 PC-3 之间的连通性
84 bytes from 10.10.2.30 icmp_seq=1 ttl=63 time=22.662 ms
……
```

（3）验证 vlan10 与 vlan80 的连通性。

```
PC-1> ping 10.10.3.180                                 # 验证 PC-1 与 DNS 之间的连通性
84 bytes from 10.10.3.180 icmp_seq=1 ttl=254 time=29.649 ms
……
PC-1> ping 10.10.3.181                                 # 验证 PC-1 与 WWW 之间的连通性
84 bytes from 10.10.3.181 icmp_seq=1 ttl=254 time=17.324 ms
……
```

通过以上配置，实现了交换机 ESW1 中各 VLAN 间的互通，下一步的工作是要实现 ESW1 中各 VLAN 中的主机能够访问互联网上的主机 3.3.3.3。

可以通过在 ESW1、R1、R2 之间配置 RIPv2 路由选择协议，实现 VLAN 中的主机与 3.3.3.3 之间的互通。

3.5 网络设备接口配置

根据实验 1 中表 1.3 的内容，正确配置 ESW1、R1、R2 各接口的 IP 地址，确保 ESW1 与 R1 之间、R1 与 R2 之间互通（即邻居间互通）。

1. 路由器、交换机接口 IP 地址配置

（1）路由器 R1 接口配置。

```
R1#conf t                                      # 进入路由器全局配置模式
R1(config)#int f0/0                            # 选择以太口 f0/0，进入接口配置模式
R1(config-if)#ip address 1.1.1.2 255.255.255.0 # 配置接口 IP 地址
R1(config-if)#no shut                          # 启用接口
R1(config-if)#int s0/0                         # 选择广域接口进行配置
R1(config-if)#ip address 2.2.2.1 255.255.255.0
R1(config-if)#clock rate 64000                 # 配置时钟频率
R1(config-if)#no shut
R1(config-if)#end                              # 返回特权模式
R1#copy run star                               # 保存运行配置文件
```

（2）路由器 R2 接口配置。

```
R2#conf t
R2(config)#int s0/0
R2(config-if)#ip address 2.2.2.2 255.255.255.0
R2(config-if)#no shut
R2(config-if)#int loopback 0                      # 使用 loopback 0 接口模拟一台主机
R2(config-if)#ip address 3.3.3.3 255.255.255.0
R2(config-if)#end
R2#copy run star
```

注意，int loopback 0 可以缩写为：int lo0（由字母“l”、字母“o”和数字 0 组成）。

（3）交换机 ESW1 接口配置。

```
ESW1#conf t
ESW1(config)#int f0/0
ESW1(config-if)#ip address 1.1.1.1 255.255.255.0
ESW1(config-if)#no shut
ESW1(config-if)#end
ESW1#copy run star
```

2. 测试三层设备之间的连通性（邻居间的连通性）

（1）测试 R2 与 R1 之间的连通性。

```
R2#ping 2.2.2.1
Type escape sequence to abort.
Sending 5, 100-byte ICMP Echos to 2.2.2.1, timeout is 2 seconds:
!!!!!
Success rate is 100 percent (5/5), round-trip min/avg/max = 24/29/36 ms
```

（2）测试 ESW1 与 R1 之间的连通性。

```
ESW1#ping 1.1.1.2
Type escape sequence to abort.
Sending 5, 100-byte ICMP Echos to 1.1.1.2, timeout is 2 seconds:
.!!!!                                             # 注意第 1 个是“.”，参考实验 4
Success rate is 80 percent (4/5), round-trip min/avg/max = 36/55/64 ms
```

3.6 RIP 配置

为了实现 ESW1、R1 和 R2 所连接的网络互通，需要分别在这三台设备上配置 RIP 路由选择协议。详细 RIP 协议的介绍和分析请参考实验 9。

配置之前可以用以下命令查看各设备上的路由表，R1 的路由表如下如示：

```
R1#show ip route
……

    1.0.0.0/24 is subnetted, 1 subnets
C      1.1.1.0 is directly connected, FastEthernet0/0
    2.0.0.0/8 is variably subnetted, 2 subnets, 2 masks
```

```
C       2.2.2.2/32 is directly connected, Serial0/0
C       2.2.2.0/24 is directly connected, Serial0/0
```

此时，这些设备只有和自己直连的网络的路由，通过以下配置的 RIP 路由选择协议，它们可以学习到去往其他网络的路由。

1. 配置 RIP 路由选择协议

（1）为 ESW1 配置 RIP 路由选择协议。

```
ESW1#conf t
ESW1(config)#router rip                    # 启动 RIP 进程
ESW1(config-router)#ver 2                  # 选择 RIPv2 版本
ESW1(config-router)#network 1.1.1.1        # 选择参与 RIP 的网络（有类路由）
ESW1(config-router)#network 10.0.0.0       # 选择参与 RIP 的网络
ESW1(config-router)#end                    # 返回特权模式
ESW1#copy run startup-config               # 将配置内容保存至 startup-config
```

（2）为路由器 R2 配置 RIP 路由选择协议。

```
R2#conf t
R2(config)#router rip
R2(config-router)#ver 2
R2(config-router)#network 2.0.0.0
R2(config-router)#network 3.0.0.0
R2(config-router)#end
R2#copy run star
```

（3）为路由器 R1 配置 RIP 路由选择协议。

```
R1#conf t
R1(config)#router rip
R1(config-router)#ver 2
R1(config-router)#network 1.0.0.0
R1(config-router)#network 2.0.0.0
R1(config-router)#end
R2#copy run star
```

2. 验证 RIP

（1）查看 ESW1 学习到的 RIP 路由。

```
ESW1#show ip route rip                 # 显示 RIP 路由表
R  2.0.0.0/8 [120/1] via 1.1.1.2,00:00:11,FastEthernet0/0 # 到 2.0.0.0/8 网络，下一跳交给 1.1.1.2
R  3.0.0.0/8 [120/2] via 1.1.1.2,00:00:11,FastEthernet0/0 # 到 3.0.0.0/8 网络，下一跳交给 1.1.1.2
```

（2）查看 ESW1 运行的 RIP 进程。

```
ESW1#show run | section rip            # 显示运行的 RIP 进程
router rip
```

```
version 2
network 1.0.0.0
network 10.0.0.0
```

（3）查看 R1 学习到的 RIP 路由。

```
R1#show ip route rip
R  3.0.0.0/8 [120/1] via 2.2.2.2, 00:00:24, Serial0/0
R  10.0.0.0/8 [120/1] via 1.1.1.1, 00:00:19, FastEthernet0/0
```

（4）查看 R1 运行的 RIP 进程。

```
R1#show run | section rip
router rip
version 2
network 1.0.0.0
network 2.0.0.0
```

（5）查看 R2 学习到的 RIP 路由。

```
R2#show ip route rip
R  1.0.0.0/8 [120/1] via 2.2.2.1, 00:00:04, Serial0/0
R  10.0.0.0/8 [120/2] via 2.2.2.1, 00:00:04, Serial0/0
```

（6）查看 R2 运行的 RIP 进程。

```
R2#show run | section rip
router rip
version 2
network 2.0.0.0
network 3.0.0.0
```

（7）测试网络连通性。

```
PC-1> ping 3.3.3.3
84 bytes from 3.3.3.3 icmp_seq=1 ttl=253 time=35.075 ms
……
PC-2> ping 3.3.3.3
84 bytes from 3.3.3.3 icmp_seq=1 ttl=253 time=23.602 ms
……
PC-3> ping 3.3.3.3
84 bytes from 3.3.3.3 icmp_seq=1 ttl=253 time=34.701 ms
……
```

至此，我们完成了网络的基本配置工作，实现了部门间网络的互连互通，也实现了部门与互联网的互连互通。如果读者没有达到上述实验目标，请仔细检查前三个实验，确保均已正确无误完成。

3.7 故障排查

在配置过程中，请读者一定要注意观察终端上返回的信息，正确理解信息的含义，以确保每条配置命令都是正确无误的。

如果没有达到实验目标，读者可从以下几方面检查网络设备的配置：

（1）网络设备三层接口 IP 地址、子网掩码配置是否正确？

（2）虚拟网络接口配置是否正确？

（3）三层交换机 ESW1 是否开启路由功能？

（4）网络设备三层接口是否双 up？

（5）查看网络设备的路由表，是否有去往各网络的路由？

（6）RIP 路由选择协议配置是否正确？

（7）网络终端设备 IP 地址、网关配置是否正确？

（8）trunk 配置是否正确？

（9）用 show run 命令查看所有配置信息，是否与实验要求一致。

（10）逐跳检查网络连通性。

思考题

1. 如果不使用三层交换机的路由功能，要实现 VLAN 间的通信，应该如何配置？
2. 如果在图 1.1 中 R2 不配置 RIPv2，要实现校园网访问外网，R1、R2 应如何配置？

实验 4　ARP 协议与 Ethernet MAC 帧

建议学时：2 学时。

实验知识点：ARP 协议（P133）、Ethernet 以太网（P95）、计算机网络体系结构（P30）。

4.1　实验目的

1. 理解协议封装的概念。
2. 掌握 ARP 的工作原理。
3. 掌握以太网 MAC 帧。
4. 理解 ARP 代理。

4.2　协议封装

在学习和分析 ARP 协议之前，首先应了解计算机网络协议及协议封装的概念。

1. 协议

计算机网络协议就是使计算机间能协同工作、实现信息交换和资源共享所必须遵循的、互相都能接受的某种规则、标准或约定。

协议由三部分构成：

（1）**语法，**进行数据交换与传输控制信息的结构或格式，规定通信双方“如何讲”。

（2）**语义，**需要发出何种控制信息、完成何种动作及做出何种响应，用来说明通信双方应当怎么做，规定通信双方“讲什么”。

（3）**同步，**定义何时进行通信，先讲什么、后讲什么、讲话的速度等。比如是采用同步传输还是异步传输。

2. 协议封装

考虑一个实例（仅用来说明问题）：某老师在外地出差，给班上每位同学分别购买不同的小礼物（如书籍），然后通过物流公司发给班上的同学。

发送方：老师首先用包装纸包好小礼物，上面写上接收礼物同学的姓名，然后将这些包装好的、有姓名的小礼物交给物流公司，并告诉物流公司发送礼物的目的地址；物流公司将老师的这些礼物一起打包，包上注明目的地址，并用交通工具发往目的地址。到达目的地址之前，这个包裹可能需要经过多个不同的运输工具转运，如飞机、火车、汽车等，这里假设只通过火车一种运输工具就能把包裹发送到目的地。

接收方：火车沿铁路到达目的地之后，车站从火车上卸下包裹交给学生班长，班长拆开包裹将小礼物按姓名分发给同学，同学收到后拆掉包装纸，最终高兴地收到老师发来的小礼物。

以上过程我们可以用图 4.1 来描述。

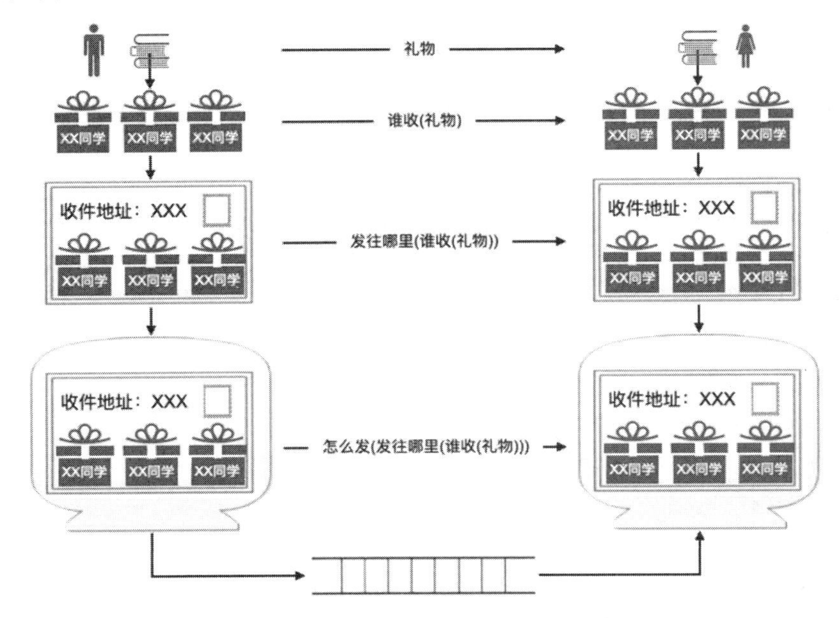

图 4.1　老师送小礼物给同学的传送过程

注意： 发送是不断打包的过程，而接收是不断拆包的过程，这就是所谓的封装与解封装。

考虑互联网上某一台 PC 通过浏览器访问 WWW 服务器（某一个网站），其实就是某一台 PC 向 WWW 服务器发送一个 HTTP 请求，该请求的传输过程可以用图 4.2 来描述。

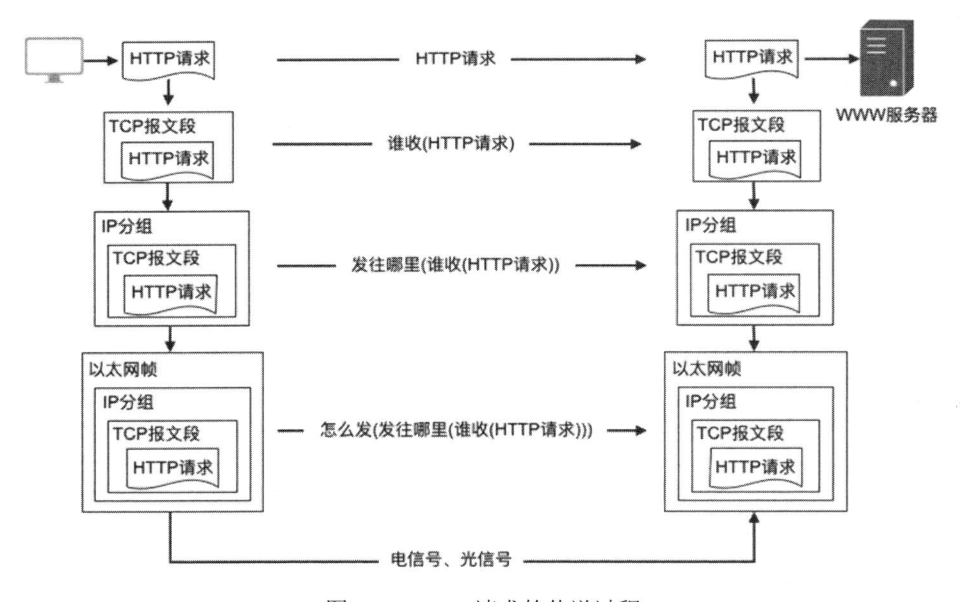

图 4.2　HTTP 请求的传送过程

PC 发送一个 HTTP 请求（真正传送的数据），首先打上 TCP 首部（用端口区分相互通信的进程），其次封装到 IP 分组中（用以区分通信双方所在的网络，并找一个到达对方的路由），最后封装到以太网的帧中（PC 和 WWW 服务器同在一个以太网络中）发送给 WWW

服务器。

在互联网中，如果 WWW 服务器与 PC 不在同一个直连（参考实验 5）的网络中，PC 将 IP 分组交给网关（与 PC 同在一个直连网络中的某个路由器），网关根据 IP 分组中的目的 IP 地址，查找路由表，封装成帧交付给下一跳路由器，下一跳路由器重复这些工作，直至到达目的网络。可以看出，IP 分组在互联网中的传输过程是邻居到邻居逐跳进行的。

3. 计算机网络体系结构

网络中计算机进程间的通信采用了分层的方式，通信双方对等层均包含有很多协议，我们把这种分层及对等层协议的集合称为“计算机网络体系结构”（P30）。

在谢希仁教授编著的《计算机网络（第 8 版）》中，大致包含以下协议（本实验教程对教材中的大部分协议进行了验证实验）。

- **应用层协议**：HTTP、DNS、FTP、TFTP、TELNET、DHCP、SMTP、POP3、SNMP 等。
- **运输层协议**：TCP、UDP。
- **网络层协议**：IP、ARP、ICMP、RIP、OSPF、NAT、BGP、IGMP、IPv6、ICMPv6 等。
- **数据链路层**：PPP、CSMA/CD（以太网 MAC 帧）、802.1q。

4.3 ARP 协议

1. ARP 协议的作用

IP 地址是网络层地址，其作用之一是用来寻找一条源 IP 地址所在的网络到达目的 IP 地址所在的网络的路由，这条路由是由网络中的路由器共同参与计算得到的。但在具体实现这条路由的时候，端系统（PC）与路由器之间、路由器与路由器之间、路由器与端系统之间需要用到数据链路层的硬件地址（如图 4.3 所示），因此，实现这条路由需要依据三层地址来获取二层 MAC[①]地址。地址请求 ARP 协议实现了这一功能。

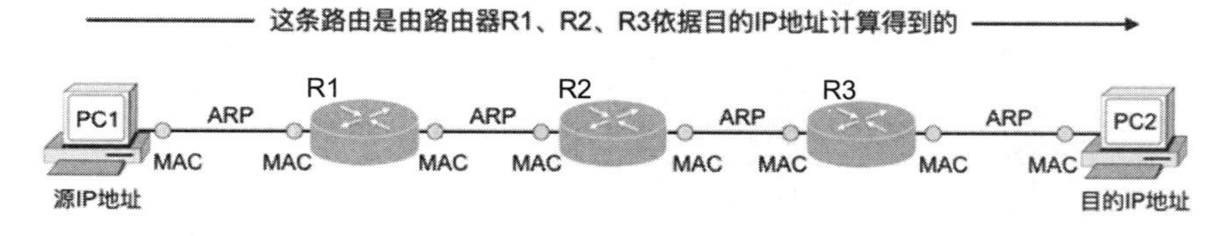

图 4.3　ARP 协议的作用

从图 4.3 可以看出，在具体实现 PC1 到 PC2 这条路由的时候，是采用逐跳的方式进行交付的：PC1 交付给 R1（间接交付），R1 交付给 R2（间接交付），R2 交付给 R3（间接交付），最终 R3 交付给 PC2（直接交付），这些交付过程使用的是 MAC 地址。ARP 的作用，就是根据下一跳的 IP 地址，来获取下一跳的 MAC 地址。

在直连的局域网中，通信的主机若在同一 IP 网络（IP 地址的网络号相同），则主机间

[①] MAC 地址（Media Access Control Address），也常称为硬件地址或物理地址，在本教程中三者含义相同。

的通信采用直接交付（帧交换）的方式。

2. IP 地址、MAC 地址及 ARP 三者间的关系

首先分析一下物流公司货物转运的流程。

某物流公司建有多处转运站，形成一个由转运站构成的物流网络。发货方需把货物从北京发往柳州，发货方选择了该物流公司。发货方将货物发送给离自己最近的北京转运站（发货方的“网关”）。物流公司需要规划一条从北京转运站至柳州转运站的路由（路径），一种方案是由公司指定的路由（静态路由），另一种方案是由各转运站根据实际情况计算出来的路由（动态路由），不管采用什么方案，最终会有一条从北京至柳州的货运路由，如图 4.4 所示。

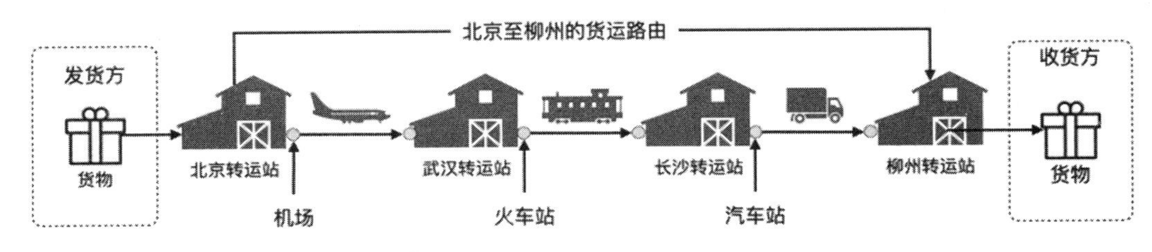

图 4.4　货运模型

货物在这条路由上进行转运时，各转运站之间采用不同的转运方式：北京至武汉采用空运，武汉至长沙采用火车运输，而长沙至柳州则采用汽车运输。我们可以这样认为，北京至柳州的货运路由，采用了三种运输方式（穿过了三种不同的运输网络），而机场、火车站、汽车站可认为是转运站的 MAC 地址，北京转运站、长沙转运站、柳州转运站可认为是 IP 地址。ARP 协议则是北京转运站与武汉转运站之间相互询问机场地址的协议，其他转运站间亦是如此。

3. ARP 协议语法（报文格式）

ARP 报文格式如图 4.5 所示，ARP 协议报文总长度为 28 字节。在协议格式图中，一行表示 4 字节，图 4.5 最上面一行的数据表示的是比特位。

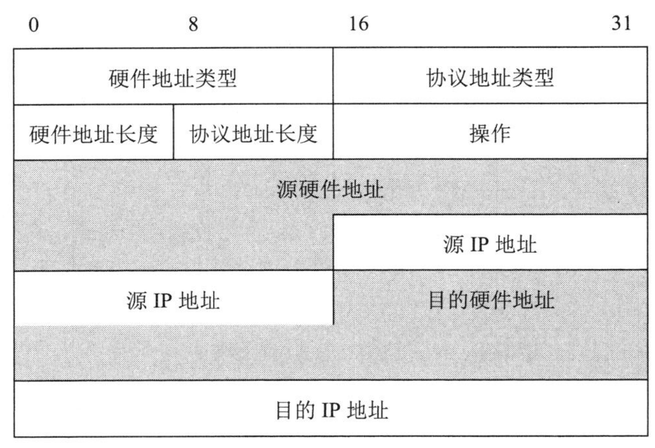

图 4.5　ARP 报文格式

4. ARP 协议语义

（1）**硬件地址类型**：该字段表示物理网络类型，即标识数据链路层使用的是哪一种协议，其中 0x0001 表示以太网。

（2）**协议地址类型**：该字段表示网络层地址类型，即标识网络层使用的是哪一种协议，其中 0x0800 表示 IP 地址。

（3）**硬件地址长度**：表示源和目的硬件地址的长度，单位是字节。

（4）**协议地址长度**：表示源和目的协议地址的长度，单位是字节。

（5）**操作**：记录该报文的类型，其中 1 表示 ARP 请求报文，2 表示 ARP 响应（也称应答）报文。

（6）**源硬件地址**：发送请求报文主机的硬件地址，也是响应报文的目的硬件地址。

（7）**目的硬件地址**：在请求报文中为空，也是响应报文的源硬件地址。

（8）**源 IP 地址**：发送请求主机的 IP 地址，也是响应报文的目的 IP 地址。

（9）**目的 IP 地址**：请求报文中是需要进行转换的 IP 地址，响应报文中是源 IP 地址。

注意：ARP 报文是直接封装在 MAC 帧中的，在 MAC 帧中类型的标识为 0x0806，具体的帧如图 4.6 所示。

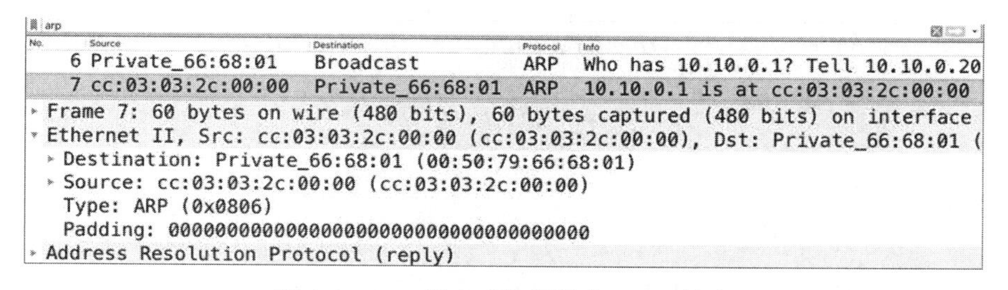

图 4.6　ARP 报文直接封装在 MAC 帧中

展开图 4.6 中序号为 6 的 ARP 请求报文，结果如下：

```
Ethernet II, Src: 00:50:79:66:68:01, Dst:ff:ff:ff:ff:ff:ff  # 目的 MAC 为广播地址
        Destination:ff:ff:ff:ff:ff:ff                        # 目的 MAC 地址
        Source:00:50:79:66:68:01                             # 源 MAC 地址
        Type: ARP (0x0806)                                   # 类型值为 0x0806
        Padding: 000000000000000000000000000000000000        # 填充
        Frame check sequence: 0x00000000             # 检验和，注意这里没有计算
Address Resolution Protocol (request)                # ARP 请求是 MAC 帧的数据部分
```

5. ARP 协议同步（工作流程）

ARP 工作流程如图 4.7 所示，(a)为 ARP 请求，以 MAC 广播帧形式向全网广播（直连网络中），图 4.6 中捕获的 ARP 请求，目的 MAC 地址为广播地址；(b)为 ARP 响应，由于已经知道请求方的 MAC 地址，因此 ARP 响应以 MAC 单播帧的形式发送给请求方。注意，在传统的总线型广播式以太网中，同一冲突域中的其他计算机均能收到，由于不是发送给它们单播帧，因此这些计算机不做处理直接丢弃这个 ARP 的响应帧。

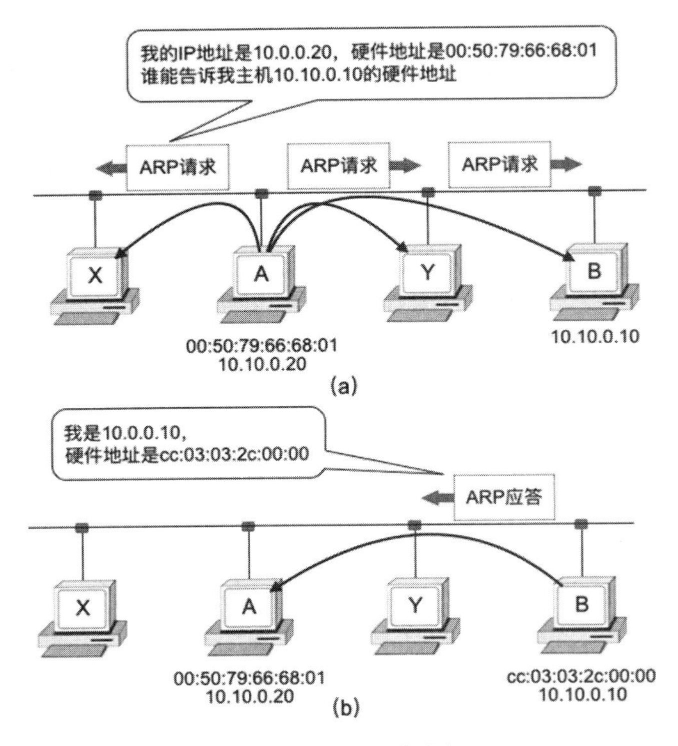

图 4.7　ARP 工作流程

4.4　协议分析

如前面图 1.1 所示，PC-2 首次访问外网主机（IP 地址为 3.3.3.3），它需要将 IP 分组交给网关（间接交付），因此 PC-2 需要调用 ARP 协议来获取网关的 MAC 地址，并缓存网关的 IP 地址和 MAC 地址（P133）。

当 PC-2 再次访问外网主机时，如果它的 ARP 高速缓存没有超时（失效），那么它就直接调用 ARP 高速缓存中的网关的 MAC 地址封装成帧，发送给网关。这种情况下，它不会调用 ARP 协议来重新获取网关的 MAC 地址。

鉴于上述原因，为了确保在实验过程中能够抓取到 ARP 的请求和响应报文，我们首先需要清除 PC-2 上的 ARP 高速缓存，然后再从 PC-2 上访问外网，这样就一定可以抓包获取到 ARP 请求和 ARP 响应报文（一定是请求网关的 MAC 地址）。

注意：Wireshark 抓包过滤方法请参考附录 B。

1. 实验流程（如图 4.8 所示）

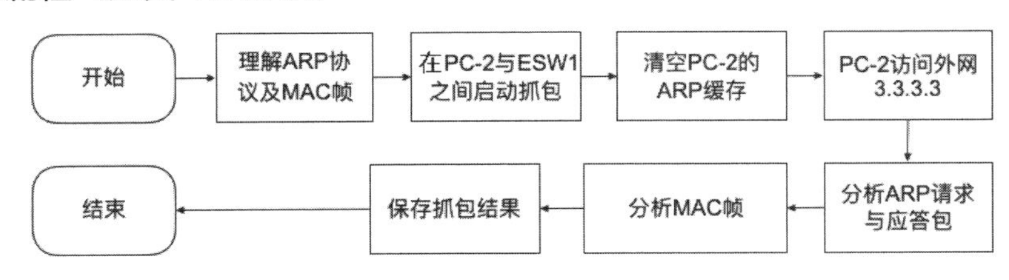

图 4.8　实验流程

2. 具体步骤

（1）在 PC-2 与 EWS1 之间的链路上启动 Wireshark 抓包。

具体方法：在该链路上右击鼠标，在弹出的如图 4.9 所示的快捷菜单中选择“Start capture”命令。

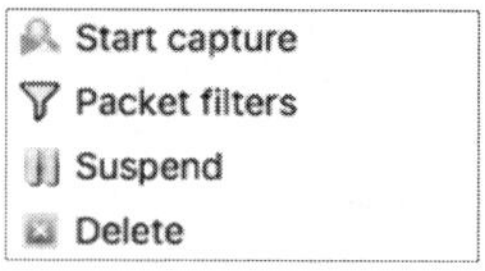

Start capture
Packet filters
Suspend
Delete

图 4.9　抓包快捷菜单

（2）在 PC-2 上清除 ARP 高速缓存。

```
PC-2> clear arp
```

显示 ARP 高速缓存。

```
PC-2> show arp
arp table is empty
```

从 PC-2 上 ping 外网 IP：3.3.3.3。

```
PC-2> ping 3.3.3.3
84bytes from 3.3.3.3 icmp_seq=1 ttl=253 time=36.159 ms
……
```

（3）在 Wireshark 上观察抓包结果（如前面图 4.6 所示），注意过滤 ARP，分析 ARP 请求和应答报文。

3. 结果分析

（1）ARP 请求（询问）（图 4.6 中序号为 6 的包）

将图 4.6 中序号为 6 的包展开，这是 ARP 的 Request，以太网 MAC 帧展开的结果参考前面内容，结果如下所示：

```
Ethernet II, Src: 00:50:79:66:68:01, Dst: ff:ff:ff:ff:ff:ff # 封装在帧中，注意目的为广播地址
Address Resolution Protocol (request)        # ARP 请求
    Hardware type: Ethernet (1)              # 硬件地址（二层地址）类型为 Ethernet
    Protocol type: IPv4 (0x0800)             # 协议地址（三层地址）类型为 IP
    Hardware size: 6                         # 硬件地址长度为 6 字节
    Protocol size: 4                         # 协议地址类型为 4 字节
    Opcode: request (1)                      # 操作码为 1，表示是 ARP 请求
    Sender MAC address: 00:50:79:66:68:01    # 源主机 MAC 地址
    Sender IP address: 10.10.0.20            # 源主机 IP 地址
    Target MAC address: ff:ff:ff:ff:ff:ff    # 目的主机（网关）二层地址未知
    Target IP address: 10.10.0.1             # 目的主机（网关）三层地址（IP）
```

（2）ARP 应答（响应）（图 4.6 中序号为 7 的包）

```
Ethernet II, Src: cc:03:03:2c:00:00, Dst: 00:50:79:66:68:01      # 注意目的地址为单播地址
```

```
Address Resolution Protocol (reply)            # ARP 应答
    Hardware type: Ethernet (1)
    Protocol type: IPv4 (0x0800)
    Hardware size: 6
    Protocol size: 4
    Opcode: reply (2)                          # 操作码为 2，表示是 ARP 应答
    Sender MAC address: cc:03:03:2c:00:00      # 获得了网关的 MAC 地址
    Sender IP address: 10.10.0.1               # 网关的 IP 地址
    Target MAC address: 00:50:79:66:68:01      # 请求者的 MAC 地址
    Target IP address: 10.10.0.20              # 请求者的 IP 地址
```

4. ARP 高速缓存

ARP 高速缓存（ARP Cache），是一个临时表项，其内容是最近的 ARP 请求及响应获取到的 IP 地址与 MAC 地址。

每个主机或者路由器都有一个 ARP 高速缓存，用来存放最近网络层地址与硬件地址之间的映射记录。高速缓存中每一项的生存时间都是有限的，起始时间从被创建时开始计算。

上述实验之后，查看 PC-2 的 ARP 高速缓存：

```
PC-2> show arp
cc:03:03:2c:00:00  10.10.0.1 expires in 82 seconds
```

对比 ARP 应答可以发现，PC-2 保存了网关的 IP 地址与 MAC 地址的映射表，该缓存 82 秒之后失效。

在 Windows 中查看 ARP 高速缓存，结果如下所示：

```
C:\Users\Administrator>arp -a                  # 参考实验 17 中的 arp 命令
接口: 192.168.1.10 --- 0xa
  Internet 地址         物理地址                 类型
  192.168.1.1           d4-41-65-ee-5c-c0       动态
  192.168.1.255         ff-ff-ff-ff-ff-ff       静态
```

4.5 ARP 的 MAC 封装

在以太网链路上封装的数据包称作以太网帧。以太网帧起始部分由前导码和帧开始符组成，后面紧跟着一个以太网帧头，包含目的地址和源地址，数据部分是该帧负载的包含其他协议报头的数据包（例如 ARP、IP 协议等，由类型来指明），最后由 32 位冗余校验码结尾，它用于检验数据传输是否出现损坏。

1. 以太网 MAC 帧语法（如图 4.10 所示）

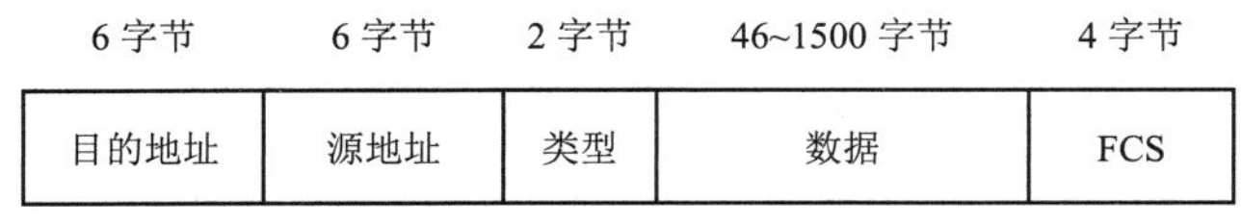

图 4.10　以太网 MAC 帧

2. 以太网 MAC 帧语义

（1）**目的地址与源地址**：表示帧的接收节点与发送节点的硬件地址，又称为 MAC 地址，长度为 6 字节。

（2）**类型**：用来标识 MAC 帧封装的上一层数据，是何种协议的数据，以便使接收方收到 MAC 帧之后，将帧中的数据上交给上一层的这个协议。例如，上层为 ARP 协议时，类型值为 0x0806；上层为 IP 协议时，类型值为 0x0800。

（3）**数据**：长度为 46~1500 字节。46 字节是这样计算出来的：最小帧长 64 字节减去 18 字节的首部和尾部。这里要注意的是，如果一个帧的数据部分小于 46 字节，那么 MAC 帧就会在数据字段的后面加入一个整数字节的填充字段，以保证以太网的 MAC 帧长不小于 64 字节。以太网 MAC 最大帧长为 1518 字节。

（4）**FCS（帧检验序列）**：采用 32 位 CRC 检验，检验的内容包括目的地址、源地址、类型字段和数据字段。

3. ARP 请求封装的 MAC 帧分析

在以太网中，ARP 报文直接封装到 MAC 帧中传输。

```
Ethernet II, Src: 00:50:79:66:68:01, Dst:ff:ff:ff:ff:ff:ff  # 目的 MAC 为广播地址
        Destination:ff:ff:ff:ff:ff:ff                      # 目的 MAC 地址
        Source:00:50:79:66:68:01                           # 源 MAC 地址
        Type: ARP (0x0806)                                 # 类型值为 0x0806
        Padding: 000000000000000000000000000000000000      # 填充，MAC 帧的数据部分
        Frame check sequence: 0x00000000               # FCS，注意这里没有计算
Address Resolution Protocol (request)                  # ARP 请求，MAC 帧的数据部分
```

4. ARP 应答封装的 MAC 帧分析

注意与上一个 MAC 帧的区别。

```
Ethernet II, Src: cc:03:03:2c:00:00, Dst: 00:50:79:66:68:01         # MAC 帧
    Destination: 00:50:79:66:68:01             # 目的 MAC 地址为发送 ARP 请求方的 MAC 地址
    Source: cc:03:03:2c:00:00                  # 源 MAC 地址为发送 ARP 应答方的 MAC 地址
    Type: ARP (0x0806)                         # 协议类型为 0x0806，表明封装的是 ARP
    Padding: 000000000000000000000000000000000000          # 填充（MAC 帧的数据部分）
Address Resolution Protocol (reply)            # ARP 应答报文（MAC 帧的数据部分）
```

5. MAC 填充

在封装了 ARP 报文的 MAC 帧中，数据部分只有 28 字节（ARP 报文只有 28 字节）。但是根据以太网 MAC 帧的最小帧长的要求（64 字节），其数据部分至少需要 46 字节，因此，封装了 ARP 报文的以太网 MAC 帧中数据部分必须再填充 18 字节，使其数据部分刚好达到 46 字节。

上述的以太网 MAC 帧中，数据部分一共填充了 36 个十六进制的 0（18 字节），如下所示。

```
Padding: 000000000000000000000000000000000000
```

Padding 部分为填充部分，共 18 字节（在 Wireshark 中选中 Padding，在解码窗口中可以看到 18 字节的数据）。如图 4.11 和图 4.12 所示。

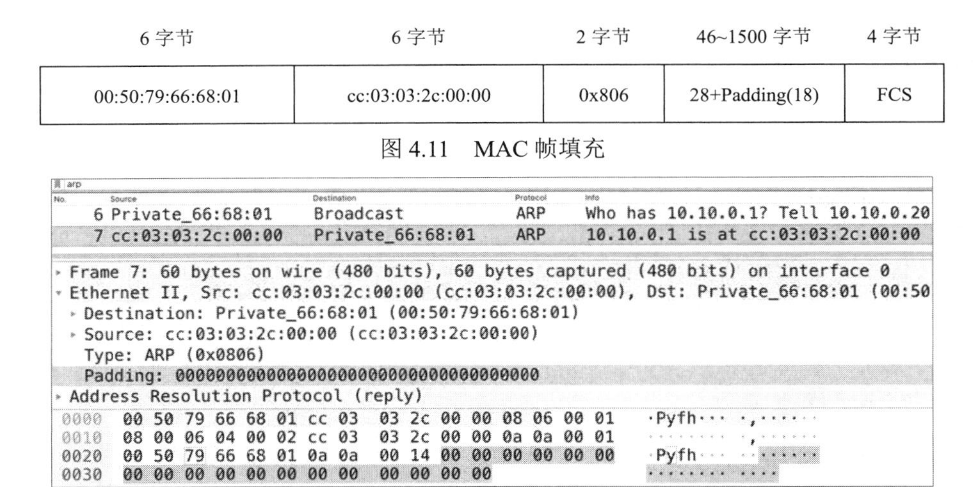

6 字节	6 字节	2 字节	46~1500 字节	4 字节
00:50:79:66:68:01	cc:03:03:2c:00:00	0x806	28+Padding(18)	FCS

图 4.11　MAC 帧填充

图 4.12　解码窗口中的 MAC 帧填充

从图 4.11 中可以看出，封装了 ARP 报文的以太网 MAC 帧的数据部分，由 ARP 报文和 Padding（填充）两部分组成，但图 4.12 中的结果给我们的直观感觉是，Padding 在数据部分的前面，ARP 报文在数据部分的后面。但实际是：

MAC 帧的数据 ＝ARP 报文 ＋Padding（在后面）

在图 4.12 中的 Wireshark 解码窗口中看到了这样的数据组合顺序。

6. 保存抓包结果

注意：抓包结果可以保存，保存之前先停止抓包。选择图 4.13 中的命令即可实现保存。

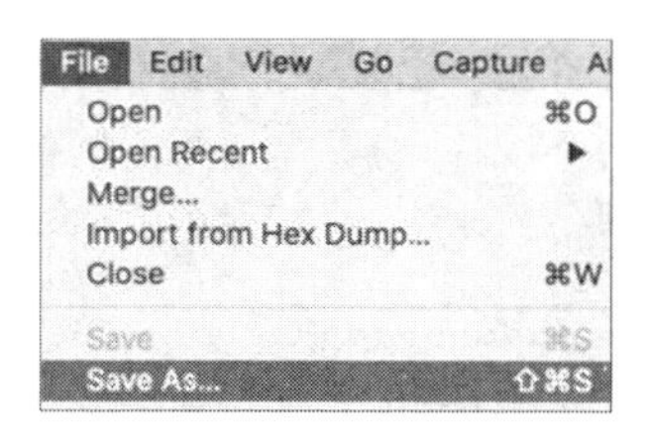

图 4.13　保存抓包结果

4.6 ARP 代理

1. 基本原理

对于如图 4.14 所示的网络（PC 和 Server 由 3660 仿真，R1 为 3745），PC 应该设置 R1 的 f0/0 接口作为网关，其 IP 地址为 192.168.1.254，与 PC 同在一个 IP 网络[①]中。但是如果

① 指 IP 地址的网络号相同，以下的“跨网络”是指通信双方的 IP 地址的网络号不同，参考实验 17 中的 netstat -r 命令。

PC 没有设置网关（R1 的 f0/0 接口），则 PC 根本无法访问 Server。

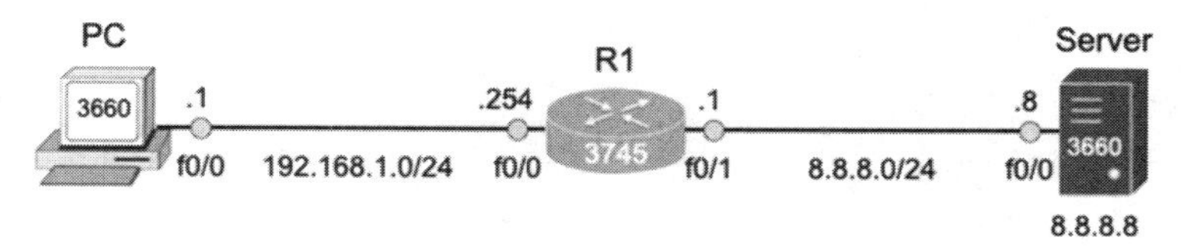

图 4.14　网络图

在这种情况下，如果 R1（PC 的网关）路由器设置了 ARP 代理，当它收到 ARP 请求报文（注意，请求的目的 IP 地址是跨网络的 8.8.8.8），它会发送一个 ARP 响应报文，用自己 f0/0 接口的 MAC 地址来通知 ARP 的请求方，其含义是："你要访问目的主机 8.8.8.8，交给我就行"，可以看出，这其实就是一种善意的"欺骗"。

如图 4.15 所示，PC 发送 ARP 请求报文来获取服务器 8.8.8.8 的 MAC 地址，R1 路由器收到这个 ARP 请求报文时会进行判断：目的 8.8.8.8 不属于 PC 所属的 IP 网络（即跨网络），并且 R1 知道去往 8.8.8.8 的路由，此时 R1 把自己 f0/0 接口的 MAC 地址返回给 PC，后续 PC 访问 8.8.8.8 时，目的 MAC 地址填上 R1 接口 f0/0 的 MAC 地址（图 4.15 中的 MAC f0/0）。

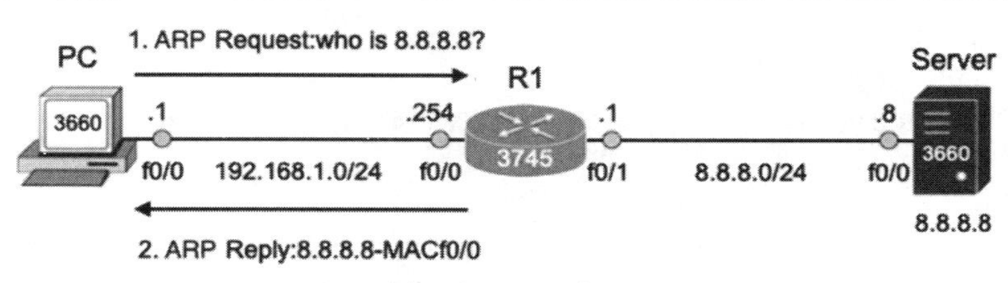

图 4.15　ARP 代理

2. 网络配置

PC 由路由器仿真，注意与 Server 配置的区别，PC 没有设置默认路由，即相当于没有设置默认网关。

```
PC#conf t
PC(config)#int f0/0
PC(config-if)#no shut
PC(config-if)#ip address 192.168.1.1 255.255.255.0
PC(config)#no ip routing                                # 关闭路由功能
PC(config)#end
PC#copy run star

R1#conf t
R1(config)#int f0/0
R1(config-if)#ip address 192.168.1.254 255.255.255.0
R1(config-if)#no shut
R1(config-if)#int f0/1
R1(config-if)#ip address 8.8.8.1 255.255.255.0
R1(config-if)#no shut

R1(config-if)#int f0/0
R1(config-if)#ip proxy-arp                              # 接口 f0/0 配置 ARP 代理
```

```
R1(config-if)#end
R1#copy run star

Server#conf t
Server(config)#int f0/0
Server(config-if)#ip address 8.8.8.8 255.255.255.0
Server(config-if)#no shut
Server(config)#ip route 192.168.1.0 255.255.255.0 8.8.8.1   # 指向内网的静态路由
Server(config)#end
Server#copy run star
```

3. 查看各设备 ARP 高速缓存

```
R1#show arp
Protocol Address          Age (min)    Hardware Addr     Type     Interface
Internet 8.8.8.1                -      c401.04dd.0001    ARPA     FastEthernet0/1
Internet 192.168.1.254    -            c401.04dd.0000    ARPA     FastEthernet0/0

PC#show arp
Protocol  Address         Age (min)    Hardware Addr     Type     Interface
Internet  192.168.1.1     -            cc02.04de.0000    ARPA     FastEthernet0/0

Server#show arp
Protocol  Address         Age (min)    Hardware Addr     Type     Interface
Internet  8.8.8.8         -            cc03.04df.0000    ARPA     FastEthernet0/0
```

网络中各设备接口的 MAC 地址表如表 4.1 所示，可见上述结果中，PC 中没有 R1 路由器接口 f0/0 的 ARP 高速缓存。

表 4.1　接口 MAC 地址表

设备	接口	IP	MAC
PC	f0/0	192.168.1.1	cc02.04de.0000
R1	f0/0	192.168.1.254	c401.04dd.0000
R1	f0/1	8.8.8.1	c401.04dd.0001
Server	f0/0	8.8.8.8	cc03.04df.0000

4. 实验方法

（1）在图 4.14 中，在 PC 与 R1 之间的链路、R1 与 Server 之间的链路上分别启动抓包。

（2）从 PC 上访问 8.8.8.8。

```
PC#ping 8.8.8.8

Type escape sequence to abort.
Sending 5, 100-byte ICMP Echos to 8.8.8.8, timeout is 2 seconds:
.!!!!                                        # 注意，第 1 个 “.”，请完成本实验思考题 3
Success rate is 80 percent (4/5), round-trip min/avg/max = 68/80/92 ms
```

5. 协议分析

PC 与 R1 之间的 ARP 请求与响应抓包结果如图 4.16 所示。

```
arp
No. Source             Destination        Protocol Info
 10 cc:02:04:de:00:00  Broadcast          ARP      Who has 8.8.8.8? Tell 192.168.1.1
 11 c4:01:04:dd:00:00  cc:02:04:de:00:00  ARP      8.8.8.8 is at c4:01:04:dd:00:00
▸ Frame 10: 60 bytes on wire (480 bits), 60 bytes captured (480 bits) on interface
▸ Ethernet II, Src: cc:02:04:de:00:00 (cc:02:04:de:00:00), Dst: Broadcast (ff:ff:f
▸ Address Resolution Protocol (request)
```

图 4.16　PC 与 R1 之间的 ARP 请求与响应

（1）ARP 请求（图 4.16 中序号为 10 的包）

PC 发出的 ARP 请求包如下所示：

```
Ethernet II, Src: cc:02:04:de:00:00, Dst: Broadcast        # 目的 MAC 地址为广播地址
Address Resolution Protocol (request)                      # PC 发送的 ARP 请求
    Hardware type: Ethernet (1)                            # 硬件地址类型
    Protocol type: IPv4 (0x0800)                           # 协议地址类型
    Hardware size: 6                                       # 硬件地址长度
    Protocol size: 4                                       # 协议地址长度
    Opcode: request (1)                                    # ARP 请求
    Sender MAC address: cc:02:04:de:00:00                  # 发送 ARP 请求方的 MAC 地址
    Sender IP address: 192.168.1.1                         # 发送 ARP 请求方的 IP 地址
    Target MAC address: 00:00:00_00:00:00                  # 目的 MAC 地址未知
    Target IP address: 8.8.8.8                             # 目的 IP 地址
```

（2）ARP 响应（图 4.16 中序号为 11 的包）

R1 回送给 PC 的 ARP 响应包如下所示：

```
Ethernet II, Src: c4:01:04:dd:00:00, Dst: cc:02:04:de:00:00  # 源 MAC 为 R1 接口
f0/0 的 MAC 地址
Address Resolution Protocol (reply)                 # R1 发送的 ARP 响应
    Hardware type: Ethernet (1)
    Protocol type: IPv4 (0x0800)
    Hardware size: 6
    Protocol size: 4
    Opcode: reply (2))                              # ARP 响应
    Sender MAC address: c4:01:04:dd:00:00           # 注意，这是 R1 的 f0/0 的 MAC 地址
    Sender IP address: 8.8.8.8                      # 注意，但这不是 R1 的 f0/0 的 IP 地址
    Target MAC address: cc:02:04:de:00:00           # PC 的 MAC 地址
    Target IP address: 192.168.1.1                  # PC 的 IP 地址
```

参考表 4.1 中设备接口 MAC 地址的情况，路由器 R1 的 f0/0 接口代表 IP 地址为 8.8.8.8 的 Server 进行了 ARP 的响应：（8.8.8.8，c4:01:04:dd:00:00）。

代理 ARP 本质是一个“善意的欺骗”，是一个“错位”的映射。从图 4.15 中可以看到，服务器地址的正常映射是<8.8.8.8-ServerMAC>，而路由器返回给 PC 的却是<8.8.8.8-R1MACf0/0>。

换句话说，虽然 PC 请求的是 IP 地址为 8.8.8.8 的 MAC 地址，但最终得到的是 PC 应该设置的网关 R1 路由器 f0/0 的 MAC 地址。

再次查看 PC 的 ARP 高速缓存：

```
PC#show arp
Protocol Address      Age (min)    Hardware Addr    Type    Interface
Internet 8.8.8.8      67           c401.04dd.0000   ARPA    FastEthernet0/0
Internet 192.168.1.1  -            cc02.04de.0000   ARPA    FastEthernet0/0
```

可以看出，PC 多了一条 8.8.8.8 的 ARP 高速缓存，其硬件地址不是 IP 地址为 8.8.8.8 的 Server 的 MAC 地址，而是 R1 的 f0/0 的 MAC 地址。

R1 与 Server 间的 ARP 请求与响应过程如图 4.17 所示。

```
arp
No.  Source              Destination         Protocol  Info
  7 c4:01:04:dd:00:01   Broadcast           ARP       Who has 8.8.8.8? Tell 8.8.8.1
  8 cc:03:04:df:00:00   c4:01:04:dd:00:01   ARP       8.8.8.8 is at cc:03:04:df:00:00
▸ Frame 7: 60 bytes on wire (480 bits), 60 bytes captured (480 bits) on interface
▸ Ethernet II, Src: c4:01:04:dd:00:01 (c4:01:04:dd:00:01), Dst: Broadcast (ff:ff:
▸ Address Resolution Protocol (request)
```

图 4.17　R1 与 Server 间的 ARP 请求与响应

通过上面的分析，我们会觉得 PC 发出的 ARP 请求，被 ARP 代理 R1“转发”到右侧网络，其实不是这样的，PC 的 ARP 请求并未穿透路由器 R1（一定要注意，ARP 只能在直连的网络中使用，不可能穿透路由器），图 4.17 的结果是由路由器 R1 发起的 ARP 请求，是由 ARP 代理触发的。

6. 小结

通过上面的实验，可以得到以下结论：

（1）PC 没有网关时，跨 IP 网络访问，ARP 直接询问目的 IP 地址对应的 MAC 地址，采用代理 ARP 方式。

（2）PC 有网关时，跨 IP 网络访问，ARP 只需询问网关 IP 地址对应的 MAC 地址（在同一直连网络中），采用正常 ARP 方式。

（3）无论是正常 ARP 还是代理 ARP，PC 最终都拿到同一个目的 MAC 地址：即网关的 MAC 地址。

思考题

1. ARP 没有封装成 IP 地址而是直接封装到以太网 MAC 帧中，并且 ARP 明显不具备网络层协议 IP、ICMP 等与路由相关的功能，请讨论 ARP 到底属于哪层协议。
2. ARP 高速缓存中的记录为什么需要生存时间（老化时间或失效时间）？
3. 请仔细分析以下输出结果，为什么第一个是“.”（参考 RFC 826）？

```
PC#ping 8.8.8.8

Type escape sequence to abort.
Sending 5, 100-byte ICMP Echos to 8.8.8.8, timeout is 2 seconds:
.!!!!
Success rate is 80 percent (4/5), round-trip min/avg/max = 68/80/92 ms
```

4. 以太网帧数据部分不足 46 字节需要填充，发送方需填充至 46 字节。请问，接收方上交至上层协议时，如何判别哪些是填充数据？
5. PPP 帧有帧开始和帧结束定界符，以太网 MAC 帧有 8 字节的前导码（P98），但以太网 MAC 帧却没有帧结束定界符，请问：接收方如何判别以太网 MAC 帧传输结束？

实验 5　交换机地址学习

建议学时：2 学时。

实验知识点：以太网交换机的自学习功能（P102）。

5.1　实验目的

1. 理解传统以太网。
2. 理解交换机的地址学习过程。
3. 理解交换机的工作原理。
4. 理解广播域、冲突域的概念。

5.2　地址学习

1. 实验流程（如图 5.1 所示）

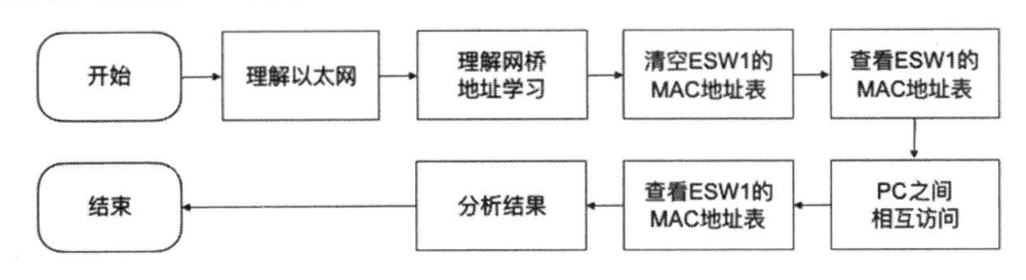

图 5.1　实验流程

2. 传统以太网

要理解交换机地址学习，首先要了解传统的以太网。

传统的以太网又称为总线型以太网：所有计算机通过一根称为“总线”的传输介质连接在一起，计算机间通过共享这根总线进行通信。

在这种网络中，每次只允许一台计算机发送数据帧，其他计算机均能收到这个数据帧信号。计算机在数据链路层上识别数据帧中的目的 MAC 地址，来决定是否接收这个数据帧：如果与自己的 MAC 地址一致则收下数据帧，否则丢弃数据帧。也就是说，通过计算机的 MAC 地址，在采用广播方式的总线型网络上，实现了计算机间一对一的通信。

如果有 2 台计算机同时向传输介质发送数据帧信号，则会发生“碰撞”，也称为冲突，冲突之后的数据帧无法识别，因此需要找到一种方法，来协调如何使用共享介质。CSMA/CD 协议就是共享介质访问控制方法之一，它用来协调以太网中各计算机发送数据帧信号。

如图 5.2 所示，主机 A 发送一个单播帧给主机 C，该单播帧的信号会沿着总线进行传播，所有主机均能收到该单播帧，但只有主机 C 的 MAC 地址与该单播帧的目的 MAC 地址一致，故主机 C 收下该单播帧，其他主机则丢弃该单播帧。

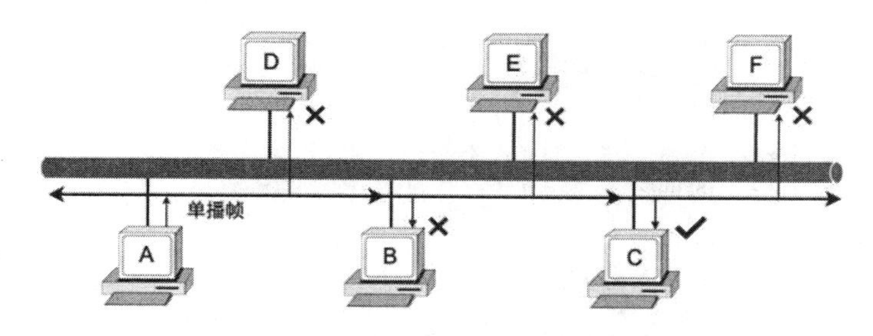

图 5.2　传统总线型以太网

集线器（又称 HUB）采用大规模集成电路来模拟总线，使传统总线以太网更加可靠。集线器的工作过程非常简单，节点发送信号到线路，集线器接收该信号。因信号在电缆传输中有衰减，集线器从某个接口接收到信号后就将衰减的信号整形放大，最后将放大的信号发送给除来源端外的其他所有接口。

从上面的描述可以看出，集线器只能识别电磁信号，工作在物理层。集线器所组建的网络，属于一个冲突域、一个广播域，如图 5.3 所示。

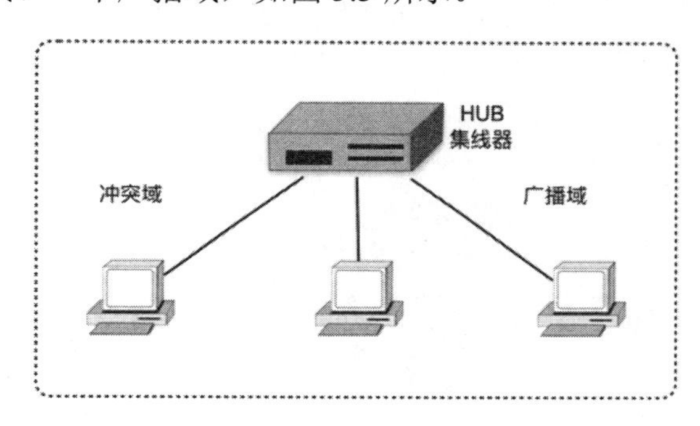

图 5.3　HUB 组建的传统以太网

（1）**冲突域**：属于物理层概念，是指网络中任一终端设备发送数据帧信号，所有能够收到这个数据帧信号的终端设备的集合（可以理解为电磁信号覆盖的范围）。

（2）**广播域**：属于数据链路层概念，是指网络中任一终端设备发送一个广播帧，所有能够收到这个广播帧的终端设备的集合（可以理解为广播帧覆盖的范围）。

3. 交换机（多端口的网桥）

网桥可以连接 2 个物理网段，这里的物理网段不是三层上具有不同 IP 网络号的网络，可以简单理解为 2 个传统的总线型以太网。用集线器在物理层上扩展传统的以太网，扩展后的网络仍然属于同一个冲突域和同一个广播域，网络性能会随着网络规模的扩大而变差。

与集线器广播方式发送数据帧信号不同，网桥能够依据数据帧的目的 MAC 地址，有的放矢地进行帧的转发，它能够记住交换机接口上连接的计算机的 MAC 地址，形成一个<MAC，接口>的对照表。当网桥收到一个数据帧之后，依据数据帧的目的 MAC 地址，来查找这个对照表，然后把该帧从相应的接口中转发出去。

网桥是通过地址学习功能来构建自己的<MAC，接口>对照表的。网桥刚刚开始工作时，它并不知道哪些设备与哪些接口相连，即不知道<MAC，接口>的对应关系。当网桥接口上的接入设备进行数据帧交换时，网桥便记下了相应的对应关系。网桥地址学习的过程如图 5.4 所示。

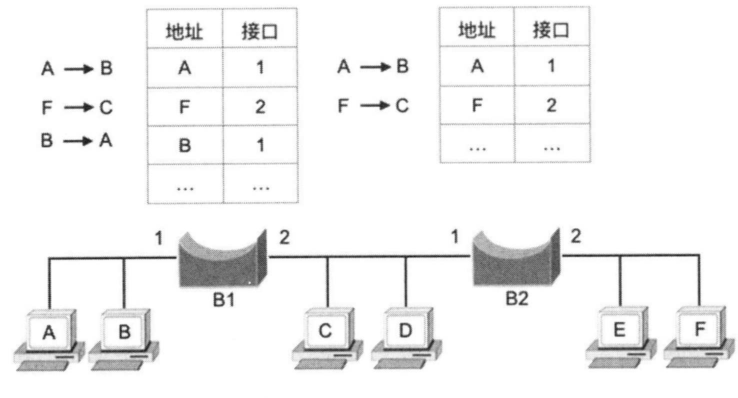

图 5.4　网桥地址学习

由于网桥能够识别数据帧，因此网桥工作在数据链路层。

交换机是网络工程中最基本的核心设备之一，其实就是一个多接口的网桥（P101），它的每一个接口都是一个单独的冲突域，但交换机组建的网络仍是一个广播域。有关交换机的相关知识，请参考随机相送资料。图 5.5 所示的网络，是一个简单地用交换机组建的局域网络，其接口也可以直接连接一台计算机。

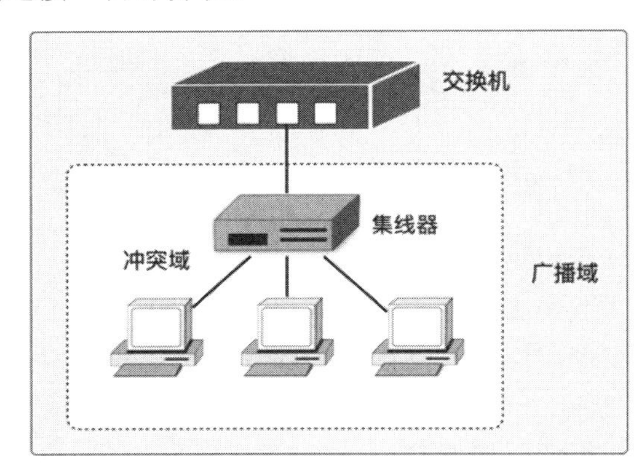

图 5.5　交换机组网

在图 5.5 中，交换机的一个接口连接了一台集线器（HUB），集线器又连接了多台计算机，在这种情况下，交换机的 MAC 地址表就会出现一个接口对应多个 MAC 地址的情况，请读者认真完成本实验思考题 5。

下面我们给出常常说到的“直连网络”的概念（笔者个人观点）：所谓“直连网络”是数据链路层上的概念，指网络中的终端设备在一个广播域中，它们之间可以直接交换数据帧，无须经路由器转发，如广播式以太网、PPP 网络。因此一个冲突域、一个广播域都是直连的网络。

用一个通俗一点的例子来说明“直连网络”的概念：一个教室中的同学就是处在一个“直连的网络”中，如果教室中只有 2 名同学，可以理解为是 PPP，有很多同学的话可以理解为是以太网，任何一名同学发言，其他同学都能收到。本教室的同学要想听到其他教室同学的发言，必须穿过本教室的门（网关，需要经网络层路由器转发）进入到其他教室。

另外还有一个“直联网络”的概念，请参考实验 17 中的 netstat -r 命令。

5.3 实验分析

1. 清除 ESW1 上的 MAC 地址表

经过前面的实验内容，在 ESW1 上已经保存有接入设备的 MAC 地址表了，这里先清除 MAC 地址表。

```
ESW1#clear mac-address-table                              # 清除地址表
ESW1#show mac-address-table                               # 显示地址表
Destination Address   Address Type  VLAN   Destination Port
-------------------   ------------  ----   --------------------
cc03.032c.0000            Self         1        vlan1     # vlan1 接口的 MAC 地址
cc03.032c.0000            Self         10       vlan10
cc03.032c.0000            Self         20       vlan20
cc03.032c.0000            Self         30       vlan30
cc03.032c.0000            Self         80       vlan80
```

注意：Address Type 均为 Self，实际上，这些虚拟接口是各个 VLAN 的网关。请读者完成本实验思考题 6，分析上述输出结果中 VLAN 的含义。

2. 再次显示 ESW1 的 MAC 地址表（未进行任何操作）

```
ESW1#show mac-address-table
Destination Address   Address Type     VLAN     Destination Port
-------------------   ------------  ----   --------------------
cc03.032c.0000            Self         1        vlan1
cc03.032c.0000            Self         10       vlan10
cc03.032c.0000            Self         20       vlan20
cc03.032c.0000            Self         30       vlan30
cc03.032c.0000            Self         80       vlan80
c404.033c.0000            Dynamic      80       FastEthernet1/15
c405.0341.0000            Dynamic      80       FastEthernet1/14
```

请读者仔细观察，ESW1 中自动增加了两个 MAC 地址（最后两个），它们是如何得到的呢？这是由于与 ESW1 接口 f1/14、f1/15 相连的 WWW、DNS 服务器是路由器仿真配置的，它们之间不断运行着一些二层协议的应用，如 Cisco 的 CDP（Cisco 设备的发现协议）等，因此 WWW、DNS 服务器与 ESW1 之间有二层数据需要交换，所以，ESW1 学习到了这些设备的 MAC 地址与接口的对照表。注意，Address Type 为 Dynamic（动态），也就是自主学习得到的。

3. 各终端设备间相互访问后查看 MAC 地址表

（1）从 PC-1 上访问 PC-2。

```
PC-1> ping 10.10.0.20
84 bytes from 10.10.0.20 icmp_seq=1 ttl=63 time=85.370 ms
……
```

（2）查看 ESW1 的 MAC 地址表。

```
ESW1#show mac-address-table
......
cc03.032c.0000 Self        1          vlan1
cc03.032c.0000 Self        10         vlan10
cc03.032c.0000 Self        20         vlan20
cc03.032c.0000 Self        30         vlan30
cc03.032c.0000 Self        80         vlan80
c404.033c.0000 Dynamic     80         FastEthernet1/15
0050.7966.6801 Dynamic     20         FastEthernet1/4        # PC-2 与 f1/4 接口相连
0050.7966.6800 Dynamic     10         FastEthernet1/1        # PC-1 与 f1/1 接口相连
c405.0341.0000 Dynamic     80         FastEthernet1/14
```

MAC 地址表中又多出了两条记录，通过查看 PC-1 和 PC-2 的 MAC 地址，可以验证这两个 MAC 地址分别记录了 PC-1 和 PC-2 的 MAC 地址及与交换机连接的接口。

```
PC-1> show ip                              # 查看 IP 地址等配置信息
NAME          : PC-1[1]
IP/MASK       : 10.10.3.10/25              # IP 地址和子网掩码
GATEWAY       : 10.10.3.1                  # 默认网关
DNS           :                            # DNS 服务器，未配置
MAC           : 00:50:79:66:68:00          # PC-1 的 MAC 地址
LPORT         : 10054
RHOST:PORT    : 127.0.0.1:10055
MTU           : 1500                       # 最大传输单元

PC-2> show ip
NAME          : PC-2[1]
IP/MASK       : 10.10.0.20/23
GATEWAY       : 10.10.0.1
DNS           :
MAC           : 00:50:79:66:68:01          # PC-2 的 MAC 地址
LPORT         : 10056
RHOST:PORT    : 127.0.0.1:10057
MTU           : 1500
```

注意： MAC 地址表是有老化时间的，这个时间不能太长，也不能太短，太长了 MAC 地址表长时间得不到更新，很容易被占满；太短了会导致频繁的 MAC 地址学习，增加交换机的负担。默认是 300 秒。

Cisco 路由器和交换机可以用以下命令设置 MAC 地址表老化时间：

```
ESW1#conf t
ESW1(config)#mac-address-table aging-time ?
<10-1000000>  Maximum age in seconds
```

思考题

1. 交换机 MAC 地址表的老化时间过长或过短会出现什么问题？
2. 交换机 MAC 地址表缓冲空间太小会出现什么问题？

3. 对图 1.1 网络拓扑图进行一些修改，在 SW1 上接入属于 vlan10 的多台 PC（IP 地址属于 vlan10），这些 PC 分别访问（ping）PC-2，请分析 ESW1 上的 MAC 地址表。
4. 在图 1.1 中，PC-1 访问（ping）PC-2 之后，ESW1 为什么会记录 PC-2 的<MAC，接口>对照表？
5. 在图 5.5 中，如果交换机每个接口只能记录一个 MAC 地址，请分析可能会出现什么情况？
6. 请仔细观察实验过程中“show mac-address-table”命令的输出结果，给出交换机 MAC 地址表的结构。

实验 6　VLAN 中继协议

建议学时：2 学时。

实验知识点：虚拟局域网 VLAN（Virtual LAN，P104）、802.1q（P104）。

6.1　实验目的

1. 掌握 VLAN 的基本概念。
2. 理解中继的概念。
3. 理解 802.1q 协议。

6.2　VLAN 简介

1. 虚拟局域网

通过前面实验 5 的学习，我们知道了传统的总线型以太网被认为是一个物理网段，它是一个冲突域（也是一个广播域）。交换机的每个接口是一个独立的冲突域，因此可以这样认为：交换机将多个物理网段连接成了一个更大的直连[①]的网络（也是一个更大的广播域），当然也可以理解为交换机将一个大的冲突域隔离成一个一个较小的冲突域（我们不希望冲突域太大），在这种情况下，冲突域变小了，但广播域变大了，这给网络管理和网络安全带来了不少的挑战。

在数据链路上，有没有一种办法能够将一个较大的广播域隔离成一个一个较小的广播域呢？本章的虚拟局域网技术较好地解决了这个问题。

虚拟局域网（VLAN）是一组逻辑上的设备和用户，这些设备和用户并不受物理位置的限制，可以根据功能、部门及应用等因素将其组织起来，相互之间的通信就好像在同一个网段中一样，由此得名虚拟局域网。

一个 VLAN 就是一个广播域，VLAN 之间的通信需通过第三层的路由器来完成，与传统的局域网技术相比较，VLAN 技术更加灵活。VLAN 的概念如图 6.1 所示。

在如图 6.1 所示的交换机组成的网络中（交换机间均使用二层接口相连），如果不采用 VLAN 技术，所有计算机同属于一个广播域（广播域较大），采用 VLAN 技术之后，不同楼层的计算机可划分至同一 VLAN 中（广播域较小），同一 VLAN 之间的计算机可以直接通信，不同 VLAN 之间的计算机需经路由器转发之后才能通信。

---

① 参考实验 17 中的 netstat -r 命令。

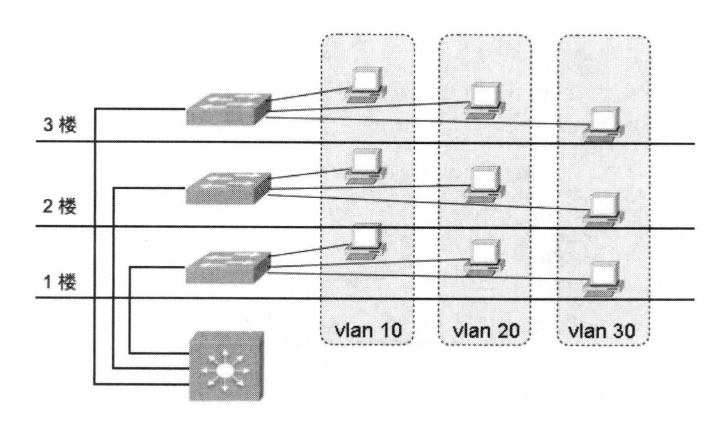

图 6.1　VLAN 的概念

2. VLAN 的优点

（1）减少了网络设备的移动、添加和修改的管理开销。
（2）较好地控制网络中的广播流量。
（3）提高了网络的安全性。

6.3　VLAN 间中继

如果在两台交换机上分别创建了多个相同的 VLAN（类似于相同部门的人员分散在不同地点办公），并且两台交换机上相同的 VLAN（比如 vlan10）间需要通信，则需要将交换机 SW1 上属于 vlan10 的一个接口，与交换机 SW2 上属于 vlan10 的另一个接口连接起来。如果这两台交换机上其他相同的 VLAN 间也需要通信，那么交换机之间需要更多的互连线，这使得交换机接口的利用率太低，如图 6.2 所示。

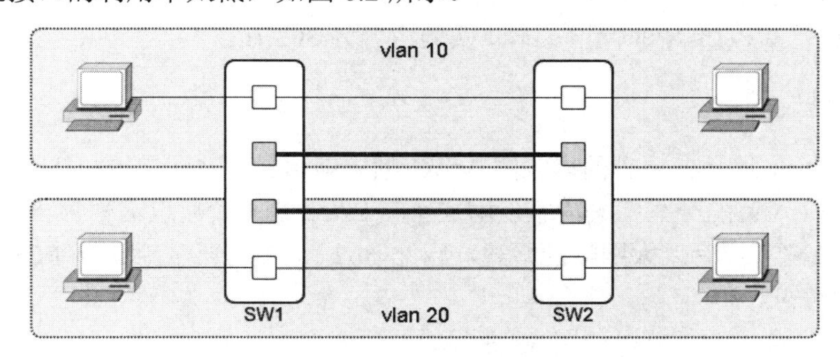

图 6.2　无 trunk 跨交换机 VLAN 间的通信

事实上，在交换机中有一个特殊的接口称为“VLAN 中继接口”（trunk）。trunk 技术用于交换机之间互连，能够使分布在不同交换机中的那些相同的 VLAN 通过共享链路进行通信。交换机之间互连的接口就称为 trunk 接口。

交换机有了 trunk 功能，相同 VLAN 跨交换机通信就可以这样实现了：两台交换机之间用一条互连线（也可以采用以太网通道即多条互连线）连接，将互连线的两个接口设置为 trunk 模式，这样就可以使交换机上不同的 VLAN 共享这条线路。

如图 6.3 所示，主机 A 和 B 与交换机相连接口属于 vlan10，主机 C 和 D 与交换机相连接口属于 vlan20。交换机 ESW1 和 ESW2 上的 fa1/1 接口配置为 trunk 接口，那么它们之间的连线，可以允许分别属于 vlan10 和 vlan20 的数据帧通过，这两个接口就是中继接口，与之相连的链路就称为中继链路。

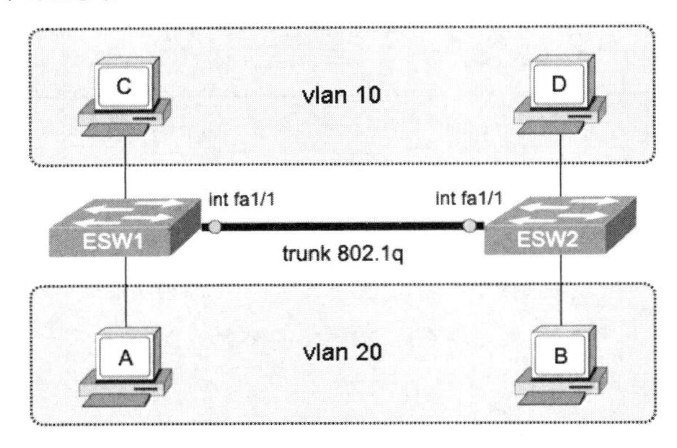

图 6.3　VLAN 间中继

参考实验 1 中图 1.1 所示的网络拓扑图，要实现分别位于不同的三层交换机 ESW1 和 ESW2 的 vlan10 间的通信，ESW1 与 ESW2 之间的链路需配置为 trunk 中继，ESW1 和 ESW2 上的 f1/11 接口需配置为中继接口，该中继链路被所有 VLAN（或指定 VLAN）共享。

trunk 不能实现不同 VLAN 间通信，要实现不同 VLAN 间通信，需要通过三层设备（路由器/三层交换机）的路由功能来实现。

6.4　802.1q 协议

常见的实现 trunk 的协议有两种，分别是 802.1q 和 ISL。

802.1q 是公有的标准，它同时支持标准 VLAN 和扩展 VLAN 标记。ISL 是 Cisco 的私有标准，不支持扩展 VLAN 的标记。本章实验内容为 802.1q。

1. 协议语法

IEEE 802.1q 协议是在原有的以太网 MAC 帧中新增加了 4 字节的 VLAN Tag，VLAN Tag 用来标识 VLAN 的一些相关信息，增加了 VLAN Tag 的帧也被称为 802.1q 帧。由于 802.1q 帧已经改变了原有以太网帧的格式，因此 802.1q 帧需要重新计算 FCS，这也增加了交换机 CPU 的负荷。

VLAN Tag 包含 4 个部分，如图 6.4 所示。

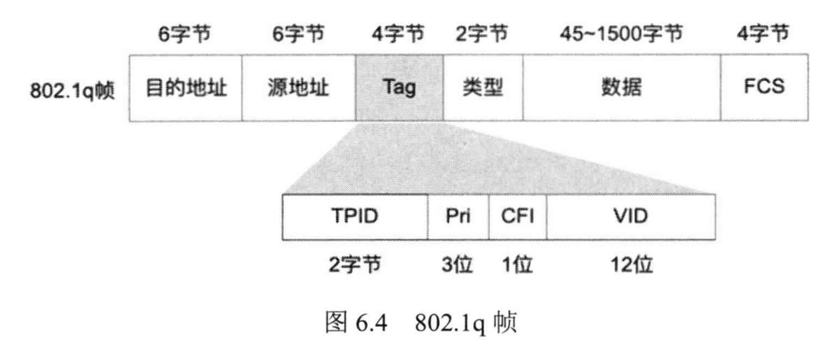

图 6.4　802.1q 帧

2. 协议语义

802.1q 的 VLAN Tag（简称 Tag）标记字段，位于以太网帧的源地址和类型字段之间，Tag 字段里包括 Priority（图 6.4 中的“Pri”）和 VLAN ID（图 6.4 中的“VID”）。

（1）**目的地址：** 目的 MAC 地址。

（2）**源地址：** 源 MAC 地址。

（3）**类型：** 2 字节，0x8100，表示 802.1q 帧。

（4）**Tag（802.1q 标记）。**

- TPID：Tag Protocol Identify，Tag 协议类型，802.1q 协议为 0x8100。
- Pri：优先级，3 位，标识报文的优先级，0 至 7 优先级逐步增高，出现拥塞时，优先发送优先级高的数据帧。
- CFI：1 位，取 0 表示 MAC 地址以标准形式封装（以太网），取 1 则以非标准形式封装（用于区分以太网帧、FDDI 帧和令牌环网帧，在以太网帧中，CFI 取值为 0）。
- VID：12 位，0~4095，0 和 4095 保留，有效取值范围为 1~4094。

3. 协议同步

交换机在中继端口上为转发出去的帧打上 Tag 标记，通过中继链路到达另一交换机时，移出 Tag，并交付给相应的 VLAN 中的主机。

6.5 协议验证

注意： 以下实验在图 1.1 的网络拓扑图中完成，并且在三层交换机 ESW1、ESW2 的二层接口中实验，即在 NM-16ESW 模块上的接口上完成 VLAN 的实验，其接口编号形式为 f1/x。

1. 实验流程

参见前面的图 1.1，PC-1 通过 trunk 中继链路发送数据帧给属于同一 vlan10 中的 PC-4 时，交换机 ESW1 会在原数据帧中打上 vlan10 的标记，该帧到达 ESW2 时，交换机 ESW2 就会删除 802.1q 标记，将原始数据帧发送给主机 PC-4。实验流程如图 6.5 所示。

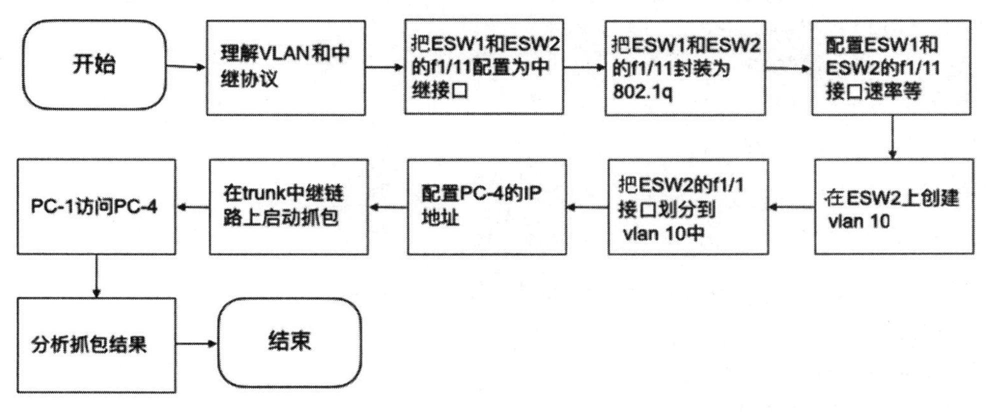

图 6.5　实验流程

2. 网络配置

（1）ESW1 配置。

```
ESW1#conf t
ESW1(config)#int f1/11
ESW1(config-if)#switchport mode trunk                    # 配置该接口为中继模式
ESW1(config-if)#switchport trunk encapsulation dot1q     # 中继协议配置为 802.1q
ESW1(config-if)#speed 100                                # 接口速率配置
ESW1(config-if)#duplex full                              # 接口配置为全双工模式
ESW1(config-if)#no shut
ESW1(config-if)#end
ESW1#copy run star
ESW1#
```

（2）检查 f1/11 是否双 up。

```
ESW1#show int f1/11
FastEthernet1/11 is up, line protocol is up              # 已经双 up 了
```

注意，如果没有双 up，可选择该端口，先 shut，然后再 no shut。

```
ESW1#conf t
ESW1(config)#int f1/11
ESW1(config-if)#shut
ESW1(config-if)#no shut
ESW1(config-if)#end
ESW1#wr
```

（3）ESW2 配置。

```
ESW2#conf t
ESW2(config)#int f1/11
ESW2(config-if)#switchport mode trunk
ESW2(config-if)#switchport trunk enca dot1q
ESW2(config-if)#speed 100
ESW2(config-if)#duplex full
ESW2(config-if)#no shut
ESW2(config-if)#end
ESW2#copy run star
```

（4）检查 f1/11 是否双 up。

```
ESW2#show int f1/11
FastEthernet1/11 is up, line protocol is up
```

如果没有双 up，可选择该端口，先 shut，然后再 no shut。

```
ESW2#conf t
ESW2(config)#int f1/11
ESW2(config-if)#shut
ESW2(config-if)#no shut
```

```
ESW2(config-if)#end
ESW2#wr
```

（5）验证 trunk 接口配置。

```
ESW1#show int trunk

Port      Mode          Encapsulation  Status        Native vlan
Fa1/11    on            802.1q         trunking      1          # 本征 vlan 为 vlan 1

Port      Vlans allowed on trunk                                # trunk 上允许通过的 vlan
Fa1/11    1-1005

Port      Vlans allowed and active in management domain # 当前trunk 上允许通过的vlan
Fa1/11    1,10,20,30,80

Port      Vlans in spanning tree forwarding state and not pruned
Fa1/11    1,10,20,30,80

ESW2#show int trunk

Port      Mode          Encapsulation  Status        Native vlan
Fa1/11    on            802.1q         trunking      1

Port      Vlans allowed on trunk
Fa1/11    1-1005

Port      Vlans allowed and active in management domain
Fa1/11    1,10

Port      Vlans in spanning tree forwarding state and not pruned
Fa1/11    1,10
```

本征 vlan 的作用：交换机如果收到没有打上 802.1q 标记的帧，这些帧将会被转发给本征 vlan，反过来，如果一个打上 802.1q 的帧要转发到本征 vlan，该帧将被丢弃。

默认情况下，允许所有 vlan 通过 trunk，当然可以用以下命令来修改 trunk 上允许通过的 vlan：

```
ESW1(config-if)#switchport trunk allowed vlan ?
  WORD    VLAN IDs of the allowed VLANs when this port is in trunking mode
  add     add VLANs to the current list         # 新增加一个允许通过的 vlan
  all     all VLANs                             # 允许所有 vlan 通过，默认
  except  all VLANs except the following        # 排除不允许通过的 vlan
  remove  remove VLANs from the current list    # 在当前允许通过的 vlan 中删除一些 vlan

ESW1(config-if)#switchport trunk allowed vlan
```

3. 在 ESW2 上进行 VLAN 划分

（1）在 ESW2 上创建 vlan10。

```
ESW2#vlan database
ESW2(vlan)#vlan 10 name vlan10
VLAN 10 added:
    Name: vlan10
ESW2(vlan)#exit
APPLY completed.
Exiting....
```

（2）分配端口 f1/1 至 vlan10 中。

```
ESW2#conf t
ESW2(config)#int f1/1
ESW2(config-if)#switchport access vlan 10
ESW2(config-if)#end
ESW2#copy run star
```

6.6 抓包分析

（1）在 trunk（ESW1 和 ESW2 之间的链路）上启动 Wireshark 抓包。

（2）在 PC-4 上配置 IP 地址。

```
PC-4> ip 10.10.3.40/25 10.10.3.1   # PC-4 配置 vlan10 中所分配的 IP 地址（参考实验 1）
Checking for duplicate address...
```

（3）在 PC-1 上访问 PC-4。

```
PC-1> ping 10.10.3.40                          # PC-1 访问 PC-4
84 bytes from 10.10.3.40 icmp_seq=1 ttl=254 time=22.299 ms
......
```

（4）查看抓包结果，分析 802.1q。

由于 PC-1 属于 vlan10，交换机 ESW1 收到 PC-1 发来的 MAC 帧之后，打上 802.1q 的标记（trunk 封装的协议为 802.1q）之后，发送给 ESW2，如图 6.6 所示。

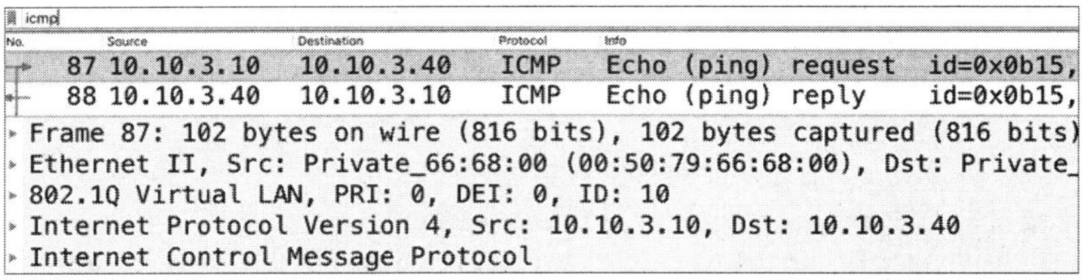

```
icmp
No.  Source       Destination  Protocol  Info
  87 10.10.3.10   10.10.3.40   ICMP      Echo (ping) request  id=0x0b15,
  88 10.10.3.40   10.10.3.10   ICMP      Echo (ping) reply    id=0x0b15,
▸ Frame 87: 102 bytes on wire (816 bits), 102 bytes captured (816 bits)
▸ Ethernet II, Src: Private_66:68:00 (00:50:79:66:68:00), Dst: Private_
▸ 802.1Q Virtual LAN, PRI: 0, DEI: 0, ID: 10
▸ Internet Protocol Version 4, Src: 10.10.3.10, Dst: 10.10.3.40
▸ Internet Control Message Protocol
```

图 6.6 802.1q 帧

展开图 6.6 中序号为 87 的包，结果如下所示：

```
Ethernet II, Src: 00:50:79:66:68:00, Dst: 00:50:79:66:68:03
    Destination: 00:50:79:66:68:03                          # 目的 MAC 地址
    Source: 00:50:79:66:68:00                               # 源 MAC 地址
    Type: 802.1Q Virtual LAN (0x8100)                       # 协议类型值 0x8100
802.1Q Virtual LAN, PRI: 0, DEI: 0, ID: 10                  # 插入的 4 字节 802.1q 数据
    000. .... .... .... = Priority: Best Effort (default) (0)          # 优先级
```

```
    ...0 .... .... .... = DEI: Ineligible                    # CFI 规范格式
    .... 0000 0000 1010 = ID: 10                             # VID, 即 vlan10
    Type: IPv4 (0x0800)                                      # 封装的数据类型为 IP 分组
Internet Protocol Version 4, Src: 10.10.3.10, Dst: 10.10.3.40          # IP 分组
Internet Control Message Protocol                            # IP 分组封装的是 ICMP 报文
```

请大家思考一个问题，在 PC 与交换机之间是否能够抓到 802.1q 的帧？

思考题

1. 在如图 6.7 所示的网络拓扑中，在 PC-1 与 ESW1 之间启动抓包之后，PC-1 访问 PC-2（ping），请分析是否能够抓到 ICMP 包（参考实验 8）。另外，请结合实验 4，分析其他的抓包结果（注意：f1/1 和 f1/15 均为二层接口）。

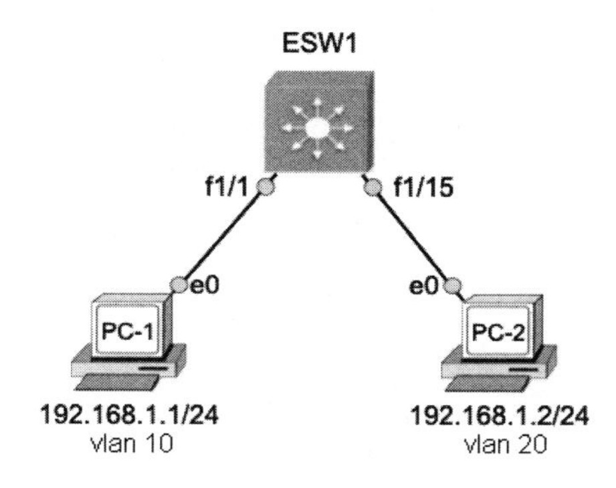

图 6.7　网络拓扑

基本网络配置如下：

```
ESW1#vlan database
ESW1(vlan)#vlan 10
ESW1(vlan)#vlan 20
ESW1(vlan)#exit

ESW1#conf t
ESW1(config)#int f1/1
ESW1(config-if)#switchport access vlan 10
ESW1(config-if)#int f1/15
ESW1(config-if)#switchport access vlan 20
ESW1(config-if)#end
ESW1#copy run star

PC-1>ip 192.168.1.1/24
PC-1>save

PC-2>ip 192.168.1.2/24
PC-2>save
```

2. 请分析本章实验中，是否能够在 ESW2 和 PC-4 之间、ESW1 和 PC-1 之间抓取到 802.1q 帧。
3. Cisco 交换机接口配置模式下有 speed 和 bandwidth 命令，这两条命令的功能是什么？两者有什么区别？
4. 在图 1.1 中，如果交换机 ESW1 与 ESW2 的本征 VLAN 不一致，会出现什么问题？

实验 7　PPP 协议

建议学时：2 学时。

实验知识点：点对点协议 PPP（P78）、PPP 协议的工作状态（P82）。

7.1　实验目的

1. 掌握 PPP 协议的基本概念。
2. 理解 PPP 协议的工作流程。
3. 理解 PPP 协议认证。

7.2　PPP 简介

点对点协议 PPP（Point-to-Point Protocol）是目前使用较为广泛的数据链路层协议。用户通常都要连接到某个 ISP 之后才能接入互联网，PPP 协议就是用户计算机和 ISP 进行通信时所使用的数据链路层协议，ISP 使用 PPP 协议为计算机分配一些网络参数（如 IP 地址、域名等）。

1. PPP 协议

PPP 是一个协议集，主要包含下面三部分内容。其层次结构如图 7.1 所示。

- LCP（Link Control Protocol），链路控制协议。
- NCP（Network Control Protocol），网络控制协议。
- PPP 的扩展协议（如 Multilink Protocol）。

	IP	IPX	其他网络协议	
PPP	IPCP	IPXCP	其他 NCP	网络层
	NCP			
	LCP			数据链路层
	物理介质（同/异步）			物理层

图 7.1　PPP 协议层次结构

2. 协议语法

PPP 帧格式如图 7.2 所示。

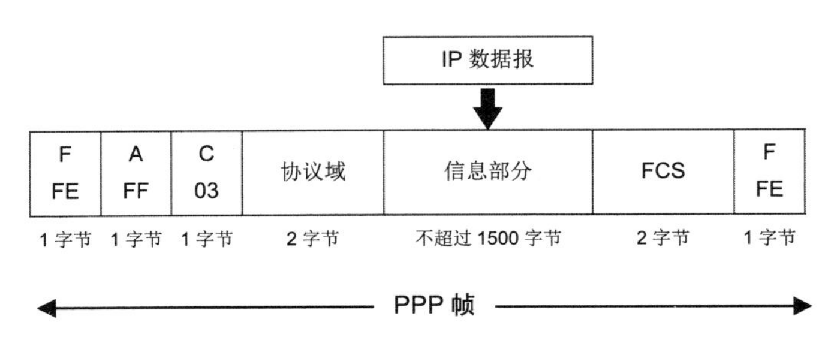

图 7.2　PPP 帧格式

3. 协议语义

（1）**F（帧定界）**：每一个 PPP 数据帧都以标志字节 7E 开始和结束。

（2）**A（地址域）**：FF，由于点到点链路可以唯一标识对方，所以此字节无意义。

（3）**C（控制域）**：0x03，无意义。

（4）**协议域**：区分 PPP 帧中信息部分所承载的数据报文内容的类型，必须为奇数。主要的协议类型有 LCP（0xC021）、NCP（0x8021）及普通的 IP（0x0021）报文。协议类型也标识 PPP 协议运行过程中的不同状态，据此来判断 PPP 协议所处的阶段。协议域含义如表 7.1 所示。

表 7.1　协议域含义

范围	代表含义
0x0***~0x3***	特殊数据包的网络层协议
0x8***~0xb***	属于网络控制协议 NCP
0x4***~0x7***	用于没有相关 NCP 的低通信量协议
0xc***~0xf***	使用链路层控制协议 LCP 的包

协议域保留值如下。

- 0xc021：LCP
- 0xc023：PAP
- 0xc025：LINK quality report，链路品质报告
- 0xc223：CHAP 认证
- 0x8021：IPCP，IP 控制协议
- 0x0021：IP 数据报
- 0x0001：Padding Protocol，填充协议
- 0x0003～0x001f：保留
- 0x007d：保留

（5）**信息部分**：不超过 1500 字节。

（6）**FCS**：CRC 检验。

4. 协议同步（PPP 协议的 6 个阶段）

（1）**链路不可用阶段**：初始阶段。

（2）**链路建立阶段**：LCP 协商，协商认证方式等。

（3）**验证阶段**：PAP/CHAP 验证。

（4）**网络层协议阶段**：NCP 协商。

（5）**PPP 会话维持阶段**：维持 PPP 会话，定时发送 Echo Request 报文，并等待 Echo Reply 报文。

（6）**网络终止阶段**：终止 PPP 会话，回到链路不可用阶段。

PPP 协议链路建立的过程如图 7.3 所示。

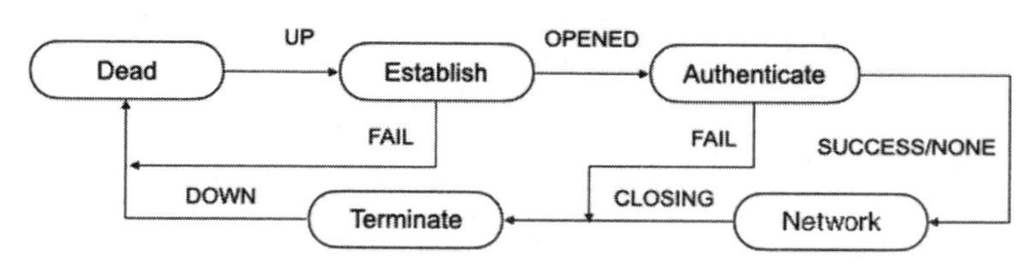

图 7.3　PPP 链路建立阶段图

5. CHAP 认证

PAP 是通过直接传递口令来实现身份验证的，存在一定的安全问题，而 CHAP 弥补了这个不足，它不需要直接传送口令即可实现对身份的确认。具体步骤如下：

（1）链路 UP 后，主验证方会发送挑战报文，报文类型为 CHALLENGE（用 1 来表示），其主要内容为报文 ID、挑战的随机数及用户名。

（2）被验证方收到 CHALLENGE 报文后，提取报文 ID、随机数及用户名，查找本地配置的 chap password，找到用户名所对应的密码，并将对方端发送过来的报文 ID、随机数及刚刚找到的密码一起进行 HASH 运算，得到 HASH 值，然后将 HASH 值加上主验证方之前发送过来的报文 ID 及本设备接口下配置的用户名，一并发送给对方端，此时报文类型为 RESPONSE（用 2 来表示）。

（3）主验证方收到报文后，提取其中的用户名，查找用户及密码，用报文 ID、之前发送过去的随机数及刚刚找到的密码，进行 HASH 运算，得到的 HASH 值与被验证方发送过来的 HASH 值一致时，则认为两端的密码一致，密码验证正确。主验证方发送一个验证通过的报文（用 3 来表示）给被验证方，提示验证通过。反之，发送一个验证失败的报文（用 4 来表示），如图 7.4 所示。

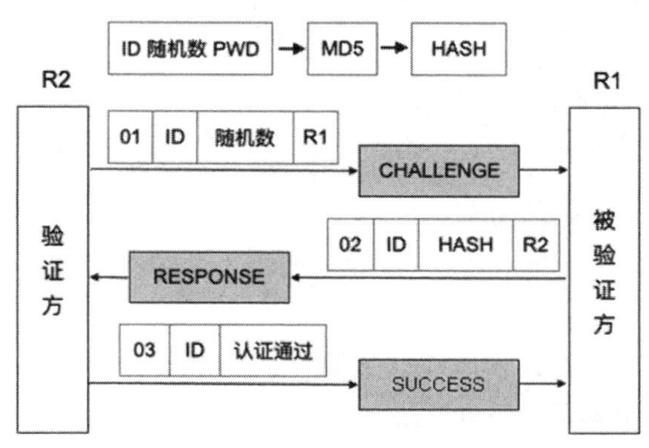

图 7.4　CHAP 3 次握手认证

可以看出，验证双方报文的 ID 和密码是一样的，并且在认证过程中，只传递了用户名（这里传递认证消息中的 R1 和 R2 是用户名），没有传送密码。

7.3 协议分析

1. 实验流程（如图 7.5 所示）

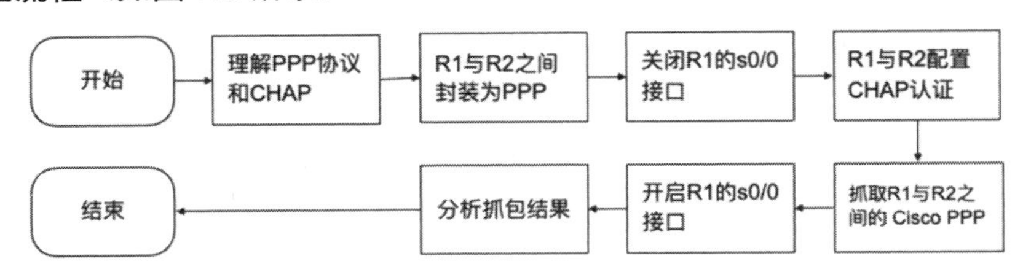

图 7.5 实验流程

在默认情况下，Cisco 设备串行接口封装的是 HDLC 协议，为了抓取 PPP 帧，首先需将接口封装的协议更改为 PPP 协议。

2. 网络配置

以下配置过程是在前面图 1.1 的网络拓扑图中的设备上进行配置的。

（1）将 R1 与 R2 之间的通信协议封装为 PPP 协议。

```
R1#conf t
R1(config)#int s0/0
R1(config-if)#encapsulation ppp              # 接口封装为 PPP 协议
R1(config-if)#end
R1#copy run star

R2#conf t
R2(config)#int s0/0
R2(config-if)#encapsulation PPP
R2(config-if)#end
R2#copy run star
```

（2）将路由器 R1 和 R2 的串口 s0/0 配置为双向 CHAP 认证。

```
R1#conf t
R1(config)#username R2 password guat       # 用户名和密码
R1(config)#int s0/0
R1(config-if)#shut                     # 关闭 s0/0 接口，否则以下配置过程出现需认证的信息
R1(config-if)#ppp authen chap
R1(config)#end
R1#copy run star

R2#conf t
R2(config)#username R1 password guat
R2(config)#int s0/0
R2(config-if)#ppp authen chap
```

```
R2(config-if)#no shut
R2(config-if)#end
R2#copy run star
```

3. 实验方法

（1）启动抓包。

在前面图 1.1 的网络拓扑图中的 R1 与 R2 链路上启动 Wireshark 抓包，链路类型选择为 PPP，分别如图 7.6 和图 7.7 所示。

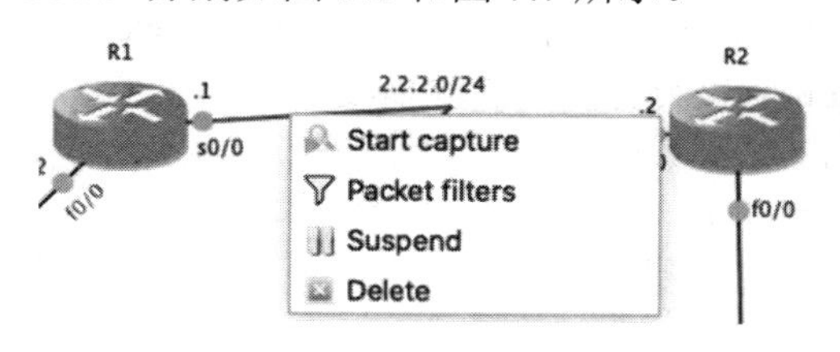

图 7.6　启动 Wireshark 抓包

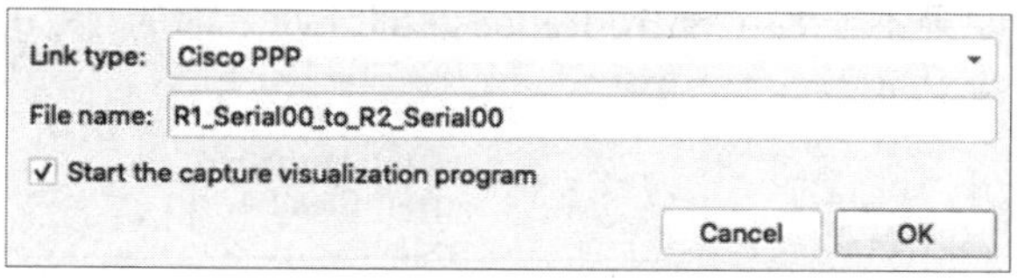

Link type: Cisco PPP
File name: R1_Serial00_to_R2_Serial00
✓ Start the capture visualization program
Cancel　OK

图 7.7　选择 PPP 协议

（2）开启 R1 接口 s0/0。

```
R1#conf t
R1(config)#int s0/0
R1(config-if)#no shut
```

7.4　结果分析

1.　PPP 协议的 4 个阶段

图 7.8 所示的是 Wireshark 抓取到的 PPP 协议的 4 个阶段。

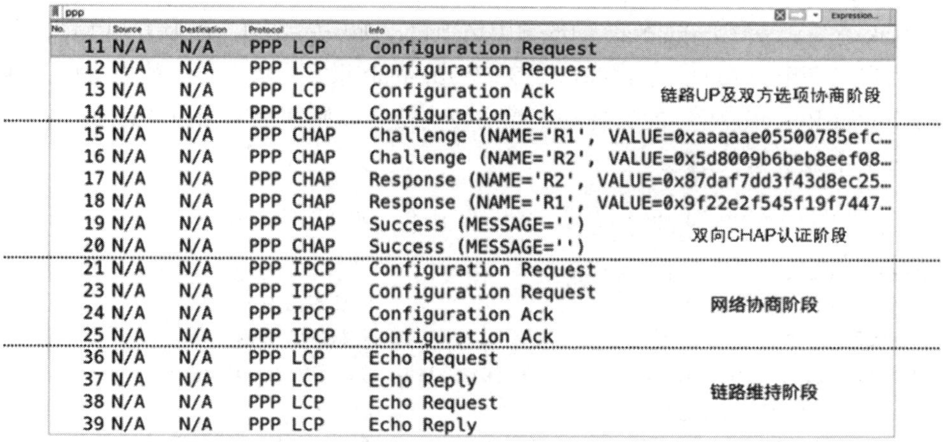

ppp

No.	Source	Destination	Protocol	Info	
11	N/A	N/A	PPP LCP	Configuration Request	链路UP及双方选项协商阶段
12	N/A	N/A	PPP LCP	Configuration Request	
13	N/A	N/A	PPP LCP	Configuration Ack	
14	N/A	N/A	PPP LCP	Configuration Ack	
15	N/A	N/A	PPP CHAP	Challenge (NAME='R1', VALUE=0xaaaaae05500785efc…	双向CHAP认证阶段
16	N/A	N/A	PPP CHAP	Challenge (NAME='R2', VALUE=0x5d8009b6beb8eef08…	
17	N/A	N/A	PPP CHAP	Response (NAME='R2', VALUE=0x87daf7dd3f43d8ec25…	
18	N/A	N/A	PPP CHAP	Response (NAME='R1', VALUE=0x9f22e2f545f19f7447…	
19	N/A	N/A	PPP CHAP	Success (MESSAGE='')	
20	N/A	N/A	PPP CHAP	Success (MESSAGE='')	
21	N/A	N/A	PPP IPCP	Configuration Request	网络协商阶段
23	N/A	N/A	PPP IPCP	Configuration Request	
24	N/A	N/A	PPP IPCP	Configuration Ack	
25	N/A	N/A	PPP IPCP	Configuration Ack	
36	N/A	N/A	PPP LCP	Echo Request	链路维持阶段
37	N/A	N/A	PPP LCP	Echo Reply	
38	N/A	N/A	PPP LCP	Echo Request	
39	N/A	N/A	PPP LCP	Echo Reply	

图 7.8　PPP 协议的 4 个阶段

序号 11~14：PPP 链路 UP 及双方选项协商阶段。

序号 15~20：双方进行双向 CHAP 认证阶段。

序号 21~25：网络协商阶段。

序号 36~39：链路维持阶段。

请注意，4 个阶段均有两个方向上的选项协商、认证、网络协商和链路维持的会话。PPP 帧中没有源地址和目的地址，因此在图 7.8 的抓包结果中，源地址和目的地址均为“N/A”。

2. LCP 协商（链路 UP）

LCP 两端通过发送 LCP Config-Request 和 Config-Ack 来交互协商选项。LCP 一方发送 LCP Config-Request（Configuration Request 的简写）来向另一方请求自己需要的 LCP 协商选项。如果 Config-Request 报文的接收方支持并接收这些选项则回复 LCP Config-Ack 报文。如果不支持 Config-Request 部分或全部的 LCP 选项，接收方则回复其他报文（如图 7.9 所示）。

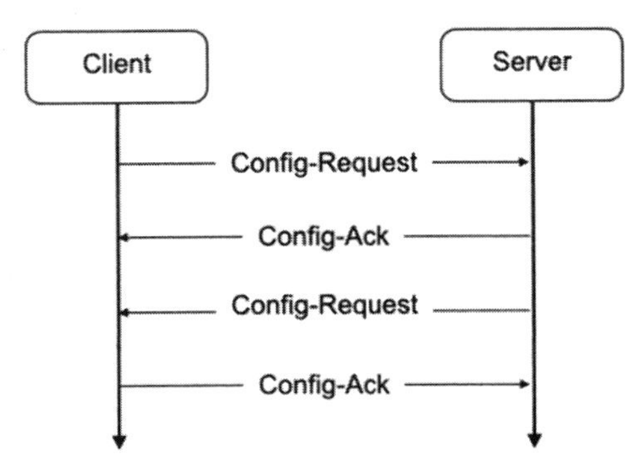

图 7.9　PPP 的 LCP 选项协商过程

- Config-Ack：若完全支持对方端的 LCP 选项，则回应 Config-Ack 报文，报文中必须完全携带对方端 Request 报文中的选项。
- Config-Nak：若支持对方端的协商选项，但不认可该项协商的内容，则回应 Config-Nak 报文，在 Config-Nak 的选项中填上自己期望的内容，如对方端 MTU 值为 1500，而自己期望值 MTU 为 1400，则在 Config-Nak 报文中填上自己的期望值 1400。
- Config-Reject：若不能支持对方端的协商选项，则回应 Config-Reject 报文，报文中带上不能支持的选项。

（1）LCP 的 Config-Request 报文（图 7.8 中序号为 11 的包）。

```
Point-to-Point Protocol
    Address: 0xff                              # 地址域为 0xff
    Control: 0x03                              # 控制域为 0x03
    Protocol: Link Control Protocol (0xc021)# 协议字段值为 0xc021，封装数据类型为 LCP
PPP Link Control Protocol
    Code: Configuration Request (1)            # 选项协商阶段的 LCP 请求报文，报文代码为 1
    Identifier: 26 (0x1a)                      # 请求报文 ID，注意与下面确认报文一致
    Length: 15
    Options: (11 bytes), Authentication Protocol, Magic Number
        Authentication Protocol: Challenge……(0xc223)  # 需要 CHAP 认证（协商认证方法）
        Magic Number: 0x01209786
            Type: Magic Number (5)
```

```
            Length: 6
            Magic Number: 0x01209786        # 魔术值，区分一对请求与响应，与下面确认一致
```

（2）LCP 的 Config-Ack 报文（图 7.8 中序号为 13 的包）。

```
Point-to-Point Protocol
    Address: 0xff
    Control: 0x03
    Protocol: Link Control Protocol (0xc021)
PPP Link Control Protocol
    Code: Configuration Ack (2)                 # 确认报文，报文代码为 2
    Identifier: 26 (0x1a)                       # 确认报文 ID，注意与上面请求报文一致
    Length: 15
    Options: (11 bytes), Authentication Protocol, Magic Number
        Authentication Protocol: Challenge……   # 同意 CHAP 认证
        Magic Number: 0x01209786
            Type: Magic Number (5)
            Length: 6
            Magic Number: 0x01209786            # 魔术值，请求报文一致
```

由于 LCP 是双向的，从图 7.8 中可以看出，一共有 2 个 Config-Request 和 2 个 Config-Ack。另一对 Request 和 Ack 这里不做分析，每一对的标识和魔术值是相同的。

3. PPP 协议 CHAP 认证

CHAP 通过 3 次握手实现认证。

（1）第 1 次握手（图 7.8 中序号为 15 的包），R2 发送。

```
Point-to-Point Protocol
    Address: 0xff
    Control: 0x03
    Protocol: Challenge Handshake Authentication Protocol (0xc223)   # 协议类型为
CHAP 认证
PPP Challenge Handshake Authentication Protocol
    Code: Challenge (1)                                      # 第 1 次握手，代码为 1
    Identifier: 19                                           # 报文 ID，认证会话期间保持一致
    Length: 23
    Data
        Value Size: 16
        Value: aaaaae05500785efcda522d47867794d # 随机数
        Name: R1                                       # 验证方用户名（路由器 R2 发起）
```

（2）第 2 次握手（图 7.8 中序号为 17 的包），R1 发送。

```
Point-to-Point Protocol
    Address: 0xff
    Control: 0x03
    Protocol: Challenge Handshake Authentication Protocol (0xc223)
PPP Challenge Handshake Authentication Protocol
Code: Response (2)                                     # 第 2 次握手，代码为 2
    Identifier: 19                                     # 报文 ID，认证会话期间保持一致
```

```
    Length: 23
    Data
        Value Size: 16
        Value: 87daf7dd3f43d8ec254bef6d0f3e411e # HASH值
        Name: R2                                # 验证方用户名
```

（3）第3次握手（图7.8中序号为20的包），R2发送。

```
Point-to-Point Protocol
    Address: 0xff
    Control: 0x03
    Protocol: Challenge Handshake Authentication Protocol (0xc223)
PPP Challenge Handshake Authentication Protocol
    Code: Success (3)                       # 第3次握手，代码为3表示成功
    Identifier: 19                          # 报文ID，认证会话期间保持一致
    Length: 4
```

由于配置双向 CHAP 认证，故有两个 3 次握手认证过程，请读者自行分析另一个方向的3次握手认证。

4. NCP协商[①]

最为常用的NCP是IPCP（Internet Protocol Control Protocol）协议，其主要功能是协商PPP报文的网络层参数，如IP地址、DNS Server IP地址。

NCP流程与LCP流程类似，NCP两端通过互相发送NCP Config-Request报文并且互相回应NCP Config-Ack报文进行协商，协商完毕，说明用户与ISP连线成功，用户可以正常访问网络了。

（1）NCP的Config-Request报文（图7.8中序号为21的包）。

```
Point-to-Point Protocol
    Address: 0xff
    Control: 0x03
    Protocol: Internet Protocol Control Protocol (0x8021) # IPCP，协议字段值为
0x8021
PPP IP Control Protocol
    Code: Configuration Request (1)         # NCP请求，代码为1
    Identifier: 1 (0x01)                    # 报文ID，会话期间保持一致
    Length: 10
    Options: (6 bytes), IP Address
        IP Address
            Type: IP Address (3)            # 地址类型为IP地址，类型值为3
            Length: 6                       # 选项长度6字节
            IP Address: 2.2.2.2             # 路由器R2接口s0/0的IP地址
```

（2）NCP的Config-Ack报文（图7.8中序号为24的包）。

```
Point-to-Point Protocol
```

① 本实验仅验证了NCP协商这一过程，并不能观察到NCP参数协商的具体内容。

```
    Address: 0xff
    Control: 0x03
    Protocol: Internet Protocol Control Protocol (0x8021)
PPP IP Control Protocol
    Code: Configuration Ack (2)                   # NCP 确认，代码为 2
    Identifier: 1 (0x01)                          # 报文 ID，与请求一致
    Length: 10
    Options: (6 bytes), IP Address
        IP Address
            Type: IP Address (3)
            Length: 6
            IP Address: 2.2.2.1                   # 路由器 R1 接口 s0/0 的 IP 地址
```

与 LCP 类型类似，NCP 也是双向的，请读者自己分析另一个方向的 NCP。

5. 会话维持

PPP 经过选项协商、认证、网络协商之后，PPP 接口会主动发送 Echo Request 进行心跳保活，若 3 次未得到对方的响应，则设备主动释放地址。发送 Echo Request 的时候，魔术字字段值要和之前通信的 Config-Request 使用的魔术字字段值保持一致，即 Echo Request/Echo Reply 的魔术字字段值与链路 UP 选项协商阶段 Config-Request 的魔术字值（0x01209786）是一样的。

（1）Echo Request 报文（图 7.8 中序号为 38 的包）。

```
Point-to-Point Protocol
    Address: 0xff
    Control: 0x03
    Protocol: Link Control Protocol (0xc021)
PPP Link Control Protocol
    Code: Echo Request (9)                  # 维持请求，代码为 9
    Identifier: 1 (0x01)                    # 报文 ID
    Length: 12
    Magic Number: 0x01209786                # Echo Reply 魔术字字段值与其一致
    Data: 021e9e32
```

（2）Echo Reply 报文（图 7.8 中序号为 37 的包）

```
Point-to-Point Protocol
    Address: 0xff
    Control: 0x03
    Protocol: Link Control Protocol (0xc021) #LCP
PPP Link Control Protocol
    Code: Echo Reply (10)                   # 维持应答，代码为 10
    Identifier: 1 (0x01)                    # 报文标识
    Length: 12
    Magic Number: 0x01209786                # 与 Echo Request 魔术字字段值一致
Data: 01209786
```

与 LCP 类似，会话维持也是双向的，另一个会话维持请读者自己分析。

6. 总结

我们已经抓取到了 PPP 中的 LCP、认证、NCP、会话维持报文并进行了分析，读者通过完成思考题，可以抓取类型为 0x0021 的 PPP 报文，以及 CHAP 认证失败等报文。

思考题

1. 请配置抓取类型为 0x0021 的 PPP 的报文（封装数据为 IP 的 PPP 报文），并分析该报文。
2. 请配置并抓取 PPP 的 CHAP 认证失败报文并分析，请配置并抓取 PPP 的 PAP 认证报文并分析。
3. 在图 1.1 中，将 R1 接口 s0/0 关闭之后，在路由器 R1 和 R2 中开启 debug ppp authentication，然后开启 R1 路由器接口 s0/0，观察 R1 和 R2 的 debug 输出结果。

实验 8　IP 与 ICMP 协议

建议学时：4 学时。

实验知识点：IP 数据报格式、IP 分片（P136~P138）、ICMP 协议（P146）。

8.1　实验目的

1. 掌握 IP 协议及 IP 分片。
2. 理解 ICMP 协议询问应答报文。
3. 理解 ICMP 差错报告报文。
4. 理解路由重定向。

8.2　IP 协议简介

1. 基本概念

IP 协议的主要功能是将异构的网络连接起来，实现异构网络间的分组交换。IP 协议还有一个很重要的功能就是分片，如果路由中有些网络只能承载较小的 IP 分组[①]，那么，IP 可以将原来较大的 IP 分组重新组装成较小的 IP 分组进行转发，并在报头中注明分片信息。

如图 8.1 所示，利用 IP 协议，路由器将以太网、ATM 网络、PPP 等网络互相连接起来，实现了异构网络间的互联互通（即构建了现今最大的网络：Internet）（P121）。

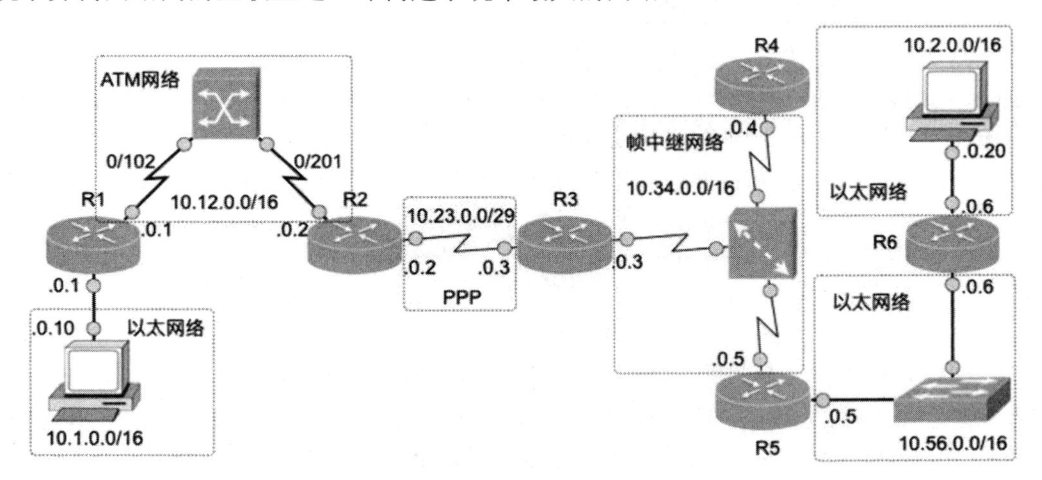

图 8.1　IP 协议将异构的网络连接起来

在实验 7 中，已将图 1.1 中 R1 与 R2 之间相连的接口封装为 PPP，R1 左侧为以太网，

① IP 分组、IP 数据报为同一概念。IP 分片也是一个完整的 IP 分组。

右侧为 PPP 帧。R1 在转发 IP 分组时，在数据链路层进行了帧格式的转换。

2. 协议语法

IP 数据报文的格式如图 8.2 所示。

IP 分组首部格式较为复杂，由固定 20 字节部分和选项部分组成，选项部分最长为 40 字节，因此 IP 分组首部长度最小为 20 字节，最大为 60 字节，一般情况下，IP 分组首部仅有固定的 20 字节部分。

IP 分组首部一共分为 13 个字段，其中较难理解的字段是标识、标志、片偏移和 TTL。

0	4	8	16	19 31
Version	IHL	Type of Service	Total Length	
Identification			Flags	Fragment Offset
Time To Live		Protocol	Header Checksum	
Source IP Address				
Destination IP Address				
Options				Padding

图 8.2　IP 数据报格式

3. 协议语义

（1）**Version（版本）**：IP 协议的版本号，IPv4 为 4。

（2）**IHL（首部长度）**：标明的是整个 IPv4 首部的长度，以 4 字节为单位。该字段最大值为 15，即首部最大为 15 个 4 字节长度（60 字节）。一般的 IPv4 分组仅有固定 20 字节的首部长度，这种情况下，该字段的值为 5，即二进制数 0101。

（3）**Type of Service（区分服务）**：3 位优先级。

如图 8.3 所示，一共定义了 8 个服务级别，优先级越高，越优先传输。D、T、R 分别表示延时、吞吐量、可靠性。当这些值都为 1 时，分别表示低延时、高吞吐量、高可靠性。

保留（ECN）：是 IP 分组的“拥塞标识符”，接收端收到带有 ECN 标记的 IP 分组后，它会通知发送端降低发送速率（与 TCP 协议配合使用）。

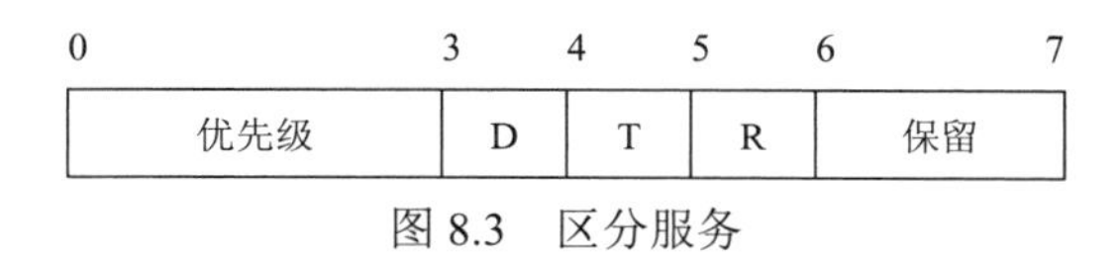

图 8.3　区分服务

（4）**Total Length（总长度）**：该字段指的是 IPv4 数据报的总长度（以字节为单位，最大值为 65535 字节）。如果数据链路层有填充字节，则接收端根据该字段值获取正确的 IP 数据报。

（5）**Identification（标识）、Flags（标志）、Fragment Offset（片偏移）**：这些字段用于标识主机发送的 IP 数据报及 IP 分片的情况，如果一个过长的 IP 数据报超出了数据链路层上帧的最大数据承载能力的时候，就要对这个 IP 数据报进行分片，每一片都是一个独立的 IP 数据报（这些分片的标识是一样的）。

标识其实就是发送主机依据某种算法得到一个“数值”，每次发送数据报都将“数值”加 1，然后将该数值作为 IP 数据报的“标识”的值（P137）。请参考本实验 8.7 节。

Flags 位占 3 位，只有 2 位有意义：

- 最低位是 MF 位，MF=0 表示最后一个分片，MF=1 表示后面还有分片。
- 中间位是 DF 位，DF=1 表示该 IP 分组在传输过程中不允许分片，当 DF=0 时才允许分片（参考实验 17 中的 ping 命令）。

（6）Time To Live（**生存时间**）：该字段设置了“IP 数据报可经过的路由器数量”的上限（可以理解为能够被路由器转发的次数），发送方设定的初始值不尽相同（与操作系统有关，参考实验 17 中的 ping 命令）。

（7）Protocol（**协议**）：是一个数字，表示 IP 数据报所封装数据的类型，即上层数据采用了什么协议。例如，17 代表 UDP，6 代表 TCP 等，在 Windows 7 中，“C:\Windows\System32\drivers\etc\”目录下的 protocol 文件中保存了协议分配的代码（P139）。

（8）Header Checksum（**首部检验和**）：仅对 IP 首部进行检验（P139）。

（9）Source IP Address：源 IP 地址。

（10）Destination IP Address：目的 IP 地址。

（11）Options（**可选字段**）：IP 支持很多可选选项。

（12）Padding（**填充**）：将首部长度填充至 4 字节的整数倍。

Options 和 Padding 最长为 40 字节。

这里特别强调生存时间（Time To Live，TTL），当路由器收到一个 IP 分组之后，首先将该 IP 分组的 TTL 值减 1，若减 1 之后的 TTL 值为 0，路由器便丢弃该分组，并利用 ICMP 协议向发送该 IP 分组的源端报超时错误，某些路由追踪命令的实现就是利用这一特点进行路由追踪的。

另一个需要读者注意的是，IP 为什么只对首部进行检验？请读者完成思考题 2。

4. 协议同步（仅考虑路由器数据层面的主要工作）

路由器收到 IP 分组后，主要完成以下几方面的工作：

（1）检测首部是否出错，出错丢弃。

（2）TTL 减 1 后是否为 0？如果为 0，则丢弃该分组，并向源端发送 ICMP 差错报告报文。

（3）寻址，提取 IP 分组中目的 IP 地址的网络地址，依据路由表进行转发。

（4）分片与重组，对于不同的数据链路层，能传送的数据的大小要求可能不一样，所以路由器会根据这些要求，对 IP 分组进行分片，并打上分片标记。

（5）协议转换，如果路由器连接两个异构网络（网络层异构），那么针对这两个网络彼此通信的数据包，路由器还需要对数据包的网络层报头格式进行协议转换。数据链路层异构，还要对数据链路层上的帧进行转换。

8.3 ICMP 协议简介

1. 协议简介

ICMP 协议是 IP 辅助协议，其作用是交换各种 IP 传送过程中的错误控制信息，如图 8.4 所示。

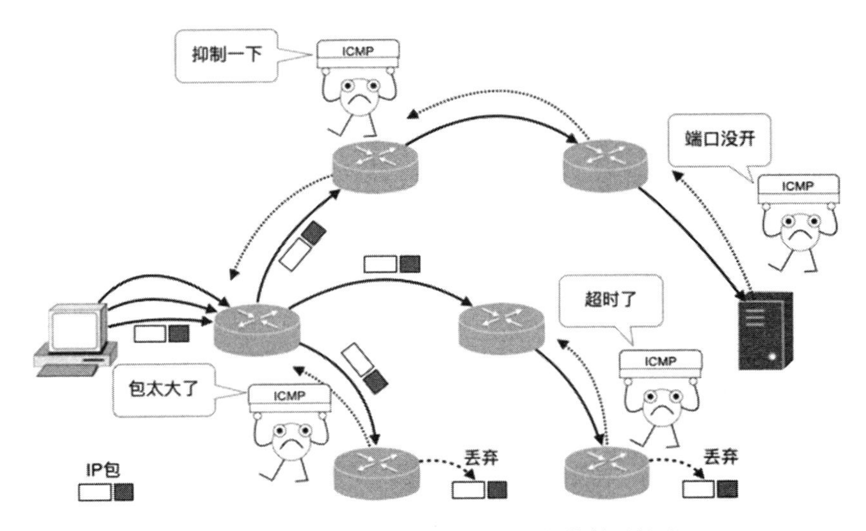

图 8.4 ICMP 是使 IP 通信平稳运行的辅助协议

由 IETF 于 1981 年提出的 RFC 792，制定了 ICMP 协议。RFC 792 在文档的起始部分就注明“ICMP 是 IP 协议不可缺少的部分，所有的 IP 模块必须实现 ICMP 协议”。

如图 8.5 所示，ICMP 报文分为差错报告报文和询问应答报文。

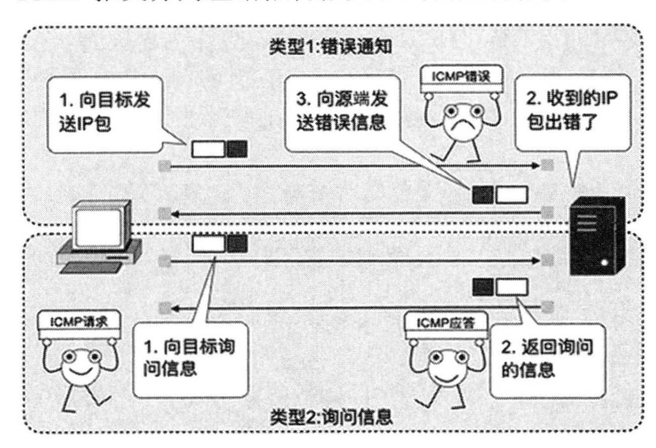

图 8.5 两类 ICMP 报文

2. ICMP 通用报文语法

通用的 ICMP 报文格式如图 8.6 所示。

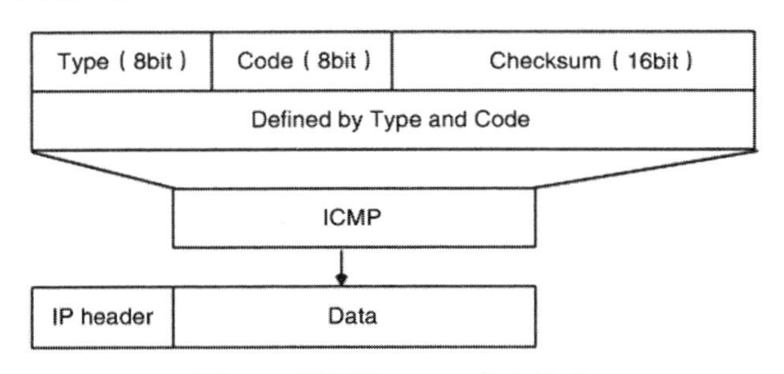

图 8.6 通用的 ICMP 报文格式

3. 协议语义

（1）Type 和 Code：可以理解为 Type 是书的“章”，Code 是章中的“节”。

- Type：ICMP 报文分为两大类，分别为差错报告报文和询问应答报文，如图 8.5 所示。
- Code：某种类型的进一步的详细信息。例如，类型 3 表示目标不可达，更具体的信息由代码给出。
- 常用的 ICMP 报文类型及代码如表 8.1 所示，表中的√表示何种类型的 ICMP 报文，Query 表示询问应答报文，Error 表示差错报告报文。

（2）Checksum：计算检验时，与 IP 检验不同（仅对首部进行检验），是对整个 ICMP 报文进行检验。

（3）数据：这部分内容是由 Type 和 Code 来决定的，对于差错报告报文，这部分包含原始出错 IP 分组首部和原始 IP 分组数据部分的前 8 字节。

表 8.1　ICMP 部分报文类型及代码

Type	Code	Description	Query	Error
0	0	Echo Reply——回显应答（ping 应答）	√	
3	0	Network Unreachable——网络不可达		√
3	1	Host Unreachable——主机不可达		√
3	2	Protocol Unreachable——协议不可达		√
3	3	Port Unreachable——端口不可达		√
3	4	Fragmentation needed but no frag. bit set——需要进行分片但设置不分片比特位		√
3	5	Source routing failed——源站选路失败		√
8	0	Echo request——回显请求（ping 请求）	√	
11	0	TTL equals 0 during transit——传输期间生存时间为 0		√
12	0	IP header bad (catchall error)——坏的 IP 首部（包括各种差错）		√

4. 协议同步

（1）询问有应答。

（2）IP 传送出错，报告错误。

（3）报告其他错误。

5. ping 采用的 ICMP 报文（协议语法）（如图 8.7 所示）

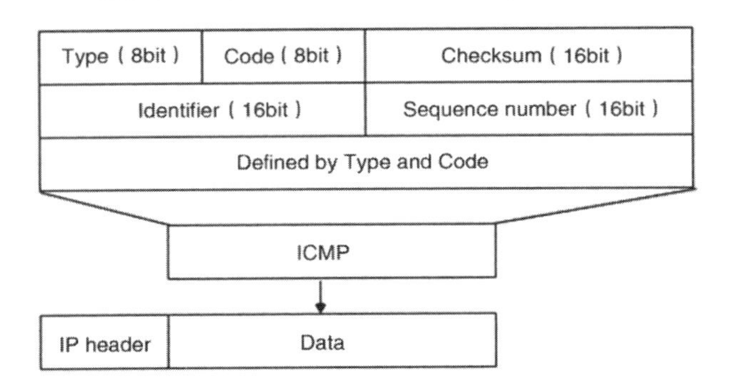

图 8.7 ping 的 ICMP 报文格式

与图 8.6 相对比，ping 采用的是 ICMP 询问应答报文中的回显请求/回显应答报文，在该 ICMP 报文中多了两个字段：Identifier、Sequence number。这两个字段有什么作用呢？

我们知道，ping 应用程序越过了运输层，它直接将 ICMP 报文封装到 IP 分组中。运输层的 TCP 或 UDP 协议，采用源端口号和目的端口号来区分通信进程，当一个 TCP 或 UDP 协议应答返回时，可以根据对应的端口号，定位到相应的处理进程。但是，IP 协议和 ICMP 协议均没有类似运输层中端口的字段，ping 程序是如何定位到属于自己发出的应答包的呢？

Identifier 和 Sequence number 的组合，就是用来实现类似 TCP 或 UDP 中的端口号功能，用以区分 ping 进程的回显请求/回显应答。

8.4 ICMP 询问报文（回显请求/回显应答）

1. 实验流程（如图 8.8 所示）

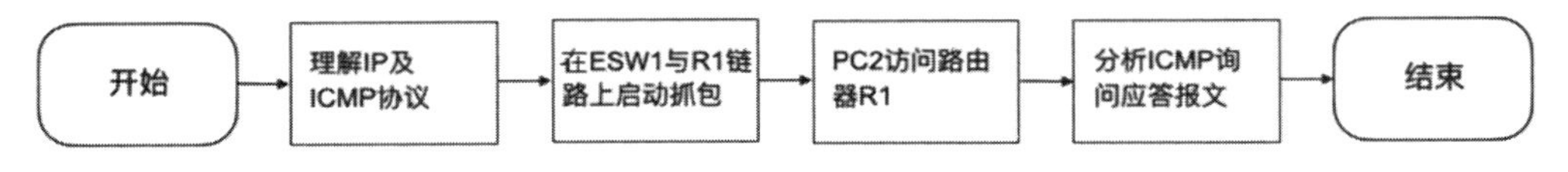

图 8.8 实验流程

实验在图 1.1 的网络拓扑图中进行，通过抓取 ping（P148）命令的运行结果（参考实验 17 中的 ping 命令），分析 ICMP 的回显请求/回显应答报文及 IP 分组。注意分析类型值（Type）和代码（Code）字段值。

2. 实验方法

（1）在 ESW1 至 R1 链路上启动 Wireshark 抓包。

（2）从 PC-2 上 ping 路由器 R1。

```
PC-2> ping 1.1.1.2
84 bytes from 1.1.1.2 icmp_seq=1 ttl=254 time=59.497 ms
……
```

3. 结果分析

抓包结果如图 8.9 所示，PC-2 一共发出了 5 个回显请求，收到了 5 个回显应答。

No.	Source	Destination	Protocol	Info
19	10.10.0.20	1.1.1.2	ICMP	Echo (ping) request id=0xc011, seq=1/256,
20	1.1.1.2	10.10.0.20	ICMP	Echo (ping) reply id=0xc011, seq=1/256,
21	10.10.0.20	1.1.1.2	ICMP	Echo (ping) request id=0xc111, seq=2/512,
22	1.1.1.2	10.10.0.20	ICMP	Echo (ping) reply id=0xc111, seq=2/512,
23	10.10.0.20	1.1.1.2	ICMP	Echo (ping) request id=0xc211, seq=3/768,
24	1.1.1.2	10.10.0.20	ICMP	Echo (ping) reply id=0xc211, seq=3/768,
25	10.10.0.20	1.1.1.2	ICMP	Echo (ping) request id=0xc311, seq=4/102,
26	1.1.1.2	10.10.0.20	ICMP	Echo (ping) reply id=0xc311, seq=4/102,
27	10.10.0.20	1.1.1.2	ICMP	Echo (ping) request id=0xc411, seq=5/128,
28	1.1.1.2	10.10.0.20	ICMP	Echo (ping) reply id=0xc411, seq=5/128,

图 8.9　ICMP 抓包

（1）询问报文（回显请求报文，图 8.9 中序号为 19 的包）

```
Internet Protocol Version 4, Src: 10.10.0.20, Dst: 1.1.1.2  # IP 数据报
    0100 .... = Version: 4                                  # 版本 IPv4
    .... 0101 = Header Length: 20 bytes (5)                 # 首部长度，只有固定 20 字节
    Differentiated Services Field: 0x00 (DSCP: CS0, ECN: Not-ECT)
    Total Length: 84                                        # IP 数据报总长度
    Identification: 0x11c0 (4544)                           # 标识
    Flags: 0x0000                                           # 标志位
    Time to live: 63                                        # 生存期，已减 1
    Protocol: ICMP (1)
    Header checksum: 0x5dc9 [validation disabled]           # 首部检验和
    Source: 10.10.0.20                                      # 源 IP 地址
    Destination: 1.1.1.2                                    # 目的 IP 地址
Internet Control Message Protocol          # ICMP 报文
    Type: 8 (Echo (ping) request)          # 类型值为 8
    Code: 0                                # 代码值为 0，ICMP 回显请求
    Checksum: 0x5ff9 [correct]             # 检验和
    Identifier (BE): 49169 (0xc011)        # 用于标识 ping 进程，BE：Linux 大端字节顺序
    Identifier (LE): 4544 (0x11c0)         # 用于标识 ping 进程，LE：Windows 小端字节顺序
    Sequence number (BE): 1 (0x0001)       # 用于标识 ping 进程
    Sequence number (LE): 256 (0x0100)     # 用于标识 ping 进程
    Data (56 bytes)                        # ICMP 报文携带的数据
```

（2）应答报文（回显应答报文，图 8.9 中序号为 20 的包），IP 数据报部分省略

```
Internet Control Message Protocol
    Type: 0 (Echo (ping) reply             # 类型值为 0
    Code: 0                                # 代码值为 0，ICMP 回显应答
    Checksum: 0x67f9 [correct]             # 检验和
    Identifier (BE): 49169 (0xc011)        # 用于标识 ping 进程
    Identifier (LE): 4544 (0x11c0)         # 用于标识 ping 进程
    Sequence number (BE): 1 (0x0001)       # 用于标识 ping 进程
    Sequence number (LE): 256 (0x0100)     # 用于标识 ping 进程
Data (56 bytes)                            # ICMP 报文携带的数据
```

在 Windows 中，ping 会连续发送 4 个 ICMP 请求报文，并得到相关的应答。Identifier（BE）和 Sequence number（BE）指明是 Linux 操作系统（大端字节顺序），Identifier（LE）和 Sequence number（LE）指明是 Windows 操作系统（小端字节顺序）。

参考网址：https://www.wireshark.org/lists/wireshark-bugs/200909/msg00439.html

回显请求与回显应答的 Identifier/Sequence number 的值是相同的，说明这是一对回显请求与回显应答。

（4）另一种直接验证 Identifier 和 Sequence number 作用的方法如下：

- 启动抓包。
- 启动两个 ping 程序。
- 分析抓包结果。

抓包结果如图 8.10 所示。

icmp

No.	Source	Destination	Protocol	Info
99	192.168.1.6	192.168.1.1	ICMP	Echo (ping) request id=0xe605, seq=10/2560,
100	192.168.1.1	192.168.1.6	ICMP	Echo (ping) reply id=0xe605, seq=10/2560,
102	192.168.1.6	192.168.1.1	ICMP	Echo (ping) request id=0xe705, seq=9/2304,
103	192.168.1.1	192.168.1.6	ICMP	Echo (ping) reply id=0xe705, seq=9/2304,

图 8.10　两个 ping 程序运行结果

仔细观察图 8.10 可以发现，序号 99 和 100 是一个 ping 程序发送的一对 ICMP 的回显请求/回显应答报文，其 ICMP 报文的 Identifier 是 0xe605，Sequence number 是 0x10（操作系统是 Mac OS，BE 大端字节顺序）。

序号 102 和 103 是另一个 ping 程序发送的一对 ICMP 的回示请求/回显应答报文，其 ICMP 报文的 Identifier 是 0xe705，Sequence number 是 0x9。

8.5　ICMP 差错报文

实验在图 1.1 的网络拓扑图中进行，通过抓取 traceroute（Windows 为 tracert，P149）命令的运行结果，分析 ICMP 差错报告报文（参考实验 17 中的 tracert 命令）。

首先了解一下 traceroute 程序的工作原理，其原理如图 8.11 所示（注意，不同的操作系统实现原理不一样）。源主机构造一个 UDP（P215）报文发送给目的主机，请求访问目的主机没有开启的端口（P214），如 33434。

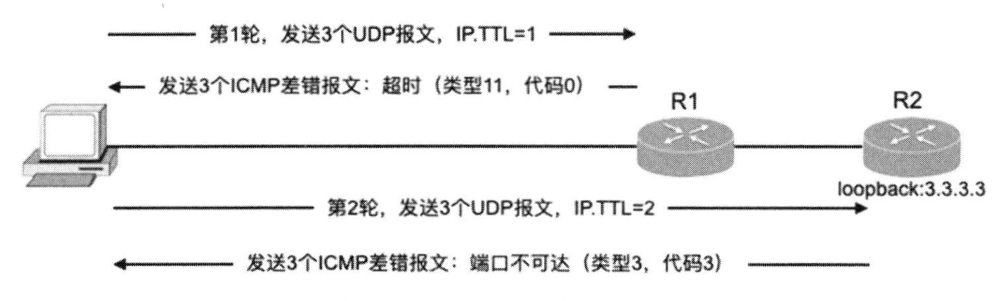

图 8.11　traceroute 路由追踪原理

该 UDP 封装到 IP 分组中的时候，重复递增 IP 分组头部 TTL 字段的值。刚开始的时候 TTL 等于 1，当该 IP 分组抵达途中的第 1 个路由器时，TTL 的值就被减为 0，导致发生超时错误，因此该路由器生成 ICMP 超时差错报告报文返回给源主机，ICMP 中的类型值为 11，代码值为 0（参考表 8.1）。

随后，源主机将重新生成的 IP 分组中的 TTL 值递增 1（变为 2），因此该 IP 分组能传递到第二跳路由器，第二跳路由器又将 TTL 减 1，此时 TTL 的值又为 0，因此第二跳路由器又会生成 ICMP 超时差错报告报文返回给源主机。

源主机不断重复上述过程，直到 IP 分组到达最终的目的主机。由于目的主机中的目的端口没有开启，此时目的主机返回 ICMP 目的端口不可达的差错报告报文，ICMP 的类型值为 3，代码值为 3（根据目的主机配置情况略有差别，例如，有些主机强制禁止时，返回类型值为 3，代码值为 10 的 ICMP 报文）。源主机依据收到的 ICMP 差错报告报文的类型值和代码值的差异，进行解析处理，就能够掌握 IP 分组从源主机到达目的主机所经过的路由信息。

注意：每次重复 3 个 UDP 报文，每次 UDP 报文的源端口/目的端口加 1。

1. 实验流程（如图 8.12 所示）

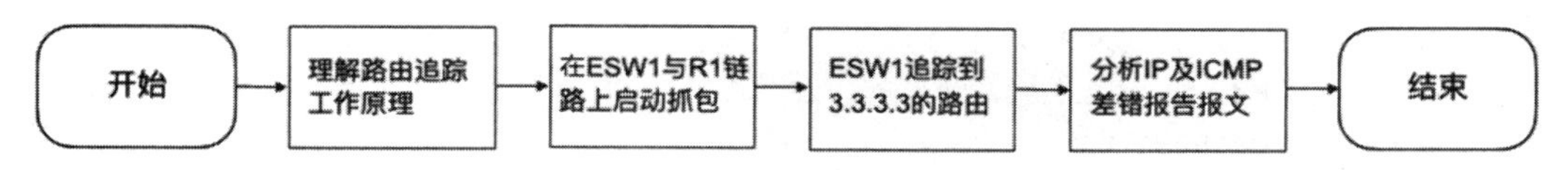

图 8.12　差错报告报文实验流程

2. 实验方法

（1）在 ESW1 至 R1 链路上启动 Wireshark 抓包。

（2）在 ESW1 上运行 traceroute 追踪到 R2 接口 loopback：3.3.3.3 的路由。

```
ESW1#traceroute 3.3.3.3
Type escape sequence to abort.
Tracing the route to 3.3.3.3
  1 1.1.1.2 36 msec 60 msec 60 msec
  2 2.2.2.2 60 msec 60 msec 60 msec
```

3. 结果分析

抓包结果如图 8.13 所示，过滤表示式为：icmp or (udp and (not rip))，将 RIP 报文排除。

一共抓到 6 个 UDP 用户数据报和 6 个差错报告报文，其中前 3 个差错报告报文为超时差错报告报文（Time-to-live），后 3 个差错报告报文为目的端口不可达的差错报告报文（Destination unreachable）。

icmp or(udp and (not rip))

No.	Source	Destination	Protocol	Info
6	1.1.1.1	3.3.3.3	UDP	49154 → 33434 Len=0
7	1.1.1.2	1.1.1.1	ICMP	Time-to-live exceeded (Time to live exceeded in transit)
8	1.1.1.1	3.3.3.3	UDP	49155 → 33435 Len=0
9	1.1.1.2	1.1.1.1	ICMP	Time-to-live exceeded (Time to live exceeded in transit)
10	1.1.1.1	3.3.3.3	UDP	49156 → 33436 Len=0
11	1.1.1.2	1.1.1.1	ICMP	Time-to-live exceeded (Time to live exceeded in transit)
12	1.1.1.1	3.3.3.3	UDP	49157 → 33437 Len=0
13	2.2.2.2	1.1.1.1	ICMP	Destination unreachable (Port unreachable)
14	1.1.1.1	3.3.3.3	UDP	49158 → 33438 Len=0
15	2.2.2.2	1.1.1.1	ICMP	Destination unreachable (Port unreachable)
16	1.1.1.1	3.3.3.3	UDP	49159 → 33439 Len=0
17	2.2.2.2	1.1.1.1	ICMP	Destination unreachable (Port unreachable)

图 8.13　抓包结果

（1）第 1 轮，图 8.13 中的序号为 6、8、10 的包，是源端发送的 3 个 UDP 用户数据报（没有携带数据），每个 UDP 用户数据报的源端口和目的端口的值，较上个 UDP 用户数据报增加 1。在本轮中，源端将 UDP 用户数据报封装到 IP 分组中时，把 IP 分组首部中的

TTL 置 1，然后发送给下一个路由器 R1，R1 收到该 IP 分组之后，将 TTL 减 1，此时 TTL 为 0，R1 不再转发该 IP 分组，而是向源端报超时错误：类型值 11，代码值 0（序号为 7、9、11 的包）。

- 发送方发送的 UDP 用户数据报如下（图 8.13 中序号为 6 的包）：

```
Internet Protocol Version 4, Src: 1.1.1.1, Dst: 3.3.3.3
    0100 .... = Version: 4                                      # 版本
    .... 0101 = Header Length: 20 bytes (5)                     # 首部长度
    Differentiated Services Field: 0x00                         # 区分服务
    Total Length: 28                                            # 总长度
    Identification: 0x0079 (121)                                # 标识
    Flags: 0x00                                                 # 分片标志
    Fragment offset: 0                                          # 片偏移
    Time to live: 1                                             # 将 TTL 设置为 1
    Protocol: UDP (17)                                          # 协议值 17
    Header checksum: 0xb151 [validation disabled]               # 首部检验和
    Source: 1.1.1.1                                             # 源 IP 地址
    Destination: 3.3.3.3                                        # 目的 IP 地址
User Datagram Protocol, Src Port: 49154, Dst Port: 33434        # 数据载荷为 UDP
    Source Port: 49154             # 源端口 49154，以后每发送一个 UDP，端口值增 1
    Destination Port: 33434        # 目的端口 33434，以后每发送一个 UDP，端口值增 1
    Length: 8                      # 长度
    Checksum: 0xb539 [unverified]  # 检验和
```

注意，发送方将 UDP 用户数据报封装到 IP 分组中，IP 分组首部中的 TTL=1。

下一跳路由器 R1 收到上述 IP 分组之后，发现 TTL 减 1 之后为 0，它便向源 ESW1 发送超时差错报告报文（Type:11，Code:0）。由于发送了 3 个 UDP 报文，所以 ESW1 收到 3 个超时的 ICMP 差错报告报文（序号为 7、9、11 的包）。

- 发送方收到的 ICMP 超时的差错报告报文如下（图 8.13 中序号为 7 的包）：

```
Internet Protocol Version 4, Src: 1.1.1.2, Dst: 1.1.1.1 # R1 向 ESW1 发送 IP 分组
Internet Control Message Protocol
    Type: 11 (Time-to-live exceeded)                    # 类型值为 11
    Code: 0 (Time to live exceeded in transit)          # 代码值为 0，超时错误
    Checksum: 0xfd20 [correct]                          # 检验和
    Internet Protocol Version 4, Src: 1.1.1.1, Dst: 3.3.3.3 # 出错的原始 IP 分组首部
        0100 .... = Version: 4
        .... 0101 = Header Length: 20 bytes (5)
        Differentiated Services Field: 0x00
        Total Length: 28
        Identification: 0x0079 (121)
        Flags: 0x00
        Fragment offset: 0
        Time to live: 1                                 # 原始 IP 分组的 TTL 为 1
        Protocol: UDP (17)
        Header checksum: 0xb151 [validation disabled]
```

```
        Source: 1.1.1.1
        Destination: 3.3.3.3
    User Datagram Protocol, Src Port: 49154, Dst Port: 33434     # 原始 IP 分组数据
中的前 8 字节
```

从以上结果可以看出，ICMP 差错报告报文的数据部分是由出错原始 IP 分组首部和出错原始 IP 分组中数据部分的前 8 字节所组成的（P147）。

（2）第 2 轮，再次发送 3 个 UDP 用户数据报，每次源端口和目的端口值增加 1。

发送方发送 3 个 UDP 用户数据报，并且收到 3 个目的端口不可达的 ICMP 差错报告报文。

- 发送方发送的 UDP 用户数据报如下（图 8.13 中序号为 12 的包）：

```
Internet Protocol Version 4, Src: 1.1.1.1, Dst: 3.3.3.3
    0100 .... = Version: 44
    .... 0101 = Header Length: 20 bytes (5)
    Differentiated Services Field: 0x00 (DSCP: CS0, ECN: Not-ECT)
    Total Length: 28
    Identification: 0x007c (124)
    Flags: 0x00
    Fragment offset: 0
    Time to live: 2                                      # 将 TTL 设置为 2
    Protocol: UDP (17)
    Header checksum: 0xb04e [validation disabled]
    Source: 1.1.1.1
    Destination: 3.3.3.3
User Datagram Protocol, Src Port: 49157, Dst Port: 33437
    Source Port: 49157                                   # 源端口号，前一轮发了 3 个 UDP
    Destination Port: 33437                              # 目的端口号
    Length: 8                                            # 长度为 8
Checksum: 0xb533 [unverified]                            # 检验和
```

简单分析一下以上结果：在第一轮中，第一个 UDP 用户数据的源端口值为 49154，目的端口值为 33434。第一轮一共发送了 3 个 UDP 用户数据报，到第二轮发送第一个的 UDP 用户数据报时，该 UDP 用户数据报的源端口为 49154+3=49157，目的端口号为 33434+3=33437。

ESW1 将上述 UDP 封装到 IP 分组中，并且将 IP 分组首部的 TTL 置为 2，然后发送给 R1。

R1 收到上述 IP 分组之后，将 IP 分组首部中的 TTL 值减 1，结果不为 0，便将该 IP 分组发送给 R2，R2 就是目的主机（IP 地址为 3.3.3.3），但 R2 的端口 33437 没有开启，故 R2 向源端发送目的端口不可达的 ICMP 差错报告报文（Type:3，Code:3），由于发送了 3 个 UDP 报文，所以 ESW1 收到 3 个目的端口不可达的 ICMP 差错报告报文（序号为 13、15、17 的包）。

- 发送方收到的目的端口不可达的 ICMP 差错报告报文如下（图 8.13 中序号为 13 的包）：

```
Internet Protocol Version 4, Src: 2.2.2.2, Dst: 1.1.1.1     # R2 向 ESW1 发送 IP 分组
Internet Control Message Protocol
```

```
    Type: 3 (Destination unreachable)                                  # 类型值为 3
    Code: 3 (Port unreachable)                                         # 代码值为 3
    Checksum: 0x051e [correct]
    Unused: 00000000
    Internet Protocol Version 4, Src: 1.1.1.1, Dst: 3.3.3.3    # 出错的原始 IP 分组首部
        0100 .... = Version: 4
        .... 0101 = Header Length: 20 bytes (5)
        Differentiated Services Field: 0x00 (DSCP: CS0, ECN: Not-ECT)
        Total Length: 28
        Identification: 0x007c (124)
        Flags: 0x0000
        Time to live: 1                                      # 这里的 TTL 是减 1 之后的值
        Protocol: UDP (17)
        Header checksum: 0xb14e [validation disabled]
        [Header checksum status: Unverified]
        Source: 1.1.1.1
        Destination: 3.3.3.3
    User Datagram Protocol, Src Port: 49157, Dst Port: 33437     # 原始 IP 分组数据
中的前 8 字节
```

其余抓包结果，请读者自己分析。

8.6 路由重定向

路由重定向是指路由器把改变路由的报文发送给源主机，通知源主机下次把去往某目的网络的 IP 分组发送给另一个路由器。

1. 实验拓扑

要完成路由重定向实验，需构造如图 8.14 所示的网络拓扑图，其中“SW”是一个二层交换机，这个网络的特点是：路由器 R1、R2 与 PC-1 同处于一个广播式以太网中，PC-1 将 R1 的接口 f0/0 设置为自己的默认网关，其 IP 地址为 12.0.0.1/24。

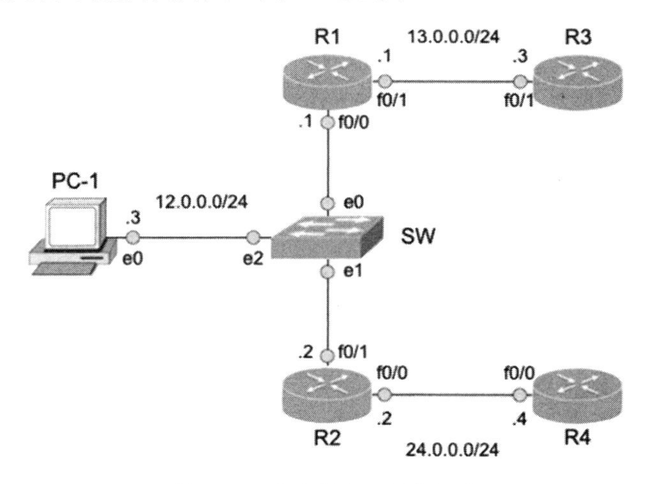

图 8.14　路由重定向网络拓扑

2. 基本网络配置

为 R1、R2、R3 和 R4 配置 RIP 路由选择协议。

（1）接口配置

```
R1#conf t
R1(config)#int f0/0
R1(config-if)#ip address 12.0.0.1 255.255.255.0
R1(config-if)#no shut
R1(config-if)#int f0/1
R1(config-if)#ip address 13.0.0.1 255.255.255.0
R1(config-if)#no shut

R2(config)#int f0/1
R2(config-if)#ip address 12.0.0.2 255.255.255.0
R2(config-if)#no shut
R2(config-if)#int f0/0
R2(config-if)#ip address 24.0.0.2 255.255.255.0
R2(config-if)#no shut

R3#conf t
R3(config)#int f0/1
R3(config-if)#ip address 13.0.0.3 255.255.255.0
R3(config-if)#no shut

R4#conf t
R4(config)#int f0/0
R4(config-if)#ip address 24.0.0.4 255.255.255.0
R4(config-if)#no shut

PC-1> ip 12.0.0.3/24 12.0.0.1          # 注意 PC-1 的默认网关配置为 R1 的接口 f0/0
```

（2）RIP 配置

```
R1#conf t
R1(config)#router rip
R1(config-router)#ver 2
R1(config-router)#no auto-summary
R1(config-router)#network 12.0.0.0
R1(config-router)#network 13.0.0.0
R1(config-router)#end
R1#write

R2#conf t
R2(config)#router rip
R2(config-router)#ver 2
R2(config-router)#no auto-summary
R2(config-router)#network 12.0.0.0
R2(config-router)#network 24.0.0.0
R2(config-router)#end
```

```
R2#write

R3#conf t
R3(config)#router rip
R3(config-router)#ver 2
R3(config-router)#no auto-summary
R3(config-router)#network 13.0.0.0
R3(config-router)#end
R3#write

R4#conf t
R4(config)#router rip
R4(config-router)#ver 2
R4(config-router)#no auto-summary
R4(config-router)#network 24.0.0.0
R4(config-router)#end
R4#write
```

3. 实验过程

（1）在 PC-1 与 SW 之间启动抓包。

（2）在 R1 上开启 ICMP 调试。

```
R1#debug ip icmp
```

（3）在 PC-1 上访问 R4 路由器。

```
PC-1> ping 24.0.0.4
```

PC-1 要访问的目的主机为 24.0.0.4，它发现目的 IP 地址与自己不在同一个 IP 网络中，因此 PC-1 将 IP 分组转发给自己的默认网关 R1，但是，R1 知道，PC-1 要去往目的主机 24.0.0.4，应该交付给 R2。

4. 结果分析

（1）R1 输出结果

```
*Mar  1 00:15:35.627: ICMP: redirect sent to 12.0.0.3 for dest 24.0.0.4, use gw
12.0.0.2
```

R1 发送了路由重定向的 ICMP 报文给 12.0.0.3（PC-1）：“去往目的主机 24.0.0.4，交给 12.0.0.2”。

（2）抓包结果

注意，过滤条件为：icmp.type==5，如图 8.15 所示。

icmp.type==5

No.	Source	Destination	Protocol	Info
14	12.0.0.1	12.0.0.3	ICMP	Redirect
19	12.0.0.1	12.0.0.3	ICMP	Redirect
24	12.0.0.1	12.0.0.3	ICMP	Redirect

图 8.15　路由重定向抓包结果

我们展开其中一个 ICMP 差错报告报文：

```
Internet Protocol Version 4, Src: 12.0.0.1, Dst: 12.0.0.3   # ICMP 直接封装到 IP 分组中
Internet Control Message Protocol                          # ICMP 差错报告报文
    Type: 5 (Redirect)                                     # 类型值为 5，路由重定向
    Code: 1 (Redirect for host)                            # 代码值为 1，主机重定向
    Checksum: 0xc6f0 [correct]
    Gateway address: 12.0.0.2                              # 告诉 PC-1 使用的新网关
    Internet Protocol Version 4, Src: 12.0.0.3, Dst: 24.0.0.4  # 出错原始 IP 分组首部
        0100 .... = Version: 4
        .... 0101 = Header Length: 20 bytes (5)
        Differentiated Services Field: 0x00 (DSCP: CS0, ECN: Not-ECT)
        Total Length: 84
        Identification: 0xac73 (44147)
        Flags: 0x0000
        Time to live: 63
        Protocol: ICMP (1)
        Header checksum: 0xab2f [validation disabled]
        Source: 12.0.0.3
        Destination: 24.0.0.4
    Internet Control Message Protocol                  # 出错原始 IP 数据部分前 8 字节
        Type: 8 (Echo (ping) request)
        Code: 0
        Checksum: 0xac5e [unverified] [in ICMP error packet]
        Identifier (BE): 29612 (0x73ac)
        Identifier (LE): 44147 (0xac73)
        Sequence number (BE): 1 (0x0001)
        Sequence number (LE): 256 (0x0100)
```

从以上结果可以看出，在路由重定向的 ICMP 差错报告报文中，其数据部分（报错的内容）由三部分构成：

- 通告的网关的 IP 地址。
- 出错的原始 IP 分组的首部。
- 出错原始 IP 分组中数据部分的前 8 字节。

8.7 IP 分片

从 IP 分组的首部格式中我们可以看出，IP 分组的最大长度可达 65535 字节，当较大的 IP 分组在穿过承载能力小于 IP 分组大小的数据链路层时，网络层 IP 分组必须分片。这些 IP 分片到达目的地之后，依据标识、标志、片偏移（数据首字节编号/8）字段内容，重新组装成原始的 IP 分组。在这种情况下，只要有一个 IP 分片不能到达目的主机（网络层不可靠），目的主机就不能重组原来的 IP 分组，如果上层采用 TCP 协议，则不得不重传。

如图 8.16 所示，某学校 655 名学生全部到另一个学校参观，假设每辆大巴车可乘坐 15 人，学校需要一次性安排 44 辆大巴车来运送学生，其中前 43 辆车每辆安排 15 人，第 44 辆

安排 10 人。每辆大巴车上都贴上学校的标签（标识）、标志（后面是否还有大巴车）和大巴车里第 1 个同学的编号（片偏移）。

图 8.16　一个实例

在以太网中，我们利用 Windows 的 ping 命令访问目的主机，并且携带 6550 字节的数据，即产生的 ICMP 报文带有 6550 字节的数据。这种情况下，封装该 ICMP 报文的 IP 分组的总长度，已经大于它所需要穿越的数据链路层（以太网）最大数据 1500 字节的要求，这时，这个 IP 分组必须分片。

以下的实验，抓取的是宿主计算机与虚拟主机之间的通信结果，读者可以直接抓取主机与其他主机之间通信的结果。

1. 实验步骤

（1）在真实计算机上启动 Wireshark 抓包（请正确选择网卡）。

（2）通过虚拟机访问真实计算机（也可以直接访问以太网中的其他主机，如网关）。

```
C:\Documents and Settings\Administrator>ping -l 6550 172.16.25.1

Pinging 172.16.25.1 with 6550 bytes of data:

Reply from 172.16.25.1: bytes=6550 time<1ms TTL=64
Reply from 172.16.25.1: bytes=6550 time<1ms TTL=64
Reply from 172.16.25.1: bytes=6550 time<1ms TTL=64
Reply from 172.16.25.1: bytes=6550 time<1ms TTL=64

Ping statistics for 172.16.25.1:
    Packets: Sent = 4, Received = 4, Lost = 0 (0% loss),
Approximate round trip times in milli-seconds:
    Minimum = 0ms, Maximum = 0ms, Average = 0ms
```

说明：选项-l 6550 是指携带 6550 字节数据，但是以太网只能承载 1500 字节的数据。参考实验 17 中的 ping 命令。

2. 结果分析

（1）理论分析

ICMP 携带 6550 字节数据，最终封装在 IP 分组中传输，因此原始 IP 分组的大小为：

ICMP 首部+6550+IP 首部，即 8+6550+20=6578 字节。

原始 IP 分组携带数据为 6558 字节（除去 IP 分组首部固定的 20 字节）。

原始 IP 分组中携带的数据（6558 字节），在以太网中传输时需要分为 5 个 IP 分片，前 4 个分片每片携带 1480 字节（IP 分片首部 20 字节），最后 1 个分片携带 638 字节。

（2）实验分析

ping 一共发送 4 个 ICMP 回显请求报文，每个回显请求报文封装成 IP 分组后，该 IP 分组会产生 5 个 IP 分片，我们只分析其中一个 IP 分组产生的分片，如图 8.17 所示。序号 4~8 的包就是封装了 ICMP 回显请求报文的 5 个 IP 分片。序号为 9 的包是虚拟主机发送的 ICMP 回显应答报文，它也会携带 6550 字节的数据，因此该回显应答报文封装的 IP 分组也会产生 5 个 IP 分片。

No.	Source	Destination	Protocol	Info
4	172.16.25.130	172.16.25.1	ICMP	Echo (ping) request id=0x0200, seq=41728/163, ttl=128
5	172.16.25.130	172.16.25.1	IPv4	Fragmented IP protocol (proto=ICMP 1, off=1480, ID=03a
6	172.16.25.130	172.16.25.1	IPv4	Fragmented IP protocol (proto=ICMP 1, off=2960, ID=03a
7	172.16.25.130	172.16.25.1	IPv4	Fragmented IP protocol (proto=ICMP 1, off=4440, ID=03a
8	172.16.25.130	172.16.25.1	IPv4	Fragmented IP protocol (proto=ICMP 1, off=5920, ID=03a
9	172.16.25.1	172.16.25.130	ICMP	Echo (ping) reply id=0x0200, seq=41728/163, ttl=64

图 8.17 IP 分片

请仔细观察图 8.17，完成本实验思考题 5。

- **序号为 4 的 IP 分片**

```
Ethernet II, Src: 00:0c:29:41:3b:83, 00:50:56:c0:00:08
Internet Protocol Version 4, Src: 172.16.25.130, Dst: 172.16.25.1 # 第一个 IP 分片
    0100 .... = Version: 4
    .... 0101 = Header Length: 20 bytes (5)
    Differentiated Services Field: 0x00 (DSCP: CS0, ECN: Not-ECT)
    Total Length: 1500                  # IP 分片总长度 1500 字节，数据 1480 字节
    Identification: 0x03ae (942)        # 原始 IP 分组的标识，5 个分片相同
    Flags: 0x2000, More fragments
        0... .... .... .... = Reserved bit: Not set
        .0.. .... .... .... = Don't fragment: Not set
        ..1. .... .... .... = More fragments: Set    # 后面还有分片的标志
        ...0 0000 0000 0000 = Fragment offset: 0     # 片偏移为 0
    Time to live: 128
    Protocol: ICMP (1)                  # IP 分片中的数据为 ICMP 报文
    Header checksum: 0x86cf [validation disabled]
    Source: 172.16.25.130               # 第一个 IP 分片的源 IP 地址，5 个分片相同
    Destination: 172.16.25.1            # 第一个 IP 分片的目的 IP 地址，5 个分片相同
Internet Control Message Protocol       # 8 字节的 ICMP 首部，原始 IP 分组中的数据
    Type: 8 (Echo (ping) request)
    Code: 0
    Checksum: 0x5f02 [unverified] [fragmented datagram]
    Identifier (BE): 512 (0x0200)
    Identifier (LE): 2 (0x0002)
    Sequence number (BE): 41728 (0xa300)
    Sequence number (LE): 163 (0x00a3)
    Data (1472 bytes)                   # ICMP 报文携带 6550 字节数据的前 1472 字节
```

从前面理论分析我们知道，原始 IP 分组的数据部分是：ICMP 报文首部 8 字节数据+6550 字节的数据=6558 字节，因此原始 IP 分组产生的第一个分片中的 1480 字节数据是：ICMP 报文首部 8 字节+ICMP 报文数据的前 1472 字节。

- **序号为 5 的 IP 分片**

前面序号为 4 的 IP 分片，已经传输了编号范围为 0~1479 字节的数据，所以序号为 5 的分片中数据的起始编号为 1480，其片偏移为 1480/8=185。

```
Ethernet II, Src: 00:0c:29:41:3b:83, Dst: 00:50:56:c0:00:08
Internet Protocol Version 4, Src: 172.16.25.130, Dst: 172.16.25.1
    0100 .... = Version: 4
    .... 0101 = Header Length: 20 bytes (5)
    Differentiated Services Field: 0x00
    Total Length: 1500                                  # IP 分片总长度 1500 字节，
数据为 1480 字节
    Identification: 0x03ae (942)                        # 原始 IP 分组的标识
    Flags: 0x20b9, More fragments
        0... .... .... .... = Reserved bit: Not set
        .0.. .... .... .... = Don't fragment: Not set
        ..1. .... .... .... = More fragments: Set       # 后面还有分片
        ...0 0000 1011 1001 = Fragment offset: 185      # 片偏移为 185
    Time to live: 128
    Protocol: ICMP (1)
    Header checksum: 0x8616
    Source: 172.16.25.130
    Destination: 172.16.25.1
Data (1480 bytes)                                       # 1480 字节的数据
    Data: 6162636465666768696a6b6c6d6e6f7071727374757677761...
```

- **序号为 6 的 IP 分片**

前面序号为 4 和 5 的 2 个 IP 分片一共已经传输了编号范围为 0~2959 字节的数据，所以序号为 6 的 IP 分片中起始数据编号为 2960，其片偏移为 2960/8=370。

```
Ethernet II, Src: 00:0c:29:41:3b:83, Dst: 00:50:56:c0:00:08
Internet Protocol Version 4, Src: 172.16.25.130, Dst: 172.16.25.1
    0100 .... = Version: 4
    .... 0101 = Header Length: 20 bytes (5)
    Differentiated Services Field: 0x00
    Total Length: 1500
    Identification: 0x03ae (942)                        # 原始 IP 分组的标识
    Flags: 0x2172, More fragments
        0... .... .... .... = Reserved bit: Not set
        .0.. .... .... .... = Don't fragment: Not set
        ..1. .... .... .... = More fragments: Set       # 后面还有分片
        ...0 0001 0111 0010 = Fragment offset: 370      # 片偏移为 370
    Time to live: 128
    Protocol: ICMP (1)
    Header checksum: 0x855d
    Source: 172.16.25.130
    Destination: 172.16.25.1
Data (1480 bytes)                                       # 1480 字节的数据
    Data: 696a6b6c6d6e6f7071727374757677616263646566676869...
```

- **序号为 7 的 IP 分片**

前面序号为 4、5 和 6 的 3 个 IP 分片一共已经传输了编号范围为 0~4439 字节的数据，所以序号为 7 的 IP 分片中起始数据编号为 4440，其片偏移为 4440/8=555。

```
Ethernet II, Src: 00:0c:29:41:3b:83, Dst: 00:50:56:c0:00:08
Internet Protocol Version 4, Src: 172.16.25.130, Dst: 172.16.25.1
    0100 .... = Version: 4
    .... 0101 = Header Length: 20 bytes (5)
    Differentiated Services Field: 0x00
    Total Length: 1500
    Identification: 0x03ae (942)                        # 原始 IP 分组的标识
    Flags: 0x222b, More fragments
        0... .... .... .... = Reserved bit: Not set
        .0.. .... .... .... = Don't fragment: Not set
        ..1. .... .... .... = More fragments: Set        # 后面还有分片
        ...0 0010 0010 1011 = Fragment offset: 555       # 片偏移为 555
    Time to live: 128
    Protocol: ICMP (1)
    Header checksum: 0x84a4
    Source: 172.16.25.130
    Destination: 172.16.25.1
Data (1480 bytes)                                       # 1480 字节的数据
    Data: 717273747576777616263646566676869 6a6b6c6d6e6f7071...
```

- **序号为 8 的 IP 分片**

前面序号为 4、5、6 和 7 的 4 个 IP 分片已经传输了编号范围为 0~5919 字节的数据（共 5920 字节），序号为 8 的 IP 分片中起始数据编号为 5920，片偏移为 5920/8=740。本片需携带 638 字节的数据。

```
Ethernet II, Src:00:0c:29:41:3b:83, Dst: 00:50:56:c0:00:08
Internet Protocol Version 4, Src: 172.16.25.130, Dst: 172.16.25.1
    0100 .... = Version: 4
    .... 0101 = Header Length: 20 bytes (5)
    Differentiated Services Field: 0x00 (DSCP: CS0, ECN: Not-ECT)
    Total Length: 658                               # 总长度: 20+8+630=658 字节
    Identification: 0x03ae (942)
    Flags: 0x02e4
        0... .... .... .... = Reserved bit: Not set
        .0.. .... .... .... = Don't fragment: Not set
        ..0. .... .... .... = More fragments: Not set  # 后面没有分片，这是最后一片
        ...0 0010 1110 0100 = Fragment offset: 740   # 片偏移为 740
    Time to live: 128
    Protocol: ICMP (1)
    Header checksum: 0xa735 [validation disabled]
    Source: 172.16.25.130
    Destination: 172.16.25.1
Data (638 bytes)                                    # 638 字节的数据
    Data: 62636465666768696a6b6c6d6e6f70717273747576776162...
```

注意：以上 5 个 IP 分片中的源 IP 地址、目的 IP 地址及标识都是一样的。

下面我们总结一下 IP 分片的情况，如表 8.2 所示。

表 8.2　IP 分片

IP 分组	总长度（20 字节为 IP 分组首部）	标识	MF 标志	片偏移
原始 IP 分组	6558+20	942	0	0
分片 4	8 + 1472 + 20	942	1	0
分片 5	1480 + 20	942	1	185
分片 6	1480 + 20	942	1	370
分片 7	1480 + 20	942	1	555
分片 8	638 + 20	942	0	740

思考题

1. 应用程序 ping 使用的是 ICMP 协议，请依据应用程序 ping 的-t 和-l 参数理解“death of ping”的含义。
2. 在 ICMP 差错报告报文中，数据部分为什么加上出错原始 IP 数据部分的前 8 字节？（请参考 TCP 和 UDP 协议进行分析）
3. 为什么 IP 仅对首部进行检验？IP 分组在路由器间转发的时候，IP 分组会发生变化吗？
4. 接收方收到一个带有首部填充部分的 IP 数据报，请问接收方如何区别这些填充部分的内容？
5. 请观察图 8.17，ICMP 回显请求报文封装的 IP 分组首部中的 TTL=128，而 ICMP 回显应答报文封装的 IP 分组首部中的 TTL=64，请给出合理的解释。另外，为什么第一个分片可以解析出 Echo request，而其他的分片不能解析？
6. 如果发送端的源 IP 分组较大，超过了以太网数据链路层最大 MTU 为 1500 字节的要求，但是发送端不允许该 IP 分组在传输过程中分片（DF=1），那么发送端将收到什么错误信息？（参考实验 17 中的 ping 命令）
7. 请参考实验 17 中的 ping 命令，进一步了解 IP 首部中 TTL 值的含义。

实验 9　RIP 与 UDP 协议

建议学时：2 学时。

实验知识点：RIP 协议（P159）、UDP 协议（P215）。

9.1　实验目的

1. 理解 RIP 原理与工作过程。
2. 理解 UDP 报文格式。

9.2　RIP 协议简介

路由器必须知道如何转发 IP 分组（下一跳交给谁），才能实现路由器数据层面转发 IP 分组的工作。路由器通过路由选择协议来获取转发 IP 分组所需的路由表，路由选择协议分为内部网关协议和外部网关协议（P159）。

RIP（Routing Information Protocol，路由信息协议）是一种内部网关协议（IGP），也是一种动态路由选择协议，用于自治系统（AS）内的路由信息的传递。RIP 协议基于距离矢量算法（Distance Vector Algorithms），使用“跳数”来衡量到达目的地址的路由距离。这种协议的路由器只关心自己周围的世界，只与自己相邻的路由器交换信息，范围限制在 15 跳之内，16 跳不可达。

运行 RIP 协议的路由器，其路由表项的内容为：<目的网络，下一跳，距离>。

（1）**目的网络**：去往哪里。

（2）**下一跳**：从哪个出口出去，下一跳交给谁。

（3）**距离**：路程是多少，即多少跳可以到达（经过多少个路由器转发）。

其路由表类似图 9.1 所示的道路指示牌。

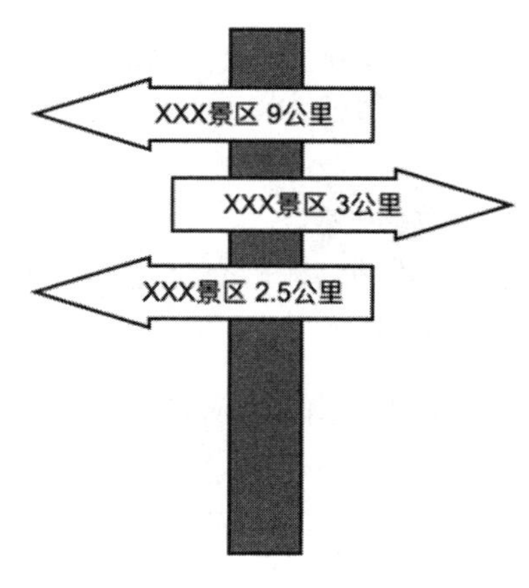

图 9.1　道路指示牌

1. RIP 的特点

（1）仅和相邻路由器交换信息。
（2）交换的信息是自己完整的路由表。
（3）按固定的时间间隔（如每隔 30 秒）交换信息。
（4）路由度量单位为“跳数”，每经过一个路由器，“跳数”加 1。
（5）适用于小规模的网络，16 跳即网络不可达。
（6）RIP 报文采用 UDP 协议封装，端口号为 520。
（7）RIP 是有类路由协议，RIPv1 不支持不连续的子网（请读者参考相关资料）。

2. 协议语法

RIP 报文格式如图 9.2 所示。

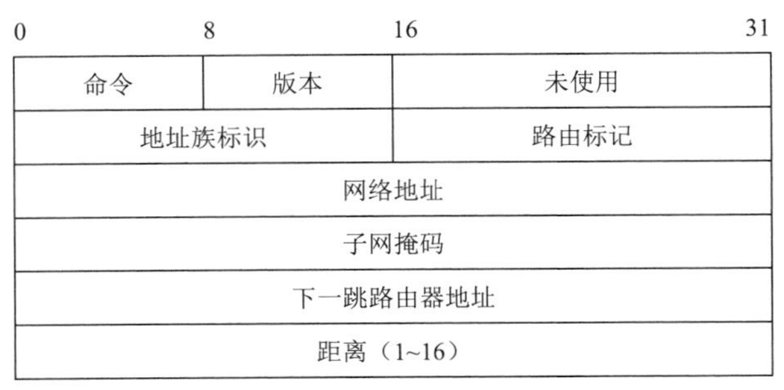

图 9.2　RIP 报文格式

3. 协议语义

（1）首部 4 字节。

- **命令：**1 为请求，2 为响应或路由更新。
- **版本：**RIP 版本。
- **未使用：**值为 0。

（2）每条路由 20 字节。

- **地址族标识：**网络层所使用的地址协议，该值为 2 则为 IP 协议。
- **路由标记：**外部路由标记，一般值为 0。
- **网络地址：**目的网络。
- **子网掩码：**网络 bit（位）数。
- **下一跳路由器地址：**去往目的网络，应交付给下一跳路由器的 IP 地址。
- **距离：**多少跳可以到达目的网络。

一个 RIP 报文最多可以通告 25 条路由，每条路由的长度是 20 字节，因此最大的 RIP 报文的长度是 504 字节。

4. 协议同步

（1）RIP 只在开始运行的时候会发送请求数据包。

（2）收敛之后，默认 30 秒向邻居发送自己的完整路由表一次（目的地址：版本 1 用广播地址，版本 2 用组播地址 224.0.0.9[①]）。

（3）网络拓扑发生变化时触发更新。

（4）路由器依据邻居发来的路由表来更新自己的路由表（P160）。

9.3 UDP 协议

1. 协议简介

UDP 用户数据报协议，是一个简单的面向数据报的运输层协议。UDP 不能保证可靠，它只是把应用程序传来的数据加上 8 字节的首部之后立即发送出去，它并不关心目标主机是否收到该 UDP 用户数据报。由于 UDP 在传输数据报前不需要在客户和服务器之间建立连接，且没有超时重传等机制，故而传输速率高，这里的传输速率是指 UDP 收到上层数据之后，立即打包成一个 UDP 用户数据报发送出去，它不像 TCP 报文段，有一个传输时机来控制 TCP 报文段的发送。

请注意，UDP 是运输层上的协议，运输层最主要的功能之一是通过端口来标识主机中通信的进程。参考实验 11。

2. 协议特点

（1）UDP 无须建立连接，因此 UDP 不会有建立连接的时延。

（2）无连接状态，TCP 需要在端系统中维护连接状态，此连接状态包括接收和发送缓存、拥塞控制参数、确认号和序号等参数。而 UDP 不维护连接状态，也不跟踪这些参数。

（3）分组首部开销更小，只有 8 字节的首部开销。

（4）UDP 没有拥塞控制，因此网络中的拥塞也不会影响主机的发送效率。某些实时应用（如直播）要求以稳定的速率发送，能容忍一些数据的丢失，但不允许有较大的时延，而 UDP 正好可以满足这些应用的需求。

（5）UDP 常用于一次性传输较小数据以及一些有机会多次重复请求数据的网络应用。

（6）UDP 提供尽最大努力的交付，即不保证可靠交付，可靠性的工作由应用层来完成。

（7）UDP 是面向报文的，发送方 UDP 对应用层交下来的数据，在添加 UDP 首部之后就交付给 IP 层（不像 TCP 有一个发送 TCP 报文段的时机问题），既不合并，也不拆分，而是保留这些报文的边界；接收方 UDP 对网络层（IP 分组）交来的用户数据报，在去除 IP 分组首部之后，原封不动地交付给上层的应用进程，因此，UDP 是一次交付一个完整的报文。

3. 协议语法

UDP 用户数据报如图 9.3 所示。

[①] 参考实验 20。

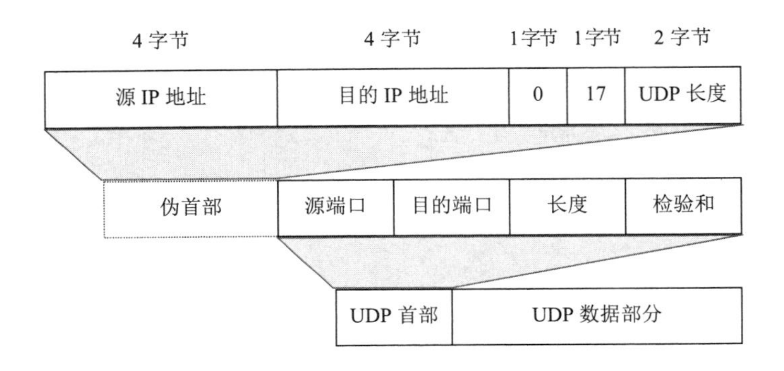

图 9.3　UDP 用户数据报

注意：UDP 首部只有简单的 8 字节，伪首部不是 UDP 真实首部，仅用于计算检验和，可以这样理解其目的：UDP 两次检查数据是否已经正确到达目的地，一次是对 IP 地址进行检验，确认该用户数据报是否是发送给本机的；另一次是对 UDP 端口和数据进行检验，确认收发进程和数据没有出错。检验方法类似于 IP 首部检验和的方法，但 IP 检验和只检验 IP 首部。

4. RIP 与 UDP

RIP 报文最大 504 字节，相对比较小，另外 RIP 路由器每隔 30 秒向邻居发送一次自己完整的路由表，基于这两个特点，RIP 在运输层上采用了 UDP 协议，源端口号[①]、目的端口号均为 520。

9.4　协议分析

1. 实验方法

以下实验在前面图 1.1 网络拓扑图中完成。

在实验 3 中我们已经完成了配置 RIP 路由选择协议的工作，这里不需要重复配置，直接抓取 RIP 数据包即可。具体方法如下：

（1）将路由器 R1 上的 s0/0 关闭。

```
R1#conf t
R1(config)#int s0/0
R1(config-if)#shut
```

（2）在 R1 与 R2 链路上启动抓包。

（3）将路由器 R1 上的 s0/0 开启。

```
R1(config-if)#no shut
```

① 端口用来区分主机中通信的进程，详细内容请参考实验 11。

2. 结果分析

抓包结果如图 9.4 所示，序号 18~22 的包是 R1 和 R2 完整的 RIP 收敛过程，包含两对 RIP Request/RIP Response（请求/响应），序号 18 和 22 为一对 RIP 请求/响应，序号 20 和 21 为另一对 RIP 请求/响应。

No.	Source	Destination	Protocol	Length	Info
18	2.2.2.2	224.0.0.9	RIPv2	56	Request
20	2.2.2.1	224.0.0.9	RIPv2	56	Request
21	2.2.2.2	2.2.2.1	RIPv2	56	Response
22	2.2.2.1	2.2.2.2	RIPv2	96	Response
31	2.2.2.2	224.0.0.9	RIPv2	56	Response
38	2.2.2.1	224.0.0.9	RIPv2	76	Response
46	2.2.2.1	224.0.0.9	RIPv2	76	Response

图 9.4　抓到的 RIP 报文

（1）请求报文

一共抓取到两个 RIP 请求报文，序号 18 的包是 R2 发送的，序号 20 的包是 R1 发送的。

R1 接口 s0/0 开启之后（即加入 224.0.0.9 多播组[①]），R2 知道有新的 RIP 邻居，它便向所有的 RIP 邻居（所有加入 224.0.0.9 多播组的成员）发送 RIP Request（请完成本实验思考题 4），请求邻居的 RIP 路由表。图 9.4 中序号为 18 的包的结果如下：

```
Internet Protocol Version 4, Src: 2.2.2.2, Dst: 224.0.0.9 # 目的 IP 地址为多播地址
    0100 .... = Version: 4
    .... 0101 = Header Length: 20 bytes (5)
    Differentiated Services Field: 0xc0 (DSCP: CS6, ECN: Not-ECT)
    Total Length: 52
    Identification: 0x0000 (0)
    Flags: 0x0000
    Time to live: 2                                   # TTL=2
    Protocol: UDP (17)                                # 协议类型 17，封装的是 UDP
    Header checksum: 0xd3ec
    Source: 2.2.2.2                                   # 源 IP 地址
    Destination: 224.0.0.9                            # 目的 IP 地址为多播地址
User Datagram Protocol, Src Port: 520, Dst Port: 520
    Source Port: 520                                  # 源端口为 520
    Destination Port: 520                             # 目的端口为 520
    Length: 32
    Checksum: 0x167f [correct]
Routing Information Protocol
    Command: Request (1)                              # RIP 请求报文
    Version: RIPv2 (2)                                # RIP 版本
    Address not specified, Metric: 16                 # 邻居们告诉我点信息吧
        Address Family: Unspecified (0)
        Route Tag: 0
        Netmask: 0.0.0.0
```

① 请参考实验 20，运行 RIPv2 的路由器，均加入 224.0.0.9 多播组。

```
    Next Hop: 0.0.0.0
    Metric: 16                                   # 16跳不可达
```

注意，IP 地址首部中的 TTL 值为 2，意味着目的 IP 地址为 224.0.0.9（固定分配给 RIPv2 使用的多播地址），只能在直连网络中使用，即只能在直接相连的 RIP 路由器邻居间使用。

（2）响应报文

一共抓取到两个 RIP 响应报文，序号 21 的包是 R2 发送的，序号 22 的包是 R1 发送的。

R1 已经加入到了 224.0.0.9 多播组中，它会收到 R2 发送的 RIP 请求报文，因此它发送 RIP 响应报文，该报文最终封装成 IP 分组，其目的 IP 地址是 R2 的单播地址，即明确指明 RIP 响应是发送给 R2 的。图 9.4 中序号为 22 的包的结果如下：

```
Internet Protocol Version 4, Src: 2.2.2.1, Dst: 2.2.2.2   # 注意目的地址为单播地址
User Datagram Protocol, Src Port: 520, Dst Port: 520
    Source Port: 520
    Destination Port: 520
    Length: 72
    Checksum: 0xe629 [correct]
Routing Information Protocol
    Command: Response (2)                       # RIP响应报文
    Version: RIPv2 (2)                          # 版本2
    IP Address: 1.0.0.0, Metric: 1              # 通告一条路由
        Address Family: IP (2)                  # 地址标识，IP地址
        Route Tag: 0                            # 路由标记一般为0
        IP Address: 1.0.0.0                     # 网络地址
        Netmask: 255.0.0.0                      # RIP是有类路由，采用默认子网掩码
        Next Hop: 0.0.0.0                       # 下一跳路由器地址
        Metric: 1                               # 距离
    IP Address: 3.0.0.0, Metric: 16             # 通告了一条不可达的路由
    IP Address: 10.0.0.0, Metric: 2             # 通告了另一条路由
```

R1 把自己完整的路由表告诉给 R2，参考图 1.1，R1 应该只有去往网络 1.0.0.0/8 和 10.0.0.0/8 的两个网络的路由，它为什么会向 R2 通告一条 3.0.0.0/8 且不可达的路由呢？请完成本实验思考题 3。

注意，R2 有一个接口的 IP 地址是 1.1.1.0/24，网络号是 24 位，但是由于 RIP 是有类路由，所以向 R1 通告该网络时使用了 A 类默认的子网掩码 255.0.0.0。

另外，仔细观察通告 1.0.0.0/8 网络的一下跳，为什么是“0.0.0.0”？这其实就是告诉 R2，去往目的网络 1.0.0.0/8，通过 R1 转发是最好的路由，其实就是指明下一跳就是 R1 发送 RIP 响应报文的接口 2.2.2.1，我们查看一下 R2 的路由表：

```
R2#show ip route rip
R    1.0.0.0/8 [120/1] via 2.2.2.1, 00:00:33, Serial0/0
```

（3）交换路由表

另外一对 R1 发送的 RIP 请求、R2 发送的 RIP 响应，请读者自己分析。

RIP 收敛之后，每隔 30 秒，RIP 路由器便向所有的邻居发送一次自己完整的路由表，目的 IP 地址为组播地址 224.0.0.9，如图 9.4 中序号为 31、38 和 46 的包所示。收敛之后，

R1 完整的路由表如下：

```
R1#show ip route

     1.0.0.0/24 is subnetted, 1 subnets
C       1.1.1.0 is directly connected, FastEthernet0/0
     2.0.0.0/8 is variably subnetted, 2 subnets, 2 masks
C       2.2.2.2/32 is directly connected, Serial0/0
C       2.2.2.0/24 is directly connected, Serial0/0
R    3.0.0.0/8 [120/1] via 2.2.2.2, 00:00:10, Serial0/0        # 从 R2 学习得到的
R    10.0.0.0/8 [120/1] via 1.1.1.1, 00:00:18, FastEthernet0/0 # 从 ESW1 学习得到的
```

R1 发送的路由信息如下（图 9.4 中序号为 38 的包）：

```
Internet Protocol Version 4, Src: 2.2.2.1, Dst: 224.0.0.9
User Datagram Protocol, Src Port: 520, Dst Port: 520
Routing Information Protocol
    Command: Response (2)
    Version: RIPv2 (2)
    IP Address: 1.0.0.0, Metric: 1
    IP Address: 10.0.0.0, Metric: 2
```

请注意路由通告中的第 1 条路由，从网络拓扑图 1.1 可知，网络 1.0.0.0 与 R1 直接相连，距离为 0，R1 先将距离加 1，然后再通告给邻居 R2。

另外，R1 完整的路由表有 4 条，但从上述 R1 通告的路由可以看出，R1 只向邻居通告了网络 1.0.0.0 和网络 10.0.0.0 这两个网络的路由信息。按《计算机网络（第 8 版）》（P160）教材所述，应该通告 R1 完整的路由信息，但 R1 为什么没有向 R2 通告全部路由信息呢？

为了避免路由环路，解决“好消息传播得快，而坏消息传播得慢（P163）”的问题，RIP 路由器不会把从邻居学习得来的路由，再回送给邻居，即所谓的“水平分割”。例如，R1 中去往 3.0.0.0 的路由信息，是从邻居 R2 学习得来的，该路由信息不再回送给 R2。另外，R1 知道 2.0.0.0 的网络是和 R2 直接相连的，所以，R1 也不会发送 2.0.0.0 的路由信息给 R2。

R2 发送的路由信息如下所示（图 9.4 中序号为 31 的包）：

```
Internet Protocol Version 4, Src: 2.2.2.2, Dst: 224.0.0.9
User Datagram Protocol, Src Port: 520, Dst Port: 520
Routing Information Protocol
    Command: Response (2)
    Version: RIPv2 (2)
    IP Address: 3.0.0.0, Metric: 1                    # 这里只通告了一条路由信息
```

查看 R2 的路由表，读者应该能够理解 R2 只发送一条路由信息给 R1 的原因了。

```
R2#show ip route

R    1.0.0.0/8 [120/1] via 2.2.2.1, 00:00:08, Serial0/0      # 从 R1 学习得到的
     2.0.0.0/8 is variably subnetted, 2 subnets, 2 masks
C       2.2.2.0/24 is directly connected, Serial0/0
C       2.2.2.1/32 is directly connected, Serial0/0
     3.0.0.0/24 is subnetted, 1 subnets
```

```
C       3.3.3.0 is directly connected, Loopback0
R    10.0.0.0/8 [120/2] via 2.2.2.1, 00:00:08, Serial0/0
```

思考题

1. RIPv2 支持认证功能，请读者配置 RIPv2 认证并分析。
2. 请在 RIP 配置中选用不同的 RIP 版本并分析结果（例如，R1 路由器配置为 RIPv1，R2 路由器配置为 RIPv2）。
3. 请分析在图 9.4 中序号为 18 的 RIP 响应结果中，为什么有一条去往网络 3.0.0.0/8 的不可达的路由。
4. 在图 1.1 中，R2 为什么知道可能有新的 RIP 邻居？为什么是 R2 发送第一个 RIP 请求报文？
5. 如果采用 UPD 协议发送数据给接收方，发送方不需要接收对方任何数据，发送方在构造 UDP 数据报时，必须指明目的端口，以便目的主机知道交给哪个进程处理数据。请读者思考一下，在这种情况下，发送方构造 UDP 用户数据是否可以不指明源端口？
6. 请读者在路由器开启 RIP 路由时调试，观察分析 RIP 分组交换过程。命令如下：

```
R1#debug ip rip
```

实验 10　OSPF 协议

建议学时：4 学时。

实验知识点：内部网关路由协议 OSPF（P164）、管理距离、默认路由重分布、静态路由。

10.1　实验目的

1. 理解 OSPF 协议。
2. 掌握 OSPF 工作过程。
3. 熟练配置 OSPF 路由选择协议。
4. 掌握 OSPF 协议的 5 种分组及 DR 与 BDR 的选举（P166）。

10.2　协议简介

1. 协议概述

和 RIP 一样，OSPF（Open Shortest Path First 开放式最短路径优先）是路由器控制层面使用的一个协议，它是一个内部网关协议（Interior Gateway Protocol，IGP)，用于在单一自治系统（Autonomous System，AS）内决策路由，采用迪克斯加算法（Dijkstra）来计算最短路径树。

运行 OSPF 协议的路由器，保存一张完整的网络拓扑图。想象一下北京的地铁图（标注有站与站之间的距离)，如果每个地铁站是一个路由器（存有北京地铁图)，在这种情况下，每个地铁站根据 Dijkstra 算法就能算出从本站出发到其他站的最短距离。

另一个实例就是旅游景区的导游图，景区的每个路口（或景点）处都会有一张景区导游图，图中标明你当前所处的位置，并且注明了各景点间的距离，游客根据当前所在的位置，可以计算出到景区其他各景点的最短路径。

2. 协议特点

（1）用洪泛法向本自治系统中的所有路由器发送信息。

（2）发送的信息是本路由器与相邻路由器间的链路状态信息。

（3）只有当链路状态发生变化时，才向所有路由器洪泛发送信息。

（4）每个路由器均保存一个数据链路状态库，实际就是网络拓扑图。

（5）每个路由器采用 Dijkstra 算法计算到其他目的网络的最短路径。

（6）不同业务需求可以计算不同的路由。

（7）支持负载均衡。

（8）支持 CIDR。

（9）收敛速度快。

（10）支持层次结构的区域的划分，使得 OSPF 较好地支持了大规模的网络。

这其实是“分层路由”的概念，OSPF 把一个较大的网络分割成一个个独立的较小的“区域”，再由“主干”区域将这些小的“区域”连接起来，每个“区域”相当于一个独立的网络，这个网络中的路由器只保留本区域内的链路状态信息，这样做的最大优点是将链路状态洪泛限制在较小的“区域”中。“区域”的类型有很多，这里不进行详细探讨。

3. 协议语法

OSPF 报文格式如图 10.1 所示。

注意：OSPF 没有使用运输层协议，而是直接封装成 IP 分组，协议号为 89，采用这种方式的优点请参考《计算机网络（第 8 版）》（P166）。

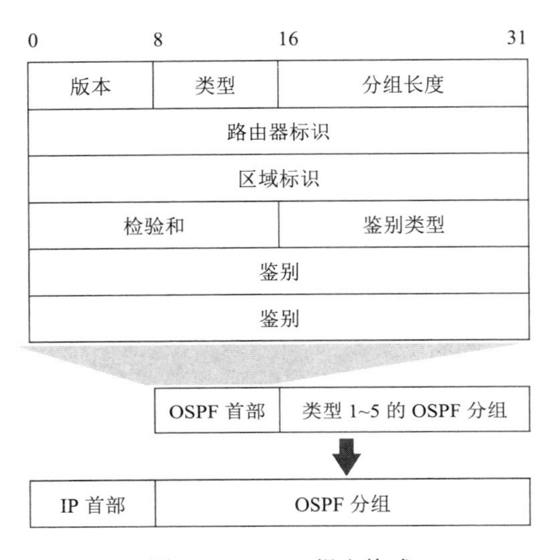

图 10.1　OSPF 报文格式

4. 协议语法

（1）版本：OSPF 版本。
（2）类型：5 种类型的 OSPF 分组之一。
（3）分组长度：包括首部在内的分组长度，单位为字节。
（4）路由器标识：发送该分组的路由器接口的 IP 地址。
（5）区域标识：分组属于的区域标识符。
（6）检验和：用来检测分组中的差错。
（7）鉴别类型：0 表示不用，1 表示密码鉴别。
（8）鉴别：鉴别类型为 0 就填 0，为 1 就填 8 个字符的密码。

5. OSPF 的 5 种分组类型

（1）类型 1：问候（Hello）分组，用来发现和维持邻居的可达性，在多点接入的网络中（如以太网），还可用来选举 DR 和 BDR。

（2）类型 2：数据库描述（Database Description）分组，向邻站发送自己的链路状态数据库中的所有链路状态项目的摘要信息。

（3）类型 3：链路状态请求（Link State Request）分组，向对方请求发送某些链路状态项目的详细信息。

（4）类型 4：链路状态更新（Link State Update）分组，用洪泛法向全网发送链路状态更新。

（5）类型 5：链路状态确认（Link State Acknowledgment）分组，对收到的链路状态更新分组向发送方发送确认。

Hello 分组（报文）是用来维持 OSPF 邻居关系的，其余 4 种类型的分组，是用来实现链路状态数据库同步的。

6. 协议同步

OPSF 协议的工作流程，简单概括为邻居发现、路由交换、路由计算和路由维护。OSPF 路由器需要维护三个表：邻居表、链路状态数据库表和路由表。

（1）邻居表：记录与自己建立了 OSPF 邻居关系的路由器，邻居间定期交换 Hello 报文来维持邻居关系，在一定时间内如果没有收到邻居的 Hello 报文，则从邻居表中删除该邻居路由器。

（2）链路状态数据库表：保存整个网络的链路状态信息，其实就是保存全网的网络拓扑图，所有的 OSPF 路由器中的链路状态数据库都是一样的。

（3）路由表：在链路状态数据库表的基础上，执行 SPF 算法（Dijkstra 算法），最终得到去往各目的网络的路由。

OSPF 的基本操作是通过如图 10.2 所示的 5 种 OSPF 分组实现的。

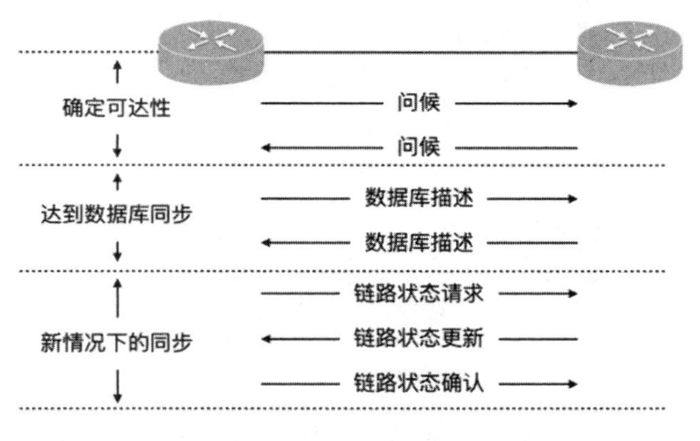

图 10.2　协议同步

10.3　网络配置

事实上，OSPF 协议非常复杂，它支持多种类型的网络，本章实验仅在点到点型和广播多路访问型的网络上实施。

在实验 9 中，已经配置了 RIP 协议，现要分析 OSPF 协议，需要在网络设备上配置 OSPF 路由选择协议（简称路由协议）。这样配置之后，就会出现两种路由协议共存的情况，那么路由器采用哪种路由选择协议呢？

1. 管理距离

管理距离 AD（Administrative Distance）是指一种路由协议的可信度。每一种路由协议按可靠性从高到低，依次分配一个信任等级，这个信任等级就叫管理距离，常见的路由协议默认管理距离如表 10.1 所示，它是一个从 0 至 255 的整数值，0 是最可信赖的。对于两种不同的路由协议到同一个目的地的路由信息，路由器根据管理距离决定相信哪一个路由。

表 10.1　路由协议的管理距离

路由协议	管理距离
直连接口	0
静态路由	1
外部 BGP	20
内部 EIGRP	90
IGRP	100
OSPF	110
RIP	120
外部 EIGRP	170
内部 BGP	200

由表 10.1 可见，当路由器同时运行 RIP 路由选择协议和 OSPF 路由选择协议时，由于 OSPF 的可信度高，所以路由器使用 OSPF 路由选择协议生成的路由表进行转发。

配置 OSPF 之前，首先清除 ESW1、R1 和 R2 配置的 RIP 路由选择协议。之所以要清除已配置的 RIP 路由选择协议，是为了抓取的包少一点，便于分析。在实验过程中可以不清除 RIP 配置。

以下实验在前面图 1.1 网络拓扑图中完成。

2. 实验流程（如图 10.3 所示）

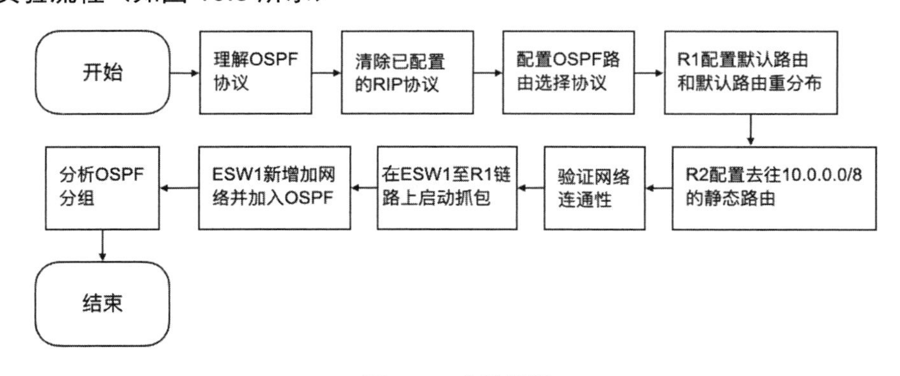

图 10.3　实验流程

3. OSPF 配置

（1）清除 RIP 配置。

```
ESW1#conf t
```

```
ESW1(config)#no router rip                                    # 清除 RIP 进程
ESW1(config)#exit
ESW1#show ip route rip                                        # 显示 RIP 路由表，为空

R1#conf t
R1(config)#no router rip
R1(config)#exit
R1#show ip route rip

R2#conf t
R2(config)#no router rip
R2(config)#exit
R2#show
R2#show ip route rip
```

（2）在 ESW1 和 R1 之间运行 OSPF 路由选择协议。

```
ESW1#conf t
ESW1(config)#router ospf 1                  # 运行 OSPF 进程，进程号为 1
ESW1(config)#router-id 20.20.20.200         # 指明 OSPF 路由器的 IP 地址，最好用环回接口
ESW1(config-router)#network 10.0.0.0 255.0.0.0 area 0   # 参与 OSPF 的网络
ESW1(config-router)#network 1.0.0.0 255.0.0.0 area 0    # 参与 OSPF 的网络
ESW1(config-router)#end
ESW1#wr

R1#conf t
R1(config)#router ospf 1
R1(config)#router-id 10.10.10.100           # 指明 OSPF 路由器的 IP 地址，最好用环回接口
R1(config-router)#network 1.0.0.0 255.0.0.0 area 0
```

OSPF 路由器必须有一个 Router-ID，一般用环回接口作为 Router-ID，请读者参考相关资料。

注意：这里没有配置 2.0.0.0/8 网络参与 OSPF。

```
R1(config-router)#
*Mar 1 00:08:15.195: %OSPF-5-ADJCHG: Process 1, Nbr 20.20.20.200 on
FastEthernet0/0 from LOADING to FULL, Loading Done
```

以上返回信息的含义是：R1 与 ESW1 是完全邻接的。

```
R1(config-router)#end
R1#wr

R1#show ip route ospf                                # 显示 R1 的 OSPF 路由表
     10.0.0.0/8 is variably subnetted, 4 subnets, 3 masks
O       10.10.0.0/23 [110/11] via 1.1.1.1, 00:01:00, FastEthernet0/0
O       10.10.2.0/24 [110/11] via 1.1.1.1, 00:01:00, FastEthernet0/0
O       10.10.3.0/25 [110/11] via 1.1.1.1, 00:01:00, FastEthernet0/0
O       10.10.3.128/25 [110/11] via 1.1.1.1, 00:01:00, FastEthernet0/0
```

（3）为 R1 配置一条默认路由，下一跳为 R2。

从拓扑图 1.1 可以看出，校园网络要访问外面的网络，需再为路由器 R1 配置一条去往外部网络的默认路由。

```
R1#conf t
R1(config)#ip route 0.0.0.0 0.0.0.0 2.2.2.2
```

（4）为 R1 配置默认路由重分布，使 ESW1 有一条默认路由指向 R1。

ESW1 要访问外部网络，也需要一条默认路由，该路由下一跳为 R1，但不用采用上述方法配置，只需 R1 向 ESW1 通告即可，称为默认路由重分布：ESW1 要访问外面，交给我（R1）。

```
R1#conf t
R1(config)#router ospf 1
R1(config-router)#default-information originate     # OSPF 默认路由重分布
R1(config-router)#end
R1#wr

ESW1#show ip route ospf                          # 从 OSPF 默认路由重分布中得来的默认路由
O*E2 0.0.0.0/0 [110/1] via 1.1.1.2, 00:01:17, FastEthernet0/0
```

（5）为 R2 配置一条去往 10.0.0.0/8（单位内部网络）的静态路由，下一跳是 R1。

进程通信一般都是双向的，我们验证用的 ICMP 回显请求报文就是如此，因此外面的网络必须知道如何去往内部网络的路由（这里我们不考虑安全性问题，仅考虑内外网络的连通性问题）。

```
R2#conf t
R2(config)#ip route 10.0.0.0 255.0.0.0 2.2.2.1
R2(config)#end
R2#wr
```

（6）验证。

从 PC 上均能 ping 通 3.3.3.3。

但从 ESW1 上无法 ping 通 3.3.3.3，请读者分析原因并完成本实验思考题 1。

```
PC-4> ping 3.3.3.3
84 bytes from 3.3.3.3 icmp_seq=1 ttl=253 time=21.395 ms
.....

ESW1#ping 3.3.3.3                             # 不通
Type escape sequence to abort.
Sending 5, 100-byte ICMP Echos to 3.3.3.3, timeout is 2 seconds:
.....
Success rate is 0 percent (0/5)
```

（7）查看 OSPF 路由器相关的表。

- 邻居表：

```
R1#show ip ospf neighbor
```

```
Neighbor ID     Pri   State           Dead Time   Address         Interface
20.20.20.200      1   FULL/BDR        00:00:35    1.1.1.1         FastEthernet0/0

ESW1#show ip ospf neighbor

Neighbor ID     Pri   State           Dead Time   Address         Interface
10.10.10.100      1   FULL/DR         00:00:34    1.1.1.2         FastEthernet0/0
```

- 链路状态数据库摘要：

```
R1#show ip ospf database database-summary

            OSPF Router with ID (10.10.10.100) (Process ID 1)

Area 0 database summary
  LSA Type      Count    Delete   Maxage
  Router        2        0        0           # 两条 Router-LSA
  Network       1        0        0           # 一条 Network-LSA
  Summary Net   0        0        0
  Summary ASBR  0        0        0
  Type-7 Ext    0        0        0
    Prefixes redistributed in Type-7  0
  Opaque Link   0        0        0
  Opaque Area   0        0        0
  Subtotal      3        0        0

Process 1 database summary
  LSA Type      Count    Delete   Maxage
  Router        2        0        0
  Network       1        0        0
  Summary Net   0        0        0
  Summary ASBR  0        0        0
  Type-7 Ext    0        0        0
  Opaque Link   0        0        0
  Opaque Area   0        0        0
  Type-5 Ext    1        0        0           # 一条 External-LSA，重分布的默认路由
      Prefixes redistributed in Type-5  0
  Opaque AS     0        0        0
  Total         4        0        0
```

在 OSPF 中，一共有 6 种常用的链路状态通告 LSA（Link-State Advertisement），本章实验中我们只关心类型 1 和类型 2 的 LSA，即 Router-LSA 和 Network-LSA。请参考本章 10.5 节的扩展实验。下面我们查看一下 Router-LSA（命令 show ip ospf database network 查看 Network-LSA）：

```
R1#show ip ospf database router
......
  LS age: 1273
```

```
Options: (No TOS-capability, DC)
LS Type: Router Links                          # LSA的类型为Router-LSA
Link State ID: 20.20.20.200                    # LSA的ID
Advertising Router: 20.20.20.200               # 通告路由器的Router-ID
LS Seq Number: 80000002                        # LSA的序号，序号越大越新
Checksum: 0xAC55
Length: 84
Number of Links: 5                             # 5条LSA

  Link connected to: a Stub Network     # 末端网络，该网络只有一个路由器与外面连接
   (Link ID) Network/subnet number: 10.10.3.128        # 网络号
   (Link Data) Network Mask: 255.255.255.128           # 子网掩码
    Number of TOS metrics: 0
     TOS 0 Metrics: 1

  Link connected to: a Stub Network
   (Link ID) Network/subnet number: 10.10.2.0
   (Link Data) Network Mask: 255.255.255.0
    Number of TOS metrics: 0
     TOS 0 Metrics: 1

  Link connected to: a Stub Network
   (Link ID) Network/subnet number: 10.10.0.0
   (Link Data) Network Mask: 255.255.254.0
    Number of TOS metrics: 0
     TOS 0 Metrics: 1

  Link connected to: a Stub Network
   (Link ID) Network/subnet number: 10.10.3.0
   (Link Data) Network Mask: 255.255.255.128
    Number of TOS metrics: 0
     TOS 0 Metrics: 1

  Link connected to: a Transit Network                 # 中转网络
   (Link ID) Designated Router address: 1.1.1.2        # DR的地址，参考10.5节
   (Link Data) Router Interface address: 1.1.1.1       # 与DR相连接口的地址
    Number of TOS metrics: 0
     TOS 0 Metrics: 1
```

10.4 协议分析

1. 分析方法

当路由器 R1 的链路状态发生变化后，R1 立即使用洪泛法向 ESW1 洪泛更新的链路状态，通过改变 R1 的链路状态，抓取相关的 OSPF 分组。

（1）在 ESW1 和 R1 之间启动 Wireshark 抓包。

（2）在 R1 上配置 2.0.0.0/8 参与 OSPF（链路状态发生变化）。

- 查看 ESW1 的路由表。

```
ESW1#show ip route ospf
O*E2 0.0.0.0/0 [110/1] via 1.1.1.2, 00:01:17, FastEthernet0/0
```

注意，ESW1 中没有去往 2.0.0.0/8 的 OSPF 路由。

- 查看 R1 运行的 OSPF 进程。

```
R1#show run | section ospf
router ospf 1
 log-adjacency-changes
network 1.0.0.0 0.255.255.255 area 0            # 只有 1.0.0.0/8 参与 OSPF
default-information originate                   # 默认路由重分布
```

- 配置 2.0.0.0/8 参与 OSPF。

```
R1#conf t
R1(config)#router ospf 1
R1(config-router)#network 2.0.0.0 0.255.255.255 area 0
```

2. 链路状态更新（图 10.4 序号为 3 的包）

通过上述步骤，我们能立即抓到 OSPF 洪泛的更新（链路状态发生变化，立即洪泛 LS），如图 10.4 所示。ESW1 收到 R1 发送的 LS 之后，向 R1 发送 LS 确认，并通过 SPF 算法，得到了去往 2.0.0.0/8 的路由。

ospf

No.	Source	Destination	Protocol	Info
1	1.1.1.2	224.0.0.5	OSPF	Hello Packet
2	1.1.1.1	224.0.0.5	OSPF	Hello Packet
3	1.1.1.2	224.0.0.5	OSPF	LS Update
6	1.1.1.1	224.0.0.5	OSPF	LS Acknowledge
7	1.1.1.2	224.0.0.5	OSPF	Hello Packet
8	1.1.1.1	224.0.0.5	OSPF	Hello Packet

图 10.4　洪泛链路状态更新

```
Ethernet II, Src: c4:01:03:8d:00:00, Dst: 01:00:5e:00:00:05 # 以太网硬件多播地址
Internet Protocol Version 4, Src: 1.1.1.2, Dst: 224.0.0.5    # 目的 IP 地址为多播地址
Open Shortest Path First                          # OSPF 报文直接封装到 IP 分组中
    OSPF Header                                   # OSPF 首部长度
        Version: 2                                # OSPF 版本为 2
        Message Type: LS Update (4)               # 消息类型为 4，链路状态更新
        Packet Length: 76                         # OSPF 报文长度为 76 字节（首部和数据）
        Source OSPF Router: 10.10.10.100          # 发送该 OSPF 报文的 Router-ID
        Area ID: 0.0.0.0 (Backbone)               # 区域 ID 为 0，主干区域
        Checksum: 0xb078 [correct]                # 检验和
        Auth Type: Null (0)                       # 认证类型为 0，没有认证
        Auth Data (none): 0000000000000000
    LS Update Packet
        Number of LSAs: 1                             # 1 个 LS 更新包
        LSA-type 1 (Router-LSA), len 48
            .000 0000 0000 0001 = LS Age (seconds): 1
            0... .... .... .... = Do Not Age Flag: 0
```

```
Options: 0x22, (DC) Demand Circuits, (E) External Routing
LS Type: Router-LSA (1)                    # 类型为 1 的 Router-LSA
Link State ID: 10.10.10.100                # LS 链路状态 ID
Advertising Router: 10.10.10.100           # 发送更新报文的 Router-ID
Sequence Number: 0x80000006                # 32 位序号（4 字节），区别旧的更新
Checksum: 0x5f5e
Length: 48
Flags: 0x02, (E) AS boundary router # R1 为区域边界路由器 ABR
Number of Links: 2                         # 更新的 LS 数量
Type: Stub     ID: 2.2.2.0       Data: 255.255.255.0   Metric: 64
   Link ID: 2.2.2.0 - IP network/subnet number  # 通告的网络号
   Link Data: 255.255.255.0                     # 通告网络的子网掩码
   Link Type: 3 - Connection to a stub network  # 直接相连的末端网络
   Number of Metrics: 0 - TOS
   0 Metric: 64                                 # 开销
Type: Transit  ID: 1.1.1.2       Data: 1.1.1.2        Metric: 10
```

OSPF 固定使用 224.0.0.5 和 224.0.0.6 这两个多播地址。关于多播地址内容请参考实验 20。

3. 链路状态确认（图 10.4 序号为 6 的包）

```
Ethernet II, Src: cc:03:03:92:00:00 , Dst: 01:00:5e:00:00:05
Internet Protocol Version 4, Src: 1.1.1.1, Dst: 224.0.0.5
Open Shortest Path First
   OSPF Header
      Version: 2
      Message Type: LS Acknowledge (5)           # 消息类型为 5，链路状态确认
      Packet Length: 44
      Source OSPF Router: 20.20.20.200
      Area ID: 0.0.0.0 (Backbone)
      Checksum: 0xaa7f [correct]
      Auth Type: Null (0)
      Auth Data (none): 0000000000000000
   LSA-type 1 (Router-LSA), len 48
      .000 0000 0000 0001 = LS Age (seconds): 1
      0... .... .... .... = Do Not Age Flag: 0
      Options: 0x22, (DC) Demand Circuits, (E) External Routing
      LS Type: Router-LSA (1)
      Link State ID: 10.10.10.100
      Advertising Router: 10.10.10.100
      Sequence Number: 0x80000006    # 32 位序号（4 字节），与链路状态更新报文一致
      Checksum: 0x5f5e
      Length: 48
```

4. Hello 分组（图 10.4 序号为 7、8 的包）

经过上述过程之后，OSPF 重新进入收敛状态，OSPF 邻居相互发送 Hello 分组，以下为 R1 发送的 Hello 报文：

```
Ethernet II, Src: c4:01:03:8d:00:00 , Dst: 01:00:5e:00:00:05
```

```
Internet Protocol Version 4, Src: 1.1.1.2, Dst: 224.0.0.5
Open Shortest Path First
    OSPF Header
        Version: 2
        Message Type: Hello Packet (1)       # 消息类型为1
        Packet Length: 48
        Source OSPF Router: 10.10.10.100
        Area ID: 0.0.0.0 (Backbone)
        Checksum: 0xab4b [correct]
        Auth Type: Null (0)
        Auth Data (none): 0000000000000000
    OSPF Hello Packet                        # OSPF的Hello报文
        Network Mask: 255.255.255.0          # 发送Hello接口所在网络的掩码
        Hello Interval [sec]: 10             # 发送Hello的时间间隔
        Options: 0x12, (L) LLS Data block, (E) External Routing  # OSPF 支持的一些
功能选项
        Router Priority: 1                   # OSPF路由器的优先级
        Router Dead Interval [sec]: 40       # 40秒没收到邻居的Hello报文，该邻居失效
        Designated Router: 1.1.1.2           # 指定路由器，参考10.5节内容
        Backup Designated Router: 1.1.1.1    # 备份指定路由器，参考10.5节内容
        Active Neighbor: 20.20.20.200        # OSPF邻居的Router-ID
    OSPF LLS Data Block                      # LLS数据块，IETF RFC 4183
```

发送 Hello 的时间间隔为 10 秒，若 40 秒没有收到邻居的 Hello，则该邻居不可达，此时就立即修改链路状态数据库，并洪泛该数据链路状态，同时重新计算自己的路由表（P166）。

5. 验证

经过上述洪泛之后，ESW1 学习到去往 2.0.0.0/8 网络的路由。

```
ESW1#show ip route ospf
     2.0.0.0/24 is subnetted, 1 subnets
O       2.2.2.0 [110/65] via 1.1.1.2, 00:00:03, FastEthernet0/0  # 获取了 2.0.0.0
子网的路由
O*E2 0.0.0.0/0 [110/1] via 1.1.1.2, 00:00:03, FastEthernet0/0
```

6. 分析 DR 与 BDR、DB Description、Request、Update、Acknowledge

以下实验，主要用来分析 DR 的选举及 OSPF 同步过程。

（1）关闭 R1 的 f0/0 接口。

```
R1#conf t
R1(config)#int f0/0
R1(config)#shut
```

（2）在 ESW1 与 R1 之间启动抓包。

（3）开启 R1 的 f0/0 接口。

```
R1(config)#no shut
```

（4）结果分析。

- DR 与 BDR 选举

DR 与 BDR 的选举是通过 Hello 分组进行的，如图 10.5 所示。

ospf.msg==1

No.	Source	Destination	Protocol	Info
7	1.1.1.2	224.0.0.5	OSPF	Hello Packet
8	1.1.1.1	1.1.1.2	OSPF	Hello Packet
11	1.1.1.2	1.1.1.1	OSPF	Hello Packet
20	1.1.1.1	224.0.0.5	OSPF	Hello Packet
34	1.1.1.2	224.0.0.5	OSPF	Hello Packet
35	1.1.1.1	224.0.0.5	OSPF	Hello Packet

图 10.5 DR 与 BDR 选举过程

OSPF 定义了 5 种网络类型，分别是点对点、广播多路访问、非广播多路访问、点对多点和虚拟链路，在多路访问网络中的 OSPF 路由器会选举一个 DR（指定路由器）和一个 BDR，DR Other 仅与网络中的 DR 和 BDR 建立完全邻接关系，DR 代表所在广播网络中的 OSPF 路由器向外洪泛 Network-LSA。

选举方法如下所示。

DR：具有最高 OSPF 接口优先级的路由器。

BDR：具有次高 OSPF 接口优先级的路由器。

如果 OSPF 接口优先级相等，则取路由器 ID 最高者。

如果没有配置 OSPF 路由器 ID，则取活动接口的最高 IP 地址。

网络初始时：先选出 BDR，BDR 发现网络中没有 DR 后，把自己变为 DR，再选出 BDR。

非抢占性：当网络中已经有了 DR 和 BDR，如果又有一台优先级更高或者 Router-ID 更高的 OSPF 路由器接入网络，那么在这种情况下，为了保障网络的稳定性，DR 和 BDR 不会发生改变。

路由器 R1 发送 Hello 组播（多播），DR 与 BDR 未知（图 10.5 中序号为 7 的包）：

```
Ethernet II, Src: c4:01:03:8d:00:00, Dst: 01:00:5e:00:00:05
Internet Protocol Version 4, Src: 1.1.1.2, Dst: 224.0.0.5    # 目的地址为组播地址
Open Shortest Path First
    OSPF Header
        Version: 2
        Message Type: Hello Packet (1)
        Packet Length: 44
        Source OSPF Router: 10.10.10.100                    # Router-ID
        Area ID: 0.0.0.0 (Backbone)
        Checksum: 0xd830 [correct]
        Auth Type: Null (0)
        Auth Data (none): 0000000000000000
    OSPF Hello Packet
        Network Mask: 255.255.255.0
        Hello Interval [sec]: 10
        Options: 0x12, (L) LLS Data block, (E) External Routing
        Router Priority: 1
        Router Dead Interval [sec]: 40
```

```
        Designated Router: 0.0.0.0                              # DR 未知
        Backup Designated Router: 0.0.0.0                       # BDR 未知
    OSPF LLS Data Block
```

在默认情况下，OSPF 路由器的优先级相同，因此 ESW1 收到上述 Hello 分组之后，拿自己的 Router-ID（20.20.20.200）与 R1 的 Router-ID（10.10.10.100）进行比较，比较的结果是自己的 Router-ID 高于 R1 的 Router-ID，所以 ESW1 发送 Hello 报文给 R1，告诉对方自己是 DR，BDR 未知（图 10.5 中序号为 8 的包）。注意目的 IP 地址的变化（请问为什么）：

```
Ethernet II, Src: cc:03:03:92:00:00 , Dst: c4:01:03:8d:00:00
Internet Protocol Version 4, Src: 1.1.1.1, Dst: 1.1.1.2  # 目的地址为 R1 的单播地址
Open Shortest Path First
    OSPF Header
    OSPF Hello Packet
        Network Mask: 255.255.255.0
        Hello Interval [sec]: 10
        Options: 0x12, (L) LLS Data block, (E) External Routing
        Router Priority: 1
        Router Dead Interval [sec]: 40
        Designated Router: 1.1.1.1                         # ESW1 声称自己是 DR
        Backup Designated Router: 0.0.0.0                  # ESW1 声称 BDR 未知
        Active Neighbor: 10.10.10.100
    OSPF LLS Data Block
```

R1 把 ESW1 发来的 Hello 报文中的 Router-ID（20.20.20.200），与自己的 Router-ID（10.10.10.100）进行比较，ESW1 的 Router-ID 高于自己，所以 R1 发送 Hello 报文给 ESW1，声明 ESW1 为 DR，自己为 BDR（图 10.5 中序号为 11 的包）。也请注意目的 IP 地址。

```
Ethernet II, Src: c4:01:03:8d:00:00 , Dst: cc:03:03:92:00:00
Internet Protocol Version 4, Src: 1.1.1.2, Dst: 1.1.1.1
Open Shortest Path First
    OSPF Header
    OSPF Hello Packet
        Network Mask: 255.255.255.0
        Hello Interval [sec]: 10
        Options: 0x12, (L) LLS Data block, (E) External Routing
        Router Priority: 1
        Router Dead Interval [sec]: 40
        Designated Router: 1.1.1.1                         # R1 明确 DR 是 ESW1
        Backup Designated Router: 1.1.1.2                  # R1 声称自己是 BDR
        Active Neighbor: 20.20.20.200
    OSPF LLS Data Block
```

通过选举，ESW1 成为了 DR。这一工作完成之后，进入交换 DB Description 的过程。

- DB Description（如图 10.6 所示）

DB Description（DD）报文描述的是本地路由器的链路状态数据库的摘要信息，两个相邻的 OSPF 路由器在初始化连接的时候，必须交换 DD 报文，以便后续进行数据库同步。

No.	Source	Destination	Protocol	Info
9	1.1.1.2	1.1.1.1	OSPF	DB Description
10	1.1.1.1	1.1.1.2	OSPF	DB Description
12	1.1.1.2	1.1.1.1	OSPF	DB Description
13	1.1.1.1	1.1.1.2	OSPF	DB Description
14	1.1.1.2	1.1.1.1	OSPF	DB Description
15	1.1.1.1	1.1.1.2	OSPF	DB Description
19	1.1.1.2	1.1.1.1	OSPF	DB Description

图 10.6　ESW1 与 R1 之间交换数据库描述

R1 发送给 ESW1 的 DD 报文如下（图 10.6 中序号为 12 的包）：

```
Ethernet II, Src: c4:01:03:8d:00:00 , Dst: cc:03:03:92:00:00
Internet Protocol Version 4, Src: 1.1.1.2, Dst: 1.1.1.1
Open Shortest Path First
    OSPF Header
        Version: 2
        Message Type: DB Description (2)    # 消息类型为 2，OSPF 的 DD 报文
        Packet Length: 112
        Source OSPF Router: 10.10.10.100
        Area ID: 0.0.0.0 (Backbone)
        Checksum: 0x7220 [correct]
        Auth Type: Null (0)
        Auth Data (none): 0000000000000000
    OSPF DB Description
        Interface MTU: 1500              # 发送 DD 不分片的情况下，最大的 IP 报文长度
        Options: 0x52, O, (L) LLS Data block, (E) External Routing
        DB Description: 0x02, (M) More   # 连续发送多个 DD 报文，M=0 表示最后 1 个，其他置 1
        DD Sequence: 7234                # 发送的 DD 报文的序号
    LSA-type 1 (Router-LSA), len 36      # LSA 的头部信息
        .000 0000 0010 1011 = LS Age (seconds): 43
        0... .... .... .... = Do Not Age Flag: 0
        Options: 0x22, (DC) Demand Circuits, (E) External Routing
        LS Type: Router-LSA (1)
        Link State ID: 10.10.10.100
        Advertising Router: 10.10.10.100
        Sequence Number: 0x8000000c
        Checksum: 0xeced
        Length: 36
    LSA-type 1 (Router-LSA), len 84
    LSA-type 2 (Network-LSA), len 32
    LSA-type 5 (AS-External-LSA (ASBR)), len 36
    OSPF LLS Data Block
```

从以上输出结果可以看出，DD 报文仅仅通告了 LSA 的头部基本信息。交换 DB Description 阶段完成之后，便进入 Request 过程。

- Link State Request（LSR 报文，如图 10.7 所示）

No.	Source	Destination	Protocol	Info
16	1.1.1.1	1.1.1.2	OSPF	LS Request
17	1.1.1.2	1.1.1.1	OSPF	LS Request

图 10.7　ESW1 向 R1 发送 LSR 报文

ESW1 向 R1 发送的 LSR 报文如下（图 10.7 中序号为 16 的包）：

```
Ethernet II, Src: cc:03:03:92:00:00 , Dst: c4:01:03:8d:00:00
Internet Protocol Version 4, Src: 1.1.1.1, Dst: 1.1.1.2
Open Shortest Path First
    OSPF Header
        Version: 2
        Message Type: LS Request (3)                # 消息类型为 3，OSPF 的 LSR 报文
        Packet Length: 48
        Source OSPF Router: 20.20.20.200
        Area ID: 0.0.0.0 (Backbone)
        Checksum: 0x8133 [correct]
        Auth Type: Null (0)
        Auth Data (none): 0000000000000000
    Link State Request                              # LSR
        LS Type: Router-LSA (1)
        Link State ID: 10.10.10.100
        Advertising Router: 10.10.10.100
    Link State Request                              # LSR
        LS Type: Network-LSA (2)
        Link State ID: 1.1.1.1
        Advertising Router: 20.20.20.200
```

- Link State Update（LSU 报文，如图 10.8 所示）

ospf.msg==4

No.	Source	Destination	Protocol	Info
18	1.1.1.1	1.1.1.2	OSPF	LS Update
21	1.1.1.2	1.1.1.1	OSPF	LS Update
22	1.1.1.1	224.0.0.5	OSPF	LS Update
23	1.1.1.2	224.0.0.5	OSPF	LS Update
24	1.1.1.1	224.0.0.5	OSPF	LS Update
30	1.1.1.1	224.0.0.5	OSPF	LS Update

图 10.8　R1 向 ESW1 发送 LSU 报文

R1 向 ESW1 发送的 LSU 报文如下（图 10.8 中序号为 21 的包）：

```
Internet Protocol Version 4, Src: 1.1.1.2, Dst: 1.1.1.1 # 目的 IP 地址是单播地址
Open Shortest Path First
    OSPF Header
        Version: 2
        Message Type: LS Update (4)                     # 消息类型为 4
        Packet Length: 96
        Source OSPF Router: 10.10.10.100
        Area ID: 0.0.0.0 (Backbone)
        Checksum: 0xaa63 [correct]
        Auth Type: Null (0)
        Auth Data (none): 0000000000000000
    LS Update Packet                                # OSPF 的 LSU 报文
        Number of LSAs: 2                           # 2 条 LSA，对应上述的 2 条 LSR
        LSA-type 1 (Router-LSA), len 36             # LSA 的详细信息
            .000 0000 0010 1100 = LS Age (seconds): 44
            0... .... .... .... = Do Not Age Flag: 0
```

```
        Options: 0x22, (DC) Demand Circuits, (E) External Routing
        LS Type: Router-LSA (1)
        Link State ID: 10.10.10.100
        Advertising Router: 10.10.10.100
        Sequence Number: 0x8000000c
        Checksum: 0xeced
        Length: 36
        Flags: 0x02, (E) AS boundary router
        Number of Links: 1
        Type: Stub   ID: 2.2.2.0   Data: 255.255.255.0   Metric: 64  # 末端网络
            Link ID: 2.2.2.0 - IP network/subnet number
            Link Data: 255.255.255.0
            Link Type: 3 - Connection to a stub network
            Number of Metrics: 0 - TOS
            0 Metric: 64
    LSA-type 2 (Network-LSA), len 32
```

上述结果是 R1 向 ESW1 发送的单播 LSU 报文，在 R1 发送的 LSR 中，包含 2 条 LSA 的请求，上述结果中返回给 R1 的 LSU 中包含了这 2 条请求的应答。

图 10.8 中序号为 23 的包表示，R1 再向所有的 OSPF 邻居洪泛 LSA，目的 IP 地址是 224.0.0.5。请读者思考，这里为什么还需要洪泛 LSA？

最后便是 Acknowledge 过程。

- Link State Acknowledge（LSAck 报文，如图 10.9 所示）

ospf.msg==5

No.	Source	Destination	Protocol	Info
27	1.1.1.2	224.0.0.5	OSPF	LS Acknowledge
28	1.1.1.1	224.0.0.5	OSPF	LS Acknowledge
32	1.1.1.2	224.0.0.5	OSPF	LS Acknowledge

图 10.9　ESW1 组播发送 Acknowledge

ESW1 组播（请完成本实验思考题 3）发送的 LSAck 报文如下（图 10.9 中序号为 28 的包）：

```
Ethernet II, Src: cc:03:03:92:00:00, Dst: 01:00:5e:00:00:05
Internet Protocol Version 4, Src: 1.1.1.1, Dst: 224.0.0.5   # 目的地址为组播地址
Open Shortest Path First
    OSPF Header
        Version: 2
        Message Type: LS Acknowledge (5)
        Packet Length: 84
        Source OSPF Router: 20.20.20.200
        Area ID: 0.0.0.0 (Backbone)
        Checksum: 0xd3f9 [correct]
        Auth Type: Null (0)
        Auth Data (none): 0000000000000000
    LSA-type 1 (Router-LSA), len 36
    LSA-type 2 (Network-LSA), len 32
    LSA-type 1 (Router-LSA), len 48
```

- Hello

至此，OSPF 重新收敛，OSPF 邻居路由器相互发送 Hello 报文（如图 10.10 所示）以维

持 OSPF 邻居关系，注意，目的 IP 地址为多播地址。

ospf.msg==1

No.	Source	Destination	Protocol	Info
34	1.1.1.2	224.0.0.5	OSPF	Hello Packet
35	1.1.1.1	224.0.0.5	OSPF	Hello Packet

图 10.10　ESW1、R1 发送 Hello 报文

10.5　扩展实验

1. 实验拓扑图

本节用于验证 DR 的功能，DR 的作用是代表同处在一个多点接入的网络中的路由器，向 AS 洪泛链路状态，即洪泛类型为 2 的 Network-LSA，以减少网络中的洪泛。

前面有关 OSPF 协议分析，没有分析 DR 发送 Network-LSA 的问题。要分析这方面的问题，我们需建立如图 10.11 所示的网络拓扑图。在该网络中，R1、R2 和 R3 通过二层交换机互连，它们同处一个多点接入的广播网络中，R2 与 R4 也属于同一个多点接入的广播网络。如前面分析所示，这两个网络中的路由器接口会选举 DR 和 BDR；R3 与 R4 为点对点的网络，这个网络中的路由器接口不会选举 DR 和 BDR。

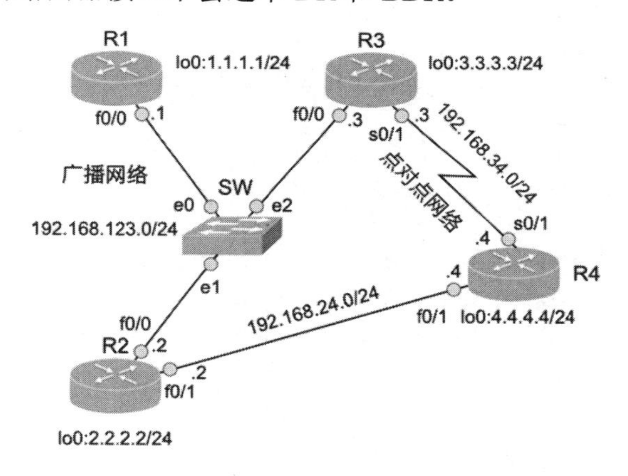

图 10.11　实验拓扑图

2. 网络配置

```
R1#conf t
R1(config)#int f0/0
R1(config-if)#ip address 192.168.123.1 255.255.255.0
R1(config-if)#no shut
R1(config-if)#int lo0
R1(config-if)#ip address 1.1.1.1 255.255.255.0
R1(config-if)#router ospf 1
R1(config-router)#network 1.1.1.0 0.0.0.255 area 0
R1(config-router)#network 192.168.123.0 0.0.0.255 area 0
R1(config-router)#end
R1#wr
```

```
R2#conf t
R2(config)#int f0/0
R2(config-if)#ip address 192.168.123.2 255.255.255.0
R2(config-if)#no shut
R2(config-if)#int f0/1
R2(config-if)#ip address 192.168.24.2 255.255.255.0
R2(config-if)#no shut
R2(config-if)#int lo0
R2(config-if)#ip address 2.2.2.2 255.255.255.0
R2(config-if)#router ospf 1
R2(config-router)#network 2.2.2.0 0.0.0.255 area 0
R2(config-router)#network 192.168.123.0 0.0.0.255 area 0
R2(config-router)#network 192.168.24.0 0.0.0.255 area 0
R2(config-router)#end
R2#wr

R3#conf t
R3(config)#int f0/0
R3(config-if)#ip address 192.168.123.3 255.255.255.0
R3(config-if)#no shut
R3(config)#int s1/0
R3(config-if)#ip address 192.168.34.3 255.255.255.0
R3(config-if)#no shut
R3(config-if)#int lo0
R3(config-if)#ip address 3.3.3.3 255.255.255.0
R3(config-if)#router ospf 1
R3(config-router)#network 3.3.3.0 0.0.0.255 area 0
R3(config-router)#network 192.168.123.0 0.0.0.255 area 0
R3(config-router)#network 192.168.34.0 0.0.0.255 area 0
R3(config-router)#end
R3#wr

R4#conf t
R4(config)#int f0/1
R4(config-if)#ip address 192.168.24.4 255.255.255.0
R4(config-if)#no shut
R4(config)#int s1/0
R4(config-if)#ip address 192.168.34.4 255.255.255.0
R4(config-if)#no shut
R4(config-if)#int lo0
R4(config-if)#ip address 4.4.4.4 255.255.255.0
R4(config-if)#router ospf 1
R4(config-router)#network 4.4.4.0 0.0.0.255 area 0
R4(config-router)#network 192.168.24.0 0.0.0.255 area 0
R4(config-router)#network 192.168.34.0 0.0.0.255 area 0
R4(config-router)#end
R4#wr
```

3. 验证

（1）查看路由器的路由表和邻居。

```
R1#show ip route ospf
     2.0.0.0/32 is subnetted, 1 subnets
O       2.2.2.2 [110/2] via 192.168.123.2, 01:25:41, FastEthernet0/0
     3.0.0.0/32 is subnetted, 1 subnets
O       3.3.3.3 [110/2] via 192.168.123.3, 01:25:41, FastEthernet0/0
     4.0.0.0/32 is subnetted, 1 subnets
O       4.4.4.4 [110/3] via 192.168.123.2, 01:25:41, FastEthernet0/0
O    192.168.24.0/24 [110/2] via 192.168.123.2, 01:25:41, FastEthernet0/0
O    192.168.34.0/24 [110/65] via 192.168.123.3, 01:25:41, FastEthernet0/0

R1#show ip ospf neighbor

Neighbor ID  Pri  State     Dead Time         Address          Interface
2.2.2.2       1   FULL/BDR 00:00:30      192.168.123.2         FastEthernet0/0
3.3.3.3       1   FULL/DR  00:00:35      192.168.123.3         FastEthernet0/0
```

从以上输出结果可以看出，R3 为 DR，R2 为 BDR。

（2）测试网络连通性。

```
R1#ping 4.4.4.4

Type escape sequence to abort.
Sending 5, 100-byte ICMP Echos to 4.4.4.4, timeout is 2 seconds:
!!!!!
Success rate is 100 percent (5/5), round-trip min/avg/max = 20/34/56 ms
```

4. 实验分析

如前所述，OSPF 中有 6 种常用的 LSA，本实验只关心 Router-LSA 和 Network-LSA。

Router-LSA 每个设备都会产生，其描述了设备的链路状态和开销，在所属的区域内传播。

Network-LSA 是由 DR（Designated Router）产生的，其描述本网段的链路状态，在所属的区域内传播。

（1）实验过程

- 将路由器 R1 接口 f0/0 关闭。
- 分别在 R3 与 R4 之间、R2 与 R4 之间启动抓包（用于观察 R4 收到的 R3、R2 发来的 LSU）。
- 将路由器 R1 接口 f0/0 开启（广播式以太网络中，OSPF 路由器的链路状态发生变化）。
- 观察 Wireshark 抓包结果。

（2）结果分析

- R3 与 R4 之间的抓包结果如图 10.12 所示。

No.	Source	Destination	Protocol	Info
26	192.168.34.3	224.0.0.5	OSPF	LS Update
27	192.168.34.4	224.0.0.5	OSPF	LS Acknowledge

图 10.12 R3、R4 之间的 LSU

R3 与 R4 之间抓到的 R3 发送的 LSU 如下（图 10.12 中序号为 26 的包）：

```
Internet Protocol Version 4, Src: 192.168.34.3, Dst: 224.0.0.5
Open Shortest Path First
    OSPF Header
    LS Update Packet
        Number of LSAs: 1
        LSA-type 2 (Network-LSA), len 32    # Network-LSA
            .000 0000 0000 0001 = LS Age (seconds): 1
            0... .... .... .... = Do Not Age Flag: 0
            Options: 0x22, (DC) Demand Circuits, (E) External Routing
            LS Type: Network-LSA (2)
            Link State ID: 192.168.123.3    # 链路状态 ID
            Advertising Router: 3.3.3.3     # 通告者的 Router-ID，R3 路由器发送的
            Sequence Number: 0x80000007     # LSA 序号
            Checksum: 0xe546
            Length: 32
            Netmask: 255.255.255.0
            Attached Router: 3.3.3.3
```

- R2 与 R4 之间的抓包结果如图 10.13 所示。

No.	Source	Destination	Protocol	Info
28	192.168.24.2	224.0.0.5	OSPF	LS Update
29	192.168.24.4	224.0.0.5	OSPF	LS Update

图 10.13 R2、R4 之间的 LSU

R2 与 R4 之间抓到的 R2 发送的 LSU 如下（图 10.13 中序号为 28 的包）：

```
Internet Protocol Version 4, Src: 192.168.24.2, Dst: 224.0.0.5
Open Shortest Path First
    OSPF Header
    LS Update Packet
        Number of LSAs: 1
        LSA-type 2 (Network-LSA), len 32
            .000 0000 0000 0010 = LS Age (seconds): 2
            0... .... .... .... = Do Not Age Flag: 0
            Options: 0x22, (DC) Demand Circuits, (E) External Routing
            LS Type: Network-LSA (2)
            Link State ID: 192.168.123.3    # 链路状态 ID
            Advertising Router: 3.3.3.3     # 通告者的 Router-ID，R3 路由器发送的
            Sequence Number: 0x80000007     # LSA 序号
            Checksum: 0xe546
            Length: 32
            Netmask: 255.255.255.0
```

```
        Attached Router: 3.3.3.3
        Attached Router: 2.2.2.2
```

仔细比较上述两个 LSU，这两个 LSU 是一样的（R4 洪泛的 LSU 也和它们一样），也就是说，R2 洪泛的 LSU，其实就是 R2 收到的 R3 洪泛的 LSU。也就说明 R3 作为 DR 代表多点接入的网络中的 OSPF 路由器向外洪泛 LSU。读者可以展开所有的洪泛包，就能观察到：网络中只有 R3 发出了 Network-LSA 洪泛更新，其他路由器发送的均为 Router-LSA 洪泛更新。

5. 人为指定 DR

可以通过改变接口的优先级，让指定路由器为 DR。在默认情况下，Cisco 路由器 OSPF 接口的优先级为 1，数值越大，优先级越高。

在路由器接口配置模式下，可以通过 ip ospf priority 命令改变 OSPF 接口优先级。

实验过程如下：

（1）将 R1、R2 和 R3 上的接口 f0/0 全部关闭。

（2）配置 R1 为 DR、R3 为 BDR，R2 不能成为 DR。

```
R1(config)#int f0/0
R1(config-if)#ip ospf priority 4
R1(config-if)#end
R1#wr

R2#conf t
R2(config)#int f0/0
R2(config-if)#ip ospf priority 0
R2(config-if)#end
R2#wr

R3#conf t
R3(config)#int f0/0
R3(config-if)#ip ospf priority 2
R3(config-if)#end
R3#wr
```

（3）将 R1、R2 和 R3 上的接口 f0/0 全部开启。

（4）结果分析。

```
R1#show ip ospf neighbor

Neighbor ID   Pri  State          Dead Time     Address          Interface
2.2.2.2        0   FULL/DROTHER   00:00:38    192.168.123.2      FastEthernet0/0
3.3.3.3        2   EXSTART/BDR    00:00:32    192.168.123.3      FastEthernet0/0

R2#show ip ospf neighbor

Neighbor ID   Pri  State          Dead Time     Address          Interface
4.4.4.4        1   FULL/DR        00:00:35    192.168.24.4       FastEthernet0/1
```

```
1.1.1.1        4    FULL/DR        00:00:37      192.168.123.1         FastEthernet0/0
3.3.3.3        2    FULL/BDR       00:00:34      192.168.123.3         FastEthernet0/0

R3#show ip ospf neighbor

Neighbor ID    Pri  State          Dead Time         Address           Interface
1.1.1.1        4    FULL/DR        00:00:35      192.168.123.1         FastEthernet0/0
2.2.2.2        0    FULL/DROTHER 00:00:38        192.168.123.2         FastEthernet0/0
4.4.4.4        0    FULL/  -           00:00:31      192.168.34.4      Serial1/0
```

最后再一次强调，在配置 OSPF 时，OSPF 的 Router-ID 一般人为指定为路由器的 loopback 接口的 IP 地址，因为 loopback 接口不会 down 掉。

思考题

1. 配置 OSPF 完成之后，从 ESW1 上无法访问 3.3.3.3，但从 PC 上能够访问 3.3.3.3，请分析原因。
2. 在扩展实验中，为什么 R2 的邻居中有 2 个 DR。
3. ESW1 确认 LSAck 为什么用组播地址发送？

实验 11　TCP 协议与 TELNET 协议

建议学时：4 学时。

实验知识点：TCP 协议（P219）、TELNET 协议（P271）。

11.1　实验目的

1. 理解 TCP 协议。
2. 掌握 TCP 协议三报文握手建立 TCP 连接和四报文挥手释放 TCP 连接的过程。
3. 理解端口号的概念。
4. 理解“地址”的概念。
5. 掌握 TELNET 协议及工作过程。
6. 理解简单的基于 C/S 的 Python 程序。
7. 理解 TCP 协议序号变化。

11.2　TCP 协议简介

1. 协议概述

在互联网络中，网络层主要解决了 IP 分组从一台主机通过异构的网络到达另一台主机的通信问题，网络设备间通信还有一些问题，网络层没有解决：

（1）主机中谁发送数据、谁接收数据的问题。

（2）接收端如何处理网络层 IP 分组无序到达的问题。

（3）IP 分组传输过程中丢失即传输可靠性问题。

（4）发送端发送数据过快导致接收方来不及的问题等。

运输层的 TCP（Transmission Control Protocol 传输控制协议）协议，是一种面向连接的、可靠的、基于字节流的运输层通信协议，由 IETF 的 RFC 793 定义。在简化的计算机网络 OSI 模型中，它完成第 4 层（运输层）所指定的功能。在因特网协议族（Internet Protocol Suite）中，TCP 层是位于 IP 层之上，应用层之下的中间层。

2. TCP 的特点

（1）面向连接的、全双工的端到端的通信。

（2）提供端到端的可靠的传输服务，实现可靠传输的三个要素。

- 序号：传输的数据按字节编号，即 TCP 是面向字节流的。
- 确认：接收方正确收到数据之后，向发送方确认。
- 重传：一定时间内没有收到接收方的确认，发送方重传数据。

（3）流量控制机制，采用窗口机制实现了端到端的流量控制。

（4）网络拥塞控制机制，确保网络出现拥塞时，减少注入网络中的数据流量。

TCP 协议较为复杂，其特点远不只以上这些，请读者参考教材（P219）及配套视频讲解。

不同主机的应用层之间经常需要可靠的、像管道一样的连接，但是 IP 层不提供这样的流机制，而是提供不可靠的包交换。请注意，TCP 协议只在端系统中实现，网络核心部分（路由器的数据层面）并没有实现。为了保证可靠传输实现，TCP 必须面向字节流，发送的数据按字节编号。

3. 端口的概念

IP 地址是用来标识因特网上的一台主机的，路由器的路由选择协议寻找一条到达目的 IP 地址的路由。IP 地址有点类似于一个家庭的通信地址，邮政系统需要找到一条到达目的家庭的路由。

因特网上端系统间的通信，是指运行在端系统（主机）里的进程与另一端系统里运行着的进程间的通信，而 IP 地址所标识的端系统，无法识别是端系统里哪一个进程在与外面进行通信。类似于邮局依据家庭通信地址转发信件一样，邮局只关心家庭通信地址，而不关心是家庭中哪一位成员和外界在通信。

端口就是用来标识某 IP 地址的端系统中哪一个进程与外界在通信，类似于姓名，用来标识某个家庭通信地址中哪一位家庭成员与外界在通信，具体如图 11.1 和图 11.2 所示。

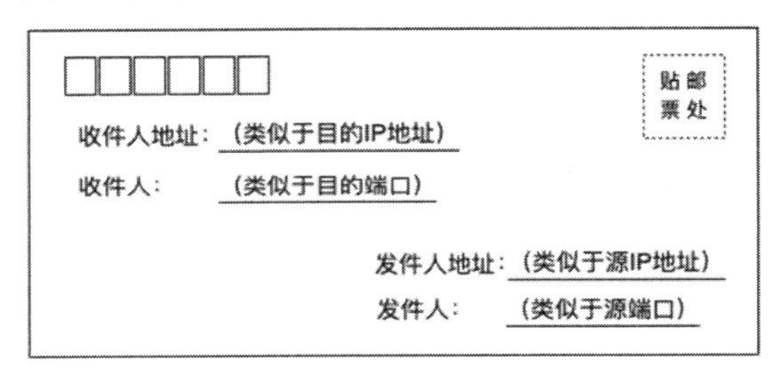

图 11.1　信封格式

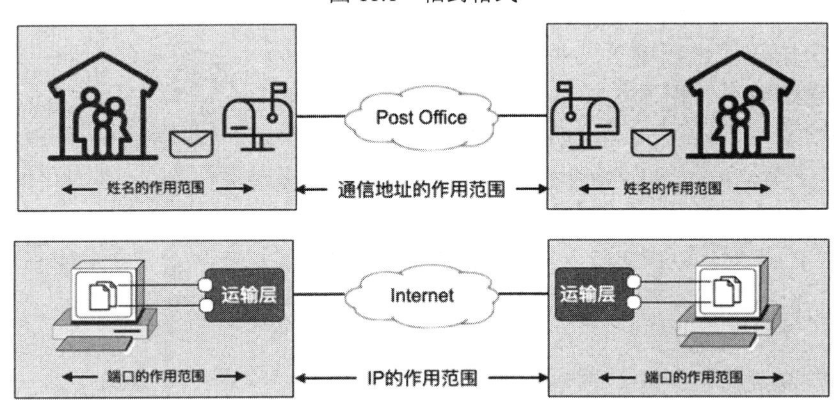

图 11.2　端口的作用

对比观察图 11.1 和图 11.2，可以得到这样的结论：标识不同家庭成员间通信的方式是通信地址+姓名，而标识不同计算机进程间的通信方式是 IP 地址+端口（套接字的概念，P220）。当然这种标识一定是在两个方向上进行标识，一个标识发送方（也可以是接收方），一个标识接收方（也可以是发送方）。

（1）地址的概念

“地址”在协议栈上的不同层次上有不同的含义：

- 数据链路层：使用硬件地址，固化在网卡上，如果网卡永远不换的话，其硬件地址也不会变化（其他手段人为改变不考虑）。该地址与物理位置无关，无论设备移动到哪里，其硬件地址都不会变化，有点类似我们使用的居民身份证号码。硬件地址在直连网络（参考实验 17 netstat -r 命令中的说明）中使用，例如，在广播式以太网中，硬件可用来区分网络中的终端设备。
- 网络层：使用 IP 地址（当然还有其他类型的网络层地址），是逻辑地址，用以标识因特网上的一台终端设备。该地址与物理位置大致相关[①]（这与 IP 地址分配策略有关），当设备从一个物理位置（网络）移动到另一个物理位置（网络）时，其 IP 地址必然会发生变化（不考虑使用私有 IP 地址的情况），这一点，类似人们的通信地址，当你从西安移动到北京后，你的通信地址也从西安变成了北京，但身份证号码不会发生变化。
- 运输层：使用端口，用来标识因特网上计算机中正在通信的进程，类似于用姓名区别一个家庭中的正在与外界通信的成员。

（2）端口的分类

- 熟知端口（Well-Known Ports Number）：0~1023，所谓熟知端口，类似于 110、120、119 这样的电话号码，人人都知道其含义是什么。这种端口一般固定分配给一些服务进程使用。例如，HTTP 服务使用 80 端口、TELNET 服务使用 23 端口、DNS 服务使用 53 端口、DHCP 服务使用 67 和 68 端口、RIP 使用 520 端口等（P215）。
- 注册端口（Registered Ports Number）：1024~49151，一般注册给著名公司提供的服务器软件使用。例如，MySQL 使用 3306、SQL Server 服务使用两个端口：TCP-1433 和 UDP-1434。这种端口，类似于电信运营商的客户服务号码，如 10000、10086、10010 等。
- 动态/私有端口：41952~65535：系统动态分配通信进程临时使用的端口。这种端口，类似于在自动取号机上获得的临时使用的排队号码。

4.“监听”的概念

我们先看一下例子：某医院有很多不同类别的医生，这些医生分别在不同办公室为病人服务，办公室都有编号，如外科医生王某在 201、内科医生张某在 202、儿科医生李某在 203 等，我们可以认为：王某“监听”201（在 201 工作），给内科病人提供服务（看病），内科病人联系 201。以此类推，如图 11.3（a）所示。医生提供服务，病人享用服务。

一般情况下，对于病人而言，他们需要知道的是 201 看外科疾病，202 看内科疾病，203 看儿科疾病等，病人并不需要关心具体是哪一位医生提供看病服务。

互联网上端系统进程间通信，大多采用的是类似医院的“客户/服务器（C/S）”模式，如 DNS、HTTP 等，服务器被动等待客户向它发起通信，并且同一终端系统可以同时运行多

[①] 这里的物理位置是个相对概念，与 IP 地址的网络位数有关，IP 地址的网络位数越多，其物理位置越具体。网络号相同的 IP 地址，物理位置相对一致。

个服务器进程，类似同一医院有很多不同类型的医生提供不同类型的医疗服务。我们同样可以称为：DNS“监听”53 号端口，HTTP“监听”80 端口等，客户要访问 DNS 服务，去 53 号“窗口”，如图 11.3（b）所示。

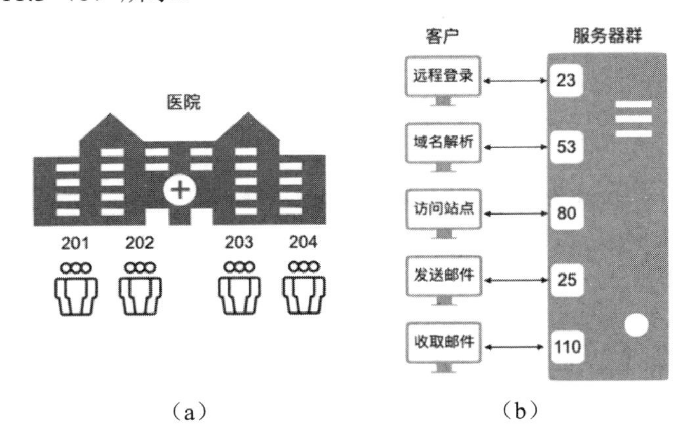

（a）　　（b）

图 11.3　监听的概念

同样地，客户程序只需要访问目的主机的端口，就能得到相应的服务，它也并不需要知道是什么程序提供的服务，例如，访问目的主机的 80 端口，就是请求目的主机的 Web 服务，而能提供 Web 服务器功能的程序是多种多样的，如 Apache、IIS、Nginx 等。

如果客户需要访问的服务，服务器中并未提供，即客户请求访问服务器中未被监听的端口，则会触发 ICMP 差错报告报文发送，错误信息为目的端口不可达，详细内容参见实验 7。类似于医院夜间仅提供急诊而暂停其他服务一样（仅用于说明问题）。

注意：我们这里仅讨论服务器进程每次只响应一个客户进程请求的情况。

Windows 和 Linux 操作系统均提供了 netstat 命令，该命令用来查看本机有哪些进程和外界在进行通信、监听了哪些端口（提供了哪些服务），请参考实验 17 中的 netstat 命令。

5. 协议语法

TCP 协议内容相对比较复杂，因此，其格式包含的字段数也相对较多，它由基本的固定部分 20 字节和最大 40 字节的选项部分构成，所以 TCP 报文首部长度最小 20 字节，最大 60 字节。TCP 报文格式如图 11.4 所示。

<table>
<tr><td>0</td><td colspan="9">8</td><td>16</td><td>31</td></tr>
<tr><td colspan="10">Source Port</td><td colspan="2">Destination Port</td></tr>
<tr><td colspan="12">Sequence Number</td></tr>
<tr><td colspan="12">Acknowledgment Number</td></tr>
<tr><td>Header Length</td><td>Resv</td><td>CWR</td><td>ECE</td><td>URG</td><td>ACK</td><td>PSH</td><td>RST</td><td>SYN</td><td>FIN</td><td colspan="2">Window Size</td></tr>
<tr><td colspan="10">TCP Checksum</td><td colspan="2">Urgent Pointer</td></tr>
<tr><td colspan="11">Options(variable)</td><td>Padding</td></tr>
</table>

图 11.4　TCP 报文格式

6. 协议语义

（1）Source Port（源端口，16 位）：标识端系统中通信的源进程（发送进程）。

（2）Destination Port（目的端口，16 位）：标识端系统中通信的目的进程（接收进程）。

（3）Sequence Number（序号，32 位）：发送方发送的 TCP 报文段中所携带数据中第 1 个字节的编号，也可认为是报文段的序号。

（4）Acknowledgment Number（确认序号，32 位）：接收方期望发送方下一次发送的 TCP 报文段所携带数据的第 1 个字节的编号，告诉发送方，确认号之前的数据字节全部收到。

（5）Header Length（首部长度，4 位）：TCP 首部大小，以 4 字节为单位，指示数据从何处开始。在《计算机网络》（第 8 版）教材（P226）中，称该字段为数据偏移。一般情况下，TCP 报文段仅有 20 字节固定首部，因此该字段的值为十进制数 5，即二进制数 0101。

（6）Resv（保留，4 位）：这些位必须是 0。为了将来定义新的用途而保留。

（7）标志：8 位标志域。常用的 6 个标志分别为：URG（紧急标志）、ACK（确认标志）、PSH（推标志）、RST（复位标志）、SYN（同步标志）、FIN（结束标志）。

（9）Window Size（窗口大小，16 位）：用来表示自己接收数据的能力，控制发送方发送的 TCP 报文段中所包含的数据量。

（9）TCP Checksum（检验和，16 位）：与 UDP 检验和计算方法一致。

（10）Urgent Pointer（紧急指针，16 位）：指明紧急数据字节数，在 URG 标志设置了 1 的时候才有效。紧急数据在普通数据的前面。接收方收到紧急位置 1 的报文段，应该将该报文的数据立刻上交给应用进程。

（11）Options（选项）：长度不定，最大 40 字节。

7. TCP 标志位

在上述字段中，8 位标志域中的 6 个标志域功能如下。

（1）URG：紧急标志，紧急标志为“1”表明紧急指针有效。接收方收到 URG 置 1 的 TCP 报文段，应立即将数据上交应用进程。

（2）ACK：确认标志，表明确认号有效。

（3）PSH：推标志，在发送方，对该标志置 1 的报文段应该立即发送出去，接收方收到 PSH 位置 1 的报文段，也不会对该数据进行队列处理，而是尽可能快地将数据转交应用处理。例如，在交互式应用 TELNET 的报文段，该标志总是置 1 的。

（4）RST：复位标志，TCP 连接出现了错误，需要复位相应的 TCP 连接。

（5）SYN：同步标志，该标志仅在三报文握手建立 TCP 连接时有效。

（6）FIN：结束标志，用来释放 TCP 连接。

8. 协议同步

TCP 协议较为复杂，其通信过程中包含的内容相对较多，这里仅是一个简单总结：

（1）三报文握手建立 TCP 连接。

（2）数据可靠传输（确认、序号、重传）。

（3）流量控制。

（4）拥塞控制。

（5）四报文挥手释放 TCP 连接。

9. 常用的使用 TCP 及 UDP 的应用程序

要抓取 TCP 报文段，首先需要在应用层上运行应用程序，并且该程序在运输层上采用 TCP 协议。

一般情况下，有多次机会再次获得数据、实时的流媒体应用及一次传较小数据等应用程序，通常采用 UDP 协议，如 DNS、RIP、DHCP 等。

表 11.1 列出了运输层上采用 TCP 和 UDP 的一些应用进程。

表 11.1　使用 TCP 和 UDP 的应用程序

应用	应用层协议	运输层协议
名字转换	DNS（域名系统）	UDP
文件传送	TFTP（简单文件传输协议）	UDP
路由选择协议	RIP（路由信息协议）	UDP
IP 地址配置	DHCP（动态主机配置协议）	UDP
多播	IGMP（网际组管理协议）	UDP
电子邮件	SMTP（简单邮件管理协议）	TCP
远程终端接入	TELNET（远程终端协议）	TCP
万维网	HTTP（超文本传输协议）	TCP
文件传送	FTP（文件传输协议）	TCP

11.3　TCP 连接建立

1. TCP 采用客户服务器方式建立连接

（1）客户（Client）：主动发起连接建立的应用进程。

（2）服务器（Server）：被动等待连接建立的应用进程。

2. TCP 运输层的三个阶段

连接建立、数据传送、连接释放。

3. TCP 连接建立过程中解决的问题

（1）每一方都能够确知对方的存在。

（2）允许双方协商参数。如最大窗口值、是否使用窗口扩大选项、是否使用时间戳选项、服务质量等。

（3）能够对运输实体资源进行分配。如缓存大小、连接表中的项目等。

以上过程类似现实中的商务谈判的准备工作：谈判双方什么时间进行谈判？谈判的主要内容是什么？双方各有多少谈判代表参加？谈判地点在哪里？谈判会议室需做哪些准备等。

4. TCP 连接建立过程

TCP 协议三报文握手建立连接的过程如图 11.5 所示，最初两端的 TCP 都处在 CLOSED（关闭）状态。

（1）Server 的 TCP 服务器进程创建传输控制块 TCB，服务器进程进入 LISTEN（监听）状态，等待客户的连接请求。传输控制块：Transmission Control Block（TCB），存储连接中的信息，如 TCP 连接表、发送和接收缓存的指针、重传队列的指针、当前发送和接收序号等。

（2）Client 的 TCP 客户进程创建传输控制块 TCB，向 Server 发出连接请求报文段。这时，TCP 报文段首部中同步位 SYN=1，初始序号 seq=x。SYN 报文段不携带数据，但要消耗一个序号。TCP 客户进程进入 SYN_SENT（同步已发送）状态。

（3）Server 收到连接请求报文段，如果同意建立连接，则向 Client 发送确认。在确认报文段中，SYN 和 ACK 都为 1，确认号 ack=x+1，并选择自己的初始序号 seq=y。此报文段同样不携带数据，但要消耗一个序号。TCP 服务器进程进入 SYN_RCVD（同步接收）状态。

（4）TCP 客户进程收到 Server 的确认后，向 Server 发出确认。确认报文段的 ACK=1，确认号 ack=y+1，自己的 seq=x+1。ACK 报文段可携带数据，不携带数据则不消耗序号。此时，TCP 连接已建立，Client 进入 ESTABLISHED（已连接）状态。

（5）Server 收到 Client 的确认，也进入 ESTABLISHED 状态。

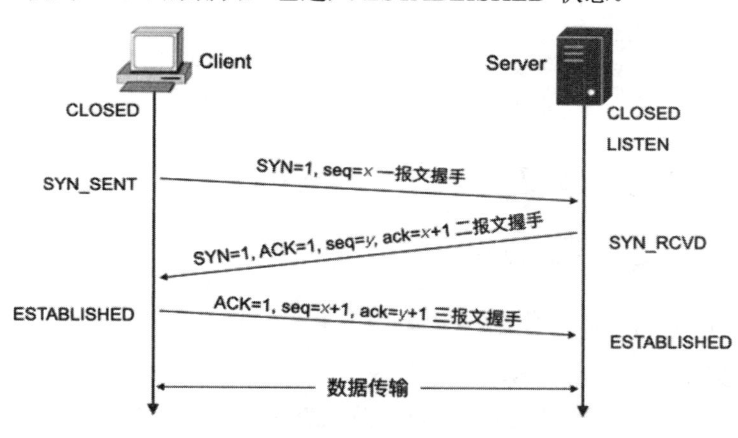

图 11.5　三报文握手建立 TCP 连接

11.4　TCP 连接释放

由于 TCP 连接是全双工的，因此，每个方向都必须要单独进行关闭。当一方完成数据发送任务后，主动发送一个 FIN 来终止这一方向的连接，收到一个 FIN 意味着这一方向上没有数据流动了，即不会再收到数据，但是在这个 TCP 连接上仍然能够发送数据，直到另一方向也发送了 FIN。

首先进行关闭的一方执行主动关闭，而另一方则执行被动关闭。四报文挥手过程如图 11.6 所示。

（1）**第 1 个报文挥手**：Client 发送一个 FIN，用来关闭 Client 到 Server 的数据传送，Client 进入 FIN_WAIT_1 状态（Server 也可以首先发送 FIN 执行主动关闭连接）。

（2）**第 2 个报文挥手：**Server 收到 FIN 后，发送一个 ACK 给 Client，确认序号为收到序号+1（与 SYN 相同，一个 FIN 占用一个序号），Server 进入 CLOSE_WAIT 状态。客户收到之后进入 FIN_WAIT_2 状态。

（3）**第 3 个报文挥手：**Server 发送一个 FIN，用来关闭 Server 到 Client 的 TCP 连接，Server 进入 LAST_ACK 状态。

（4）**第 4 个报文挥手：**Client 收到 FIN 后，Client 进入 TIME_WAIT 状态，接着发送一个 ACK 给 Server，确认序号为收到序号+1，Server 收到之后进入 CLOSED 状态，Client 等待 2MSL 之后进入 CLOSED 状态。

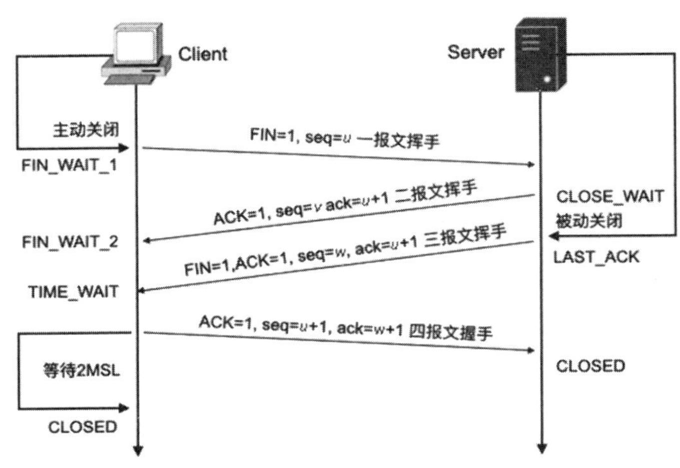

图 11.6　四报文挥手释放 TCP 连接

11.5　TCP 协议几点解释

1. 为什么 TCP 连接建立是三报文握手

（1）简单的例子来自微信或 QQ 聊天的开始。

- 第 1 个报文握手：A 问 B，在吗？SYN
- 第 2 个报文握手：B 回复 A，在呢，你还在吗？ACK+SYN
- 第 3 个报文握手：A 回复 B，在，我跟你说件事……ACK

（2）真正原因之一是可靠性的要求。

可靠传输的三要素是确认、序号和重传。由于序号不是从 0 开始的，而是由通信双方随机产生的，因此，在可靠传输之前，双方需要初始化序号，如图 11.7 所示。

2. 为什么 TCP 连接关闭是四个报文挥手

（1）简单的例子来自微信或 QQ 聊天结束。

- 第 1 个报文挥手：A 说，我说累了，我不说了。FIN
- 第 2 个报文挥手：B 说，好的，你等一下，我再跟你说些事……ACK
- 第 3 个报文挥手：B 说，说完了，再见。FIN
- 第 4 个报文挥手：A 说，再见。ACK

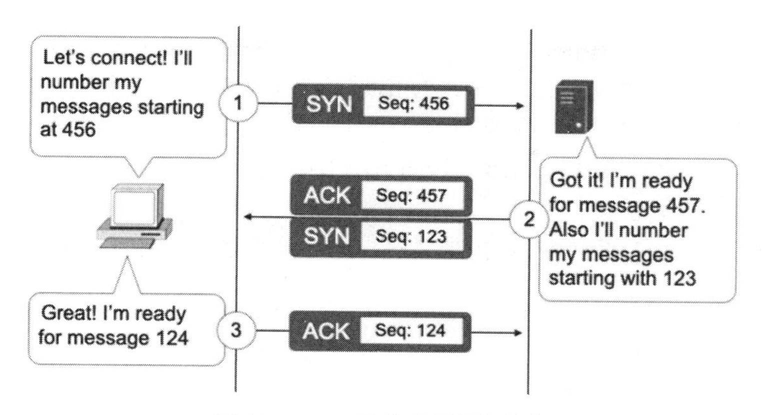

图 11.7　TCP 连接序号的初始化

A 等待 2MSL，保证 B 收到了最后的“再见”消息，否则 A 重说一次“再见”。

（2）专业解释。

因为服务端在 LISTEN 状态下，收到建立连接请求的 SYN 报文后，把 ACK 和 SYN 放在一个报文里发送给 Client（其实是四报文握手）。

当收到对方的 FIN 报文，仅仅表示对方不再发送数据了，但是对方还能接收数据，己方也未必把全部数据都发送给对方了，所以己方可以立即关闭，也可以发送一些数据给对方后，再发送 FIN 报文给对方来表示关闭连接，因此，己方 ACK 和 FIN 一般都会分开发送。

简单分析这样一个例子，对方发送数据给己方处理，己方处理的结果需要返回给对方，但处理数据需要一些时间，这种情况下，对方发送完数据之后就没有数据再发送给己方了，对方便可发送 FIN 释放连接，己方发送 ACK 同意释放连接，此时，对方到己方的连接已经释放，但己方到对方的连接没有释放。己方处理完数据之后，将结果发送给对方，然后发送 FIN 要求释放连接，对方发送 ACK 同意释放连接。

3. 为什么 TIME_WAIT 状态需要经过 2MSL（最大报文段生存时间）才能返回到 CLOSE 状态（P250）

（1）保证 TCP 协议的全双工连接能够可靠关闭。

如果 Client 直接进入 CLOSED 状态，那么由于 IP 协议的不可靠性或者是其他网络原因，可能会导致 Server 没有收到 Client 最后回复的 ACK，这样 Server 就会在超时之后继续发送 FIN，此时由于 Client 已经进入 CLOSED 状态了，服务器重发的 FIN 找不到对应的连接，最后 Server 就会收到 RST 而不是 ACK，Server 就会以为是连接错误把问题报告给高层。这样的情况虽然不会造成数据丢失，但是却导致了 TCP 协议不符合可靠连接的要求。所以，Client 不是直接进入 CLOSED 状态，而是要保持 TIME_WAIT，当再次收到 FIN 的时候，能够重传 ACK，以保证对方收到 ACK，最后正确地关闭 TCP 连接。

（2）保证本次连接中的重复数据从网络中消失。

如果 Client 不等待 2MSL 而直接进入 CLOSED 状态，然后 Client 又向 Server 发起了一个新的连接，而且恰好新的连接和老的连接使用了相同的端口，此时，就有可能出现这样的问题：如果老的连接中的某些数据一直滞留在网络中，并且这些数据在新的连接建立之后到达了 Server，由于新的连接和老的连接的端口是一样的，于是，TCP 就认为这些数据是属于新的连接的，这样就和真正的新的连接的数据发生了混淆。

Client 在 TIME_WAIT 状态等待 2MSL，可以保证本次连接的所有数据都从网络中消失：因为对于 Server 而言，所对应的 TCP 连接已经释放了（Client 与 Server 之间没有 TCP 连接），服务收到这些数据之后全部丢弃。

通过上述分析，我们知道，Client 和 Server 两次 TCP 连接建立的时间间隔是 2MSL（两次连接的端口一样的情况）。

有关 TCP 连接建立和连接释放的异常情况，本章实验中不进行探讨。请读者认真完成本实验思考题 2。

11.6 协议分析

本章实验在前面图 1.1 网络拓扑图中完成。

1. 实验流程（如图 11.8 所示）

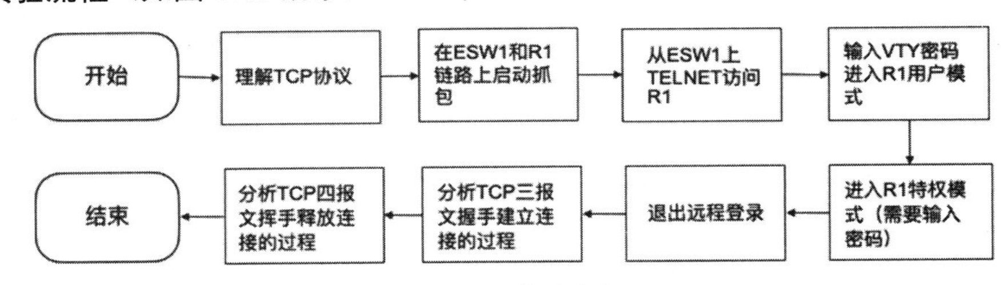

图 11.8　实验流程

（1）应用层协议

要抓取 TCP 报文，应用层进程在运输层上必须使用 TCP 协议，在运输层上采用 TCP 协议的应用程序有很多，如表 11.1 所示。为简单起见，本章实验中选用应用层的 TELNET 协议，抓取 TCP 协议三报文握手建立连接、四报文挥手释放连接的过程，以及 TELNET 协议的数据。

具体方法是，在 R1 上完成实验 2 中的密码配置，启用 TELNET 服务，然后从 ESW1 远程登录到 R1，把 ESW1 作为 R1 的远程终端，实现在 ESW1 上对 R1 进行远程操作。

（2）网络配置

R1 密码配置如下：

```
R1(config)#enable password cisco        # 配置使能密码（特权用户密码）
R1(config)#line vty 0 5                  # 选择虚拟终端
R1(config-line)#login
R1(config-line)#password cisco           # 配置远程登录密码
```

2. 实验步骤

（1）在 ESW1 与 R1 链路上启动 Wireshark 抓包。

（2）从 ESW1 上远程访问 R1 路由器。

```
ESW1#telnet 1.1.1.2
Trying 1.1.1.2 ... Open
User Access Verification
Password:                               # 这里输入登录密码 cisco，进入用户模式
```

```
R1>en                              # 转为特权模式
Password:                          # 这里输入密码 cisco，进入特权用户
R1#exit                            # 退出登录（注意系统提示符由“>”变为“#”）

[Connection to 1.1.1.2 closed by foreign host]
ESW1#
```

3. 结果分析

（1）三报文握手建立 TCP 连接（如图 11.9 所示）。

tcp

No.	Source	Destination	Protocol	Info
11	1.1.1.1	1.1.1.2	TCP	23351 → 23 [SYN] Seq=0 Win=41
12	1.1.1.2	1.1.1.1	TCP	23 → 23351 [SYN, ACK] Seq=0 A
13	1.1.1.1	1.1.1.2	TCP	23351 → 23 [ACK] Seq=1 Ack=1

图 11.9　三报文握手建立 TCP 连接

- 序号 11：第 1 个报文握手，SYN
- 序号 12：第 2 个报文握手，SYN + ACK
- 序号 13：第 3 个报文握手，ACK

请注意图中的 Sep 和 Ack 的值，TCP 连接建立的初始序号并不恰好是从 0 开始的，我们这里使用了 Wirreshark 抓包工具中设置的相对序号（在 TCP 协议设置中勾选：Relative sequence numbers），便于分析 TCP 序号变化情况。

- 第 1 个报文（图 11.9 中序号为 11 的包）

```
Internet Protocol Version 4, Src: 1.1.1.1, Dst: 1.1.1.2   # 源 IP 地址与目的 IP 地址
Transmission Control Protocol, Src Port: 23351, Dst Port: 23, Seq: 0, Len: 0
   Source Port: 23351 (23351)           # 源端口号 23351
   Destination Port: telnet (23)        # 目的端口号 23，TELNET 默认监听 23 号端口
   Sequence number: 0           # 本报文段序号 Seq（相对序号）携带数据第 1 个字节的编号
   Acknowledgment number: 0             # SYN=1 的 TCP 连接请求报文，Ack 号无意义
   Header Length: 24 bytes              # 首部长度为 24 字节，选项部分为 4 字节
   Flags: 0x002 (SYN)
      000. .... .... = Reserved: Not set
      ...0 .... .... = Nonce: Not set
      .... 0... .... = Congestion Window Reduced (CWR): Not set  # 与 TCP 拥塞控制有关
      .... .0.. .... = ECN-Echo: Not set           # 与 TCP 拥塞控制有关
      .... ..0. .... = Urgent: Not set             # 紧急位为 0，没有紧急数据
      .... ...0 .... = Acknowledgment: Not set     # 确认位 ACK 为 0，第 1 个报文握
手中无意义
      .... .... 0... = Push: Not set           # PSH 位为 0
      .... .... .0.. = Reset: Not set          # RST 位为 0
      .... .... ..1. = Syn: Set                # SYN=1，请求建立 TCP 连接
      .... .... ...0 = Fin: Not set            # FIN 位无意义
   Window size value: 4128                     # 窗口大小，限制对方发送数据的能力
   Checksum: 0x55c0 [unverified]               # 检验和
   Urgent pointer: 0                           # 紧急指针
   Options: (4 bytes), Maximum segment size    # 选项部分
```

```
    Maximum segment size: 1460 bytes
      Kind: Maximum Segment Size (2)           # 选项类型为协议最大报文段长度
      Length: 4
      MSS Value: 1460                          # 最大报文段长度
```

- 第 2 个报文（图 11.9 中序号为 12 的包）

```
Internet Protocol Version 4, Src: 1.1.1.2, Dst: 1.1.1.1
Transmission Control Protocol, Src Port: 23, Dst Port: 23351, Seq: 0, Ack: 1, 
Len: 0
   Source Port: telnet (23)
   Destination Port: 23351 (23351)
   Sequence number: 0              # seq=0，本报文段序号
   Acknowledgment number: 1        # ack=1，第 1 个报文消耗 1 个序号
   Header Length: 24 bytes
   Flags: 0x012 (SYN, ACK)         # SYN=1，ACK=1，第 2 个报文，服务器同意建立连接
   000. .... .... = Reserved: Not set
      ...0 .... .... = Nonce: Not set
      .... 0... .... = Congestion Window Reduced (CWR): Not set
      .... .0.. .... = ECN-Echo: Not set
      .... ..0. .... = Urgent: Not set
      .... ...1 .... = Acknowledgment: Set          # ACK=1
      .... .... 0... = Push: Not set
      .... .... .0.. = Reset: Not set
      .... .... ..1. = Syn: Set                     # SYN=1
      .... .... ...0 = Fin: Not set
   Window size value: 4128
   Urgent pointer: 0
   Options: (4 bytes), Maximum segment size
      Maximum segment size: 1460 bytes
         Kind: Maximum Segment Size (2)
         Length: 4
         MSS Value: 1460
```

- 第 3 个报文（图 11.9 中序号为 13 的包）

```
Internet Protocol Version 4, Src: 1.1.1.1, Dst: 1.1.1.2
Transmission Control Protocol, Src Port: 23351, Dst Port: 23, Seq: 1, Ack: 1, 
Len: 0
   Source Port: 23351 (23351)
   Destination Port: telnet (23)
   Sequence number: 1                         # Seq=1，本报文段序号
   Acknowledgment number: 1                   # Ack=1，第 2 个报文消耗 1 个序号
   Header Length: 20 bytes
   Flags: 0x010 (ACK                          # ACK=1，第 3 个报文确认
      000. .... .... = Reserved: Not set
      ...0 .... .... = Nonce: Not set
      .... 0... .... = Congestion Window Reduced (CWR): Not set
      .... .0.. .... = ECN-Echo: Not set
      .... ..0. .... = Urgent: Not set
```

```
        .... ...1 .... = Acknowledgment: Set          # ACK=1
        .... .... 0... = Push: Not set
        .... .... .0.. = Reset: Not set
        .... .... ..0. = Syn: Not set
        .... .... ...0 = Fin: Not set
    Window size value: 4128
    Checksum: 0x0de7 [unverified]
    Urgent pointer: 0
```

三报文握手建立 TCP 连接的总结如图 11.10 所示（在 Wireshark 中单击“统计”选项，选择“流量图”选项，流量类型为 TCP。不同 Wireshark 功能有所不同）。

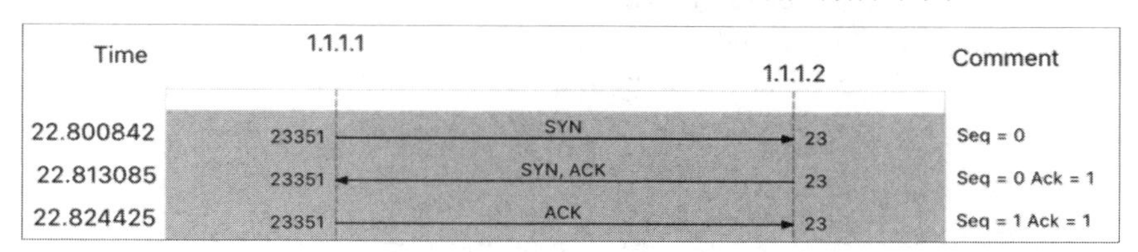

图 11.10　三报文握手

注意，三报文握手建立 TCP 连接之后，客户发送数据时，Ack 的值本应为 2，但实际为 1，说明三报文没有消耗序号，换言之，三报文握手建立 TCP 连接时，SYN 置 1 的报文需消耗 1 个序号，仅 ACK 置 1 的报文没有消耗序号。

（2）四报文挥手释放 TCP 连接（如图 11.11 所示）。

tcp

No.	Source	Destination	Protocol	Info
75	1.1.1.2	1.1.1.1	TCP	23 → 23351 [FIN, PSH, ACK] Seq=1
76	1.1.1.1	1.1.1.2	TCP	23351 → 23 [ACK] Seq=49 Ack=104
77	1.1.1.1	1.1.1.2	TCP	23351 → 23 [FIN, PSH, ACK] Seq=4
78	1.1.1.2	1.1.1.1	TCP	23 → 23351 [ACK] Seq=104 Ack=50

图 11.11　四报文挥手释放 TCP 连接

- 服务器第 1 个报文（图 11.11 中序号为 75 的包）：请求释放 TCP 连接

依据前面图 11.6 所示，第 1 个报文挥手应该是从客户端发起的，但实验结果表明，服务器首先发起了 TCP 连接的释放过程。回顾 ESW1 远程登录过程，请注意登录完成之后所有的输入内容，均在远程服务器上运行：

```
ESW1#telnet 1.1.1.2
Trying 1.1.1.2 ... Open
User Access Verification
Password:
R1>en
Password:
R1#exit                                          # 实际上服务器执行退出 TELNET 连接
 [Connection to 1.1.1.2 closed by foreign host]  # 连接被服务器关闭
ESW1#
```

虽然第 1 个报文挥手是服务器发送的，与《计算机网络（第 8 版）》理论讲授略有不同，但不影响对四报文挥手释放 TCP 连接的理解。

事实上，很多情况下都是服务器首先要求释放连接的，请读者完成本实验思考题 5。

```
Internet Protocol Version 4, Src: 1.1.1.2, Dst: 1.1.1.1    # 注意，服务器第 1 个报文挥手
```

```
Transmission Control Protocol, Src Port: 23, Dst Port: 23351…
    Source Port: telnet (23)             # 源端口号为 23，说明是服务器发出的 TCP 报文
    Destination Port: 23351 (23351)      # 目的端口 23351
    Sequence number: 103                 # 客户收到 0~102 字节的数据
    Acknowledgment number: 49            # 服务器收到对方 0~48 字节的数据
    Header Length: 20 bytes
    Flags: 0x019 (FIN, PSH, ACK)
        000. .... .... = Reserved: Not set
        ...0 .... .... = Nonce: Not set
        .... 0... .... = Congestion Window Reduced (CWR): Not set
        .... .0.. .... = ECN-Echo: Not set
        .... ..0. .... = Urgent: Not set
        .... ...1 .... = Acknowledgment: Set    # 对收到的数据确认
        .... .... 1... = Push: Set       # TCP 立即发送，接收端立即上交应用进程
        .... .... .0.. = Reset: Not set
        .... .... ..0. = Syn: Not set
        .... .... ...1 = Fin: Set        # 请求释放服务器到客户端的连接
    Window size value: 4080              # 服务器的窗口大小
    Checksum: 0x0d78 [unverified]
    Urgent pointer: 0
```

- 客户第 2 个报文（图 11.11 中序号为 76 的包）：同意服务器释放连接

```
Internet Protocol Version 4, Src: 1.1.1.1, Dst: 1.1.1.2   # 客户同意服务器释放连接
Transmission Control Protocol, Src Port: 23351, Dst Port: 23...
    Source Port: 23351 (23351)
    Destination Port: telnet (23)
    Sequence number: 49           # 服务器收到 0~48 字节的数据
    Acknowledgment number: 104    # 客户收到 0~103 字节的数据，第 1 个报文挥手消耗 1 个序号
    Header Length: 20 bytes
    Flags: 0x010 (ACK)
        000. .... .... = Reserved: Not set
        ...0 .... .... = Nonce: Not set
        .... 0... .... = Congestion Window Reduced (CWR): Not set
        .... .0.. .... = ECN-Echo: Not set
        .... ..0. .... = Urgent: Not set
        .... ...1 .... = Acknowledgment: Set    # 同意服务器释放连接
        .... .... 0... = Push: Not set
        .... .... .0.. = Reset: Not set
        .... .... ..0. = Syn: Not set
        .... .... ...0 = Fin: Not set
    Window size value: 4026
    Checksum: 0x0db6 [unverified]
Urgent pointer: 0
```

- 客户第 3 个报文（图 11.11 中序号为 77 的包）：客户请求释放连接

```
Internet Protocol Version 4, Src: 1.1.1.1, Dst: 1.1.1.2     # 客户端要求释放连接
Transmission Control Protocol, Src Port: 23351, Dst Port: 23,...
    Source Port: 23351 (23351)
```

```
    Destination Port: telnet (23)
    Sequence number: 49                     # 服务器收到 0~48 字节数据
    Acknowledgment number: 104              # 客户收到 0~103 字节数据
    Header Length: 20 bytes
    Flags: 0x019 (FIN, PSH, ACK)
        000. .... .... = Reserved: Not set
        ...0 .... .... = Nonce: Not set
        .... 0... .... = Congestion Window Reduced (CWR): Not set
        .... .0.. .... = ECN-Echo: Not set
        .... ..0. .... = Urgent: Not set
        .... ...1 .... = Acknowledgment: Set     # 对收到的数据进行重复确认
        .... .... 1... = Push: Set            # TCP 立即发送，接收端立即上交应用进程
        .... .... .0.. = Reset: Not set
        .... .... ..0. = Syn: Not set
        .... .... ...1 = Fin: Set             # 客户请求释放连接
    Window size value: 4026
    Checksum: 0x0dad [unverified]
Urgent pointer: 0
```

- 服务器第 4 个报文（图 11.11 中序号为 78 的包）：服务器同意客户释放连接

```
Internet Protocol Version 4, Src: 1.1.1.2, Dst: 1.1.1.1      # 服务器同意释放连接
Transmission Control Protocol, Src Port: 23, Dst Port: 23351......
    Source Port: telnet (23)
    Destination Port: 23351 (23351)
    Sequence number: 104        # 客户收到 0~103 字节
    Acknowledgment number: 50  # 服务器收到 0~49 字节的数据，第 3 次报文挥手消耗 1 个序号
    Header Length: 20 bytes
    Flags: 0x010 (ACK)
        000. .... .... = Reserved: Not set
        ...0 .... .... = Nonce: Not set
        .... 0... .... = Congestion Window Reduced (CWR): Not set
        .... .0.. .... = ECN-Echo: Not set
        .... ..0. .... = Urgent: Not set
        .... ...1 .... = Acknowledgment: Set     # ACK=1
        .... .... 0... = Push: Not set
        .... .... .0.. = Reset: Not set
        .... .... ..0. = Syn: Not set
        .... .... ...0 = Fin: Not set
    Window size value: 4080
    Checksum: 0x0d7f [unverified]
    Urgent pointer: 0
```

对四报文挥手释放 TCP 连接的总结如图 11.12 所示，注意，FIN 置 1 的报文需消耗 1 个序号。

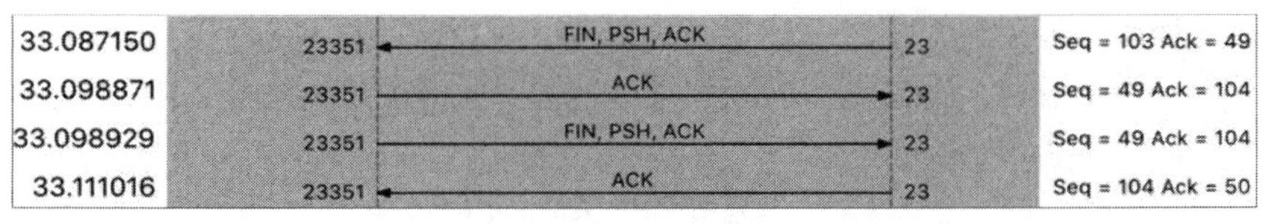

图 11.12　四报文挥手释放 TCP 连接

11.7 TELNET 协议

1. 协议简介

TELNET 是 Internet 远程登录服务的标准协议和主要方式，最初由 ARPANET 开发，现在主要用于 Internet 会话，它的基本功能是允许用户登录进入远程主机系统。

TELNET 可以让我们坐在自己的计算机前通过 Internet 网络远程登录到另一台远程计算机上，这台计算机可以是在隔壁的房间里，也可以是在地球的另一端。当登录上远程计算机后，本地计算机就等同于远程计算机的一个终端，我们可以用自己的计算机直接操纵远程计算机。

TELNET 最好的应用就是远程管理服务器、路由器或者交换机，给互联网络管理者带来了很大的便利。但是由于 TELNET 的安全问题，已被其他远程登录协议所取代，如 SSH 等，TELNET 实验的目的主要是让读者理解计算机网络“协议”及“协议”的工作过程。

2. 工作过程

使用 TELNET 协议进行远程登录时需要满足以下条件：远程主机开启 TELNET 服务，默认监听 23 号端口，在本地计算机上必须装有包含 TELNET 协议的客户程序，必须知道远程主机的 IP 地址或域名，必须知道登录标识与密码，其工作方式如图 11.13 所示。

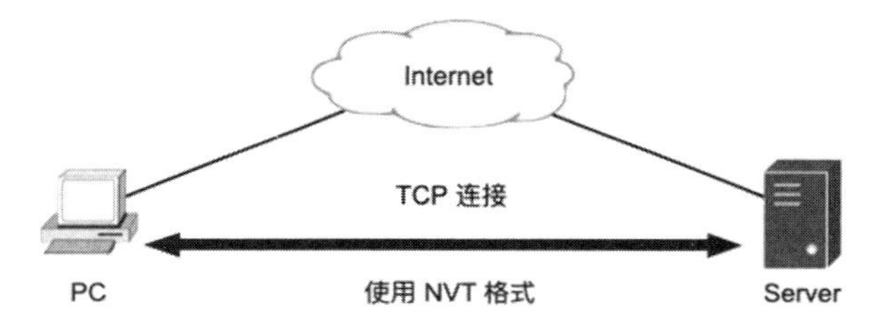

图 11.13　TELNET 远程登录模型

TELNET 远程登录应用包含以下 4 个过程：

（1）本地与远程主机建立连接。该过程实际上是建立一个 TCP 连接，用户必须知道远程主机的 IP 地址或域名。

（2）将本地终端上输入的用户名和密码及以后输入的任何命令或字符，以 NVT（Net Virtual Terminal，网络虚拟终端）格式传送到远程主机。该过程实际上从本地主机向远程主机发送 IP 分组。

（3）将远程主机输出的 NVT 格式的数据转化为本地所接受的格式送回本地终端，包括输入命令回显和命令执行结果。

（4）最后，本地终端对远程主机进行撤销连接。该过程是撤销一个 TCP 连接。

常用的网络设备包括路由器、交换机、UNIX 和 Linux 服务器等，只要开启远程登录服务，便可利用远程登录的方式对这些设备进行操作。

3. NVT 简介

TELNET 使用网络虚拟终端 NVT 来屏蔽异构计算机间字符编码的差异，它是一种通用的字符终端，用来解决客户和服务器之间数据表示和解释的一致性的问题：即用 NVT

ASCII 码替代 ASCII 码，作为客户和服务器间传输数据字节的编码。

具体做法是，客户端把用户击键的命令或数据，转换成 NVT 格式并通过网络交给服务器，服务器再把这些命令或数据从 NVT 格式转换成所需的格式，反过来亦是如此。

（1）普通字符与控制字符定义

NVT ASCII 码定义了 95 个可见字符，把原来 7 位的 ASCII 字符以 8 位格式发送，最高位为 0。行结束符以两个字符 CR（回车）和紧接着的 LF（换行）序列表示，即以\r\n 表示。单独的一个 CR 也是以两个字符序列来表示的，它们是 CR 和紧接着的 NUL（字节 0），表示为\r\0。

文本文件通常转换成 NVT ASCII 码形式在网络中传输，TELNET、FTP、SMTP、Finger 和 Whois 协议都以 NVT ASCII 来描述客户命令和服务器的响应。

NVT ASCII 定义的控制字符基本与原 ASCII 控制字符一致，但重新定义了 8 个控制字符，如表 11.2 所示。

表 11.2 NVT 重新定义的 8 个控制字符

ASCII 控制字符	ASCII 码值	NVT 中的意义
NUL (Null)	0	无操作（对输出无影响）
BEL (Bell)	7	发声光信号（光标不动）
BS (Back Space)	8	左移一个光标位置
HT (Horizontal Tab)	9	将光标水平右移到下一个 Tab 位置
LF (Line Feed)	10	将光标移动到下一行的相同垂直位置
VT(Vertical Tab)	11	将光标垂直下移到下一个 Tab 位置
FF (Form Feed)	12	将光标移到下一页头部
CR (Carriage Return)	13	将光标移至当前行的左边界处
其他	—	无操作

（2）NVT 控制命令

TELNET 通信的客户端和服务器端，采用一些专用的控制命令来协调或控制双方的通信过程。

NVT 控制命令的格式都以字节 0xff（对应十进制数的 255）开始，即 0xff 是一个 NVT 控制命令开始的标记，该字节后面的第 1 个字节才是命令代码，命令代码后面是 1 字节的选项字段，如图 11.14 所示。

图 11.14 IAC（Interpret As Command）

NVT 部分控制命令如表 11.3 所示。

表 11.3　NVT 部分控制命令

命令名称	命令代码	描述
EOF(End Of File)	236	文件结束符
EC(Erase Character)	247	删除字符
EL(Erase Line)	248	删除行
GA(Go Ahead)	249	继续进行
SB(Select Begin)	250	用于选项协商，表示子选项开始
WILL	251	用于选项协商，表示同意执行指定选项或证实设备现已开始执行指定的选项
WON'T	252	用于选项协商，表示拒绝执行指定选项或拒绝继续执行指定的选项
DO	253	用于选项协商，表示同意另一方执行的请求
DON'T	254	用于选项协商，表示另一方停止执行命令
IAC(Interpret As Command)	255	作为命令来解释

（3）选项协商

NVT 可以使不同的系统互操作，但双方互不了解对方可以提供哪些功能。解决这个问题的方法是提供一组选项，在要使用某项功能（选项）时，通信的双方先进行选项协商，使通信的双方明白哪些功能由对方提供，哪些功能无法完成，即在通信时双方可以达成一致，这就是选项协商。

控制命令选项协商的基本策略是：任一方可以在初始化的时候提出一个选项生效的请求，另一方可以接受，也可以拒绝这一请求。如表 11.4 所示。

表 11.4　TELNET 选项协商

序号	选项协商格式	说明
1	发送方发送 WILL X →	发送方问接收方：“我想激活我的选项 X，你是否同意？”
	接收方发送 DO X ←	接收方说：“同意”
2	发送方发送 WILL X →	发送方问接收方：“我想激活我的选项 X,你是否同意？”
	接收方发送 DON'T X ←	接收方说：“不同意”
3	发送方发送 DO X →	发送方问接收方：“你可以激活你的选项 X 吗？”
	接收方发送 WILL X ←	接收方说：“同意”
4	发送方发送 DO X →	发送方问接收方：“你可以激活你的选项 X 吗？”
	接收方发送 WON'T X ←	接收方说：“不同意”
5	发送方发送 WON'T X →	发送方问接收方：“我想禁止我的选项 X，你是否同意？”
	接收方发送 DON'T X ←	接收方只能说：“同意”
6	发送方发送 DON'T X →	发送方问接收方：“可以禁止你的选项 X 吗？”
	接收方发送 WON'T X ←	接收方只能说：“同意”

4. 协议分析（直接分析前面 TCP 协议抓包结果）

TCP 协议三报文握手建立连接之后，TELNET 客户和服务器会协商一些选项（如图 11.15 所示）。

tcp or telnet

No.	Source	Destination	Protocol	L	Info
11	1.1.1.1	1.1.1.2	TCP		23351 → 23 [SYN] Seq=0 Win=4128 L
12	1.1.1.2	1.1.1.1	TCP		23 → 23351 [SYN, ACK] Seq=0 Ack=1
13	1.1.1.1	1.1.1.2	TCP		23351 → 23 [ACK] Seq=1 Ack=1 Win=
14	1.1.1.1	1.1.1.2	TELNET		Telnet Data ...
16	1.1.1.2	1.1.1.1	TELNET		Telnet Data ...
17	1.1.1.1	1.1.1.2	TELNET		Telnet Data ...
18	1.1.1.1	1.1.1.2	TELNET		Telnet Data ...
19	1.1.1.1	1.1.1.2	TELNET		Telnet Data ...

图 11.15　客户和服务器之间的选项协商

（1）客户向服务器发起选项协商（图 11.15 中序号为 14 的包）

```
Internet Protocol Version 4, Src: 1.1.1.1, Dst: 1.1.1.2
Transmission Control Protocol, Src Port: 23351, Dst Port: 23, Seq: 1, Ack: 1,
Len: 9
Telnet
    Do Suppress Go Ahead
        Command: Do (253)                     # do，命令代码 253
        Subcommand: Suppress Go Ahead         # 你可以激活 Suppress Go Ahead 选项吗
    Will Negotiate About Window Size          # 我要激活窗口协商
        Command: Will (251)
        Subcommand: Negotiate About Window Size
    Will Remote Flow Control                  # 我要激活远程流量控制
        Command: Will (251)
        Subcommand: Remote Flow Control
```

这里简单解释一下“Do Suppress Go Ahead”命令选项。

TELNET 有 4 种工作模式：

- 半双工：这种模式已很少使用。传输数据之前，客户必须从服务器进程获得 Go Ahead 信号。
- 一次一个字符：客户每次发送一个字符给服务器，服务器回显该字符给客户端。一般 TELNET 程序默认采用这种方式。
- 准行方式：略。
- 行方式：略

为了工作在一次一个字符模式下，客户端向服务器端发送抑制“Go Ahead”选项：Do Suppress Go Ahead。

服务器收到之后，激活 Will Echo 和 Will Suppress Go Ahead 作为响应，如下所示。

（2）服务器向客户发送的选项协商（图 11.15 中序号为 16 的包）

```
Internet Protocol Version 4, Src: 1.1.1.2, Dst: 1.1.1.1
Transmission Control Protocol, Src Port: 23, Dst Port: 23351, Seq: 1, Ack: 10,
Len: 12
Telnet
    Will Echo                                     # 我要激活回显
```

```
        Command: Will (251)
        Subcommand: Echo
    Will Suppress Go Ahead
        Command: Will (251)
        Subcommand: Suppress Go Ahead          # 我要激活 Suppress Go Ahead
    Do Terminal Type
        Command: Do (253)
        Subcommand: Terminal Type              # 可以激活你的终端类型吗?
    Do Negotiate About Window Size             # 你可以激活窗口大小协商
        Command: Do (253)
        Subcommand: Negotiate About Window Size
```

服务器激活了"Will Echo"和"Will Suppress Go Ahead"之后，TELNET 工作模式为一次一字符模式。

（3）客户向服务器发起选项协商（图 11.15 中序号为 17 的包）

```
Internet Protocol Version 4, Src: 1.1.1.1, Dst: 1.1.1.2
Transmission Control Protocol, Src Port: 23351, Dst Port: 23, Seq: 10, Ack: 13,
Len: 3
Telnet
    Do Echo
        Command: Do (253)
        Subcommand: Echo                # 客户同意服务器激活回显
```

（4）客户向服务器发起选项协商（图 11.15 中序号为 18 的包）

```
Internet Protocol Version 4, Src: 1.1.1.1, Dst: 1.1.1.2
Transmission Control Protocol, Src Port: 23351, Dst Port: 23, Seq: 13, Ack: 13,
Len: 3
Telnet
    Won't Terminal Type
        Command: Won't (252)            # 客户不同意激活终端类型
        Subcommand: Terminal Type
```

5. TELNET 数据交互过程（如图 11.16 所示）

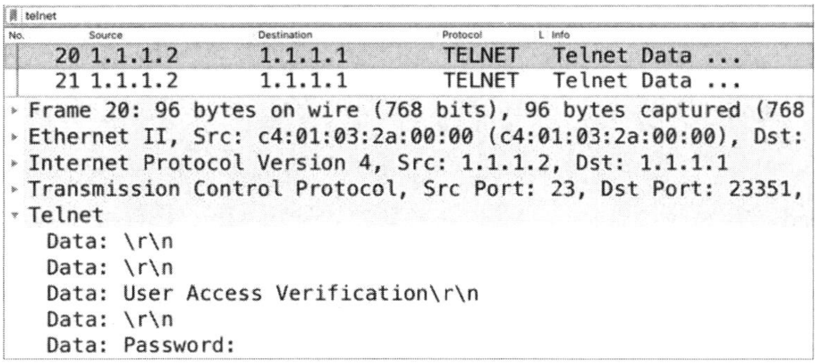

```
telnet
No.  Source    Destination  Protocol  L Info
 20 1.1.1.2   1.1.1.1      TELNET    Telnet Data ...
 21 1.1.1.2   1.1.1.1      TELNET    Telnet Data ...
▸ Frame 20: 96 bytes on wire (768 bits), 96 bytes captured (768
▸ Ethernet II, Src: c4:01:03:2a:00:00 (c4:01:03:2a:00:00), Dst:
▸ Internet Protocol Version 4, Src: 1.1.1.2, Dst: 1.1.1.1
▸ Transmission Control Protocol, Src Port: 23, Dst Port: 23351,
▾ Telnet
    Data: \r\n
    Data: \r\n
    Data: User Access Verification\r\n
    Data: \r\n
    Data: Password:
```

图 11.16　数据交互过程

注意： TELNET 是不安全的，数据在网络中采用明码传输。客户输入密码也是一个一个地发送给服务器的。请读者自己分析。

6. 另一种分析 TELNET 选项协议的方法

具体实验步骤如下：

（1）在 Linux 服务器上启动 TELNET 服务。

```
sudo nc -lp 23 &              # ubuntu 18.04.3 LST, Linux 4.15.0-117-generic
```

（2）启动抓包（请读者自己分析）。

（3）对客户 TELNET 命令进行如下操作。

```
Mac-mini:~ $ telnet                        # 运行TELNET客户程序
telnet> open 192.168.1.12                  # 连接TELNET服务
Trying 192.168.1.12...
Connected to 192.168.1.12.
Escape character is '^]'.
^]                                         # 同时按下Ctrl+]键，以下同
telnet> toggle options                     # 跟踪选项协商过程
Will show option processing.
^]
telnet> mode line                          # 更改为行工作模式
SENT DONT SUPPRESS GO AHEAD                # 客户要求服务器禁用"Suppress Go Ahead"选项
^]
telnet> mode character                     # 更改为一次一字符工作模式
SENT DO SUPPRESS GO AHEAD                  # 客户要求服务器启用"Suppress Go Ahead"选项
SENT DO ECHO                               # 客户要求服务器启用"Echo"选项

telnet> status
Connected to 192.168.1.12.
Operating with LINEMODE option
No line editing
No catching of signals
Special characters are local values
Remote character echo                      # 远程字符回显
No flow control                            # 不支持流控制
Escape character is '^]'.
^]
telnet>
```

11.8 TCP 序号分析

1. 实验环境

在前面实验中，也可以进行 TCP 协议的序号分析，从更加简洁的角度出发，我们采用 Python 编写一个简单的基于 TCP 的 C/S 应用程序，抓包分析 TCP 协议交互的过程。以下代码来源于《计算机网络：自顶向下方法（原书第 6 版）》一书。

代码基本功能：客户输入小写字母语句，发送给服务器，服务器显示语句，并将其转换成大写字母语句发回给客户，客户显示大写字母语句。

2. 程序代码

（1）服务器端代码

```
#P11.1 TCPServer.py
#! /usr/bin/env python
# -*- coding: UTF-8 -*-
from socket import *
serverPort = 23000                                  # 服务器监听端口号
serverSocket = socket(AF_INET,SOCK_STREAM)
serverSocket.bind(('192.168.1.4',serverPort))       # 192.168.1.4 为服务器 IP 地址，
这是一个套接字
serverSocket.listen(1)                              # 服务器监听端口 23000
print 'The server is ready to receive. ’
while 1:
    connectionSocket,addr = serverSocket.accept()   # 等待客户主动建立连接
    sentence = connectionSocket.recv(1024)          # 接收客户发送的数据
    print 'From Client:',sentence
    capitalizedSentence = sentence.upper()          # 将接收的数据全部转换为大写
    connectionSocket.send(capitalizedSentence)      # 将大写数据发送给客户
    connectionSocket.close()                        # 关闭连接
```

（2）客户端代码

```
#P11.2 TCPClient.py
#! /usr/bin/env python
# -*- coding: UTF-8 -*-
from socket import *
serverName = '192.168.1.4'
serverPort = 23000
clientSocket = socket(AF_INET,SOCK_STREAM)
clientSocket.connect((serverName,serverPort))       # 客户主动与服务器建立连接
sentence = raw_input('Imput lowercase sentence:')   # 接收客户从键盘上输入的字符串
clientSocket.send(sentence)                         # 将字符串发送给服务器
modifiedSentence = clientSocket.recv(1024)          # 接收服务器返回的字符串
print 'From Server:',modifiedSentence               # 输出接收到的字符串
clientSocket.close()
```

3. 实验分析

在一台计算机上运行服务器程序（本实验服务器 IP 为 192.168.1.4），另一台计算机中运行客户程序（本实验在虚拟机中运行，其 IP 地址为 172.16.25.131）。

（1）在客户机上启动抓包。

（2）运行服务器程序。

（3）运行客户程序。

```
C:\Users\Administrator\Desktop>TCPClient.py
Imput lowercase sentence:hello world          # 输入小写“hello world”
From Server: HELLO WORLD                      # 接收到服务器发送的大写“HELLO WORLD”
```

4. 抓包结果（如图 11.17 和图 11.18 所示）

过滤条件：tcp.port == 23000。

tcp.port ==23000

No.	Source	Destination	Protocol	Info
6097	172.16.25.131	192.168.1.4	TCP	1119 → 23000 [SYN] Seq=0 Win=8192 Len=0 MSS=1460 WS=2
6098	192.168.1.4	172.16.25.131	TCP	23000 → 1119 [SYN, ACK] Seq=0 Ack=1 Win=64240 Len=0 M
6099	172.16.25.131	192.168.1.4	TCP	1119 → 23000 [ACK] Seq=1 Ack=1 Win=64240 Len=0
12106	172.16.25.131	192.168.1.4	TCP	1119 → 23000 [PSH, ACK] Seq=1 Ack=1 Win=64240 Len=11
12108	192.168.1.4	172.16.25.131	TCP	23000 → 1119 [ACK] Seq=1 Ack=12 Win=64240 Len=0
12109	192.168.1.4	172.16.25.131	TCP	23000 → 1119 [FIN, PSH, ACK] Seq=1 Ack=12 Win=64240 L
12110	172.16.25.131	192.168.1.4	TCP	1119 → 23000 [ACK] Seq=12 Ack=13 Win=64229 Len=0
12114	172.16.25.131	192.168.1.4	TCP	1119 → 23000 [FIN, ACK] Seq=12 Ack=13 Win=64229 Len=0
12115	192.168.1.4	172.16.25.131	TCP	23000 → 1119 [ACK] Seq=13 Ack=13 Win=64239 Len=0

图 11.17　TCP 序号分析

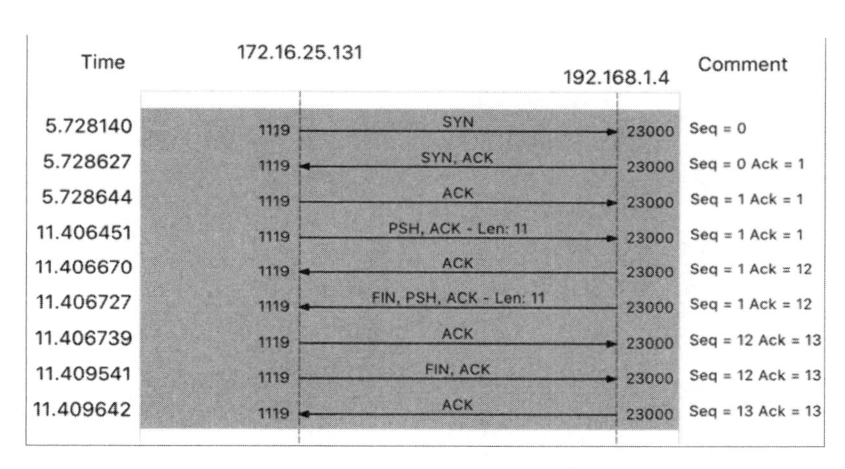

图 11.18　Wireshark TCP 流图

解释如下：

（1）客户，发送 SYN，Seq=0，未带数据。

（2）服务器，发送 SYN+ACK，Seq=0，Ack=1，SYN 消耗 1 个序号，未带数据。

（3）客户，发送 ACK，Seq=1，Ack=1，SYN 消耗 1 个序号，未带数据。

（4）客户，发送 PSH+ACK，Seq=1，Ack=1，带 11 字节数据，发送数据，要求立即上交。

（5）服务器，发送 ACK，Seq=1，Ack=12，数据消耗 11 个序号，未带数据，确认报文。

（6）服务器，发送 FIN+PSH+ACK，Seq=1，Ack=12，带 11 字节数据，发送数据，要求立即上交，关闭连接。

（7）客户，发送 ACK，Seq=12，Ack=13，未带数据，确认报文，FIN 消耗 1 个序号。

（8）客户，发送 FIN+ACK，Seq=12，Ack=13，未带数据，关闭连接。

（9）服务器，发送 ACK，Seq=13，Ack=13，未带数据，确认报文，FIN 消耗 1 个序号。

思考题

1. 请读者抓取访问网站（如 http://www.baidu.com）的 TCP 协议运行过程。

2. TCP 连接为什么需要三报文握手建立连接？客户和服务器三报文握手建立连接之后，长时间不传送任何数据，也不发送 FIN（如客户关机或断网了），服务器如何处理？
3. 除输入密码外，其他交换过程为什么会出现相同的数据传送过程？例如，客户输入 exit，抓包结果中会出现 2 个 e、2 个 x、2 个 i、2 个 t 的数据交换过程。
4. 请仔细观察图 11.10 和图 11.11 中的抓包结果，分析客户与服务器传输的数据字节数量。
5. 采用 C/S 模式的进程间通信，很多情况下，为什么是服务器首先要求释放连接？

实验 12　DHCP 协议[①]

建议学时：2 学时。

实验知识点：动态主机配置协议 DHCP。

12.1　实验目的

1. 掌握 DHCP 协议工作过程。
2. 熟练配置 DHCP 服务。
3. 理解 DHCP 的四种报文。

12.2　协议简介

1. 协议概述

每一个需要访问互联网络的主机，都必须正确配置 IP 地址、子网掩码、DNS 及默认网关等信息，对于局域网络中的众多主机，这些配置工作全部由人工来完成的话，工作量较大且容易出错。对于个人用户使用的主机（如笔记本、手机等），它每移动到一个新的网络中，都需要重新配置一次 IP 地址等信息，如果采用人工配置的方法，对于那些缺乏计算机网络专业知识的人来说，是难以实现的。

动态主机配置协议 DHCP（Dynamic Host Configuration Protocol），就是被应用在大型的局域网络及移动网络环境中，其主要作用是集中管理、分配 IP 地址，使网络中主机能够动态获得 IP 地址、网关地址、DNS 服务器地址等信息。

DHCP 协议采用客户/服务器模式，DHCP 服务器完成地址动态分配任务。当 DHCP 服务器收到网络中某主机的地址请求信息后，才会向网络中的主机发送地址配置信息，采用这种方法，可以实现网络中主机地址等信息的动态配置。

2. 协议语法

DHCP 报文结构如图 12.1 所示。

3. 协议语义

（1）op：报文类型，1 表示请求报文（DHCP Discover、DHCP Request、DHCP Release、DHCP Inform 和 DHCP Decline），2 表示响应报文（DHCP Offer、DHCP ACK 和 DHCP NAK）。

---

① 请结合实验 17.3 节中的 ipconfig 命令学习。

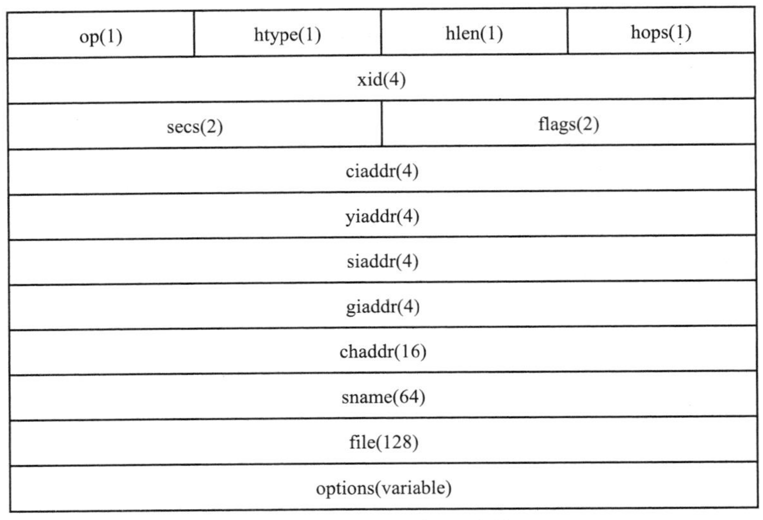

图 12.1　DHCP 报文结构

（2）htype：硬件地址类型，以太网 MAC 地址类型值为 0x01。

（3）hlen：硬件地址长度，在以太网中该值为 6。

（4）hops：跳数，默认为 0。DHCP 请求报文每经过一个 DHCP 中继，该字段就会增加 1。

（5）xid：事务 ID，由客户端发送地址请求时选择的一个随机数，用来标识服务器和客户之间交流的请求和响应会话。

（6）secs：由客户端填充，表示从客户端开始获得 IP 地址或 IP 地址续租后所使用了的秒数。

（7）flags：标志位，目前只有最左边的 1 比特有用，用来标识 DHCP 服务器应答报文是采用单播还是广播发送，0 表示采用单播发送方式，1 表示采用广播发送方式。其余尚未使用。注意，在客户端的第一次 IP 地址请求过程中，客户向服务器发送的 DHCP 报文都采用广播方式发送。DHCP 中继报文、IP 地址续租、IP 地址释放采用单播方式发送。

（8）ciaddr：客户端的 IP 地址，在 DHCP 服务器发送的 ACK 报文中才有意义，其他报文中为 0。

（9）yiaddr：DHCP 服务器分配给客户端的 IP 地址。只有在 DHCP 服务器发送的 Offer 和 ACK 报文中有效，其他报文中显示为 0。

（10）siaddr：表明下一个为客户分配 IP 地址的 DHCP 服务器的 IP 地址。只有在 DHCP 服务器发送的 Offer 和 ACK 报文中有效，其他报文中显示为 0。

（11）giaddr：客户发送 DHCP 请求后经过的第 1 个 DHCP 中继的 IP 地址，注意：不是地址池中定义的网关，如果没有经过中继，则该字段值为 0。

（12）chaddr：客户端硬件地址。

（13）sname：DHCP 服务器的名称，在服务器发送的 Offer 和 ACK 报文中显示，其他报文为 0。

（14）file：服务器为客户指定的启动配置文件名，仅在服务器发送的 Offer 报文中显示，其他报文中显示为空。

（15）options：可选参数，格式为“代码+长度+数据”，其内容可以是报文类型、有效租期、DNS 服务器 IP 地址、Windows 服务器 IP 地址等信息。

4. 常见的 DHCP 报文选项字段值（如表 12.1 所示）

表 12.1　常见的 DHCP 报文选项字段值

Option id	Length（字节）	描述
1	4	Subnet Mask
3	n*4	Router（网关）
6	n*4	DNS Server
51	4	IP Address Lease Time
53	1	Message Type 1-DHCP Discover　2-DHCP Offer 3-DHCP Request　4-DHCP Decline 5-DHCP ACK　6-DHCP NAK 7-DHCP Release　8-DHCP Inform
54	4	DHCP Server Identifier
64	7	DHCP Client Identifier

5. 53 号选项中的消息类型

（1）DHCP Discover：代码为 1，DHCP 客户以广播的形式发送请求报文，所有收到 DHCP Discover 报文的 DHCP 服务器都会发送响应报文。

（2）DHCP Offer：代码为 2，DHCP 服务器收到 DHCP Discover 报文后，会在地址池中查找一个合适的 IP 地址（DHCP 客户初次请求时，一般会选用地址池中最小的 IP 地址），加上相应的租期和其他配置信息构造一个 DHCP Offer 报文发送给客户，由客户来决定是否接收该 IP 地址等信息。

（3）DHCP Request：代码为 3，DHCP 客户可能会收到多个 DHCP Offer，客户必须在其中选择一个。一般会选择第 1 个回应 DHCP Offer 报文的服务器作为目标服务器，回应一个广播 DHCP Request 报文，通知所选择的服务器。租期过去 1/2 时，客户也会向服务器发送单播 DHCP Request 报文续延租期，如果没有收到服务器的 DHCP ACK 报文，在租期过去 7/8 时，客户再次发送 DHCP Request 广播报文续延租期。

（4）DHCP Decline：代码为 4，客户收到服务器回应的 DHCP ACK 响应报文后，发现地址有冲突或其他原因不能使用，则发送 DHCP Decline 报文，通知服务器所分配的 IP 地址不可用。

（5）DHCP ACK：代码为 5，DHCP 服务器收到 DHCP Request 报文后，根据客户 DHCP Request 报文是否含有 Request IP 和 Server IP 来识别客户的状态，并发送相对应的 DHCP ACK 报文作为回应。

（6）DHCP NAK：代码为 6，如果 DHCP 服务器收到 DHCP Request 是请求静态 IP 地址的报文，但其 MAC 地址与服务器中记录的不一致，或 DHCP ACK 验证失败，则服务器通过 DHCP NAK 通知用户无法分配 IP 地址。

（7）DHCP Release：代码为 7，当客户不需要 IP 地址时，它通过主动向 DHCP 服务器发送 Release 报文来通知服务器，DHCP 服务器收到该报文之后，释放被绑定的租约。

（8）DHCP Inform：代码为 8，若客户需要从服务器获取更为详细的配置信息，则发送 Inform 报文向服务器进行请求，服务器根据租约进行查找，找到相应配置信息后，发送 ACK 报文回应。

6. 协议同步

DHCP 工作流程如图 12.2 所示，其详细过程如图 12.3 所示。

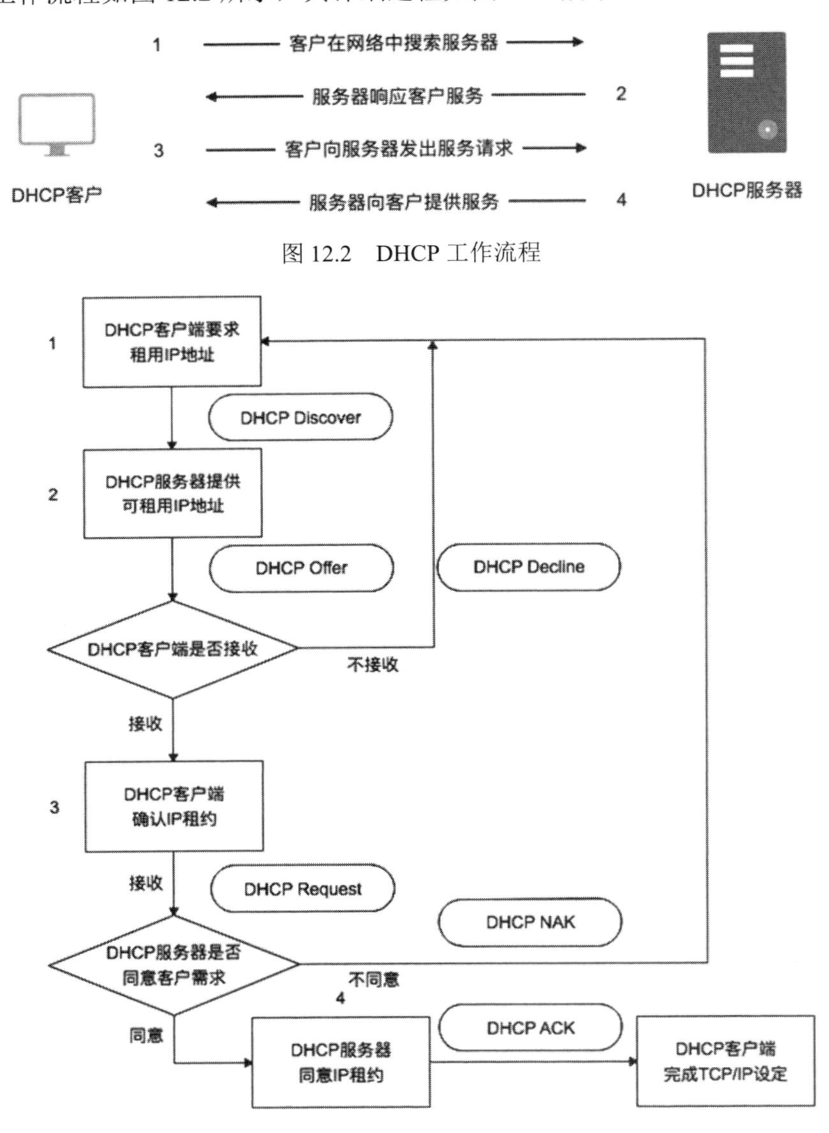

图 12.2　DHCP 工作流程

图 12.3　DHCP 详细工作流程

这里要注意的是，DHCP 客户端在发出 IP 租用请求的 DHCP Discover 广播包后，将花费 1 秒的时间等待 DHCP 服务器的响应，如果 1 秒没有服务器的响应，它会将这一广播包重新广播 4 次（以 2、4、8 和 16 秒为间隔，加上 1～1000 毫秒之间随机长度的时间）。4 次之后，如果仍未能收到服务器的响应，则运行 Windows 的 DHCP 客户端将从 169.254.0.0/16 这个保留的私有 IP 地址（APIPA）中选用一个 IP 地址，而运行其他操作系统的 DHCP 客户端将无法获得 IP 地址。

DHCP 协议在运输层使用 UDP 协议，DHCP 的客户端使用端口 68，DHCP 服务器端监听端口 67。

12.3 协议分析

1. 实验流程[①]

实验流程如图 12.4 所示。

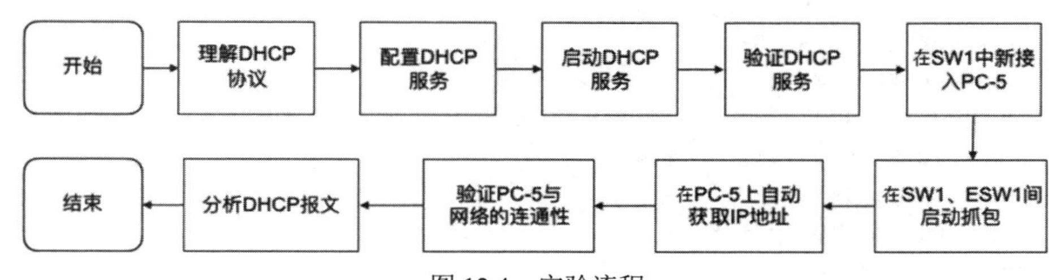

图 12.4　实验流程

2. 服务配置

（1）配置步骤

本实验在前面图 1.1 网络拓扑图中实现，IP 地址规划参见实验 1 中的表 1.1。

在交换机 ESW1 上为 4 个 VLAN 配置 DHCP 服务，具体配置如下：

```
ESW1#conf t
ESW1(config)#ip dhcp pool vlan10                          # vlan10 的地址池
ESW1(dhcp-config)#network 10.10.3.0 255.255.255.128       # vlan10 的网络号
ESW1(dhcp-config)#dns-server 10.10.3.180                  # DNS 服务器
ESW1(dhcp-config)#default-route 10.10.3.1                 # vlan10 的默认网关
ESW1(dhcp-config)#exit
ESW1(config)#ip dhcp pool vlan20
ESW1(dhcp-config)#network 10.10.0.0 255.255.254.0
ESW1(dhcp-config)#dns-server 10.10.3.180
ESW1(dhcp-config)#default-route 10.10.0.1                 # vlan20 的默认网关
ESW1(dhcp-config)#exit
ESW1(config)#ip dhcp pool vlan30
ESW1(dhcp-config)#network 10.10.2.0 255.255.255.0
ESW1(dhcp-config)#dns-server 10.10.3.180
ESW1(dhcp-config)#default-route 10.10.2.1                 # vlan30 的默认网关
ESW1(dhcp-config)#exit

ESW1(config)#ip dhcp excluded-address 10.10.3.1           # 排除的 IP 地址，不允许使用
```

① 本实验仅验证 DHCP 客户端初次向 DHCP 服务器获取 IP 地址的情况，其他情况请完成本实验思考题 1 和 3。

```
ESW1(config)#ip dhcp excluded-address 10.10.0.1          # 排除的 IP 地址，不允许使用
ESW1(config)#ip dhcp excluded-address 10.10.2.1          # 排除的 IP 地址，不允许使用

ESW1(config)#service dhcp                                # 启动 DHCP 服务
```

（2）验证 DHCP

```
ESW1#show run | section dhcp                             # 显示 DHCP 进程
no ip dhcp use vrf connected
ip dhcp excluded-address 10.10.3.1
ip dhcp excluded-address 10.10.0.1
ip dhcp excluded-address 10.10.2.1
ip dhcp pool vlan10
   network 10.10.3.0 255.255.255.128
   dns-server 10.10.3.180
   default-router 10.10.3.1
ip dhcp pool vlan20
   network 10.10.0.0 255.255.254.0
   dns-server 10.10.3.180
   default-router 10.10.0.1
ip dhcp pool vlan30
   network 10.10.2.0 255.255.255.0
   dns-server 10.10.3.180
   default-router 10.10.2.1
```

3. 实验步骤

（1）在 SW1 与 ESW1 之间的链路上启动 Wireshark 抓包。

（2）在网络拓扑图中增加一台 PC（PC-5），如图 12.5 所示。

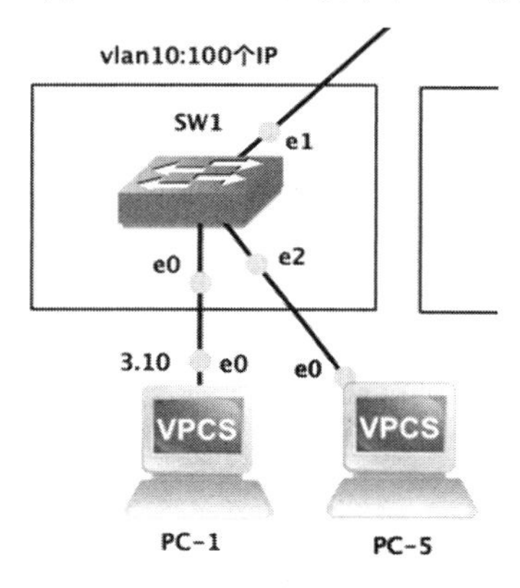

图 12.5　增加一台 PC-5

（3）在 ESW1 上调试 DHCP。

```
ESW1#debug ip dhcp server packet
```

（4）在 PC-5 中采用 DHCP 获取 IP 地址。

```
PC-5> dhcp                              # DHCP 获取 IP 地址
DORA IP 10.10.3.2/25 GW 10.10.3.1       # 注意 DORA 的含义
```

```
DORA:
D: Discover                                # DHCP Discover
O: Offer                                   # DHCP Offer
R: Request                                 # DHCP Request
A: ACK                                     # DHCP ACK
```

（5）验证 PC-5 的连通性。

```
PC-5> ping 3.3.3.3
84 bytes from 3.3.3.3 icmp_seq=1 ttl=253 time=34.734 ms
……
```

4. 结果分析

抓包结果如图 12.6 所示。显示结果的过滤条件：bootp.dhcp

No.	Source	Destination	Protocol	Info
60	0.0.0.0	255.255.255.255	DHCP	DHCP Discover - Transaction ID 0xcf94444d
61	10.10.3.1	10.10.3.2	DHCP	DHCP Offer - Transaction ID 0xcf94444d
63	0.0.0.0	255.255.255.255	DHCP	DHCP Request - Transaction ID 0xcf94444d
64	10.10.3.1	10.10.3.2	DHCP	DHCP ACK - Transaction ID 0xcf94444d

图 12.6 客户 DHCP 获取 IP 地址的过程

（1）客户 PC-5 发送的 DHCP Discover（序号为 60 的包）。

```
Ethernet II, Src: 00:50:79:66:68:04, Dst: ff:ff:ff:ff:ff:ff  # 目的MAC地址为广播地址
Internet Protocol Version 4, Src: 0.0.0.0, Dst: 255.255.255.255
                                             # 源 IP 地址未知，目的 IP 地址为广播地址
User Datagram Protocol, Src Port: bootpc (68), Dst Port: bootps (67)  # 源/目的端口
Bootstrap Protocol (Discover)
   Message type: Boot Request (1)          # op=1：表示请求报文
   Hardware type: Ethernet (0x01)          # htype：硬件地址类型为以太网地址
   Hardware address length: 6              # hlen：硬件地址长度为 6 字节（以太网）
   Hops: 0                                 # hops：跳数，客户端设置为 0
   Transaction ID: 0xcf94444d      # xid：事务 ID，客户端随机产生，整个会话期间不变
   Seconds elapsed: 0                      # secs：客户租用 IP 地址的时长
   Bootp flags: 0x0000 (Unicast)           # 告诉服务器，客户端支持单播地址
   Client IP address: 0.0.0.0 (0.0.0.0)    # 没有 IP 地址
   Your (client) IP address: 0.0.0.0 (0.0.0.0)
Next server IP address: 0.0.0.0 (0.0.0.0)
   Relay agent IP address: 0.0.0.0 (0.0.0.0)
   Client MAC address: 00:50:79:66:68:04  # 客户端硬件地址
   Client hardware address padding: 00000000000000000000
   Server host name not given              # 无服务器名称
   Boot file name not given                # 无启动文件
   Magic cookie: DHCP
   Option: (53) DHCP Message Type (Discover)   # 53 号选项中的 1 号
   Option: (12) Host Name                  # 客户主机名
   Option: (61) Client identifier        # 客户标识：包括长度、硬件地址类型和硬件地址
   Option: (255) End
   Padding: 000000000000000000000000000000000000000000000000...       #填充
```

（2）DHCP 服务器 ESW1 回送的 DHCP Offer（序号为 61 的包）。

```
Ethernet II, Src: cc:03:03:2c:00:00, Dst: 00:50:79:66:68:04 # 单播帧，目的 MAC 地址如何知道的
Internet Protocol Version 4, Src: 10.10.3.1, Dst: 10.10.3.2 # 这里是单播地址，是不是有些奇怪
User Datagram Protocol, Src Port: bootps (67), Dst Port: bootpc (68)
Bootstrap Protocol (Offer)
    Message type: Boot Reply (2)                    # op=2：表示响应报文
    Hardware type: Ethernet (0x01)                  # 硬件地址类型
    Hardware address length: 6                      # 硬件地址长度
    Hops: 0
    Transaction ID: 0xcf94444d                      # 与客户发送 Discover 中的一致
    Seconds elapsed: 0
    Bootp flags: 0x0000 (Unicast)                   # flags=0，服务器单播发送
    Client IP address: 0.0.0.0 (0.0.0.0)            # 客户还未获得 IP 地址
    Your (client) IP address: 10.10.3.2 (10.10.3.2)      #服务器提供的 IP 地址
    Next server IP address: 0.0.0.0 (0.0.0.0)
    Relay agent IP address: 0.0.0.0 (0.0.0.0)
    Client MAC address: Private_66:68:04 (00:50:79:66:68:04)
    Client hardware address padding: 00000000000000000000
    Server host name not given
    Boot file name not given
    Magic cookie: DHCP
    Option: (53) DHCP Message Type (Offer)          # 53 号选项中的 2 号
    Option: (54) DHCP Server Identifier             # DHCP 服务器 ID，为服务器的 IP 地址
    Option: (51) IP Address Lease Time              # 租期，默认 1 天
    Option: (58) Renewal Time Value                 # 更新租约时间，默认为租期的 1/2
    Option: (59) Rebinding Time Value               # 最后更新时间，默认为租期的 7/8
    Option: (1) Subnet Mask                         # 子网掩码
    Option: (6) Domain Name Server                  # 域名服务器
    Option: (3) Router                              # 默认路由
    Option: (255) End
    Padding: 0000000000000000000000000000
```

在上述结果中，有一个奇怪的现象：客户还没有获得 IP 地址，但 DHCP 服务器却以单播地址作为目的地址，目的地址为什么不是广播地址 255.255.255.255 呢？

其实 DHCP Offer 采用单播或者广播都是可以的，这里为什么采用单播呢？是因为客户发送的 DHCP Discover 中，Bootp flags 字段的值为 0x0000 (Unicast)，这就明确告诉服务器，客户支持单播，因此服务器采用单播发送 DHCP Offer。

服务器发送 DHCP Offer 使用的目的单播 IP 地址，就是将要分配给 DHCP 客户使用的 IP 地址，此时客户还没有使用这个 IP 地址，服务器又是如何知道客户的 MAC 地址呢？这种情况下，服务器是没有办法使用 ARP 协议来获取客户的 MAC 地址的。其实客户的 MAC 地址，已经包含在客户发送的 DHCP Discover 的选项中：Option: (61) Client identifier。我们展开序号为 60 的包（DHCP Discover）的 61 号选项：

```
Option: (61) Client identifier
    Length: 7
```

```
    Hardware type: Ethernet (0x01)                              # 客户的硬件地址类型
    Client MAC address: Private_66:68:04 (00:50:79:66:68:04)   # 客户的 MAC 地址
```

从以上分析可以看出，DHCP 尽量不使用广播地址以减少网络中的数据流量。

（3）客户 PC-5 发送的 DHCP Request（序号为 63 的包）。

```
Ethernet II, Src: 00:50:79:66:68:04, Dst: cc:03:03:2c:00:00
                                                # 目的 MAC 地址是个单播地址
Internet Protocol Version 4, Src: 0.0.0.0, Dst: 255.255.255.255
                                                # 注意目的地址是广播地址
User Datagram Protocol, Src Port: 68, Dst Port: 67
Bootstrap Protocol (Request)                    # DHCP Request
    Message type: Boot Request (1)
    Hardware type: Ethernet (0x01)
    Hardware address length: 6
    Hops: 0
    Transaction ID: 0xcf94444d
    Seconds elapsed: 0
    Bootp flags: 0x0000 (Unicast)
    Client IP address: 10.10.3.2 (10.10.3.2)    # 客户请求使用这个 IP 地址
    Your (client) IP address: 0.0.0.0 (0.0.0.0)
    Next server IP address: 0.0.0.0 (0.0.0.0)
    Relay agent IP address: 0.0.0.0 (0.0.0.0)
    Client MAC address: Private_66:68:04 (00:50:79:66:68:04)
    Client hardware address padding: 00000000000000000000
    Server host name not given
    Boot file name not given
    Magic cookie: DHCP
    Option: (53) DHCP Message Type (Request)    # 53 选项中的 3 号
    Option: (54) DHCP Server Identifier         # 服务器的 IP 地址
    Option: (50) Requested IP Address           # 请求使用 IP 地址
    Option: (61) Client identifier
    Option: (12) Host Name
    Option: (55) Parameter Request List         # 请求获得配置的列表
        Length: 4
        Parameter Request List Item: (1) Subnet Mask
                                                # 使用 DHCP Offer 选项 1 返回的结果
        Parameter Request List Item: (3) Router # 使用 DHCP Offer 选项 3 返回的结果
        Parameter Request List Item: (6) Domain Name Server
                                                # 使用 DHCP Offer 选项 6 返回的结果
        Parameter Request List Item: (15) Domain Name
    Option: (255) End
    Padding: 000000000000000000000000000000000000000000000000…
```

在上述结果中，目的 IP 地址使用的是广播地址 255.255.255.255，这里因为网络里可能存在多个 DHCP 服务器，但目的 MAC 地址是个单播地址，可以认为客户选中了其中的一个 DHCP 服务器请求服务，其 MAC 地址是客户收到的、服务器发送的 DHCP Offer 报文所封装的 MAC 帧中的源 MAC 地址。

请求的内容，就是DHCP服务器在DHCP Offer中提供给客户的选项：IP地址、子网掩码等，客户的意思是说："我想使用你提供的这些内容，你同意吗？"。

（4）DHCP服务器ESW1回送的DHCP ACK（序号为64的包）。

```
Ethernet II, Src: cc:03:03:2c:00:00, Dst: 00:50:79:66:68:04
Internet Protocol Version 4, Src: 10.10.3.1, Dst: 10.10.3.2     # 目的IP地址是单播地址
User Datagram Protocol, Src Port: 67, Dst Port: 68
Bootstrap Protocol (ACK)                                        # 服务器绑定
   Message type: Boot Reply (2)                                 # 服务器响应
   Hardware type: Ethernet (0x01)
   Hardware address length: 6
   Hops: 0
   Transaction ID: 0xcf94444d
   Seconds elapsed: 0
   Bootp flags: 0x0000 (Unicast)                                # 服务器单播发送
   Client IP address: 10.10.3.2 (10.10.3.2)                     # 客户IP地址
   Your (client) IP address: 10.10.3.2 (10.10.3.2)              # 你的IP地址
   Next server IP address: 0.0.0.0 (0.0.0.0)
   Relay agent IP address: 0.0.0.0 (0.0.0.0)
   Client MAC address: Private_66:68:04 (00:50:79:66:68:04)
   Client hardware address padding: 00000000000000000000
   Server host name not given
   Boot file name not given
   Magic cookie: DHCP
   Option: (53) DHCP Message Type (ACK)                         # 53号选项中的5号
      Length: 1
      DHCP: ACK (5)
   Option: (54) DHCP Server Identifier
      Length: 4
      DHCP Server Identifier: 10.10.3.1                         # DHCP服务器IP地址
   Option: (51) IP Address Lease Time
      Length: 4
      IP Address Lease Time: (86400s) 1 day                     # 地址租用期为1天
   Option: (58) Renewal Time Value
      Length: 4
      Renewal Time Value: (43200s) 12 hours                     # 12小时后要求续租
   Option: (59) Rebinding Time Value
      Length: 4
      Rebinding Time Value: (75600s) 21 hours              # 21小时要求续租，否则重租
   Option: (1) Subnet Mask
      Length: 4
      Subnet Mask: 255.255.255.128                              # 子网掩码
   Option: (6) Domain Name Server
      Length: 4
      Domain Name Server: 10.10.3.180 (10.10.3.180)             # DNS服务器
   Option: (3) Router
      Length: 4
      Router: 10.10.3.1 (10.10.3.1)                             # 默认网关
```

```
    Option: (255) End
        Option End: 255
    Padding: 000000000000000000000000000000
```

到现在为止，我们已经抓取到了 DHCP 协议中的 4 个常用报文，并进行了简单的分析。

（5）在 ESW1 中 DHCP 调试的输出结果。

```
ESW1#
*Mar  1 00:16:21.195: DHCPD: DHCPDISCOVER received from client 0100.5079.6668.04
on interface Vlan10.
*Mar  1 00:16:21.199: DHCPD: Sending DHCPOFFER to client 0100.5079.6668.04
(10.10.3.2).
*Mar  1 00:16:21.199: DHCPD: creating ARP entry (10.10.3.2, 0050.7966.6804, vrf
0).
*Mar  1 00:16:21.199: DHCPD: unicasting BOOTREPLY to client 0050.7966.6804
(10.10.3.2).
*Mar  1 00:16:22.175: DHCPD: DHCPREQUEST received from client 0100.5079.6668.04.
*Mar  1 00:16:22.175: DHCPD: No default domain to append - abort update
*Mar  1 00:16:22.179: DHCPD: Sending DHCPACK to client 0100.5079.6668.04
(10.10.3.2).
```

注意，上述输出结果中，ESW1 仅仅是产生了一条 ARP 条目（缓存），该条目并不是调用 ARP 协议获取的，在抓包结果中，ESW1 没有发送 ARP 请求报文。请读者完成本实验思考 4。

（6）在 PC-5 上输出 DHCP 获取 IP 地址流程。

```
PC-5> dhcp -d
Opcode: 1 (REQUEST)                                    # 操作码为 1（请求）
Client IP Address: 0.0.0.0
Your IP Address: 0.0.0.0
Server IP Address: 0.0.0.0
Gateway IP Address: 0.0.0.0
Client MAC Address: 00:50:79:66:68:04
Option 53: Message Type = Discover                     # DHCP Discover
Option 12: Host Name = PC-51
Option 61: Client Identifier = Hardware Type=Ethernet MAC Address = ……

Opcode: 2 (REPLY)                                      # 操作码为 2（响应）
Client IP Address: 0.0.0.0
Your IP Address: 10.10.3.2                             # DHCP 服务器提供的 IP 地址
Server IP Address: 0.0.0.0
Gateway IP Address: 0.0.0.0
Client MAC Address: 00:50:79:66:68:04
Option 53: Message Type = Offer                        # DHCP Offer
Option 54: DHCP Server = 10.10.3.1
Option 51: Lease Time = 86300
Option 58: Renewal Time = 43150
Option 59: Rebinding Time = 75512
Option 1: Subnet Mask = 255.255.255.128
```

```
Option 6: DNS Server = 10.10.3.180
Option 3: Router = 10.10.3.1

Opcode: 1 (REQUEST)
Client IP Address: 10.10.3.2
Your IP Address: 0.0.0.0
Server IP Address: 0.0.0.0
Gateway IP Address: 0.0.0.0
Client MAC Address: 00:50:79:66:68:04
Option 53: Message Type = Request                    # DHCP Request
Option 54: DHCP Server = 10.10.3.1
Option 50: Requested IP Address = 10.10.3.2          # 客户请求使用的 IP 地址
Option 61: Client Identifier = Hardware Type=Ethernet MAC Address = ……
Option 12: Host Name = PC-5

Opcode: 2 (REPLY)
Client IP Address: 10.10.3.2                         # 客户可使用的 IP 地址
Your IP Address: 10.10.3.2
Server IP Address: 0.0.0.0
Gateway IP Address: 0.0.0.0
Client MAC Address: 00:50:79:66:68:04
Option 53: Message Type = Ack                        # DHCP ACK
Option 54: DHCP Server = 10.10.3.1
Option 51: Lease Time = 86400                        # 地址租用期为 1 天
Option 58: Renewal Time = 43200                      # 12 小时后要续租
Option 59: Rebinding Time = 75600                    # 21 小时要求续租，否则重租
Option 1: Subnet Mask = 255.255.255.128              # 子网掩码
Option 6: DNS Server = 10.10.3.180                   # DNS
Option 3: Router = 10.10.3.1                         # 默认网关

IP 10.10.3.2/25 GW 10.10.3.1
```

（7）DHCP 释放 IP 地址和重新获取 IP 地址（这种方法可以完成本实验思考题 3）。

```
PC-5> dhcp -x              #释放 IP 地址，类似于 Windows 中的 ipconfig/release 命令
PC-5> dhcp -r              #重新获取 IP 地址，类似于 Windows 中的 ipconfig/renew 命令
```

思考题

1. 请配置 DHCP 中继并抓包分析。
2. 如果在同一局域网中配置 2 个以上的 DHCP 服务器，会出现什么问题？
3. 请读者在 Windows 下用“ipconfig/release”命令释放 DHCP 获取的 IP 地址，然后再用“ipconfig/renew”命令重新获取 IP 地址，抓包分析“DHCP Release”和 DHCP 获取 IP 地址的过程。
4. 在 ESW1 的 DHCP 调试输出结果中为什么会有一条 10.10.3.2 的 ARP 缓存条目，ESW1 是如何得到该 ARP 缓存条目的？

实验 13　网络地址转换 NAT

建议学时：2 学时。

实验知识点：网络地址转换 NAT（P188）。

13.1　实验目的

1. 理解私有 IP 地址的概念。
2. 掌握 NAT 协议工作过程。
3. 掌握网络中 NAT 服务配置与管理。

13.2　协议简介

1. 协议概述

通过网络地址转换 NAT（Network Address Translation），可以使一个整体机构中的所有主机，仅使用一个公有 IP 地址（可以有多个）就能访问互联网，它所采用的方法，就是把机构内部使用的私有的 IP 地址转换成互联网上使用的公有 IP 地址，让那些使用私有 IP 地址的内部网络能够连接到互联网。

具体做法是：NAT 路由器在将内部 IP 分组转发到互联网时，将 IP 分组的首部中的私有源 IP 地址转换成互联网上使用的公有 IP 地址，反过来，又将互联网上的发回给内网 IP 分组中的公有目的 IP 地址转换成内网使用的私有 IP 地址。

RFC 1918 规定了三块地址，供私有的内部组网使用（不同机构可以重复使用）：

（1）A 类：10.0.0.0～10.255.255.255　　10.0.0.0/8　　# 1 个 A 类网络

（2）B 类：172.16.0.0～172.31.255.255　　172.16.0.0/12　　# 16 个 B 类网络

（3）C 类：192.168.0.0～192.168.255.255　　192.168.0.0/16　　# 256 个 C 类网络

互联网上的路由器不会为这三块私有 IP 地址的 IP 分组转发目的地址；当一个公司内部配置了这些私有 IP 地址后，内部的计算机在和外网通信时，公司的边界路由器会通过 NAT 或 PAT 技术，将内部的私有 IP 地址转换成外网公有 IP 地址，外部看到的源 IP 地址是公司边界路由器转换过的公有 IP 地址，这种做法增加了内部网络的安全性，同时由于这些私有 IP 地址可以重复使用，解决了 IPv4 地址空间耗尽的问题。

2. NAT 的三种常用的类型

（1）静态 NAT（Static NAT，一对一）

采用一对一的方式，将内部网络的私有 IP 地址转换为公有 IP 地址，这种转换是固定不变的，常用于外网访问内网服务器时的 NAT 转换，方便外网用户通过公有 IP 地址访问内网服务器，如图 13.1 所示。

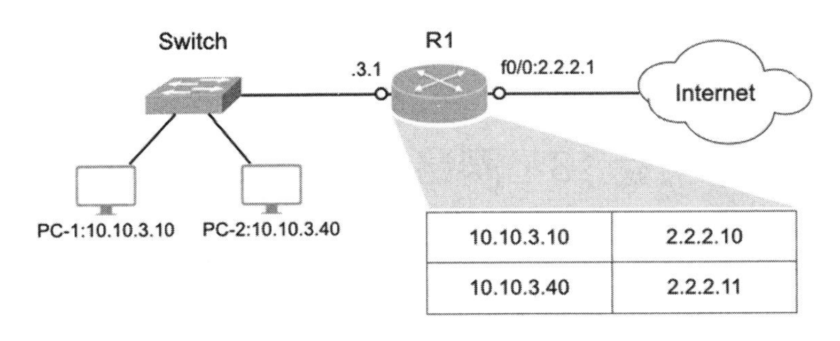

图 13.1　静态 NAT

（2）动态 NAT（Pooled NAT，多对多）

动态 NAT，它在将内部网络的私有 IP 地址转换为公有 IP 地址时，公有 IP 地址是不确定、随机的。所有内部私有 IP 地址可随机转换为任何指定的公有 IP 地址。也就是说，只要指定哪些私有 IP 地址可以进行转换，以及用哪些公有 IP 地址作为外部地址时，就可以进行动态 NAT 转换了。

动态 NAT 是在路由器上配置了公有 IP 地址池（如图 13.2 所示），当内部有计算机需要和外部通信时，就从公有地址池中动态取出一个公有 IP 地址分配给内部计算机，并将它们的对应关系绑定到 NAT 表中，通信结束后，这个公有 IP 地址被释放，继续供其他内部私有 IP 地址转换使用。

如果公有 IP 地址池中的地址数量等于或多于公司内部使用的私有 IP 地址数，则这种方式没有节约 IPv4 地址。

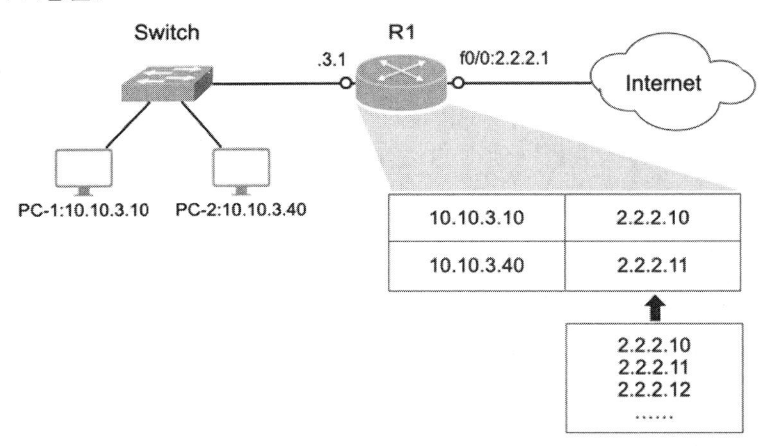

图 13.2　动态 NAT

（3）端口多路复用 PAT（Port Address Translation）

PAT 提供了一种多对一的方式，对多个内网私有 IP 地址，边界路由器给它们分配同一个公有 IP 地址，利用公有 IP 地址与不同端口的组合，来区分私有 IP 地址与公有 IP 地址的映射关系，这种方式最大限度地节约了 IP 地址资源。如图 13.3 所示。

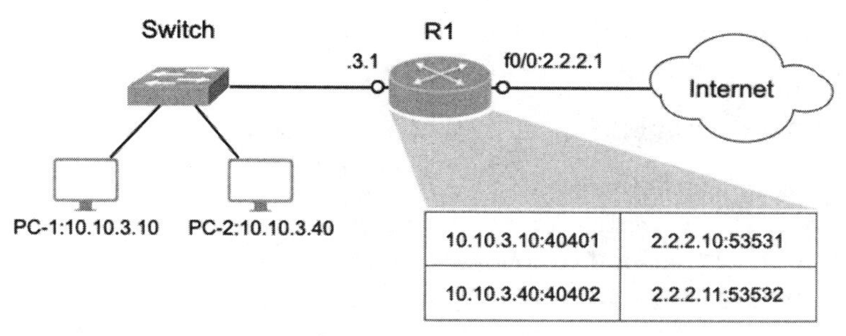

图 13.3　端口多路复用 PAT

13.3　协议分析

1. 实验流程

实验流程如图 13.4 所示。

本章实验在前面图 1.1 网络拓扑图中完成。将拓扑图的路由器 R1 作为 NAT 服务器，为简单起见，地址池为 2.2.2.0/24，这样 R2 不需做配置修改，否则 R2 需配置一条去往 IP 地址池的静态路由。另外，请读者认真完成本实验后面的思考题 2。

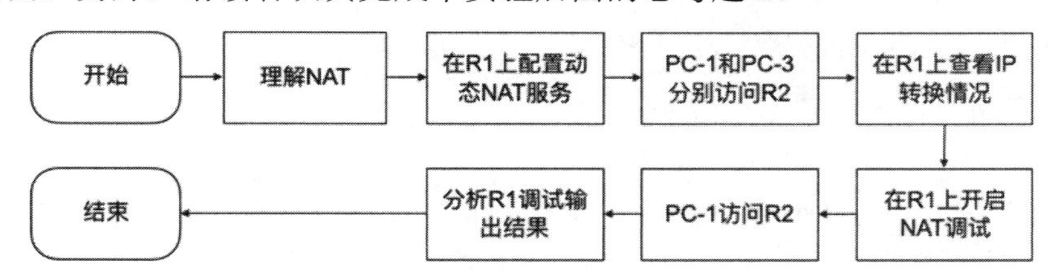

图 13.4　NAT 实验流程

2. NAT 配置（动态）

```
R1#conf t
R1(config)#ip nat pool NAT 2.2.2.10 2.2.2.100 netmask 255.255.255.0  # 定义地址池
R1(config)#ip nat inside source list 1 pool NAT            # 内部地址与 NAT 地址池转换
R1(config)#access-list 1 permit 10.10.0.0 0.0.255.255     # 定义内部哪些地址进行转换
R1(config)#int s0/0
R1(config-if)#ip nat outside                       # inside->outside，出去方向上转换
R1(config-if)#int f0/0
R1(config-if)#ip nat inside                        # outside->inside，进来方向上转换
R1(config-if)#end
R1#copy run star
```

3. NAT 服务验证

（1）分别从 PC-1 和 PC-4 上 ping 路由器 R3

```
PC-1> ping 3.3.3.3
84 bytes from 3.3.3.3 icmp_seq=1 ttl=253 time=36.149 ms
……
PC-4> ping 3.3.3.3
```

```
84 bytes from 3.3.3.3 icmp_seq=1 ttl=253 time=23.244 ms
……
```

（2）在 R1 上查看 IP 转换情况

```
R1#show ip nat translations icmp
Pro Inside global      Inside local       Outside local       Outside global
icmp 2.2.2.10:11977    10.10.3.10:11977    3.3.3.3:11977       3.3.3.3:11977
icmp 2.2.2.10:12233    10.10.3.10:12233    3.3.3.3:12233       3.3.3.3:12233
icmp 2.2.2.10:12489    10.10.3.10:12489    3.3.3.3:12489       3.3.3.3:12489
icmp 2.2.2.10:12745    10.10.3.10:12745    3.3.3.3:12745       3.3.3.3:12745
icmp 2.2.2.10:13001    10.10.3.10:13001    3.3.3.3:13001       3.3.3.3:13001
2.2.2.10           10.10.3.10        # 以上为 PC-1 的 NAT 转换
icmp 2.2.2.11:64200    10.10.3.40:64200    3.3.3.3:64200       3.3.3.3:64200
icmp 2.2.2.11:64456    10.10.3.40:64456    3.3.3.3:64456       3.3.3.3:64456
icmp 2.2.2.11:64712    10.10.3.40:64712    3.3.3.3:64712       3.3.3.3:64712
icmp 2.2.2.11:64968    10.10.3.40:64968    3.3.3.3:64968       3.3.3.3:64968
icmp 2.2.2.11:65224    10.10.3.40:65224    3.3.3.3:65224       3.3.3.3:65224
2.2.2.11           10.10.3.40        # 以上为 PC-4 的 NAT 转换
```

因为每台 PC 发送 5 个 ICMP，故每个 PC 在 R1 上有 5 条 NAT 地址转换（参考实验 8）。在真实的实验结果中，转换均带有端口（与理论讲授不同），读者可以做如下实验：

- 在 R2 路由器上配置远程登录

```
R2#conf t
R2(config)#enable password cisco              # 配置使能密码（特权用户密码）
R2(config)#line vty 0 5                       # 选择虚拟终端
R2(config-line)#login
R2(config-line)#password cisco                # 配置远程登录密码
R2(config-line)#end
R2#wr
```

- 从 WWW 服务器上远程登录到 R2

```
WWW#telnet 3.3.3.3
Trying 3.3.3.3 ... Open

User Access Verification

Password:
R2>en
Password:
R2#
```

- 在 R1 上查看 NAT 转换结果

```
R1#show ip nat translations tcp
Pro Inside global      Inside local        Outside local     Outside global
tcp 2.2.2.11:16491     10.10.3.181:16491    3.3.3.3:23        3.3.3.3:23
```

从结果可以看出，私有 IP 地址 10.10.3.181，转换成了合法 IP 地址 2.2.2.11，并且带有端口号 16491。

这里给出 NAT 的 4 种地址类型如表 13.1 所示。

表 13.1　NAT 中的 4 种地址类型

内部地址		外部地址	
Inside local	Outside local	Inside global	Outside global
10.10.3.181	3.3.3.3	2.2.2.11	3.3.3.3

Inside global：公有 IP 地址，内网设备访问外网设备使用的 IP 地址。

Inside local：内网设备使用的 IP 地址，一般是私有 IP 地址。

Outside local：外网设备面向内网设备所使用的 IP 地址，不一定是公有 IP 地址。

Outside global：外网设备真正使用的公有 IP 地址。

（3）NAT 转换统计

```
R1#show ip nat statistics
Total active translations: 2 (0 static, 2 dynamic; 0 extended    # 2条动态NAT转换
Outside interfaces:                                   # 转出方向接口
  Serial0/0
Inside interfaces:                                    # 转入方向接口
  FastEthernet0/0
Hits: 20  Misses: 20                                  # 规则命中的次数
CEF Translated packets: 40, CEF Punted packets: 0
Expired translations: 20
Dynamic mappings:                                     # 动态NAT
-- Inside Source
[Id: 1] access-list 1 pool NAT refcount 2  # Id:1表示NAT类型为动态NAT
 pool NAT: netmask 255.255.255.0
       start 2.2.2.10 end 2.2.2.100
       type generic, total addresses 91, allocated 2 (2%), misses 0
                                                      # 地址池分配比率
Appl doors: 0
Normal doors: 0
Queued Packets: 0
```

（4）清除 NAT 转换

```
R1#clear ip nat translation  *
```

4. 调试 NAT

（1）R1 开启 NAT 调试

```
R1#debug ip nat
IP NAT debugging is on
```

（2）从 PC-1 上访问 3.3.3.3

```
PC-1> ping 3.3.3.3
```

（3）R1 的输出结果

```
R1#
*Mar  1 01:45:36.187: NAT*: s=10.10.3.10->2.2.2.10, d=3.3.3.3 [53080]
*Mar  1 01:45:36.191: NAT*: s=3.3.3.3, d=2.2.2.10->10.10.3.10 [53080]
```

这 2 条信息分别表示出去方向和进来方向的 2 次 NAT 转换。

由于 PC-1 共发出 5 个 ping 包，以上结果会重复 5 次，每次端口号值增 1。

5. 静态 NAT

在网络拓扑图 1.1 中，使用静态 NAT 为 WWW 服务器指定一个固定的公有 IP 地址，以供外网用户使用该 IP 地址访问内网 WWW 服务器。可以看出，采用这种方式，增加了 WWW 服务器的安全性。DNS 服务器同样配置静态 NAT。

（1）静态 NAT 配置

由于在动态 NAT 中已经配置了进出口方向的转换，因此以下配置中没有配置进出口方向的转换。

```
R1#clear ip nat translation *          # 如果服务器访问过外网，就需清除 NAT 转换缓存
R1(config)#ip nat inside source static 10.10.3.181 2.2.2.181
R1(config)#ip nat inside source static 10.10.3.180 2.2.2.180
```

（2）验证静态 NAT

经过上述配置，外网可以通过公有 IP 地址 2.2.2.181、2.2.2.180 分别访问 WWW 服务器和 DNS 服务器：

```
R2#ping 2.2.2.181

Type escape sequence to abort.
Sending 5, 100-byte ICMP Echos to 2.2.2.181, timeout is 2 seconds:
.!!!!
Success rate is 80 percent (4/5), round-trip min/avg/max = 64/74/80 ms
R2#ping 2.2.2.180

Type escape sequence to abort.
Sending 5, 100-byte ICMP Echos to 2.2.2.180, timeout is 2 seconds:
.!!!!
Success rate is 80 percent (4/5), round-trip min/avg/max = 92/105/128 ms
```

（3）验证转换结果

```
R1#show ip nat translations icmp
Pro Inside global     Inside local        Outside local     Outside global
icmp 2.2.2.180:1      10.10.3.180:1       2.2.2.2:1         2.2.2.2:1
icmp 2.2.2.181:0      10.10.3.181:0       2.2.2.2:0         2.2.2.2:0
```

6. PAT

（1）基本配置

在前面 NAT 配置基础上修改配置（清除动态 NAT 配置）。

```
R1#clear ip nat translation *
R1#conf t
R1(config)#no ip nat pool NAT 2.2.2.10 2.2.2.100 netmask 255.255.255.0
R1(config)#no ip nat inside source list 1 pool NAT
R1(config)#ip nat inside source list 1 interface s0/0 overload        # 配置 PAT
```

（2）验证 PAT

- 在 R1 与 R2 之间启动抓包，注意选择抓取的链路类型。
- 在 R1 上启动 IP NAT 调试。

```
R1#debug ip nat
```

- 在 PC-1 和 PC-3 上分别 ping 路由器 R2 接口 3.3.3.3。

```
PC-1> ping 3.3.3.3
84 bytes from 3.3.3.3 icmp_seq=1 ttl=253 time=23.338 ms
84 bytes from 3.3.3.3 icmp_seq=2 ttl=253 time=42.619 ms
84 bytes from 3.3.3.3 icmp_seq=3 ttl=253 time=31.542 ms
84 bytes from 3.3.3.3 icmp_seq=4 ttl=253 time=30.465 ms
84 bytes from 3.3.3.3 icmp_seq=5 ttl=253 time=30.179 ms

PC-3> ping 3.3.3.3
84 bytes from 3.3.3.3 icmp_seq=1 ttl=253 time=36.282 ms
84 bytes from 3.3.3.3 icmp_seq=2 ttl=253 time=33.639 ms
84 bytes from 3.3.3.3 icmp_seq=3 ttl=253 time=26.949 ms
84 bytes from 3.3.3.3 icmp_seq=4 ttl=253 time=29.773 ms
84 bytes from 3.3.3.3 icmp_seq=5 ttl=253 time=26.013 ms
```

两台计算机一共发出 10 个 ICMP 请求报文。

- 观察 R1 路由器 debug ip nat 结果。

PC-1 的 NAT 转换：

```
*Mar  1 00:28:31.819: NAT*: s=10.10.3.10->2.2.2.1, d=3.3.3.3 [59722]
*Mar  1 00:28:31.839: NAT*: s=3.3.3.3, d=2.2.2.1->10.10.3.10 [59722]
……
```

PC-3 的 NAT 转换：

```
*Mar  1 00:28:35.947: NAT*: s=10.10.3.10->2.2.2.1, d=3.3.3.3 [59726]
*Mar  1 00:28:35.967: NAT*: s=3.3.3.3, d=2.2.2.1->10.10.3.10 [59726]
```

- 检查 PAT 转换结果。

```
R1#show ip nat translations icmp
Pro  Inside global     Inside local       Outside local        Outside global
icmp 2.2.2.1:20713     10.10.2.30:20713 3.3.3.3:20713        3.3.3.3:20713
icmp 2.2.2.1:20969     10.10.2.30:20969 3.3.3.3:20969        3.3.3.3:20969
……

icmp 2.2.2.1:19177     10.10.3.10:19177 3.3.3.3:19177        3.3.3.3:19177
```

```
icmp 2.2.2.1:19433    10.10.3.10:19433 3.3.3.3:19433         3.3.3.3:19433
……
```

• Wireshark 抓包结果如图 13.5 所示。

icmp

No.	Source	Destination	Protocol	Info
1	2.2.2.1	3.3.3.3	ICMP	Echo (ping) request id=0x7f39, seq=1
2	3.3.3.3	2.2.2.1	ICMP	Echo (ping) reply id=0x7f39, seq=1
3	2.2.2.1	3.3.3.3	ICMP	Echo (ping) request id=0x8039, seq=2
4	3.3.3.3	2.2.2.1	ICMP	Echo (ping) reply id=0x8039, seq=2
5	2.2.2.1	3.3.3.3	ICMP	Echo (ping) request id=0x8139, seq=3
6	3.3.3.3	2.2.2.1	ICMP	Echo (ping) reply id=0x8139, seq=3
7	2.2.2.1	3.3.3.3	ICMP	Echo (ping) request id=0x8239, seq=4
8	3.3.3.3	2.2.2.1	ICMP	Echo (ping) reply id=0x8239, seq=4
9	2.2.2.1	3.3.3.3	ICMP	Echo (ping) request id=0x0400, seq=1
10	3.3.3.3	2.2.2.1	ICMP	Echo (ping) reply id=0x0400, seq=1
11	2.2.2.1	3.3.3.3	ICMP	Echo (ping) request id=0x8339, seq=5
12	3.3.3.3	2.2.2.1	ICMP	Echo (ping) reply id=0x8339, seq=5
13	2.2.2.1	3.3.3.3	ICMP	Echo (ping) request id=0x8439, seq=2
14	3.3.3.3	2.2.2.1	ICMP	Echo (ping) reply id=0x8439, seq=2
17	2.2.2.1	3.3.3.3	ICMP	Echo (ping) request id=0x8539, seq=3
18	3.3.3.3	2.2.2.1	ICMP	Echo (ping) reply id=0x8539, seq=3
19	2.2.2.1	3.3.3.3	ICMP	Echo (ping) request id=0x8639, seq=4
20	3.3.3.3	2.2.2.1	ICMP	Echo (ping) reply id=0x8639, seq=4
21	2.2.2.1	3.3.3.3	ICMP	Echo (ping) request id=0x8739, seq=5
22	3.3.3.3	2.2.2.1	ICMP	Echo (ping) reply id=0x8739, seq=5

图 13.5　抓包结果

一共有 10 个 ICMP 回显请求和 10 个 ICMP 回显回答，其中有 5 个是 PC-1 的回显请求/回答，另外 5 个是 PC-3 的回显请求/回答。从图 13.5 的抓包结果可以看出，PC-1 和 PC-3 的源 IP 地址，均转换成路由器 R1 接口 s0/0 的 IP 地址 2.2.2.1。

7. 结论

从以上实验结果我们可以得出以下结论：

（1）NAT

不管是动态 NAT 还是静态 NAT，全部转换成“IP 地址+端口号”的形式。

静态转换（固定：私有 IP 地址与公有 IP 地址一一对应）：

```
10.10.3.180:1<----->2.2.2.180:1
10.10.3.181:0<----->2.2.2.181:0
```

动态转换（随机：私有 IP 地址随机使用一个公有 IP 地址）：

```
10.10.3.10:11977<----->2.2.2.10:11977
10.10.3.40:64200<----->2.2.2.11:64200
```

（2）PAT（所有私有 IP 地址全部转换为同一个公有 IP 地址）

PAT 可以节省公有 IP 地址资源，同样也采用“IP 地址+端口号”的形式进行转换，即一个公有 IP 地址允许多个私有 IP 地址共同使用，以随机分配的端口号区分。

```
10.10.2.30:20713<----->2.2.2.1:20713
10.10.3.10:19177<----->2.2.2.1:19177
```

思考题

1. 请读者利用 NAT 实现服务器负载均衡。
2. 请将网络拓扑图 1.1 中的 R1 与 R2 改为以太接口连接，如图 13.6 所示，请分析以下问题：

图 13.6　修改网络拓扑图

R1 配置为动态 NAT，R1 接口 f0/1 配置为 ip nat outside，其余 NAT 配置与本实验的动态 NAT 实验配置一致。从 PC-1 上 ping 路由器 R2 的接口 3.3.3.3，假设 R1 分配 IP 地址 2.2.2.10 作为 PC-1 的 NAT 映射，R2 发送 ICMP 应答时，必须首先调用 ARP 协议获取 IP 地址为 2.2.2.10 的硬件地址，请问，R2 能获取到该硬件地址吗？请在 R1 与 R2 之间抓包分析。

3. 在图 1.1 中，在 R1 上同时配置静态 NAT、动态 NAT、PAT，请分析 NAT 转换。

实验 14　DNS 协议[①]

建议学时：2 学时。

实验知识点：域名系统（P261）。

14.1　实验目的

1. 理解 DNS 协议。
2. 掌握 DNS 服务器配置与管理。
3. 掌握域名解析过程。
4. 理解 DNS 报文结构。

14.2　协议简介

1. 协议概述

首先了解一个例子，手机中的电话号码通信录，保存的是姓名和电话号码的对应表，一般情况下，人们能够记住的是要与其通信的姓名而不是电话号码。因此，在电话通信之前，首先根据姓名找到其对应的电话号码，然后再拨相应的电话号码进行电话通信。

互联网上计算机间通信，源计算机需要知道目的主机的 IP 地址，但是这些数字化的 IP 地址对于使用者来说是很难记忆的，因此人们想到了一个与手机电话号码通信录类似的办法，即域名系统。

DNS（Domain Name System，域名系统），是互联网上使用的域名和 IP 地址相互映射的一个分布式数据库，它能够使用户使用域名来方便地访问互联网，而不用去记住能够被机器直接读取的 IP 地址。通过域名系统，最终得到域名对应的 IP 地址的过程叫作域名解析（或主机名解析），负责解析域名的服务器称为域名服务器。

相对于电话号码通信录而言，域名系统更为复杂一些，电话号码通信录的使用范围是单个个体，允许同一个名字在不同个体的电话通信录中重复使用。但是域名是互联网上所有人共同使用的，是共享的，因此主机的域名在互联网中必须是唯一的。在互联网中，主机域名的命名采用了层次化结构（也称为域名空间）的命名方法，以保证域名在互联网中是唯一的，域名命令方式如图 14.1 所示。

注意：互联网早期，所有域名的最后面都会跟有一个点号，例如，清华大学官网的域名为“www.tsinghua.edu.cn.”，点号表示的是根域名服务器。现在，域名的最后不需要加点号（加上点号的域名，也可以正常解析）。

---

① 请结合实验 17.7 节中的 nslookup、dig 命令进行学习。

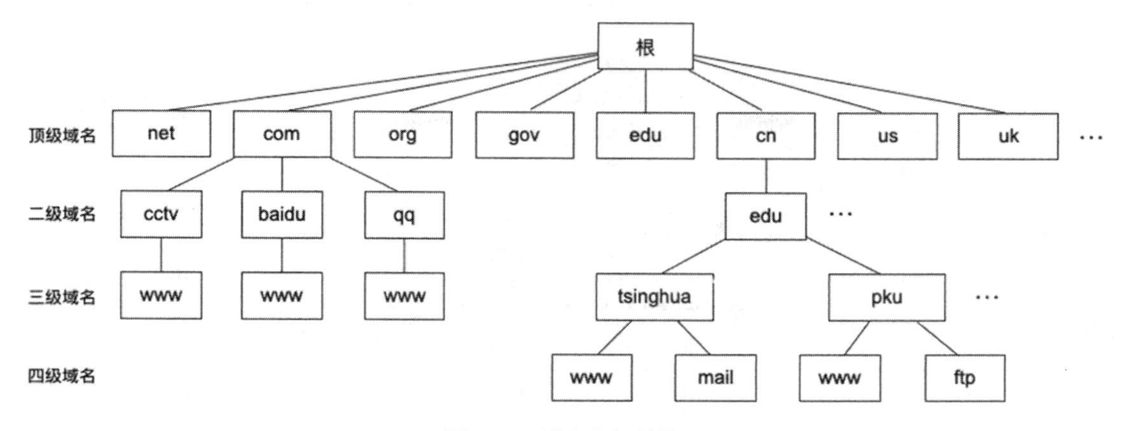

图 14.1　域名空间结构

用于域名解析的域名服务器程序，在运输层采用了 UDP 协议，默认监听端口 53。

2. 域名服务器的分类（如图 14.2 所示）

- **根域名服务器**：最高层次的域名服务器，也是最重要的域名服务器。本地域名服务器不能解析的域名，它就会向根域名服务器求助。
- **顶级域名服务器**：负责管理在该顶级域名服务器下注册的二级域名。当根域名服务器告诉查询者顶级域名服务器的地址时，查询者紧接着就会到顶级域名服务器中进行查询。
- **权限域名服务器**：负责一个区的域名解析工作（真正保存某个区的具体的域名和 IP 地址）。
- **本地域名服务器**：主机发出 DNS 查询请求，首先就发送给本地域名服务器。本地域名服务器可以是互联网上任何一台权限域名服务器，一般情况下，本地域名服务器设置为主机所在区的权限域名服务器或 ISP 提供的域名服务器。

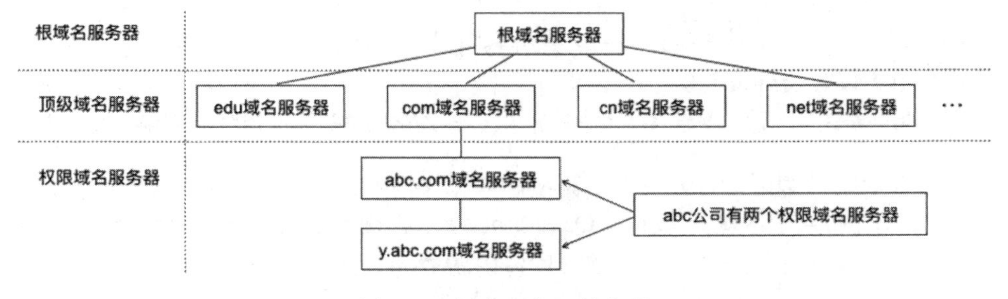

图 14.2　域名服务器的分类

3. 协议语法

DNS 报文格式如图 14.3 所示。

DNS 报文分为首部、查询区域和回答区域三大块，首部又由两部分构成：会话标识、标志部分和数量部分（查询问题数量和相关回答数量）。

0 15	16 31
Transaction ID（会话标识）	Flags（标志）
Questions（问题数）	Answer RRs（回答 资源记录数）
Authority RRs（授权 资源记录数）	Additional RRs（附加 资源记录数）
Queries（查询问题区域）	
Answers（回答区域）	
Authoritative nameservers（授权区域）	
Additional records（附加区域）	

图 14.3　DNS 报文格式

4. 协议语义

（1）Transaction ID（会话标识，2 字节）：用于区别一对 DNS 请求报文和其对应的回答报文，通过会话标识可以知道 DNS 回答报文对应的是哪个 DNS 请求报文。

（2）Flags（标志，2 字节）（如图 14.4 所示）。

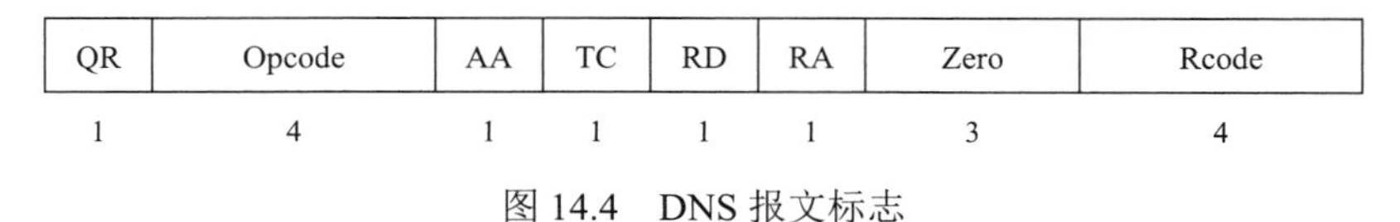

图 14.4　DNS 报文标志

- QR（1 位）：查询/回答标志，0 为查询，1 为回答。
- Opcode（4 位）：0 为标准查询，1 为反向查询，2 为服务器状态请求。
- AA（1 位）：0 为回答服务器不是该域名的权威解析服务器，1 为回答服务器是该域名的权威解析服务器。
- TC（1 位）：0 为报文未截断，1 为报文过长被截断（只返回了前 512 字节）。
- RD（1 位）：0 为不期望递归查询，1 为期望进行递归查询。
- RA（1 位）：0 为 DNS 回答服务器不支持递归查询，1 为支持递归查询。
- Zero（3 位）：保留，必须置 0。
- Rcode（4 位）：返回码，0 为没有错误，3 为名字错误，2 为服务器错误。

（3）数量字段（总共 8 字节）：Questions、Answer RRs、Authority RRs、Additional RRs 各自表示后面的 4 个区域的数目。Questions 表示查询问题的数量，Answers RRs 表示回答资源总的数量，Authority RRs 表示授权回答资源数量，Additional RRs 表示附加回答资源数量。

（4）Queries 区域（如图 14.5 所示）。

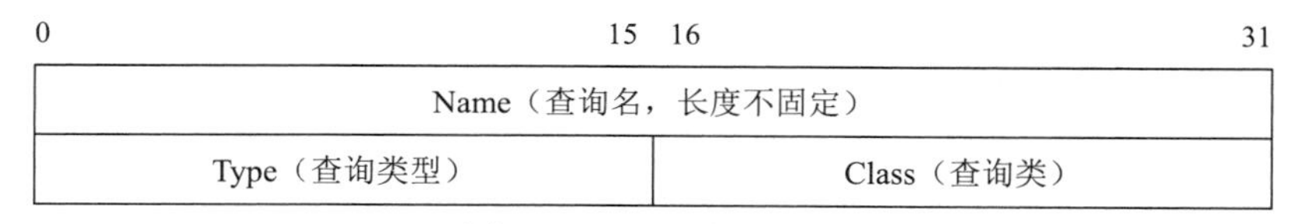

图 14.5　DNS 查询区域

- 查询类型（如表 14.1 所示），具体指明查询哪种类型的 DNS 资源。

表 14.1　部分查询类型

类型	助记词	说明
1	A	由域名获得 IPv4 地址
2	NS	查询域名服务器
5	CNAME	查询规范名称
6	SOA	开始授权
11	WKS	熟知服务
12	PTR	把 IP 地址转换成域名
13	HINFO	主机信息
15	MX	邮件交换
28	AAAA	由域名获得 IPv6 地址
252	AXFR	传送整个区的请求
255	ANY	对所有记录的请求

- 查询类，通常为 1，表示 IN，表明是 Internet 数据。

（5）资源记录（RR）区域（包括回答区域。授权区域和附加区域，如图 14.6 所示）。

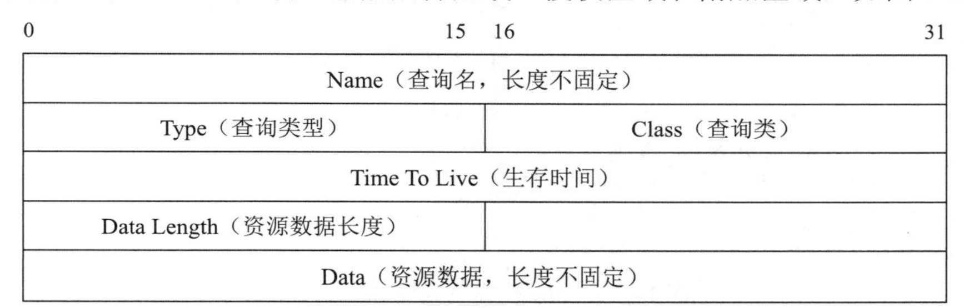

图 14.6　资源记录格式

这一部分给出的是具体的查询结果（也称为资源记录），对于某个查询名，可能存在多个查询结果，因此资源数据长度是不固定的，例如，同一域名可能返回多个 IP 地址。

- **Name（查询名）**：待查询的域名。
- **Type（查询类型）**：表明资源纪录的类型。
- **Class（查询类）**：对于 Internet 信息，总是 IN。
- **Time To Live（TTL，生存时间）**：以秒为单位，表示的是资源记录的生命周期。
- **Data（资源数据）**：该字段是一个可变长字段，表示按照查询段的要求返回的相关资源记录的数据。

5. 协议同步（请注意 14.4 节内容）

域名解析的过程，总体上可以分为两个步骤：第一个步骤是本机向本地域名服务器发出一个 DNS 查询报文，报文里携带需要查询的域名；第二个步骤是本地域名服务器向本机回应一个 DNS 回答报文，里面包含域名对应的 IP 地址。

（1）递归查询（请别人帮忙完成查询）：主机向本地域名服务器发出一次查询请求，

就静待最终的结果。如果本地域名服务器无法解析，自己会以 DNS 客户的身份向某一个域名服务器（如果服务器没有设置前向查询服务器，就直接向根域名服务器查询）查询，等待域名服务器返回查询结果。

（2）迭代查询（自己主动去完成查询）：本地域名服务器向根域名服务器查询，根域名服务器告诉本地域名服务器下一步应该到哪里去查询，然后本地域名服务器再去查，每次本地域名服务器都是以客户机的身份去向其他不同的域名服务器发起查询的，如图 14.7 所示。请读者参考实验 17 中的 dig 命令，进一步理解迭代查询。

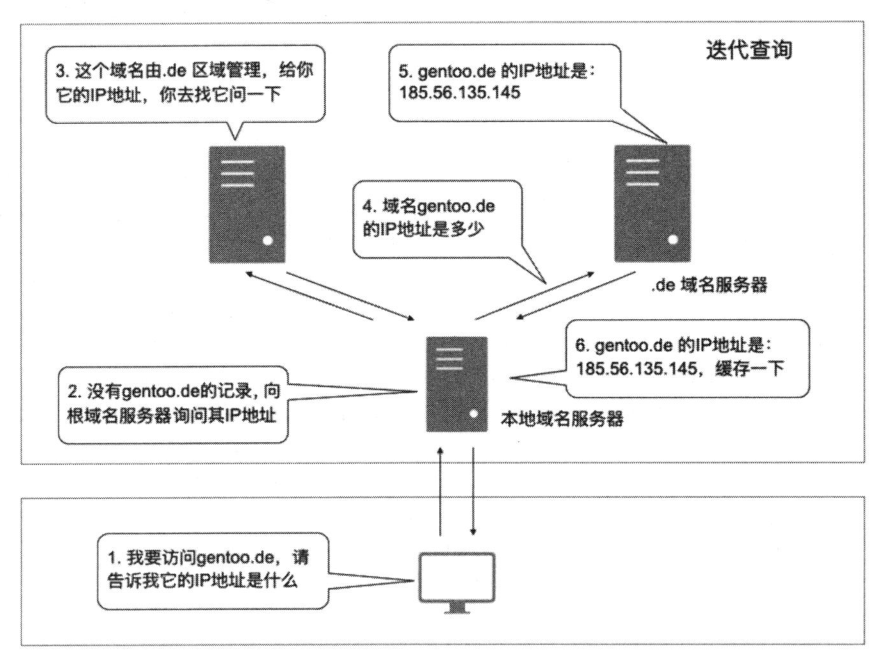

图 14.7　DNS 迭代查询和递归查询

考虑这样一个例子（仅用来说明 DNS 解析过程）：

- 部门员工 A 对他的工资有疑问，去咨询他的部门领导 B（本地域名服务器），部门员工 A 等待消息（递归查询）；
- 部门领导 B 对单位工资问题一概不知，只好去向单位 C 领导（根域名服务器）咨询；
- 单位领导 C 告诉部门领导 B 去找财务领导 D（顶级域名服务器）；
- 财务领导 D 告诉部门领导 B 去找工资负责人 E（二级域名服务器）去了解详细情况；
- 部门领导 C 将从工资负责人 E 处了解到的详细情况，反馈给部门员工 A（非权威回答）。

当然，现实中上述工作方法效率低，一般不被采纳。效率最高的方法是，部门员工 A 直接咨询工资负责人 E 了解情况（权威回答）。

14.3　协议分析

请读者参考本实验思考题 2，配合本章内容进行实验。

1. 实验流程（如图 14.8 所示）

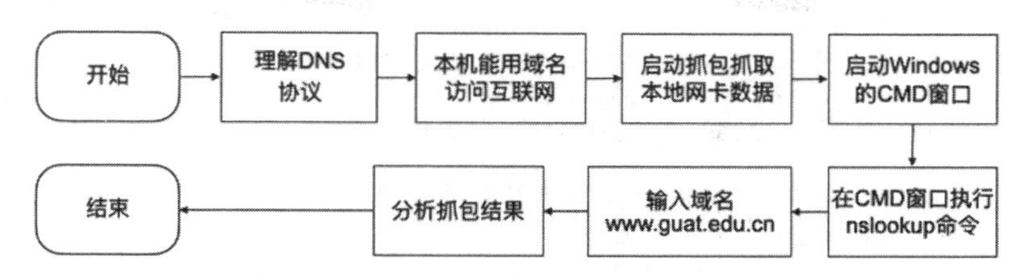

图 14.8　实验流程

2. 实验步骤

（1）启动 Wireshark 抓包软件。

（2）在 Windows 的 CMD 窗口中运行 nslookup 命令（以下是在 Mac 下运行的，Windows 下运行略有差异）。

（3）输入域名进行解析。

```
Mac-mini:~ $ nslookup
> www.guat.edu.cn                          # 查询的域名
Server:  8.8.8.8                           # 本地域名服务器
Address: 8.8.8.8#53                        # 监听的端口号

Non-authoritative answer:                  # 非权威回答
Name: www.guat.edu.cn                      # 域名
Address: 202.193.96.150                    # IP 地址
```

3. 结果分析

抓包结果如图 14.9 所示，显示结果过滤条件：dns.qry.name==www.guat.edu.cn。

dns.qry.name==www.guat.edu.cn　　Expression...

No.	Source	Destination	Protocol	Info
97	192.168.1.3	8.8.8.8	DNS	Standard query 0x1670 A www.guat.edu.cn
98	8.8.8.8	192.168.1.3	DNS	Standard query response 0x1670 A www.guat.edu.cn
167	192.168.1.3	202.193.96.30	DNS	Standard query 0x5826 A www.guat.edu.cn
168	202.193.96.30	192.168.1.3	DNS	Standard query response 0x5826 A www.guat.edu.cn

图 14.9　DNS 查询

（1）DNS 查询报文（图 14.9 中序号为 97 的包）

```
Internet Protocol Version 4, Src: 192.168.1.3, Dst: 8.8.8.8
User Datagram Protocol, Src Port: 60010, Dst Port: domain (53) # DNS 监听 53 号端口
Domain Name System (query)                                     # DNS 查询
   Transaction ID: 0x1670                                      # 会话标识，与 DNS 回答一致
   Flags: 0x0100 Standard query
      0... .... .... .... = Response: Message is a query         # DNS 查询
      .000 0... .... .... = Opcode: Standard query (0)
      .... ..0. .... .... = Truncated: Message is not truncated  # 报文未被截断
      .... ...1 .... .... = Recursion desired: Do query recursively# 期望递归
      .... .... .0.. .... = Z: reserved (0)
      .... .... ...0 .... = Non-authenticated data: Unacceptable
   Questions: 1                                                # 问题数据量 1 个
```

```
    Answer RRs: 0                                  # 回答资源记录数，查询报文无意义
    Authority RRs: 0                               # 授权资源记录数，查询报文无意义
    Additional RRs: 0                              # 附加资源记录数，查询报文无意义
—————————— 以上为 DNS 报文的首部 ——————————
    Queries                                        # 查询区域
        www.guat.edu.cn: type A, class IN
            Name: www.guat.edu.cn                  # 查询的域名
            Type: A (Host Address) (1)             # 由域名查询 IP 地址
            Class: IN (0x0001)                     # 为 Internet 数据
—————————— 以上为 DNS 报文的查询区域 ——————————
```

注意，Flags 中的 RD 位为 1，表明客户向本地域名服务器发起递归查询。

（2）DNS 回答报文（图 14.9 中序号为 98 的包）

```
Internet Protocol Version 4, Src: 8.8.8.8, Dst: 192.168.1.3
User Datagram Protocol, Src Port: domain (53), Dst Port: 60010
Domain Name System (response)
    Transaction ID: 0x1670                              # 会话标识，与 DNS 查询一致
    Flags: 0x8000 Standard query response, No error
        1... .... .... .... = Response: Message is a response    # DNS 回答
        .000 0... .... .... = Opcode: Standard query (0)
        .... .0.. .... .... = Authoritative: Server is not an authority for domain
        .... ..0. .... .... = Truncated: Message is not truncated
        .... ...0 .... .... = Recursion desired: Don't do query recursively
        .... .... 0... .... = Recursion available: Server can't do recursive queries
        .... .... .0.. .... = Z: reserved (0)
        .... .... ..0. .... = Answer authenticated: Answer/authority portion was
not authenticated by the server       # 非权威回答
        .... .... ...0 .... = Non-authenticated data: Unacceptable
        .... .... .... 0000 = Reply code: No error (0)
    Questions: 1                                        # 查询数量 1 个
    Answer RRs: 1                                       # 资源记录区域回答数量 1 个
    Authority RRs: 0                                    # 权威区域回答数量 0 个
    Additional RRs: 0                                   # 附加区域回答数量 0 个
——————— 以上为 DNS 报文的首部 ———————
    Queries                  # 查询区域
        www.guat.edu.cn: type A, class IN
            Name: www.guat.edu.cn                       # 查询的域名
            Type: A (Host Address) (1)                  # 由域名查询 IP 地址
            Class: IN (0x0001)                          # 为 Internet 数据
—————————— 以上为 DNS 报文的查询区域 ——————————
    Answers                                             # 资源记录区域（回答区域）
        www.guat.edu.cn: type A, class IN, addr 202.193.96.150
            Name: www.guat.edu.cn                       # 查询的域名
            Type: A (Host Address) (1)                  # 查询类型 A，由域名查询 IP 地址
            Class: IN (0x0001)                          # 查询类 IN
            Time to live: 67677                         # DNS 记录缓存时间
            Data length: 4
```

```
        Address: www.guat.edu.cn (202.193.96.150)        # IP 地址
———— 以上为 DNS 报文的回答区域 ————
```

注意，因为所查询的域名不属 8.8.8.8 管辖的区，所以权威回答为 0。

4. 权威回答和非权威回答

以下实验是在 guat.edu.cn 管辖区域内的一台计算机上实现的。

```
li@ubuntu1604:~$ nslookup
> server 202.193.96.30                          # 所管辖区内的 DNS 服务器
Default server: 202.193.96.30
Address: 202.193.96.30#53
> www.guat.edu.cn                               # 查询管辖区内的域名
Server:      202.193.96.30
Address: 202.193.96.30#53
                                                # 权威回答
www.guat.edu.cn   canonical name = wrdproxy.guat.edu.cn.
Name:    wrdproxy.guat.edu.cn
Address: 202.193.96.25
> www.baidu.com                                 # 查询非管辖区内的域名 www.baidu.com
Server:      202.193.96.30
Address: 202.193.96.30#53

Non-authoritative answer:                       # 非权威回答
www.baidu.com    canonical name = www.a.shifen.com.
Name:    www.a.shifen.com
Address: 119.75.213.50
Name:    www.a.shifen.com
Address: 119.75.213.51
```

14.4 hosts 文件

域名系统出现之前，使用 hosts 文件来记录域名与 IP 地址的对应关系，并且该文件是保存在本地主机上的（类似手机中的电话号码通信录）。当越来越多的主机加入互联网中的时候，分散在本地主机中的 hosts 文件就很难达到全网统一。

在 Windows 系统中，该文件存放于“C:\Windows\System32\drivers\etc”下。在 Linux 系统中，该文件存放于“/etc”下。读者可以用记事本对它进行编辑：

```
# For example:
#
#      102.54.94.97     rhino.acme.com          # source server
#      38.25.63.10      x.acme.com              # x client host

# localhost name resolution is handled within DNS itself.
#127.0.0.1       localhost
#::1             localhost
```

```
127.0.0.1            www.baidu.com
```

注意，我们在文件中新增了一条百度的域名记录，其 IP 地址为回测地址 127.0.0.1。保存该文件之后，访问百度（如果曾经访问过百度，请用命令“ipconfig /flushdns”清空 DNS 缓存）：

```
C:\Users\Administrator>ping www.baidu.com
```

ping 命令执行结果如下：

```
正在 Ping www.baidu.com [127.0.0.1] 具有 32 字节的数据:
来自 127.0.0.1 的回复: 字节=32 时间<1ms TTL=128
来自 127.0.0.1 的回复: 字节=32 时间<1ms TTL=128
来自 127.0.0.1 的回复: 字节=32 时间<1ms TTL=128
来自 127.0.0.1 的回复: 字节=32 时间<1ms TTL=128

127.0.0.1 的 Ping 统计信息:
数据包: 已发送 = 4，已接收 = 4，丢失 = 0 (0% 丢失)，
往返行程的估计时间(以毫秒为单位):
最短 = 0ms，最长 = 0ms，平均 = 0ms
```

请注意，返回的 IP 地址为回测地址 127.0.0.1，也就是当用浏览器去访问百度的时候，其实就是访问本主机上的 WWW 服务。

以上实验给我们一些小提示：当计算机用域名访问其他主机时，首先需要检查自己的 DNS 缓存，如果缓存有该域名对应的 IP 地址，则直接使用该 IP 地址。如果 DNS 缓存没有记录，则调用 DNS 域名解析系统进行域名解析。

另外要注意的是，DNS 缓存中保存了两类 DNS 记录，一类是 DNS 解析程序曾经解析过的域名，另一类是从 hosts 文件中读取的内容。

我们可以把常用的域名及 IP 地址保存到 hosts 文件中，下次访问这些域名时就能节省时间了，并且当本地域名服务器不能正常工作时，也能正常用域名访问这些常用的域名的主机。另一方面，我们也可以把一些不希望别人访问的域名（如游戏网站）指向“127.0.0.1”，让使用者误以为这些网站出问题了，当然，这种方法还可以用来屏蔽一些网站广告信息。

从上面分析可知，当主机不能用域名访问互联网上的主机时，并不意味着主机没有连入互联网，可能是主机设置的本地域名服务器出现了问题。14.5 节列举了一些常用的 DNS 服务器，这些域名服务器可以用作本地域名服务器。

14.5 常用的 DNS 服务器地址

- 谷歌 DNS：8.8.8.8、8.8.4.4
- 通用 DNS：114.114.114.114
- 阿里云 DNS：223.5.5.5、223.6.6.6
- 腾讯 DNS：119.29.29.29
- 百度 DNS：180.76.76.76
- CNNIC：1.2.4.8、210.2.4.8

14.6 虚拟环境实验

在前面图 1.1 所示的网络拓扑图中，也可以实现 DNS 协议分析。

在以下实验中，读者可以掌握 Cisco 路由器中 DNS 服务器配置的方法，也更易于分析 DNS 协议（抓取的包少）。

1. 配置 DNS 服务

```
DNS#conf t
DNS(config)#ip dns server                        # 开启 DNS 服务
DNS(config)#ip host www.test.com 10.10.3.181     # 配置 DNS 本地条目
DNS(config)#ip host dns.test.com 10.10.3.180
DNS(config)#ip host pc1.test.com 10.10.3.10
DNS(config)#end
DNS#copy run star
```

2. 真实 PC 与网络拓扑图（参见图 1.1）连接

连接方法请参考附录 A。步骤如下：

（1）修改后的部分拓扑图如图 14.10 所示。

（2）查看真实 PC vmnet1 接口的 IP 地址。

本实验中，vmnet1 接口的 IP 地址为 172.16.228.1/24。

（3）配置路由器 R1 接口 f0/0。

注意，接口 f0/0 的 IP 地址必须与真实 PC 相连接口的 IP 地址在同一 IP 网络中（网络号一样）。

```
R2#conf t
R2(config)#int f0/0
R2(config-if)#ip address 172.16.228.254 255.255.255.0
R2(config-if)#no shut
R2(config-if)#end
R2#wr
```

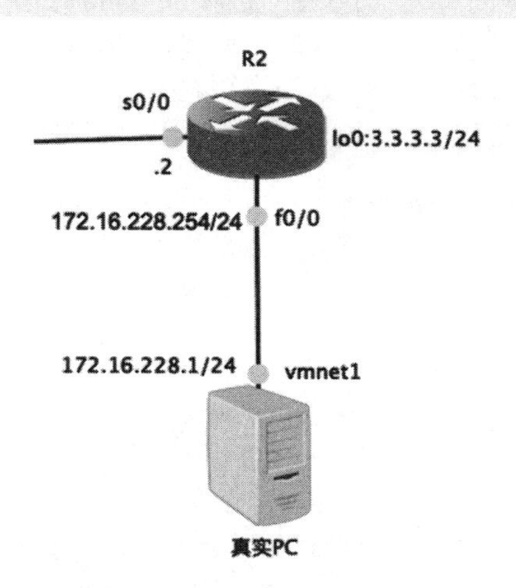

图 14.10　宿主计算机连入网络拓扑

（4）为真实 PC 配置路由。

真实 PC 需要配置一条去往 10.0.0.0/8 的路由，送出接口为 vmnet1，下一跳为 172.16.228.254，即 R2 接口 f0/0（如果读者在完成实验 13 的基础上进行本实验，需配置一条去往 2.0.0.0/8 的路由）。

在 Windows 中使用如下命令：

```
route add 10.0.0.0 mask 255.0.0.0 if interface
```

注意，在 Windows 系统中，用 netstat -r、arp 等命令查看 interface（接口）ID（请读者参考实验 17）：

```
C:\Users\Administrator>netstat -r
===========================================================================
接口列表
 24...02 00 4c 4f 4f 50 ......Microsoft Loopback Adapter #2
 14...f0 18 98 88 40 25 ......Bluetooth 设备(个人区域网)
 10...00 0c 29 16 2c cc ......Intel(R) PRO/1000 MT Network Connection
......
```

结果中第 1 列的 24、14、10 等即为 interface ID。

本实验（Mac OS）使用如下命令：

```
sudo route -n add -net 10.0.0.0 -netmask 255.0.0.0 172.16.228.254
```

或：

```
sudo route -n add -net 10.0.0.0 -netmask 255.0.0.0 -interface vmnet1
```

（5）验证网络连通性。

```
ping 10.10.3.180                   # 在实验 13 基础上，ping 2.2.2.180
```

3. 实验过程

（1）在 PC-1 上配置 DNS 服务器 IP 地址。

```
PC-1> ip dns 10.10.3.180
```

（2）在图 1.1 中的 DNS 服务器与 ESW1 之间的链路上启动 Wireshark 抓包。

（3）在真实 PC 上运行 nslookup 命令。

```
iMac:~ li$ nslookup              # 输入命令
> server 10.10.3.180             # 更改 DNS 服务器为 10.10.3.180
                                 # 注意，如果在实验 13 之后，DNS 服务器需改为 2.2.2.180
Default server: 10.10.3.180
Address: 10.10.3.180#53
> www.test.com                   # 输入解析的域名
Server:      10.10.3.180
Address:          10.10.3.180#53

Non-authoritative answer:        # 非权威应答（请读者分析为什么）
Name:www.test.com                # 域名
```

```
Address: 10.10.3.181            # 解析结果
>
```

（4）从 PC-1 上用域名访问服务器。

```
PC-1> ping www.test.com
dns.test.com resolved to 10.10.3.181        #域名解析结果

84 bytes from 10.10.3.181 icmp_seq=1 ttl=254 time=22.801 ms
......
PC-1> ping dns.test.com
dns.test.com resolved to 10.10.3.180        #域名解析结果

84 bytes from 10.10.3.180 icmp_seq=1 ttl=254 time=22.842 ms
......
```

（5）查看抓包结果。

图 14.11 显示了两条域名解析结果。

No.	Source	Destination	Protocol	Info
34	172.16.228.1	10.10.3.180	DNS	Standard query 0x5e3e A www.test.com
35	10.10.3.180	172.16.228.1	DNS	Standard query response 0x5e3e A www.test.com A
85	10.10.3.10	10.10.3.180	DNS	Standard query 0xec58 A www.test.com
86	10.10.3.180	10.10.3.10	DNS	Standard query response 0xec58 A www.test.com A

图 14.11　DNS 解析结果

以下结果是在完成实验 13 之后，从真实计算机域名访问 WWW 服务器的抓包结果，可以看出，WWW 服务器经过 NAT 之后，其 IP 地址为 2.2.2.181：

```
Internet Protocol Version 4, Src: 10.10.3.180, Dst: 172.16.228.1
User Datagram Protocol, Src Port: 53, Dst Port: 50990
Domain Name System (response)
    Transaction ID: 0x5e3e
    Flags: 0x8180 Standard query response, No error
    Questions: 1
    Answer RRs: 1
    Authority RRs: 0
    Additional RRs: 0
    Queries
        www.test.com: type A, class IN
            Name: www.test.com
            Type: A (Host Address) (1)
            Class: IN (0x0001)
    Answers
        www.test.com: type A, class IN, addr 2.2.2.181
            Name: www.test.com
            Type: A (Host Address) (1)
            Class: IN (0x0001)
            Time to live: 10
            Data length: 4
            Address: 2.2.2.181
```

14.7 域名查询过程

本实验的目的是理解域名服务器间的域名解析过程，请读者一定要参考实验 17 中的 dig 命令，进一步理解 DNS 域名的解析过程。

1. 新建网络拓扑

为简单起见，重新建立如图 14.12 所示的网络拓扑，将 R1 配置为 DNS 服务器，其上级 DNS 服务器为 192.168.30.1（前向域名服务器），这是一台真实计算机[①]，这台计算机与 Internet 连接，并配置有 DNS 服务。

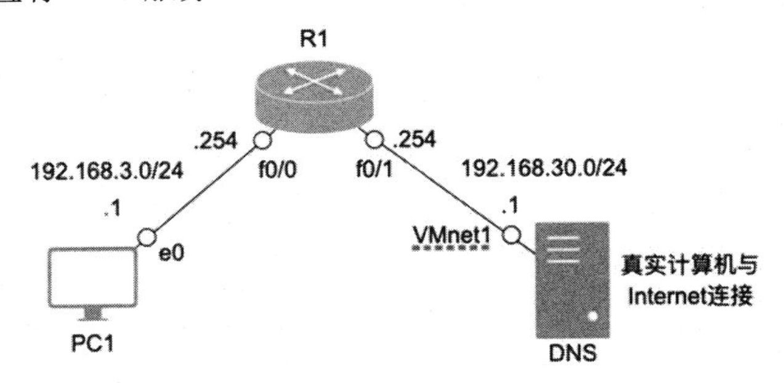

图 14.12　扩展实验拓扑图

注意：“VMnet1”为虚拟网络接口，其 IP 地址请读者参照自己的实验环境（查看 VMnet1 网卡的 IP 地址）。

上级（前向）域名服务器：本地域名服务器不能解析时，向上级域名服务器发起查询，而不是直接向根域名服务器发起查询。

2. 配置 R1 为 DNS 服务器

```
R1#conf t
R1(config)#int f0/1
R1(config-if)#ip address 192.168.30.254 255.255.255.0
R1(config-if)#no shut
R1(config-if)#int f0/0
R1(config-if)#ip address 192.168.3.254 255.255.255.0
R1(config-if)#no shut
R1(config-if)#exit

R1(config)#ip dns server                            # 启用 DNS 服务
R1(config)#ip domain lookup                         # 启用 DNS 外部查询功能
R1(config)#ip name-server 192.168.30.1              # 上级 DNS 服务器地址
R1(config)#ip host pc1.test.com 192.168.3.1         # 配置 DNS 本地条目
R1(config)#end
R1#copy run star
```

① 笔者使用的是 Mac 系统中的一台 Windows 7 虚拟机。

3. 配置 PC1 与 DNS 服务器（真实计算机）的连通性

为真实计算机配置一条去往 PC1 所在网络的静态路由：

```
C:\Users\Administrator>route add 192.168.3.0 mask 255.255.255.0 192.168.30.254
```

为 PC1 配置 IP 地址和 DNS 服务器：

```
PC1> ip 192.168.3.1/24 192.168.3.254                    # 配置 IP 地址和默认网关
PC1> ip dns 192.168.3.254                               # PC1 的 DNS 服务器为路由器 R1
```

4. 配置 PC1 访问外部网络

在路由器 R1 上配置一条默认路由：

```
R1#conf t
R1(config)#ip route 0.0.0.0 0.0.0.0 192.168.30.1
R1(config)#end
R1#copy run star
```

5. 在真实 PC 上配置 DNS 服务

以下是在 Windows 环境下配置的，Linux 和 Mac 环境请读者参考相关资料。

（1）安装 Simple DNS Plus 并运行，如图 14.13 所示。

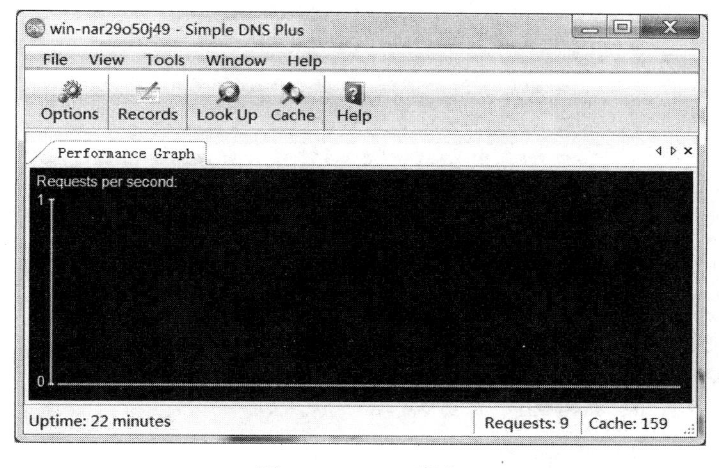

图 14.13 DNS 服务

（2）新增区域和主机记录。

增加区域的方法为：单击图 14.13 中的“Records”选项，在弹出的类似图 14.14 所示的 DNS Records 窗口中单击“New”选项，再选择“New Zone”选项，出现如图 14.15 所示的对话框，在“Zone Name”框中输入“guat.cn”，然后单击“Finish”按钮。

增加主机记录的方法为：单击图 14.13 中的“Records”选项，出现如图 14.14 所示的 DNS Records 窗口，单击“New”选项，然后选择“New A-record”选项。出现如图 14.16 所示的对话框，输入记录名“www.guat.cn”，主机 IP 地址为 192.168.30.1，单击“OK”按钮。

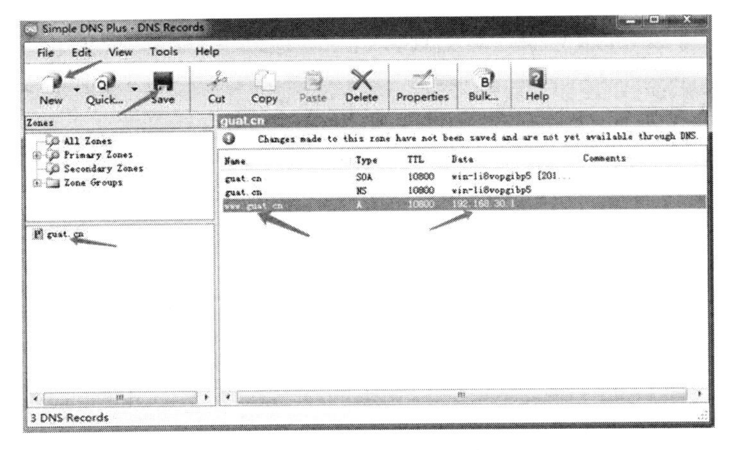

图 14.14　DNS Records 窗口

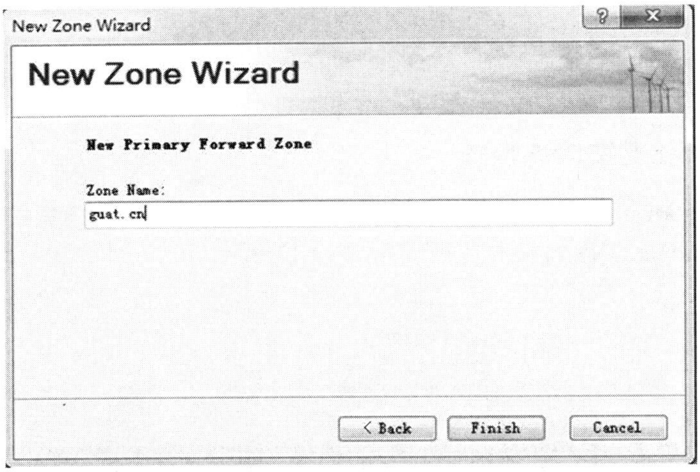

图 14.15　新增区域

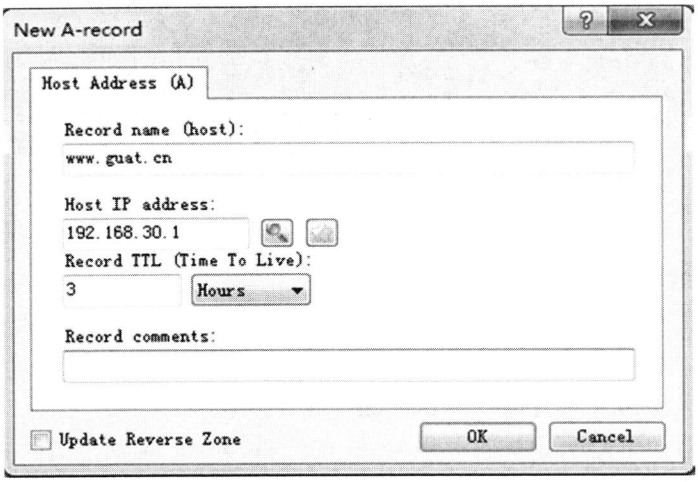

图 14.16　增加主机记录

注意：IP 地址为真实计算机接口 VMnet1 的 IP 地址。

在图 14.14 中单击“Save”按钮完成 DNS 配置。

6. 实验分析

（1）在 PC1 与 R1 之间启动抓包。

（2）在计算机 PC1 中分别 ping 域名“www.guat.cn”和“www.baidu.com”。

（3）抓包结果如图 14.17 所示。

dns

No.	Time	Source	Destination	Protoc	Leng	Info
4	-522.5…	192.168.3.1	192.168.3.254	DNS	71	Standard query 0x7c00 A www.guat.cn
5	-522.5…	192.168.3.254	192.168.3.1	DNS	87	Standard query response 0x7c00 A www.guat.cn A 192.168.30.1
33	-394.3…	192.168.3.1	192.168.3.254	DNS	73	Standard query 0xf827 A www.baidu.com
34	-393.1…	192.168.3.254	192.168.3.1	DNS	302	Standard query response 0xf827 A www.baidu.com CNAME www.a…

图 14.17　抓包结果

从图 14.17 可以看出，“www.guat.cn”和“www.baidu.com”得到了正确的解析。读者可以将抓包结果展开分析。

（4）Simple DNS Plus 结果分析如图 14.18 所示。

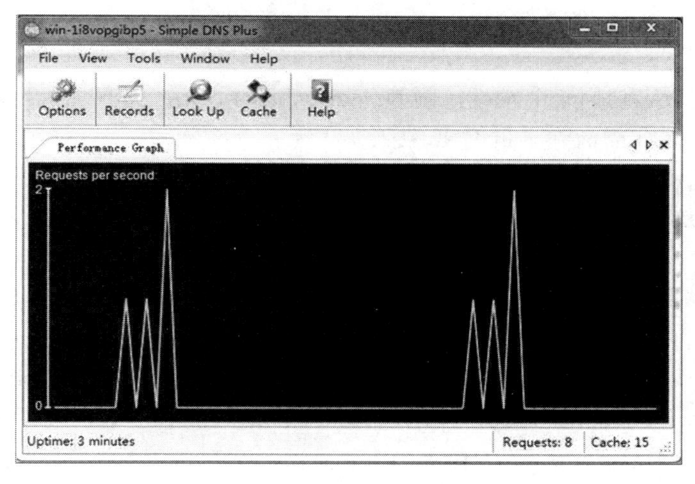

图 14.18　DNS 性能

图 14.18 表明，DNS 服务器进行了两次 DNS 解析：分别解析了 www.guat.cn 和 www.baidu.com。从图 14.19 和图 14.20 的 DNS 缓存中可以简单分析出域名“www.baidu.com”查询过程：

- 第一步的过程是：“root”域名服务器、“com”域名服务器、“baidu.com”域名服务器，找到“www.baidu.com”的别名为“www.a.shifen.com”，如图 14.19 所示。

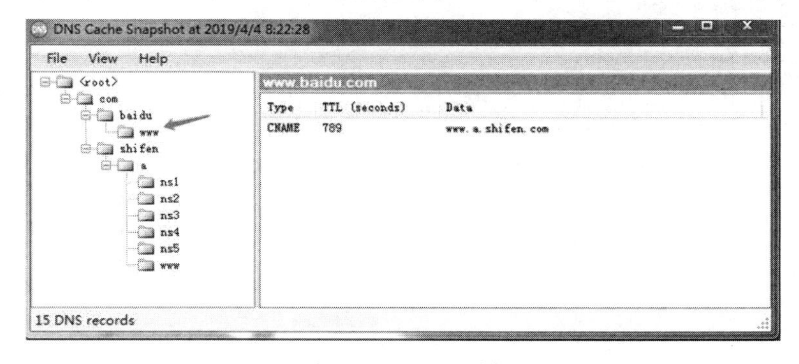

图 14.19　DNS 缓存

- 第二步的过程是："com"域名服务器、"shifen.com"域名服务器、"a.shifen.com"域名服务器，最终得到"www.a.shifen.com"的 IP 地址，如图 14.20 所示。

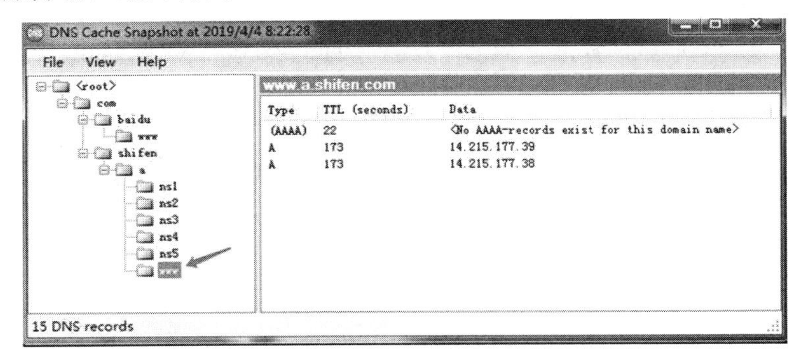

图 14.20　DNS 缓存

思考题

1. 请读者用域名访问一个网站，例如：www.baidu.com，抓取 DNS 解析过程并分析，注意抓包之前需清除本机 DNS 缓存。
2. 请读者启动抓包软件，然后用命令"dig + trace www.baidu.com"追踪 DNS 解析过程。Linux 自己带 dig 命令，Windows 下的 dig 命令请读者自己到官网下载（参考实验 17）。
3. 本地域名服务器宕机了，如果还需使用域名访问互联网上的目的主机，应采取什么措施？
4. 在图 14.12 的扩展实验中，PC1 虽然得到了域名"www.baidu.com"的 IP 地址，请问为什么 PC1 访问（ping）"www.baidu.com"会出现如图 14.21 所示的结果？

```
icmp                                                                  表达式…  +
No.  Time      Source       Destination      Protoc Leng Info
  8  5.3880…   192.168.3.1  163.177.151.110  ICMP   98 Echo (ping) request  id=0x1266, seq=1/256, ttl=64 (no respon…
  9  7.4044…   192.168.3.1  163.177.151.110  ICMP   98 Echo (ping) request  id=0x1466, seq=2/512, ttl=64 (no respon…
 10  9.4266…   192.168.3.1  163.177.151.110  ICMP   98 Echo (ping) request  id=0x1666, seq=3/768, ttl=64 (no respon…
 12  11.433…   192.168.3.1  163.177.151.110  ICMP   98 Echo (ping) request  id=0x1866, seq=4/1024, ttl=64 (no respo…
 13  13.435…   192.168.3.1  163.177.151.110  ICMP   98 Echo (ping) request  id=0x1a66, seq=5/1280, ttl=64 (no respo…

▷ Frame 8: 98 bytes on wire (784 bits), 98 bytes captured (784 bits) on interface 0
▷ Ethernet II, Src: Private_66:68:00 (00:50:79:66:68:00), Dst: c4:01:0e:d0:00:00 (c4:01:0e:d0:00:00)
▷ Internet Protocol Version 4, Src: 192.168.3.1, Dst: 163.177.151.110
◢ Internet Control Message Protocol
    Type: 8 (Echo (ping) request)
    Code: 0
    Checksum: 0x0da5 [correct]
    [Checksum Status: Good]
    Identifier (BE): 4710 (0x1266)
    Identifier (LE): 26130 (0x6612)
    Sequence number (BE): 1 (0x0001)
    Sequence number (LE): 256 (0x0100)
  ◢ [No response seen]
    ▷ [Expert Info (Warning/Sequence): No response seen to ICMP request]
  ▷ Data (56 bytes)
```

图 14.21　PC1 访问百度的结果

实验 15　TFTP 协议

建议学时：2 学时。

实验知识点：简单文件传输协议 TFTP（P271）。

15.1　实验目的

1. 理解 TFTP 协议工作过程。
2. 掌握 TFTP 服务器的配置与管理。
3. 理解 TFTP 中 5 种协议包。

15.2　协议简介

1. 协议概述

TFTP（Trivial File Transfer Protocol，简单文件传输协议）是用于在客户机与服务器之间进行简单文件传输的协议。其基于 UDP 实现，提供一个简单的、开销较小的文件传输服务，监听的端口号为 69。常常用于传输小文件，因此它不像 FTP 一样具备很多的功能，仅仅实现了从文件服务器上获取（下载）或写入（上传）文件，没有列目录功能，也没有认证功能。

（1）TFTP 有 3 种传输模式：

- netascii：8 位 ASCII 码模式（文本模式）。
- octet：普通的二进制模式。
- mail：已经不再支持。

TFTP 采用的是停止等待协议，TFTP 使用 DATA 报文发送数据块，并等待 ACK 确认报文，若在超时之前发送端就收到了确认，它就发送下一个块。流量控制的方法是在发送下一个数据块之前，必须要保证已经收到了上一个数据块的 ACK 报文。

（2）TFTP 的特点：

- 使用很简单的首部。
- 实现简单，占用资源小。
- 适合传递小文件。
- 适合在局域网内进行文件传递。
- 每个数据包有确认机制，有一定程度的可靠性。
- 常用于备份网络设备的配置信息。

2. 协议语法

TFTP 数据包格式如图 15.1 所示。

IP 首部	UDP 首部	操作码 1=RRQ 2=WRQ	文件名	0	模式	0
20 字节	8 字节	2 字节	*N* 字节	1 字节	*N* 字节	

操作码 3=DATA	块编号	数据
2 字节	2 字节	0~512 字节

操作码 4=ACK	块编号
2 字节	2 字节

操作码 5=ERROR	块编号	差错信息	0
2 字节	2 字节	*N* 字节	1

图 15.1　TFTP 数据包格式

从图 15.1 可以看出，一个 TFTP 数据报（传送数据块的报文）最大长度为 512+2+2=516 字节，接收端如果收到的 TFTP 数据报长度小于 516 字节，则可以判断这是最后一个数据块，传输结束（全部数据传输完成）。

3. 协议语义

TFTP 支持 5 种类型的数据包（以操作码加以区分），如表 15.1 所示。

表 15.1　5 种 TFTP 数据包

Opcode	Opcode Message
1	Read Request (RRQ) 读请求
2	Write Request (WRQ) 写请求
3	Data (DATA) 读写的数据
4	Acknowledgment (ACK) 确认
5	Error (ERROR) 错误

（1）TFTP 读/写请求数据包（RRQ/WRQ）

读/写 TFTP 数据包的格式相同：操作码 1 表示读，操作码 2 表示写。

- 文件名：说明客户要读或写的位于服务器上的文件。
- 模式字段（netascii 或 octet）：用于区分 TFTP 数据的传输格式，netascii 表示数据是以成行的 ASCII 码字符组成的，以 2 字节\r\n 作为行结束符。octet 则将数据以 8 位一组的字节流进行传输，可以认为一种是以 ASCII 模式传输数据，一种是以二进制模式传输数据。

（2）TFTP 读/写数据包（DATA）

- 操作码 3：表示读/写数据块（数据传输）。

- 块编号：每块数据都有一个块编号，用于实现可靠传输。每个 TFTP 数据包中最多包含 512 字节数据块，最后一块不足 512 的数据刚好作为数据块读写操作结束的标志。

（3）TFTP 确认数据包（ACK）

操作码为 4 表示对读/写操作的确认，TFTP 每读/写完一个数据块之后，就等待对方确认，确认不带数据。

（4）TFTP 错误数据包（ERROR）

操作码为 5 表示 TFTP 数据块传输过程中出现差错。差错码区分详细错误信息，如表 15.2 所示。

表 15.2 差错码

Error Code	Error Message
0	Not Defined，未定义
1	File Not Found，文件未找到
2	Access Violation，访问非法
3	Disk Full Or Allocation Exceeded，磁盘满或超过分配的配额
4	Illegal TFTP Operation，非法的 TFTP 操作
5	Unknown Transfer ID，未知的传输 ID
6	File Already Exists，文件已经存在
7	No Such User，没有该用户

4. 协议同步

TFTP 的工作过程类似于停止等待协议，在发送完一个数据块之后停止发送，等待对方回送确认，确认报文需要指明收到的数据块的块编号。发送方发送完数据块之后，在规定时间内收不到对方的确认，发送方就重新发送该数据块。另一方面，接收方发送确认之后，在规定时间内没有收到下一个数据块，接收方就需要重新发送确认。这种停止等待的工作方式，确保了 TFTP 数据的传输不会因为某一个数据块的丢失而告失败。TFTP 工作过程如图 15.2 所示。

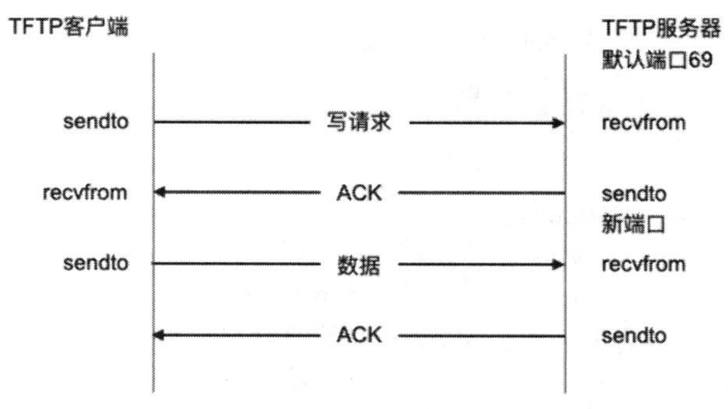

图 15.2 TFTP 的工作过程，注意服务器端口号变化

注意：在初始化连接阶段，客户发送的是 RRQ 或 WRQ，块编号为 0，无数据。服务器监听的端口 69。余下的阶段，TFTP 将传输标记 TID 传送给 UDP 作为源端口号和目的端口号。传输 TID 是随机生成的，每一个 TFTP 数据包均包含两个传输 TID，一个是源 TID，一个是目标 TID。

15.3 实验环境

1. 实验流程

实验流程如图 15.3 所示。

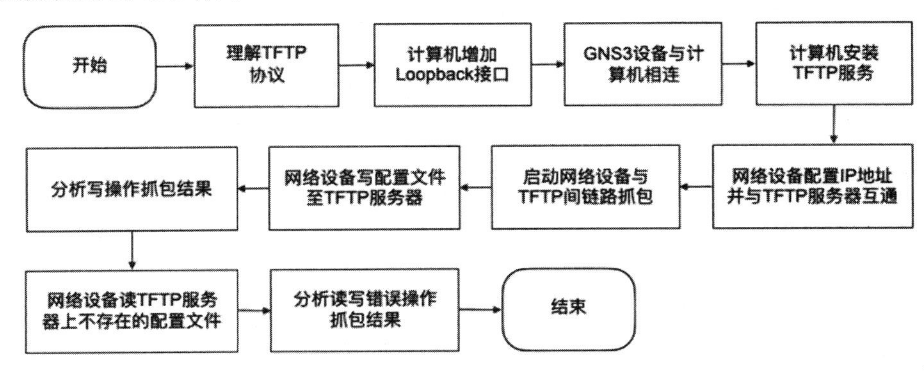

图 15.3 实验流程

2. 实验环境配置

首先在真实计算机上配置 TFTP 服务，利用 GNS3 可以与真实计算机相连的特点，实现 GNS3 中的网络设备使用 TFTP 协议保存配置文件。

GNS3 与真实计算机相连的方法请参考附录 A。本实验采用 Windows 系统中 Loopback 接口，与图 1.1 中的 R2 路由器接口 f0/0 连接（方法有很多）。

（1）真实计算机开启 Loopback 接口（请参考附录 A）。

添加 Loopback 接口之后，Windows 系统中的网络连接中会增加一个新的网络接口（名称为本地连接 2，不同实验环境接口名称可能不同），如图 15.4 所示。

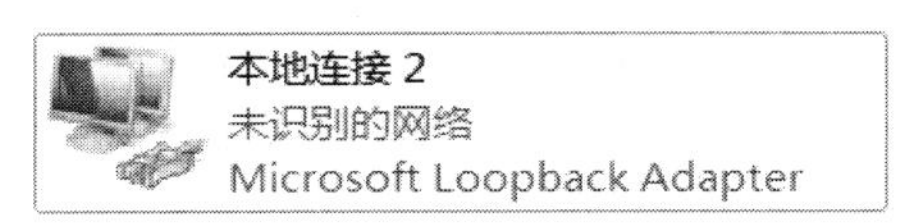

图 15.4 计算机增加的 Loopback 网卡

（2）查看并记住该网卡的配置信息。

Loopback 网卡 IP 地址：

```
C:\Users\Administrator>ipconfig
连接特定的 DNS 后缀 . . . . . . . :
本地链接 IPv6 地址. . . . . . . . :    fe80::9d2d:ac1d:6e3a:7bb1%15
IPv4 地址 . . . . . . . . . . . . :    192.168.1.10
子网掩码  . . . . . . . . . . . . :    255.255.255.0
默认网关. . . . . . . . . . . . . :
```

（3）在 GNS3 的网络拓扑中添加 Cloud 设备，并为该设备增加上述 Loopback 接口。

- 在“Cloud 1”上右击选择“Configure”选项（如图 15.5 所示），出现如图 15.6 所示的对话框。

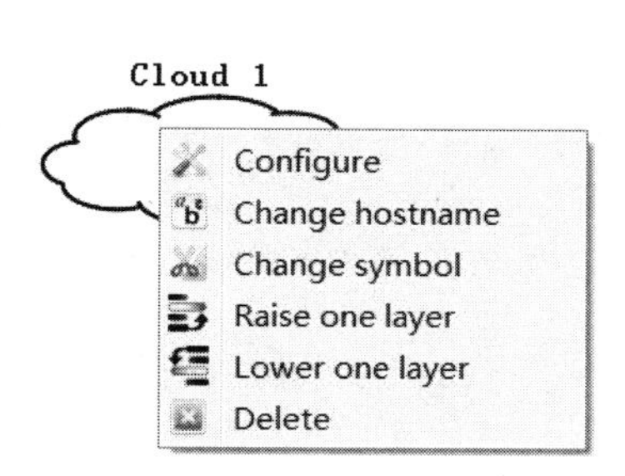

图 15.5　选择命令

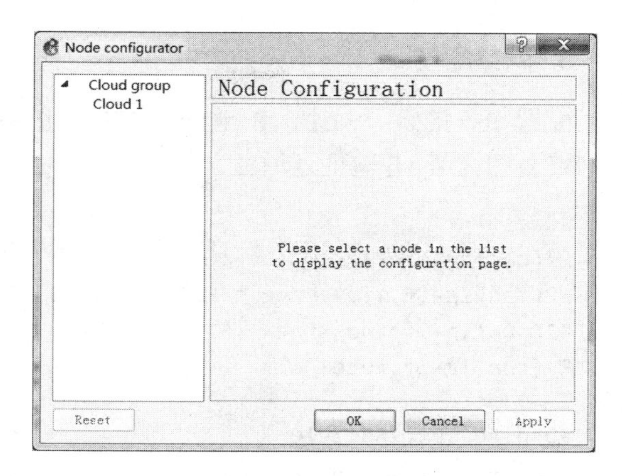

图 15.6　Node configurator 对话框

- 在图 15.6 中选中“Cloud 1”选项，然后在出现的如图 15.7 所示的对话框中，单击“Ethernet”选项卡，在“本地连接”下拉框中选择“本地连接 2”选项，单击“Add”按钮。

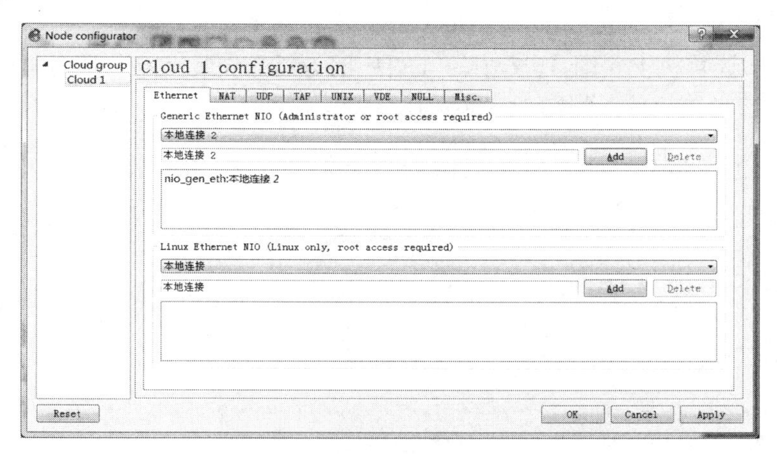

图 15.7　在 Cloud 1 中添加 Loopback 网卡

- 单击“OK”按钮关闭对话框。
- 将路由器 R2 接口 f0/0 与 Cloud 1 的本地连接 2 相连，如图 15.8 所示。
- 读者可以将 Cloud 1 图改成服务器的样式，最终效果如图 15.9 所示。

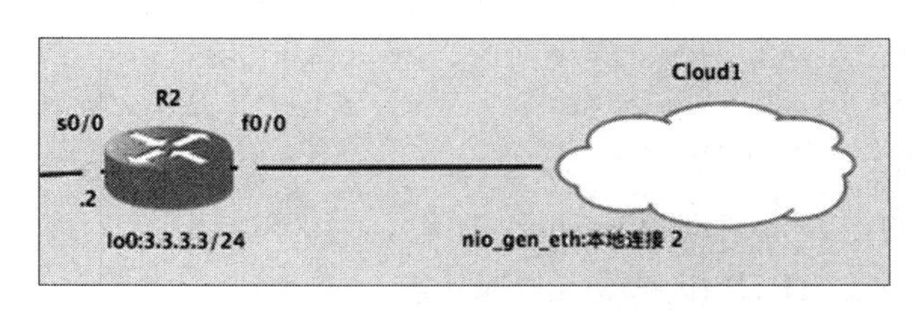

图 15.8　实现连接

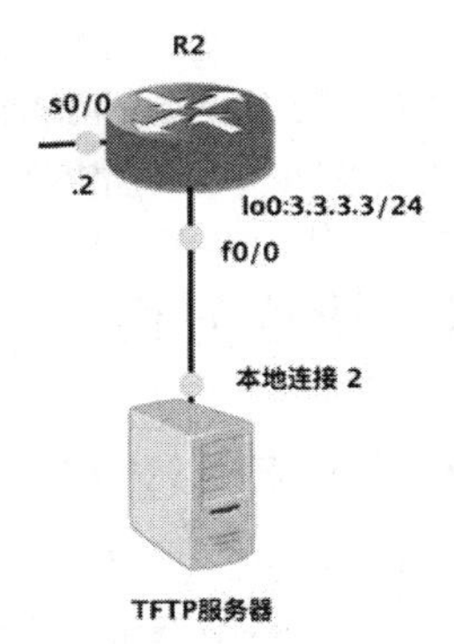

图 15.9　修改后的图 1.1 部分拓扑图

3. 网络配置

配置 R2 接口 f0/0 的 IP 地址与 TFTP 服务器网络接口“本地连接 2”在同一 IP 网络（网络号相同），并验证连通性：

```
R2#conf t
R2(config)#int f0/0
R2(config-if)#ip address 192.168.1.20 255.255.255.0
R2(config-if)#no shut
R2(config-if)#end

R2#ping 192.168.1.10                    # 访问真实计算机
Type escape sequence to abort.
Sending 5, 100-byte ICMP Echos to 192.168.1.10, timeout is 2 seconds:
!!!!!                                   # R2 路由器与 TFTP 服务器互通
Success rate is 100 percent (5/5), round-trip min/avg/max = 28/32/36 ms
```

4. 安装 TFTP

（1）在真实计算机上（图 15.9 中的 TFTP 服务器）安装 TFTP 服务器软件（Tftpd32-4.52-setup），并启动该软件，如图 15.10 所示。

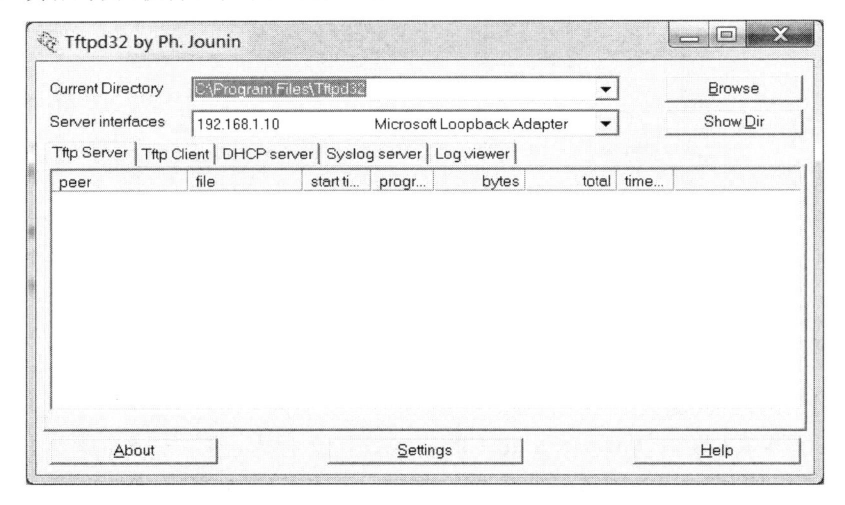

图 15.10　安装软件

（2）在“Server interfaces”下拉框中选择所添加的 Loopback 接口。

默认文件存放位置为（Current Directory）：C:\Program Files\Tftpd32。

15.4　协议分析

1. 实验步骤

（1）在 R2 与 TFTP 服务器之间的链路上启动 Wireshark 抓包。

（2）将路由器 R2 的配置文件保存至 TFTP 服务器（写操作）。

```
R2#copy running-config tftp                        # 将运行配置文件复制到 TFTP 服务器
```

```
Address or name of remote host []? 192.168.1.10      # 输入 TFTP 服务器 IP 地址
Destination filename [r1-confg]?                     # 写入 TFTP 服务器上的文件名
!!
896 bytes copied in 5.036 secs (178 bytes/sec)       # 一共写入 896 字节数据
```

一共写入 896 字节，TFTP 一次写入最大为 512 字节，因此，需要写入 2 块，一块为 512 字节，另一块为 384 字节。

2. 查看 TFTP 上的文件（如图 15.11 所示）

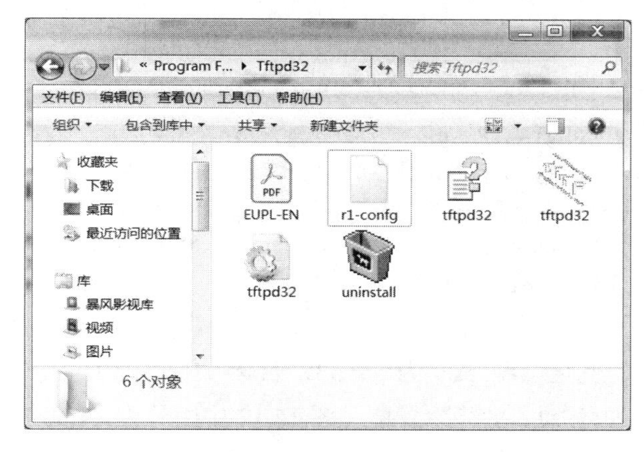

图 15.11　查看文件

3. 结果分析

TFTP 服务器 IP 地址为 192.168.1.10（真实计算机），TFTP 客户 IP 地址为 192.168.1.20（路由器 R2）。抓包结果如图 15.12 所示（过滤条件：tftp）。

```
tftp
No. Source        Destination   Protocol L Info
 10 192.168.1.20  192.168.1.10  TFTP       Write Request, File: r1-confg, Transfer type: octet
 13 192.168.1.10  192.168.1.20  TFTP       Acknowledgement, Block: 0
 14 192.168.1.20  192.168.1.10  TFTP       Data Packet, Block: 1
 15 192.168.1.10  192.168.1.20  TFTP       Acknowledgement, Block: 1
 16 192.168.1.20  192.168.1.10  TFTP       Data Packet, Block: 2 (last)
 17 192.168.1.10  192.168.1.20  TFTP       Acknowledgement, Block: 2
```

图 15.12　抓包结果

把抓包结果总结一下，如表 15.3 所示。

表 15.3　概要结果

包序号	源 IP 地址	目的 IP 地址	操作码	动作
10	192.168.1.20	192.168.1.10	2	客户向服务器请求写操作
13	192.168.1.10	192.168.1.20	4	服务器确认第 0 块，没有携带数据
14	192.168.1.20	192.168.1.10	3	客户向服务器写第 1 块 512 字节
15	192.168.1.10	192.168.1.20	4	服务器确认第 1 块
16	192.168.1.20	192.168.1.10	3	客户向服务器写第 2 块 384 字节
17	192.168.1.10	192.168.1.20	4	服务器确认第 2 块

（1）初始化连接阶段（图 15.12 中序号为 10 的包，写请求，操作码（Opcode）：2）。

```
Internet Protocol Version 4, Src: 192.168.1.20, Dst: 192.168.1.10
                                                        # 封装到 IP 地址中
User Datagram Protocol, Src Port: 59402, Dst Port: 69
                                                        # 封装到 UDP 中，TFTP 监听 69 号端口
Trivial File Transfer Protocol                          # TFTP
   Opcode: Write Request (2)                            # 操作码为 2，TFTP 写请求
   DESTINATION File: r1-confg                           # 目的文件名
   Type: octet                                          # 传输类型为二进制字节流
```

（2）服务器确认（图 15.12 中序号为 13 的包，操作码：4）。

```
Internet Protocol Version 4, Src: 192.168.1.10, Dst: 192.168.1.20
User Datagram Protocol, Src Port: 56533, Dst Port: 59402    # 端口号由传输 TID 生成
Trivial File Transfer Protocol
   Opcode: Acknowledgement (4)                          # 操作码为 4，TFTP 确认
   [DESTINATION File: r1-confg]
Block: 0                                                # 对写请求确认（无数据）
```

注意：传输 TID 的变化，源 TID 为 56533，目标 TID 为 59402，并作为 UDP 的端口号。

（3）客户发送第 1 块 512 字节的数据（图 15.12 中序号为 14 的包，操作码：3）。

```
Internet Protocol Version 4, Src: 192.168.1.20, Dst: 192.168.1.10
User Datagram Protocol, Src Port: 59402, Dst Port: 56533
Trivial File Transfer Protocol
   Opcode: Data Packet (3)                              # 操作码为 3，向 TFTP 服务器写数据
   [DESTINATION File: r1-confg]                         # 目的文件名 r1-confg
   Block: 1                                             # 第 1 块数据
Data (512 bytes)                                        # 第 1 块数据 512 字节
   Data: 0a210a76657273696f6e2031322e340a7365727669636520...
   [Length: 512]
```

（4）服务器确认第 1 块数据（图 15.12 中序号为 15 的包，操作码：4，块（Block）：1）。

```
Internet Protocol Version 4, Src: 192.168.1.10, Dst: 192.168.1.20
User Datagram Protocol, Src Port: 56533, Dst Port: 59402
Trivial File Transfer Protocol
   Opcode: Acknowledgement (4)                          # 操作码为 4，TFTP 确认
   [DESTINATION File: r1-confg]
   Block: 1                                             # 对第 1 块数据确认
```

（5）客户发送第 2 块 384 字节的数据（图 15.12 中序号为 16 的包，操作码：3）。

```
Internet Protocol Version 4, Src: 192.168.1.20, Dst: 192.168.1.10
User Datagram Protocol, Src Port: 59402, Dst Port: 56533
Trivial File Transfer Protocol
   Opcode: Data Packet (3)                              # 操作码为 3，向 TFTP 服务器写数据
   [DESTINATION File: r1-confg]
   Block: 2                                             # 第 2 块数据
Data (384 bytes)                                        # 第 2 块数据 384 字节
```

```
    Data: 6e7465726661636520466173744574686572 6e6574302f31...
    [Length: 384]
```

（6）服务器确认第 2 块数据（图 15.12 中序号为 17 的包，操作码：4，块：2）。

```
Internet Protocol Version 4, Src: 192.168.1.10, Dst: 192.168.1.20
User Datagram Protocol, Src Port: 56533, Dst Port: 59402
Trivial File Transfer Protocol
    Opcode: Acknowledgement (4)                        # 操作码为 4，TFTP 确认
    [DESTINATION File: r1-confg]
    Block: 2                                           # 对第 2 块数据确认
```

4. 抓取读请求和错误

利用 R2 读取 TFTP 服务器上不存在的文件（如 r2-confg），产生读操作错误的步骤如下：

（1）在 R2 与 TFTP 服务器之间的链路上启动 Wireshark 抓包。

（2）R2 从 TFTP 上读配置文件 r2-confg 至运行内存（该文件不存在）。

```
R2#copy tftp run                                # 从 TFTP 服务器复制文件至运行配置文件
Address or name of remote host [192.168.1.10]? # TFTP 服务器的 IP 地址
Source filename [r1-confg]? r2-confg            # 这里有意写成 TFTP 服务器上没有的文件
Destination filename [running-config]?          # 目的文件名，运行内存文件
Accessing tftp://192.168.1.10/r2-confg...
%Error opening tftp://192.168.1.10/r2-confg (No such file or directory) # 错误信息
```

（3）抓包结果如图 15.13 所示。

No.	Source	Destination	Protocol	Info
6	192.168.1.20	192.168.1.10	TFTP	Read Request, File: r2-confg, Transfer type: octet
9	192.168.1.10	192.168.1.20	TFTP	Error Code, Code: File not found, Message: File not found

图 15.13　抓包结果

（4）概要结果如表 15.4 所示。

表 15.4　概要结果

包序号	源 IP 地址	目的 IP 地址	操作码/差码	动作
6	192.168.1.20	192.168.1.10	1	客户向服务器请求读操作
9	192.168.1.10	192.168.1.20	5/1	服务器发送错误，文件不存在

（5）读请求（序号为 6 的包，操作码：1）。

```
Internet Protocol Version 4, Src: 192.168.1.20, Dst: 192.168.1.10
User Datagram Protocol, Src Port: 56929, Dst Port: 69
Trivial File Transfer Protocol
    Opcode: Read Request (1)                 # 操作码为 1，读文件请求
    Source File: r2-confg                    # 读取的文件名
    Type: octet                              # 二进制字节流形式读
```

（6）错误 TFTP 报文（序号为 9 的包，操作码：5，错误码：1）。

```
Internet Protocol Version 4, Src: 192.168.1.10, Dst: 192.168.1.20
User Datagram Protocol, Src Port: 51681, Dst Port: 56929
```

```
Trivial File Transfer Protocol
    Opcode: Error Code (5)             # 操作码为 5，TFTP 错误数据包
    [Source File: r2-confg]            # 源文件名为 r2-confg（TFTP 中不存在的文件）
    Error code: File not found (1)     # 错误码为 1
    Error message: File not found      # 错误消息，文件找不到
```

思考题

1. 请读者在计算机上配置 FTP 服务，并用 GNS3 网络设备读写 FTP 上的配置文件并分析抓包结果（FTP 服务器软件建议使用 FileZilla）。
2. TFTP 没有认证功能，请讨论 TFTP 的安全性问题。

实验 16　HTTP 协议

建议学时：2 学时。

实验知识点：超文本传送协议 HTTP（P276）。

16.1　实验目的

1.　掌握 HTTP 协议工作过程。
2.　理解 URL 的概念
3.　理解 HTTP 请求应答报文。
4.　理解持续连接与非持续连接。

16.2　协议简介

1. 协议概述

超文本传送协议（Hyper Text Transfer Protocol，HTTP），用于从万维网（WWW：World Wide Web）服务器与本地浏览器之间传输超文本的协议。

HTTP 协议是 Web 的核心，采用 C/S（客户/服务器）的工作模式，客户与服务器之间通过 HTTP 报文进行会话。HTTP 协议主要定义了这些报文的结构及报文交换的方式，HTTP 协议在运输层采用 TCP 协议。

2. 非持续连接和持续连接

在一定时间内，一般情况下，客户与服务器之间的通信，会有多个请求和多个响应：即客户的请求可以一个接着一个地连续发出，服务器的响应也是一个接着一个地连续返回。

由于客户与服务器之间的通信，在运输层上采用的是 TCP 协议，这种通信方式就带来一个问题：这些连续的请求与响应是在一个 TCP 连接下运行的，还是每一个请求与响应单独采用一个 TCP 连接？如果采用前一种模式我们称之为“持续连接”，采用后一种方式则称之为“非持续连接”。

（1）非持续连接

在这种方式下，服务器在发送完一个响应之后，它立即关闭 TCP 连接，即本 TCP 的连接下只会有一个 HTTP 请求报文和一个 HTTP 响应报文，即只有一对“HTTP 请求/HTTP 响应”报文。

考虑这样普通的 Web 请求情况：客户向服务器请求一个 Web 页面（index.html），该页面除基本的 HTML 内容外，还包含有 10 个其他文件，这些文件可以是图片、Flash 等，并且这些文件和基本的 HTML 存放在同一个服务器中，那么客户和服务器之间会有如下交互过程：

（1）客户和服务器建立 TCP 连接。

（2）客户向服务器发送 HTTP 请求，请求报文中包含了请求文件 index.html（可以是其他默认文件）。

（3）服务器向客户发送响应报文，该报文中封装了 index.html。

（4）服务器关闭 TCP 连接。

（5）客户收到 index.html，关闭 TCP 连接，从响应报文中提取 index.html 文件，得到其他 10 个文件的引用。

（6）客户重复前 4 个步骤，以便获取其他 10 个文件（注意请求的文件发生了变化）。

从以上分析可以看出，客户为了获取页面及页面中的引用文件，一共建立了 11 次 TCP 连接，消耗了 11 个 RTT 时间。

（2）持续连接

在这种方式下，服务器发送响应之后，仍然保持该 TCP 连接，相同客户与服务器之间的后续请求与响应继续使用该 TCP 连接，这样一个完整的 Web 页面（上例中包含有 10 个文件的页面）可以在一个 TCP 连接下完成传输。不仅如此，同一客户与服务器之间的多个其他页面的 Web 请求与响应也可以在这个 TCP 连接中完成。服务器经过一定时间间隔之后，再关闭该 TCP 连接。

3. URL

客户要获取互联网上的某个 Web 页面，首先必须知道这个 Web 页面在哪里，客户采用什么方法来标识这些资源呢？

HTTP 使用统一资源标识符（Uniform Resource Identifier, URI）来传输数据和建立连接。URL 是一种特殊类型的 URI，全称是 Uniform Resource Locator, 中文叫统一资源定位符，是互联网上用来标识某一处资源的“地址”。

URL 可以认为是本地文件名在互联网上的扩展，其基本格式如下：

<协议>://<主机>:<端口号>/<路径>

（1）**协议：** 指明客户进程和服务器进程之间采用何种协议传送文档，Web 文档采用 HTTP 协议。

（2）**主机：** 用 IP 地址或域名指明访问互联网上的哪台主机。

（3）**端口号：** 指明客户进程与互联网上远程主机的哪一个进程进行交互。

（4）**路径：** 类似本地计算机中文件名“全称”。

例如，在 Windows 系统中，访问一个文件的完整路径为：C:\ftp\download\tftpd32.zip，而在 Mac OS 中访问一个文件的完整路径为：/Users/li/sendTCP.py。

例如：http://www.baidu.com:80/index.html。

可以这样理解，客户采用 HTTP 协议，通过互联网访问远程主机 www.baidu.com（需要用 DNS 获取其 IP 地址）的 80 端口（HTTP 服务器默认监听的端口号），访问的文件是主机 HTTP 服务器根目录下的 index.html。

如果 HTTP 服务器默认监听 80 端口，则 URL 中端口号可以省略不写；如果访问 HTTP 服务器根目录下的 index.html 等文件（这些文件由 HTTP 服务器配置指定），则 URL 中路径可以不写。一些浏览器，在地址栏中输入 URL 时，可以省略不写“http://”，浏览器自动添加。

4. HTTP 请求报文语法（如图 16.1 所示）

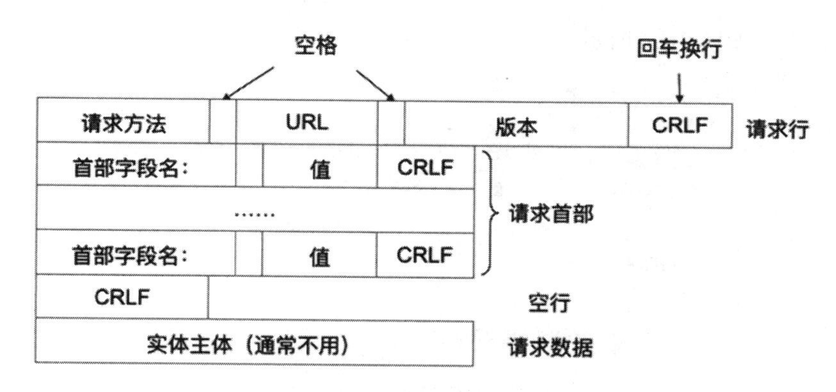

图 16.1　HTTP 请求报文语法

请求报文由请求行（Request Line）、请求首部（Header，也称头部）、空行和请求数据 4 个部分组成。

5. HTTP 请求报文语义

（1）第 1 部分：请求行，用来说明采用什么请求方法、访问的资源及所使用的 HTTP 协议版本。

（2）第 2 部分：请求首部，紧接着请求行（即第 2 行）之后的部分，用来说明服务器要使用的附加信息，这些信息，其实就是客户与服务器间协商交互信息的一些基本要求，如编码方式等。

（3）第 3 部分：空行，请求首部后面空行必须有，即便是没有请求数据，该空行也必须有。

（4）第 4 部分：请求数据，也叫实体主体，可以添加任意的其他数据。

（5）常用请求方法如下：

- GET：用来请求已被 URL 识别的资源，并返回实体主体。
- POST：向指定资源提交数据进行处理（如提交表单或者上传文件），数据包含在请求体中。POST 请求可能会在服务器中新增加资源或者对服务器中已有的资源进行修改，例如，常见的注册账户信息就是新增加资源，修改账户信息就是修改原有的资源。
- HEAD：类似于 GET 请求，仅用于获得 HTTP 报文首部，服务器返回的响应中不包含具体的内容。
- PUT：客户向服务器传送的数据，这些数据替换掉指定的文档的内容。
- DELETE：请求服务器删除指定的页面。
- OPTIONS：可用于客户端查看服务器的性能。

（6）方法总结

HTTP 定义了客户与服务器之间交互的不同方法，最基本的方法有 4 种：GET、POST、PUT、DELETE。

GET 一般用于获取/查询资源信息，而 POST 一般用于更新资源信息。

6. HTTP 响应报文语法

响应报文语法如图 16.2 所示。

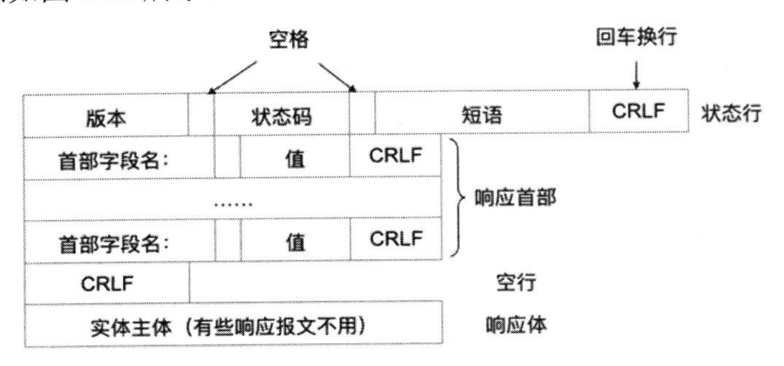

图 16.2 HTTP 响应报文语法

7. HTTP 响应报文语义

由 4 部分构成：状态行、响应首部、空行和响应体。

（1）第 1 部分：状态行。

目前分为 2 个版本：HTTP 1.0 和 HTTP 1.1。

状态码和短语，状态码由三位数字组成，第 1 位数字定义响应的类别，一共定义了 5 种类别：

- 1xx：指示信息，服务器已收到请求，正在进行后继处理。
- 2xx：成功，客户请求已被服务器成功接收、理解和接受。
- 3xx：重定向，客户请求的资源已迁移到新的 URL 等（例如，告诉客户直接使用客户已经缓存的资源）。
- 4xx：客户端错误，客户的请求存在语法错误或该请求无法完成。
- 5xx：服务器端错误，某种原因导致服务器无法完成客户的请求。

常见状态码如下（详细内容请读者参考相关文档）：

```
200 OK                         # 客户端请求成功
301 Moved Permanently          # 永久移动，被请求的资源已永久移动到新位置
302 Moved Temporarily          # 要求客户端执行临时重定向
303 See Other                  # 对应当前请求的响应可以在另一个 URI 上找到
304 Not Modified               # 本地缓存是最新的
307 Temporary Redirect         # 临时重定向
308 Permanent Redirect         # 永久重定向
400 Bad Request                # 客户端请求有语法错误，不能被服务器所理解
401 Unauthorized               # 请求未经授权
403 Forbidden                  # 服务器收到请求，但是拒绝提供服务
404 Not Found                  # 请求资源不存在，或者输入了错误的 URL
500 Internal Server Error      # 服务器发生不可预期的错误
503 Server Unavailable         # 当前不能处理客户端的请求，一段时间后可能恢复正常
```

注意，301、302 是 HTTP 1.0 的内容，303、307、308 是 HTTP 1.1 的内容。

（2）第 2 部分：响应首部，通用首部包含缓存首部 Cache-Control、Pragma 及信息首部

Connection、Date、Transfer-Encoding、Update、Via 等。

（3）第 3 部分：响应体。

响应的消息体，如果是纯数据，就返回纯数据；如果请求的是 HTML 页面，那么返回的就是 HTML 代码；如果是 JS，就是 JS 代码，如此等等。

8. 协议同步

HTTP 协议采用客户/服务器模式，使用浏览器作为 HTTP 的客户端，通过 URL 向 HTTP 服务端（即 Web 服务器）发送请求，Web 服务器收到的请求后，向客户端回送响应信息，如图 16.3 所示。

图 16.3 HTTP 请求-响应模型

当然，上述交互过程还包含有很多细节问题，这些细节都是通过 HTTP 请求与 HTTP 响应的首部字段的值来进行协商的。

注意： HTTP 在运输层采用 TCP 协议，因此客户首先需要与服务器三报文握手建立 TCP 连接，之后 HTTP 客户发送 HTTP 请求，HTTP 服务器回送 HTTP 响应，数据传输完成之后，最后还需要四报文挥手释放 TCP 连接。

16.3 协议分析

1. 实验步骤

（1）打开浏览器，在地址栏中输入：about:blank（打开一个空白页面）。

（2）启动 Wireshark 抓包。

（3）在浏览器中访问一个网站，例如：www.guat.edu.cn。

（4）关闭浏览器。

2. 结果分析（不同实验环境或网站服务器发生更新变化，读者所抓取的结果不同）

（1）显示结果过滤条件“tcp.port==80 and ip.addr==202.193.96.151”。

注意： 在 Windows 下利用以下两条命令，可以查询到域名对应的 IP 地址（参考实验 17）：

```
ping www.guat.edu.cn
nslookup www.guat.edu.cn
```

（2）在 Wireshark 的菜单中，依次单击“Analyze”→“Follow”→“TCP stream”选项，得到如图 16.4 所示的过滤后的结果（不同实验环境，TCP 流编号不同，这里是 15）。

（3）通过 TCP 协议三报文握手建立连接（如图 16.4 所示）。请参考实验 11。

No.	Source	Destination	Protocol	Info
301	192.168.1.8	202.193.96.151	TCP	49434 → 80 [SYN] Seq=0
392	202.193.96.151	192.168.1.8	TCP	80 → 49434 [SYN, ACK]
393	192.168.1.8	202.193.96.151	TCP	49434 → 80 [ACK] Seq=1
394	192.168.1.8	202.193.96.151	HTTP	GET / HTTP/1.1

图 16.4　通过三报文握手建立 TCP 连接

请读者注意，由于 HTTP 在运输层上采用 TCP 协议，使得应用层上每次 HTTP 交互，都有 TCP 的确认报文，我们现在仅需观察 HTTP 协议的交互情况，不去关心 TCP 协议的确认报文，因此我们这样设置 Wireshark 的过滤条件："tcp.stream eq 15 and http"，结果如图 16.5 所示。

No.	Source	Destination	Protocol	Info
394	192.168.1.8	202.193.96.151	HTTP	GET / HTTP/1.1
456	202.193.96.151	192.168.1.8	HTTP	HTTP/1.1 200 OK
458	192.168.1.8	202.193.96.151	HTTP	GET /dfiles/12755

图 16.5　HTTP 客户与服务器的交互过程

（4）HTTP 请求（图 16.5 中序号为 394 的包）。

```
Internet Protocol Version 4, Src: 192.168.1.8, Dst: 202.193.96.151
Transmission Control Protocol, Src Port: 49434, Dst Port: 80, …     # 目的端口 80
Hypertext Transfer Protocol                    # HTTP 协议
    GET / HTTP/1.1\r\n                         # 请求行摘要信息，\r\n 表示回车换行
        Request Method: GET                    # 请求方法为 GET
        Request URI: /                         # 请求的统一资源标识符，根目录下的默认页面
        Request Version: HTTP/1.1              # 协议版 HTTP1.1
————————————以上为请求行，以下为请求首部（头部）————————————
    Host: www.guat.edu.cn\r\n                  # 访问的目的主机
    If-None-Match: "ca8a-5853af9237080-gzip"\r\n    # 第二次重新请求时有效
    Upgrade-Insecure-Requests: 1\r\n
    Accept:   text/html,application/xhtml+xml,application/xml;q=0.9,*/*;q=0.8\r\n
     # 支持的数据类型
    If-Modified-Since: Fri, 29 Mar 2019 12:40:18 GMT\r\n     # 页面修改日期，第二次
重新请求时有效
    User-Agent: Mozilla/5.0 (Macintosh; Intel Mac OS X 10_14_4) …\r\n    # 客户操
作系统和用户代理等
    Accept-Language: zh-cn\r\n                 # 支持的语言
    Accept-Encoding: gzip, deflate\r\n # 支持的压缩方式
    Connection: keep-alive\r\n                 # 连接方式（持续连接）
    \r\n                                       # 回车换行
    [Full request URI: http://www.guat.edu.cn/]      # Wireshark 提示，完整的 URI
    [HTTP request 1/11]                        # Wireshark 提示，11 个请求中的第 1 个请求
    [Response in frame: 456]                   # Wireshark 提示，本请求的响应包是序号 456
    [Next request in frame: 458]               # Wireshark 提示，下一个请求包是序号 458
```

注意，Wireshark 提示部分，不是 HTTP 请求的请求数据，上述 HTTP 请求报文没有请求数据。

If-None-Match：浏览器向服务器请求某个页面（page），服务器根据页面计算哈希值（ca8a-5853af9237080），然后通过 ETag 返回给浏览器，浏览器在本地缓存页面和该哈希值。

浏览器向服务器再次请求该页面时，把 If-None-Match: "ca8a-5853af9237080" 的请求首部的 ETag 发送给服务器，服务器把重新计算的哈希值与浏览器返回的哈希值进行比较，如果发现页面已经改变，服务器就把变化后的页面返回给浏览器（状态码为 200），如果页面没有发生变化，则向浏览器返回状态码 304，表明浏览器在本地缓存的页面为最新的。

If-Modified-Since 的功能类似 If-None-Match，它的值也是由服务器第一次响应时返回给客户的，是服务器用来判断客户第二次请求同一资源时，判断服务器资源是否发生变化。

（5）HTTP 响应（图 16.5 中序号为 456 的包）。

```
Internet Protocol Version 4, Src: 202.193.96.151, Dst: 192.168.1.8
Transmission Control Protocol, Src Port: 80, Dst Port: 49434, ...
Hypertext Transfer Protocol
    HTTP/1.1 200 OK\r\n                               # 状态行摘要信息
        Response Version: HTTP/1.1
        Status Code: 200                              # 状态码，请求成功完成
        Response Phrase: OK                           # 与状态码对应的短语
——————————————以上为状态行——————————————
    Date: Sun, 31 Mar 2019 02:17:06 GMT\r\n           # 响应时间
    Server: VWebServer\r\n                            # 响应服务器的信息
    X-Frame-Options: SAMEORIGIN\r\n
    Last-Modified: Fri, 29 Mar 2019 12:40:18 GMT\r\n # 资源在服务器的最后修改时间
    ETag: "ca8a-5853af9237080-gzip"\r\n               # 服务器生成返回给客户
    Accept-Ranges: bytes\r\n                          # 范围请求单位为字节
    Vary: User-Agent,Accept-Encoding\r\n    # 根据客户请求自动适配用户代理、压缩方式
    Cache-Control: private, max-age=600\r\n
    Content-Encoding: gzip\r\n
    Expires: Sun, 31 Mar 2019 02:27:06 GMT\r\n # 资源缓存失效时间
    Content-Length: 12395\r\n                         # 数据长度，用于判断数据传输是否结束
    Keep-Alive: timeout=5, max=100\r\n                # 保活时间
    Connection: Keep-Alive\r\n
    Content-Type: text/html\r\n                       # 指定回送数据类型
    Content-Language: zh-CN\r\n                       # 回送资源所使用的语言
    \r\n                                              # 回车换行
    [HTTP response 1/11]                              # 提示信息，这是 11 个响应中的第 1 个
    [Request in frame: 394]                           # 提示信息，本响应的请求是序号为 394 的包
    [Next request in frame: 458]                      # 提示信息，下一个请求是序号为 458 的包
    [Next response in frame: 551]                     # 提示信息，下一个响应是序号为 551 的包
——————————————以上为响应头部（首部）——————————————
    Content-encoded entity body (gzip): 12395 bytes -> 51850 bytes # 压缩后为 12395 字节
    File Data: 51850 bytes                            # 回送的数据字节
Line-based text data: text/html (796 lines)           # 回送了 796 行文本内容
——————————————以上为响应体——————————————
```

注意，提示信息不是响应首部的组成部分。

ETag 是服务器生成的一个访问标志，返回给客户保存，客户保存在 If-None-Match 中。ETag 的优先级高于 Last-Modified，请读者完成本实验思考题 2。请注意，不同的操作系统、不同的浏览器，HTTP 请求与响应首字字段的内容可能不同，这些字段的含义请读者自己分析。

Accept-Ranges：该字段的值定义了范围请求使用的单位，当客户浏览器发现响应报文中有 Accept-Ranges 字段时，浏览器可以尝试去恢复曾经中断了的下载项，不必重新开启新的下载。

（6）服务器返回状态码为 304 的 HTTP 响应。

通过前面分析我们知道，客户会缓存曾经访问过的资源，当客户再次向服务器请求这些缓存的资源时，客户在 HTTP 请求中，会将缓存资源中的 If-None-Match 和 If-Modified-Since 值加载在 HTTP 请求中，服务器根据这些值来判断请求资源在服务器中是否发生变化，如果没有变化，则返回状态码为 304、没有响应体的 HTTP 响应，即告诉客户，重新请求的资源没有发生变化，直接用自己缓存中的资源即可。如果发生变化，则 HTTP 服务器将返回状态码为 200、带有响应体的 HTTP 响应报文给客户（正常情况）。

前面的分析中，状态码 3XX 表示重定向，304 表示客户缓存是最新的，这就是重定向，即告诉客户，请求的资源从客户自己的缓存中读取。

```
Internet Protocol Version 4, Src: 202.193.96.151, Dst: 192.168.1.8
Transmission Control Protocol, Src Port: 80, Dst Port: 49434, Seq: 50911, Ack:
2659, Len: 237
Hypertext Transfer Protocol
    HTTP/1.1 304 Not Modified\r\n                       # 状态行
        Response Version: HTTP/1.1
        Status Code: 304                                # 状态码 304
        Response Phrase: Not Modified                   # 重新请求的资源没有发生变化
    Date: Sun, 31 Mar 2019 02:17:07 GMT\r\n
    Server: VWebServer\r\n
    Connection: Keep-Alive\r\n
    Keep-Alive: timeout=5, max=95\r\n
    ETag: "9c5-57a6f868e8940"\r\n                       # ETag
    Expires: Sun, 31 Mar 2019 03:17:07 GMT\r\n
    Cache-Control: max-age=3600\r\n
    \r\n
    [HTTP response 6/11]                           # 提示信息，这是 11 个响应中的第 6 个
    [Prev request in frame: 693]                   # 提示信息，上次这个资源请求包序号为 693
    [Prev response in frame: 840]                  # 提示信息，上次这个资源响应包序号为 840
    [Request in frame: 844]                        # 提示信息，本次这个资源请求包序号为 844
    [Next request in frame: 872]                   # 提示信息，下一个请求是序号为 872 的包
    [Next response in frame: 900]                  # 提示信息，下一个响应是序号为 900 的包
```

注意，以上 HTTP 响应没有响应体，提示信息不是响应体。

（7）四报文挥手释放 TCP 连接（如图 16.6 所示），请参考实验 11。

tcp.stream eq 15

No.	Source	Destination	Protocol	L	Info
1424	202.193.96.151	192.168.1.8	TCP		80 → 49434 [FIN, ACK]
1427	192.168.1.8	202.193.96.151	TCP		49434 → 80 [ACK] Seq=!
1430	192.168.1.8	202.193.96.151	TCP		49434 → 80 [FIN, ACK]
1436	202.193.96.151	192.168.1.8	TCP		80 → 49434 [ACK] Seq=!

图 16.6　四报文挥手释放 TCP 连接

注意：服务器端发送了第一个报文挥手（参考实验 11，为什么是服务器第一个报文挥手？另外，服务器第一个报文挥手会有什么问题？）。

3. 持续连接问题

在非持续连接情况下，HTTP 服务器负担重效率低，因此 HTTP 1.1 采用持续连接方式（P278），但也带来了新的问题，请参考一个简单的 HTTP 服务器进程代码（用 node.js 编写，来源于互联网）：

```
require('net').createServer(function(sock) {
    sock.on('data', function(data) {
        sock.write('HTTP/1.1 200 OK\r\n');
        sock.write('\r\n');
        sock.write('hello world!');
    });
}).listen(9090, '192.168.1.7');
```

- 运行服务器程序。
- 启动抓包。
- 浏览器访问服务器：http://195.168.1.7:9090。

在持续连接情况下，客户端发出请求后，服务器回送响应，由于服务器没有释放连接，因此客户端无法知道服务器数据是否传输完毕，一直等待，如图 16.7 所示。

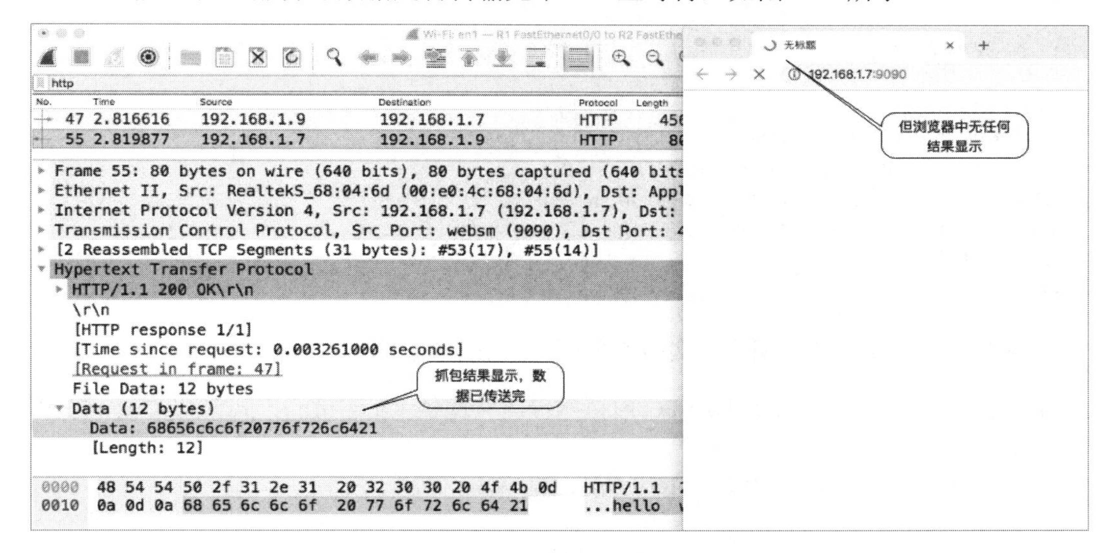

图 16.7　持续连接状态下浏览器无结果

从图 16.5 中可以看出，服务端数据已经传输完毕，但未关闭连接，客户端浏览器始终没有显示结果，一直等待服务器传输结束的消息。

当把服务器进程关闭后，客户端浏览器就知道服务器释放了连接，且数据传送完毕，浏览器显示页面结果，如图 16.8 所示。

解决上述问题的方法之一，就是服务器响应时采用 Transfer-Encoding: chunked（块传输编码，参考后面 16.4 节的内容），用于解决持续连接下传输数据的边界问题。

解决上述问题的方法之二，就是服务器明确告诉客户，本响应中传输的数据字节数。在本实验的 HTTP 响应首部中，用“Content-Length: 12395”明确告诉了客户端数据长度为 12395 字节。

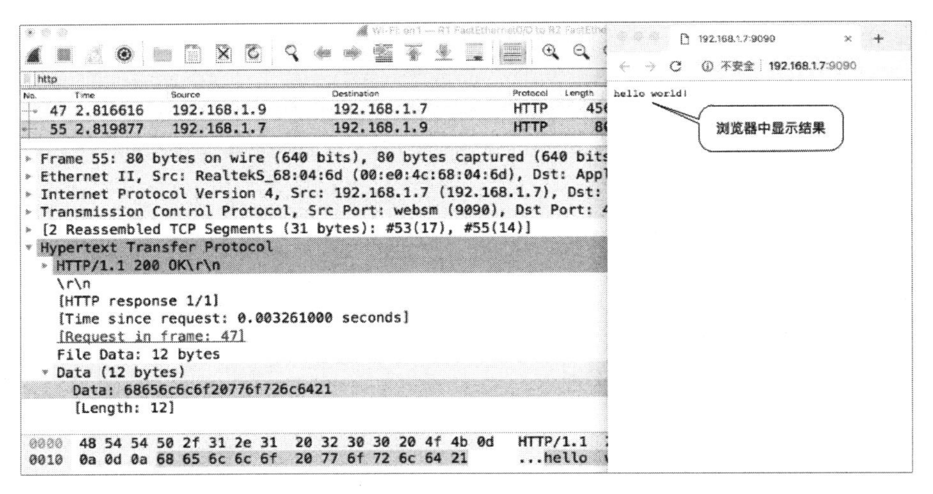

图 16.8　浏览器正常显示结果

16.4　虚拟环境实验

以下实验在前面图 1.1 所示的网络拓扑图中完成，可以实现 HTTP 协议分析。

1. 配置 HTTP 服务

```
WWW#conf t
WWW(config)#ip http server
WWW(config)#ip http secure-server
WWW(config)#ip http authentication local
WWW(config)#username guat privilege 15 password 0 guat
WWW(config)#end
WWW#wr
```

2. 真实 PC 与网络拓扑图（如实验 1 的图 1.1 所示）连接

与实验 15 不同，这里采用本地 PC 虚拟网卡与路由器 R2 连接的方式（与实验 14 相同），请参考附录 A。

（1）修改后的部分拓扑图如图 16.9 所示。

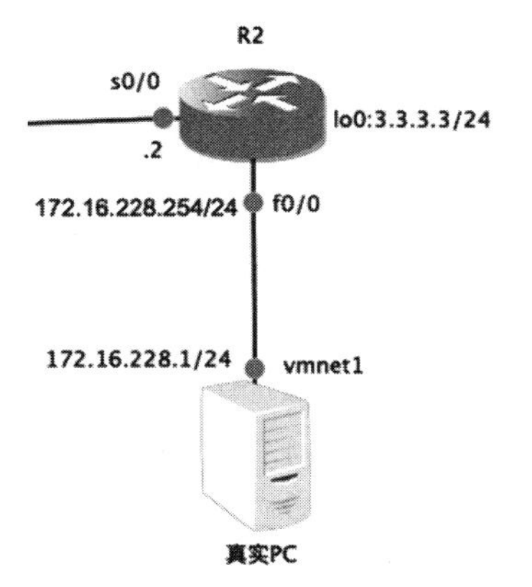

图 16.9　真实 PC 连入网络拓扑

（2）查看真实 PC vmnet1 接口的 IP 地址。

在本实验中，vmnet1 接口的 IP 地址为 172.16.228.1/24。

（3）配置路由器 R1 接口 f0/0。

```
R2#conf t
R2(config)#int f0/0
R2(config-if)#ip address 172.16.228.254 255.255.255.0
R2(config-if)#no shut
R2(config-if)#end
R2#wr
```

（4）为真实 PC 配置路由。

如果读者已经完成实验 13 中的静态 NAT 配置，那么真实 PC 需要配置一条去往 2.0.0.0/8 的路由，否则配置一条去往 10.0.0.0/8 的路由，下一跳为 172.16.228.254，即 R2 接口 f0/0。

在 Windows 中使用如下命令（管理员用户打开 CMD）：

```
route add 2.0.0.0 mask 255.0.0.0 if interface        # 参考实验 17 中的 route 命令
```

本实验（Mac OS）使用如下命令：

```
sudo route -n add -net 2.0.0.0 -netmask 255.0.0.0 172.16.228.254
```

或：

```
sudo route -n add -net 2.0.0.0 -netmask 255.0.0.0 -interface vmnet1
```

以下实验是在完成实验 13 的基础上实现的。

（5）验证网络连通性。

```
ping 2.2.2.181
```

3. 在 R1 与 R2 之间的链路上启动 Wireshark 抓包

注意选择链路类型，本实验是抓取 PPP 链路（链路接口已经封装为 PPP 协议）。

4. 真实 PC 中浏览器访问 WWW 服务器（如图 16.10 所示）

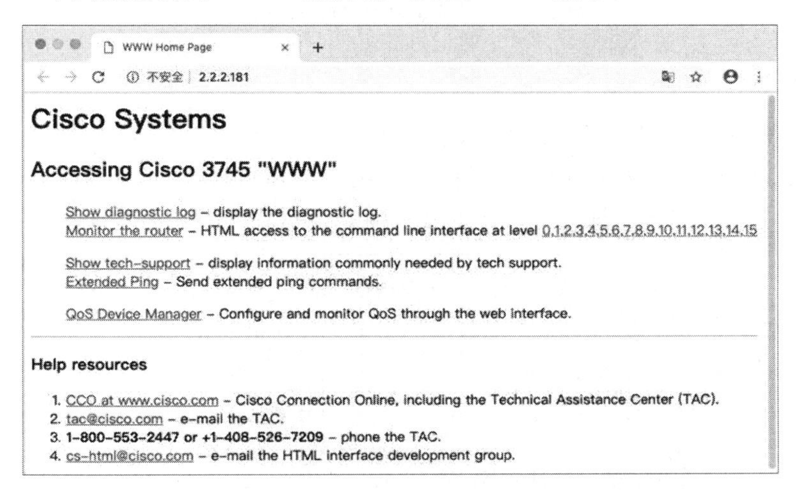

图 16.10　访问 WWW 服务器

输入用户名和密码（本实验中均为 guat）之后，请再刷新一次页面。

从图 16.11 中可以看到，HTTP 协议的 4 个过程如下：

- 三次握手建立连接。
- HTTP 请求报文。
- HTTP 响应报文。
- 释放连接。

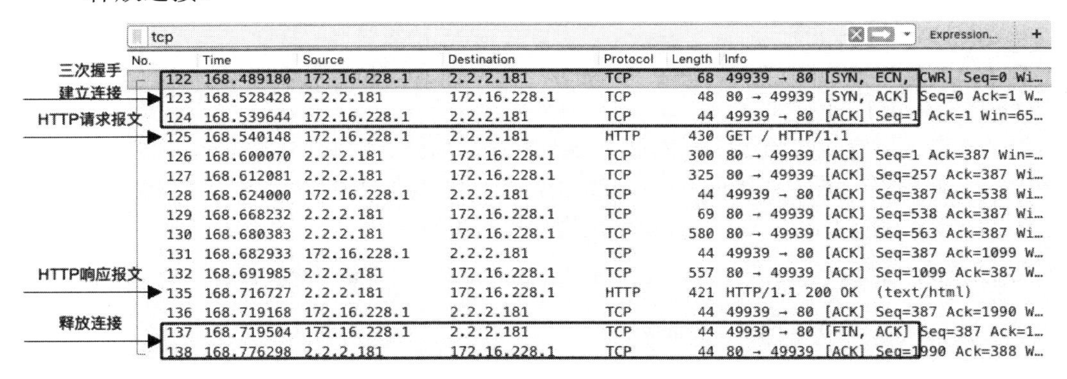

No.	Time	Source	Destination	Protocol	Length	Info
122	168.489180	172.16.228.1	2.2.2.181	TCP	68	49939 → 80 [SYN, ECN, CWR] Seq=0 Wi…
123	168.528428	2.2.2.181	172.16.228.1	TCP	48	80 → 49939 [SYN, ACK] Seq=0 Ack=1 W…
124	168.539644	172.16.228.1	2.2.2.181	TCP	44	49939 → 80 [ACK] Seq=1 Ack=1 Win=65…
125	168.540148	172.16.228.1	2.2.2.181	HTTP	430	GET / HTTP/1.1
126	168.600070	2.2.2.181	172.16.228.1	TCP	300	80 → 49939 [ACK] Seq=1 Ack=387 Win=…
127	168.612081	2.2.2.181	172.16.228.1	TCP	325	80 → 49939 [ACK] Seq=257 Ack=387 Wi…
128	168.624000	172.16.228.1	2.2.2.181	TCP	44	49939 → 80 [ACK] Seq=387 Ack=538 Wi…
129	168.668232	2.2.2.181	172.16.228.1	TCP	69	80 → 49939 [ACK] Seq=538 Ack=387 Wi…
130	168.680383	2.2.2.181	172.16.228.1	TCP	580	80 → 49939 [ACK] Seq=563 Ack=387 Wi…
131	168.682933	172.16.228.1	2.2.2.181	TCP	44	49939 → 80 [ACK] Seq=387 Ack=1099 W…
132	168.691985	2.2.2.181	172.16.228.1	TCP	557	80 → 49939 [ACK] Seq=1099 Ack=387 W…
135	168.716727	2.2.2.181	172.16.228.1	HTTP	421	HTTP/1.1 200 OK (text/html)
136	168.719168	172.16.228.1	2.2.2.181	TCP	44	49939 → 80 [ACK] Seq=387 Ack=1990 W…
137	168.719504	172.16.228.1	2.2.2.181	TCP	44	49939 → 80 [FIN, ACK] Seq=387 Ack=1…
138	168.776298	2.2.2.181	172.16.228.1	TCP	44	80 → 49939 [ACK] Seq=1990 Ack=388 W…

图 16.11　HTTP 协议运行的 4 个过程

注意，本实验结果中仅有客户到服务器方向上的连接被释放。

实验中配置的 HTTP 服务器，默认为保持连接（持续连接）时间为 180 秒（3 分钟），3 分钟之后，便可抓取到服务器释放连接的过程。可以通过修改保持连接时间，让服务器尽早释放连接（如 1 秒）：

```
WWW(config)#ip http timeout-policy idle 30 life 1 requests 100
```

完整的四报文挥手释放 TCP 连接的过程如图 16.12 所示。

172.16.228.1	2.2.2.181	TCP	44	51751 → 80 [FIN, ACK] Seq=
2.2.2.181	172.16.228.1	TCP	44	80 → 51751 [ACK] Seq=1990
2.2.2.181	172.16.228.1	TCP	44	80 → 51752 [FIN, PSH, ACK]
172.16.228.1	2.2.2.181	TCP	44	51752 → 80 [ACK] Seq=1 Ack

图 16.12　四报文挥手释放 TCP 连接

5. 抓包结果

实验的完整 HTTP 交互抓包结果如图 16.13 所示。注意抓包结果中出现了认证失败的 HTTP 报文，这是因为访问 WWW 服务时需要用户名和密码，如果没有输入用户名和密码（或输入错误），就会出现认证失败。下面我们重新分析这些 HTTP 报文。

tcp and http

No.	Source	Destination	Protocol	Info
18	172.16.228.1	2.2.2.181	HTTP	GET / HTTP/1.1
19	2.2.2.181	172.16.228.1	HTTP	HTTP/1.1 401 Unauthorized
31	172.16.228.1	2.2.2.181	HTTP	GET / HTTP/1.1
32	2.2.2.181	172.16.228.1	HTTP	HTTP/1.1 401 Unauthorized
45	172.16.228.1	2.2.2.181	HTTP	GET / HTTP/1.1
53	2.2.2.181	172.16.228.1	HTTP	HTTP/1.1 200 OK (text/html)
60	172.16.228.1	2.2.2.181	HTTP	GET /favicon.ico HTTP/1.1
61	2.2.2.181	172.16.228.1	HTTP	HTTP/1.1 404 Not Found
125	172.16.228.1	2.2.2.181	HTTP	GET / HTTP/1.1
135	2.2.2.181	172.16.228.1	HTTP	HTTP/1.1 200 OK (text/html)

图 16.13　HTTP 交互抓包结果

（1）认证失败（图 16.13 中序号为 19 的包）

```
Internet Protocol Version 4, Src: 2.2.2.181, Dst: 172.16.228.1
Transmission Control Protocol, Src Port: 80, Dst Port: 49898, Seq: 1, Ack: 352,
Len: 200
Hypertext Transfer Protocol
   HTTP/1.1 401 Unauthorized\r\n
      Response Version: HTTP/1.1
      Status Code: 401                      # 状态码为 401
      Response Phrase: Unauthorized         # 请求未经授权访问
   Date: Fri, 01 Mar 2002 00:10:16 GMT\r\n
   Server: cisco-IOS\r\n                    # WWW 服务器为 cisco-IOS
   Connection: close\r\n                    # 连接关闭
   Accept-Ranges: none\r\n
   WWW-Authenticate: Basic realm="level_15 or view_access"\r\n
   \r\n
   File Data: 18 bytes
   Data (18 bytes))                         # 18 字节的数据：“401 Unauthorized..”
```

（2）HTTP 请求（图 16.13 中序号为 45 的包）

```
Internet Protocol Version 4, Src: 172.16.228.1, Dst: 2.2.2.181
Transmission Control Protocol, Src Port: 49939, Dst Port: http, Seq: 1, Ack: 1,
Len: 386
Hypertext Transfer Protocol
   GET / HTTP/1.1\r\n
   Host: 2.2.2.181\r\n
   Connection: keep-alive\r\n                      # 连接方式为保活，持续连接
   Upgrade-Insecure-Requests: 1\r\n
   Accept: text/html,application/xhtml+xml,application/xml;q=0.9,*/*;q=0.8\r\n
   User-Agent:     Mozilla/5.0        AppleWebKit/605.1.15      Version/12.0.1
Safari/605.1.15\r\n
   Authorization: Basic Z3VhdDpndWF0\r\n
      Credentials: guat:guat                       # 用户名密码认证
   Accept-Language: zh-cn\r\n
   Accept-Encoding: gzip, deflate\r\n
   \r\n
   [Full request URI: http://2.2.2.181/]           # URL
```

（3）HTTP 响应（块传输编码，图 16.13 中序号为 53 的包）

```
Internet Protocol Version 4, Src: 2.2.2.181, Dst: 172.16.228.1
Transmission Control Protocol, Src Port: http, Dst Port: 49939, Seq: 1612, Ack:
387, Len: 377
Hypertext Transfer Protocol
   HTTP/1.1 200 OK\r\n                             # 状态码为 200
   Date: Fri, 01 Mar 2002 00:12:20 GMT\r\n
   Server: cisco-IOS\r\n                           # 服务器信息
   Connection: close\r\n                           # 连接状态
   Transfer-Encoding: chunked\r\n                  # 块传输编码
   Content-Type: text/html\r\n                     # 资源类型
```

```
    Expires: Fri, 01 Mar 2002 00:12:20 GMT\r\n            # 资源缓存过期时间
    Last-Modified: Fri, 01 Mar 2002 00:12:20 GMT\r\n      # 最后修改时间
    Cache-Control: no-store, no-cache, must-revalidate\r\n   # 缓存控制方法
    Accept-Ranges: none\r\n                               # 不支持任何范围请求单位
    \r\n
    HTTP chunked response                                 # HTTP 响应块（二进制流）
        Data chunk (244 octets)
        Data chunk (244 octets)
        Data chunk (244 octets)
        Data chunk (244 octets)
        Data chunk (244 octets)
        Data chunk (244 octets)
        Data chunk (129 octets)
        End of chunked encoding
        \r\n
    File Data: 1593 bytes
Line-based text data: text/html                           # 请求的页面（HTML 格式）
```

（4）请求的资源不存在（图 16.13 中序号为 61 的包）

```
Internet Protocol Version 4, Src: 2.2.2.181, Dst: 172.16.228.1
Transmission Control Protocol, Src Port: 80, Dst Port: 49904, Seq: 1, Ack: 301,
Len: 122
Hypertext Transfer Protocol
    HTTP/1.1 404 Not Found\r\n
        Response Version: HTTP/1.1
        Status Code: 404                                  # 状态码为 404
        Response Phrase: Not Found                        # 请求的资源不存在
    Date: Fri, 01 Mar 2002 00:10:21 GMT\r\n
    Server: cisco-IOS\r\n
    Connection: close\r\n
    Accept-Ranges: none\r\n
    \r\n
```

思考题

1. 请读者分析：当用户在浏览器的 URL 中输入 www.baidu.com 并回车之后，有哪些协议在工作？这些协议的工作顺序是什么？
2. 在 HTTP 客户与服务器交互时，首部有两对值用于服务器判断客户重新请求的资源是否发生变化，一对是 If-None-Match 和 ETag，另一对是 If-Modified-Since 和 Last-Modified，请读者仔细分析这两对值之间的区别。
3. 请读者用 Apache 配置一个 Web 服务器，修改其配置文件：更改监听端口、根目录默认访问文件，等等。

实验 17　常用网络命令[①]

建议学时：2 学时。

实验知识点：ping 命令、ipconfig 命令、arp 命令、netstat 命令、route 命令、nslookup 命令、tracert 命令等。

17.1　实验目的

1. 掌握 Windows、Linux 系统中常用的网络命令。
2. 掌握常用网络命令选项的使用。

17.2　ping 命令

1. 功能简介

通过 ping 命令，用户可以检查指定的设备是否可达，测试网络连接是否出现故障。

ping 命令是基于 ICMP（参见实验 8）协议来实现的：源端向目的端发送 ICMP 回显请求报文（类型为 8，代码为 0）后，根据是否收到目的端的 ICMP 回显回答（类型为 0，代码 0）来判断目的端是否可达，对于可达的目的端，可根据发送的报文个数和接收到的响应报文个数来判断链路质量，再根据 ICMP 报文的往返时间来判断源端与目的端之间的“距离”。

ping 是网络使用者最为常用的命令之一。

2. 命令格式

```
ping    [-t] [-a] [-n count] [-l size] [-f] [-i TTL] [-v TOS]
        [-r count] [-s count] [[-j host-list] | [-k host-list]]
        [-w timeout] [-R] [-S srcaddr] [-4] [-6] target_name
```

3. 常用选项

- -t：持续 ping 指定的主机，停止请按“Ctrl+C”组合键。
- -n count：要发送的回显请求数。Windows 系统默认发送 4 个。
- -l size：在默认的情况下携带 32 字节数据。
- -f：在数据包中设置“不分段”标志（仅适用于 IPv4）。
- -i TTL：生存时间。设置封装的 IP 分组的 TTL 值，IP 分组每到达一个路由器，TTL 值会减 1，减 1 后 TTL 值若为 0，则路由器丢弃该 IP 分组。因此若 TTL 设置太小，会出现超时错误，但实际源端和目的端是连通的。

---

① 如无特别说明，本实验中的命令默认为 Windows 系统中的命令。

- -4：强制使用 IPv4。
- -6：强制使用 IPv6。
- /? ：显示 ping 命令帮助（除 nslookup 命令外，该参数适用于本实验中的其他命令）。

4. 常用选项实验

（1）无选项

在 Windows 中无选项情况下，默认发送 4 个 ICMP 回显请求报文。Linux 无选项的 ping 命令将持续不断地发送 ICMP 回显请求报文，直到按下“Ctrl+C”组合键为止。

```
C:\Users\Administrator>ping gx.189.cn -4                    # -4 表示强制使用 IPv4 地址

正在 Ping gx.189.cn [116.8.128.2] 具有 32 字节的数据:       # 域名对应的 IP 地址
来自 116.8.128.2 的回复: 字节=32 时间=9ms TTL=249
来自 116.8.128.2 的回复: 字节=32 时间=9ms TTL=249
来自 116.8.128.2 的回复: 字节=32 时间=10ms TTL=249
来自 116.8.128.2 的回复: 字节=32 时间=10ms TTL=249

116.8.128.2 的 Ping 统计信息:
    数据包: 已发送 = 4，已接收 = 4，丢失 = 0 (0% 丢失)，
往返行程的估计时间(以毫秒为单位):
    最短 = 9ms，最长 = 10ms，平均 = 9ms 返回结果解析:
```

- 域名 gx.189.cn，其 IP 地址为 116.8.128.2。
- 字节（bytes）：ping 发送的 ICMP 回显请求报文中携带 32 字节的数据（ICMP 回显回答中的数据与回显请求的数据字节数相同）。
- 时间（time）：往返时延。
- TTL：根据返回的 TTL 值，可以推测目的主机初始 IP 分组中的 TTL 值，根据这个值可以初步判断目的主机操作系统类型。
- ping 统计信息：结果统计，发送 4 个回显请求，收到 4 个回显回答，丢失率为 0%。往返时延：最短为 9ms，最长为 10ms，平均为 9ms。

我们花一点时间，来分析一下返回的 TTL 值。在实验 8 中，我们理解了 IP 分组首部中的 TTL 的作用，操作系统在构造一个 IP 分组的时候，会初始化一个 TTL，该 IP 分组每经过一个路由器，其 TTL 值减 1（注意，不同的操作系统初始设置的 TTL 值不同）。

ping 命令中返回的 TTL 值，就是目的主机产生的 IP 分组（封装的是 ICMP 回显回答报文），在经过若干个路由器而到达本主机之后的 TTL，即初始 TTL 值减去经过的路由器数量。如何知道目的主机到源主机之间经过了多少跳路由器呢？可以利用 17.8 中的 tracert 命令获得：

```
C:\Users\Administrator>tracert -4 gx.189.cn

通过最多 30 个跃点跟踪
到 gx.189.cn [116.8.128.2] 的路由:

  1    <1 毫秒   <1 毫秒   <1 毫秒 192.168.1.1                      # 经过的路由器 1
  2     7 ms      4 ms      5 ms  100.72.0.1                       # 经过的路由器 2
```

```
3     4 ms     3 ms     3 ms  180.140.111.193              # 经过的路由器 3
4     7 ms     6 ms     6 ms  180.140.104.13               # 经过的路由器 4
5    13 ms    10 ms    10 ms  222.217.164.138              # 经过的路由器 5
6    12 ms    12 ms    12 ms  116.8.128.18                 # 经过的路由器 6
7     9 ms    10 ms     9 ms  gx.189.cn [116.8.128.2]      # 目的主机

跟踪完成。
```

从输出结果中我们很容易理解，从源主机到目的主机一共经过了 6 跳，将 ping 命令结果中的 TTL 的值 249，加上 6 个路由器，其结果为 255，也就是说，目的主机初始的 TTL 值为 255，那么目的主机可能会是什么操作系统呢？

不同的操作系统，将不同协议的数据封装到 IP 分组中时，其 TTL 是不一样的[①]，现在目的主机是将 ICMP 封装到 IP 中，初始 TTL 为 255，这种情况下，我们可以认为目的主机大概率是 Linux 操作系统。

笔者使用的是 Mac OS（192.168.1.9），虚拟机为 Windows 7（192.168.1.10），两者直接桥接互通（不用通过路由器转发），因此通过互 ping，很容易知道这两个操作系统封装 ICMP 的 IP 分组中的 TTL：

```
(base) Mac-mini:~ $ ping -c 2 192.168.1.10                  # Mac OS ping Windows
PING 192.168.1.10 (192.168.1.10): 56 data bytes
64 bytes from 192.168.1.10: icmp_seq=0 ttl=128 time=0.267 ms   # 在 Windows 7 中，
初始 TTL 为 128
64 bytes from 192.168.1.10: icmp_seq=1 ttl=128 time=0.207 ms

--- 192.168.1.10 ping statistics ---
2 packets transmitted, 2 packets received, 0.0% packet loss
round-trip min/avg/max/stddev = 0.207/0.237/0.267/0.030 ms

C:\Users\Administrator>ping 192.168.1.9 -n 2                # Windows ping Mac OS

正在 Ping 192.168.1.9 具有 32 字节的数据：
来自 192.168.1.9 的回复：字节=32 时间<1ms TTL=64              # 在Mac OS 中，初始TTL 为 64
来自 192.168.1.9 的回复：字节=32 时间<1ms TTL=64

192.168.1.9 的 Ping 统计信息：
    数据包：已发送 = 2，已接收 = 2，丢失 = 0 (0% 丢失)，
往返行程的估计时间(以毫秒为单位)：
    最短 = 0ms，最长 = 0ms，平均 = 0ms
```

注意，以上实验结果必须在网络状态较为稳定的情况下实现，即 ping 命令使用的 ICMP 回显请求与回显回答、tracert 命令的请求与回答，它们所封装的 IP 分组走的都是相同的路径。

（2）-i TTL 选项（Linux 为-t TTL）

该选项用于指定 ICMP 封装到 IP 分组中的 TTL 值（不使用操作系统默认的初始 TTL 值）。

ping 同一目的主机，由于参数-i 指定的值不同，会导致不同的结果。例如，原来能够

① 请读者自己查阅相关资料。

ping 通的主机，可能会出现超时错误：

```
C:\Users\Administrator>ping -i 3 -4 gx.189.cn              # TTL=3，使用 IPv4 地址

正在 Ping gx.189.cn [116.8.128.2] 具有 32 字节的数据:
来自 180.140.111.193 的回复: TTL 传输中过期。              # 超时错误
来自 180.140.111.193 的回复: TTL 传输中过期。
来自 180.140.111.193 的回复: TTL 传输中过期。
来自 180.140.111.193 的回复: TTL 传输中过期。

116.8.128.2 的 Ping 统计信息:
    数据包: 已发送 = 4，已接收 = 4，丢失 = 0 (0% 丢失)，
```

以上结果表明，从源到 gx.189.cn，经过的路由器数大于 3 个（前面实验中知道经过了 6 个路由器）。

（3）-l size 选项（Linux 为-s packetsize）

指明 ping 命令携带的多少字节的数据，Windows 默认携带 32 字节，Linux（选项为-s packetsize）默认携带 64 字节的数据。如果携带数据的 ICMP 报文封装成 IP 分组后，超过数据链路层 MTU 最大传输单元，则该 IP 分组需要分片传输。请读者参考实验 8。

（4）-t 选项

在 Windows 中，ping 命令默认发送 4 个 ICMP 请求报文。如果需要不停查看与目的主机的连通情况，可以加上-t 选项，ping 命令会持续不断地发送 ICMP 回显请求报文，直到用户按“Ctrl+C”组合键为止。在 Linux 中，默认持续发送 ICMP 回显请求报文，直到用户按“Ctrl+C”组合键为止。

```
例如：ping -t www.baidu.com
```

这个选项经常被用于检测网络是否稳定，例如，如果经常出现网络应用掉线等状况，用户可以首先检查主机与网关的连通情况，如果返回的时间值较小且非常稳定，则可断定出现上网不稳定的情况是网关以外的网络问题造成的。

（5）-n count 选项（Linux 为-c count）

该选项可以让 ping 命令发送指定数量的 ICMP 回显请求报文。

```
例如：ping -n 1 gx.189.cn                        # 仅发送一个 ICMP 回显请求报文
```

（6）-f 选项

-f 选项指明 ping 发送的 ICMP 回显请求封装到 IP 分组中，其首部字段 DF 置 1，表示该 IP 分组在传输过程中不允许分片：

```
C:\Users\Administrator>ping gx.189.cn -4 -f -l 6550 -n 2

正在 Ping gx.189.cn [116.8.128.2] 具有 6550 字节的数据:
需要拆分数据包但是设置 DF。                       # 需要分片，但不允许分片
需要拆分数据包但是设置 DF。

116.8.128.2 的 Ping 统计信息:
    数据包: 已发送 = 2，已接收 = 0，丢失 = 2 (100% 丢失)，
```

请读者思考一个问题：这种情况下是否能够在网卡上抓到 ICMP 报文？

5. 死亡之 ping（death of ping）

利用 ping 命令选项-l size 和-t，可以持续向目的主机发送含有大量数据的 ICMP 请求报文。当封装的 IP 分组超过数据链路层 MTU 时，该 IP 分组需要分片，但每个 IP 分片中不包含原始 IP 分组的总长度。因此只有当最后一个 IP 分片到达目的主机之后，目的主机重组原始 IP 分组时才知道原始 IP 分组的长度，当目的主机为该 IP 分组预留的缓存不能容纳该 IP 分组时，就会出现缓存溢出（Buffer Over Flow）。

例如：ping -l 65500 -t XXXX

XXXX 为目的 IP 地址。

目前这种攻击手段已有多种方式解决，它已成为历史（请读者在虚拟环境下实验）。

6. 网络连通性检查流程

当用户发现自己的计算机不能访问网络时，可以用 ping 命令按如图 17.1 所示的流程进行检查。

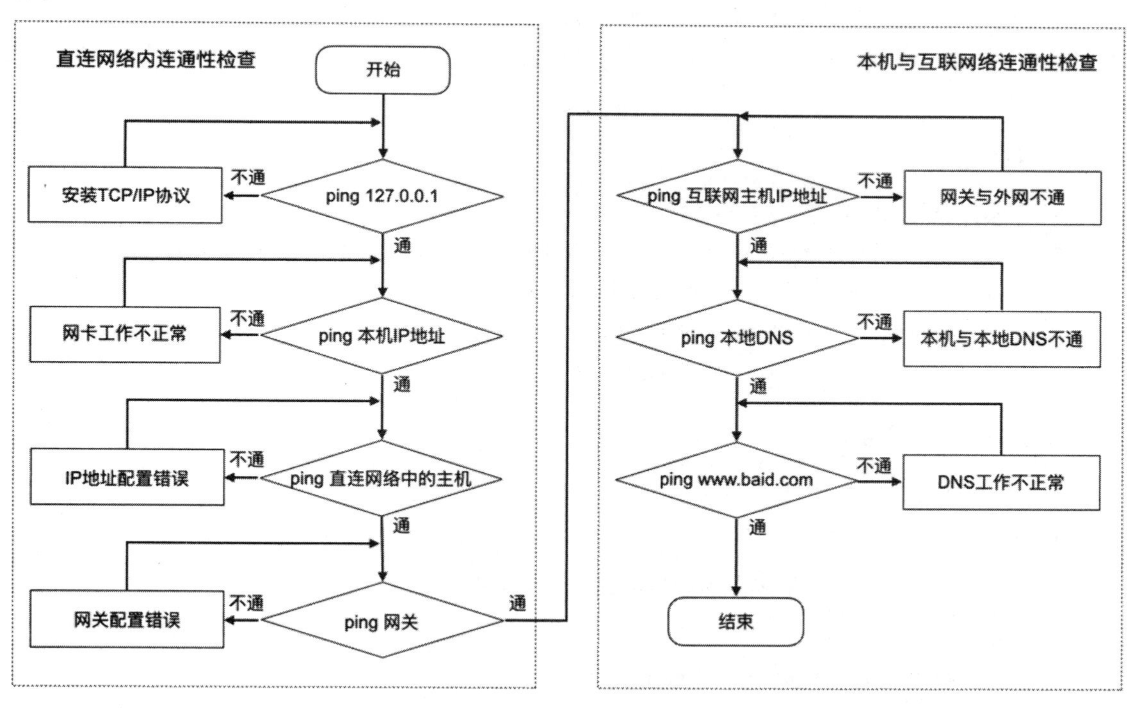

图 17.1　网络连通性检查流程[①]

① 图 17.1 中的 ping 是指 ping 目的 IP 地址，如 ping 网关，是指 ping 网关的 IP 地址。

17.3 ipconfig 命令

1. 功能简介

该命令可用于查看主机网络接口的 IP 地址配置情况，也可用来刷新主机 DNS 缓存、释放或获取 IP 地址等。Linux 中有一条类似的命令 ifconfig，其功能更为全面，请读者参考相关资料。

2. 命令格式

```
ipconfig [/allcompartments] [/? | /all |
                            /renew [adapter] | /release [adapter] |
                            /renew6 [adapter] | /release6 [adapter] |
                            /flushdns | /displaydns | /registerdns |
                            /showclassid adapter |
                            /setclassid adapter [classid] |
                            /showclassid6 adapter |
                            /setclassid6 adapter [classid] ]
```

请注意，这里命令选项参数的写法是“/选项”，在 ping 命令中的写法是“-选项”，这两种写法在 Windows 7 中都是可以的，效果一样，只不过在 ipconfig 命令中，人们可能更喜欢使用“/选项”。

3. 常用选项

- /all：显示网络接口的详细配置信息。
- /release：释放网络接口 IP 地址（从 DHCP 服务器中获取的 IP 地址）。
- /renew：为指定网络接口重新从 DHCP 服务器上获取 IP 地址等信息。
- /displaydns：显示 DNS 缓存的域名记录。
- /flushdns：清除缓存的 DNS 域名记录。

4. 常用选项实验

（1）无选项

该选项用来显示本机网卡简单信息。

```
C:\Documents and Settings\Administrator>ipconfig
Windows IP Configuration
Ethernet adapter 本地连接:                                           # 以太网卡
       Connection-specific DNS Suffix  . :     localdomain
       IP Address. . . . . . . . . . . . :     172.16.25.130        # IP 地址
       Subnet Mask . . . . . . . . . . . :     255.255.255.0        # 子网掩码
       Default Gateway . . . . . . . . . :     172.16.25.2          # 默认网关
Ethernet adapter Bluetooth 网络连接:                                 # 蓝牙网卡
       Media State . . . . . . . . . . . : Media disconnected       # 网卡未接入网络
```

（2）/all 选项

该选项用来显示本机网卡详细信息，常用来查看网卡的 MAC 地址及 DNS 服务器等信息。

```
C:\Documents and Settings\Administrator>ipconfig /all
Windows IP Configuration
        Host Name . . . . . . . . . . . . :      ks100-ff8247d02   # 域中计算机名、
主机名
        Primary Dns Suffix  . . . . . . . :                        # 主 DNS 后缀
        Node Type . . . . . . . . . . . . :      Hybrid            # WINS 查询方式，
                                                                   先点对点后广播
        IP Routing Enabled. . . . . . . . :      No                # 未开启 IP 路由功能
        WINS Proxy Enabled. . . . . . . . :      No                # 未开启 WINS 代理
        DNS Suffix Search List. . . . . . :      localdomain       # DNS 搜索列表
Ethernet adapter 本地连接:
        Connection-specific DNS Suffix  . :      localdomain       # 连接指定 DNS 后缀
        Description . . . . . . . . . . . :      VMware Accelerated AMD PCNet Adapter
                                                                   # 网卡
        Physical Address. . . . . . . . . :      00-0C-29-41-3B-83# 物理地址
        Dhcp Enabled. . . . . . . . . . . :      Yes               # DHCP 启用
        Autoconfiguration Enabled . . . . :      Yes               # 自动配置启用
        IP Address. . . . . . . . . . . . :      172.16.25.130     # IP 地址
        Subnet Mask . . . . . . . . . . . :      255.255.255.0     # 子网掩码
        Default Gateway . . . . . . . . . :      172.16.25.2       # 默认网关
        DHCP Server . . . . . . . . . . . :      172.16.25.254# DHCP 服务器 IP 地址
        DNS Servers . . . . . . . . . . . :      172.16.25.2       # DNS 服务器 IP 地址
        Primary WINS Server . . . . . . . :      172.16.25.2       # 主 WINS 服务器 IP 地址
        Lease Obtained. . . . . . . . . . :      2019 年 1 月 23 日 20:30:12
                                                                   # 租用开始时间
        Lease Expires . . . . . . . . . . :      2019 年 1 月 23 日 21:00:12
                                                                   # 结束时间
Ethernet adapter Bluetooth 网络连接:
        Media State . . . . . . . . . . . :      Media disconnected
        Description . . . . . . . . . . . :      Bluetooth 设备（个人区域网）
        Physical Address. . . . . . . . . :      F0-18-98-88-40-25
```

Primary Dns Suffix、DNS Suffix Search List：计算机加入 Windows Server 域中有意义。

WINS：Windows Internet Name Server（Windows 网际名字服务）的简称，是微软开发的域名服务系统。

（3）/displaydns 选项

该选项用来显示本机的 DNS 缓存。为了获取计算机中缓存的 DNS 解析结果，我们首先访问某个域名，例如：www.baidu.com（ping 或浏览器访问）。

```
C:\Documents and Settings\Administrator>ipconfig /displaydns
Windows IP Configuration
         1.0.0.127.in-addr.arpa                # localhost 的反向解析
         Record Name . . . . . : 1.0.0.127.in-addr.arpa.
         Record Type . . . . . : 12            # 记录类型 PTR，反向解析，参考表 14.1
         Time To Live  . . . . :   587818      # 生存时间
         Data Length . . . . . :   4           # 数据长度
         Section . . . . . . . : Answer
         PTR Record  . . . . . : localhost     # PTR 记录
```

```
    www.baidu.com                             # www.baidu.com域名缓存
    Record Name . . . . . : www.baidu.com     # 记录域名
    Record Type . . . . . : 1                 # 记录类型1，域名查询IP地址
    Time To Live  . . . . : 52                # 生存期
    Data Length . . . . . : 4                 # 数据长度
    Section . . . . . . . : Answer            # 查询应答获取
    A (Host) Record . . . : 14.215.177.38     # A为主机记录

    Localhost                                 # localhost正向解析
    Record Name . . . . . : localhost
    Record Type . . . . . : 1                 # 记录类型1
    Time To Live  . . . . : 587818
    Data Length . . . . . : 4
    Section . . . . . . . : Answer
    A (Host) Record . . . : 127.0.0.1
```

从以上结果可以看出，主机 DSN 缓存中保存了 DNS 解析的结果，以及 hosts 中存储的记录，例如，主机名 localhost 对应的 IP 地址是 127.0.0.1。

（4）/flushdns 选项

该选项用来清空（刷新）本机 DNS 缓存。

```
C:\Documents and Settings\Administrator>ipconfig /flushdns
Windows IP Configuration
Successfully flushed the DNS Resolver Cache.
```

再用命令 ipconfig /displaydns 查看 DNS 缓存时，www.baidu.com 域名缓存即被清除。

（5）/release 选项

该选项用来释放所有网络接口 IP 地址（主机网络接口使用 DHCP 自动配置 IP 地址时有效）。

```
C:\Documents and Settings\Administrator>ipconfig /release
Windows IP Configuration
No operation can be performed on Bluetooth 网络连接 while it has its media disconnected.
Ethernet adapter 本地连接:
        Connection-specific DNS Suffix  . :
        IP Address. . . . . . . . . . . . :     0.0.0.0           # IP地址被释放了
        Subnet Mask . . . . . . . . . . . :     0.0.0.0
        Default Gateway . . . . . . . . . :
Ethernet adapter Bluetooth 网络连接:
        Media State . . . . . . . . . . . :     Media disconnected
```

（6）/renew 选项

该选项用来为主机所有网络接口重新获取 IP 地址（主机网络接口使用 DHCP 自动配置 IP 地址时有效）。

```
C:\Documents and Settings\Administrator>ipconfig /renew
Windows IP Configuration
No operation can be performed on Bluetooth 网络连接 while it has its media disconnected.
```

```
Ethernet adapter 本地连接:
        Connection-specific DNS Suffix  . :  localdomain
        IP Address. . . . . . . . . . . . :  172.16.25.130 # 重新获得曾用过的 IP 地址
        Subnet Mask . . . . . . . . . . . :  255.255.255.0
        Default Gateway . . . . . . . . . :  172.16.25.2
Ethernet adapter Bluetooth 网络连接:
        Media State . . . . . . . . . . . :  Media disconnected
```

17.4 arp 命令

ARP 协议的作用是根据目的 IP 地址获取其 MAC 地址。为了减少调用 ARP 频次，主机会缓存目的 IP 地址的 MAC 地址（类似 DNS 缓存），下次若要重新访问该目的 IP 主机时，则直接使用缓存中对应的 MAC 地址。

1. 命令格式

```
arp -s inet_addr eth_addr [if_addr]
arp -d inet_addr [if_addr]
arp -a [inet_addr] [-N if_addr] [-v]
```

2. 常用选项

- -a 选项：显示所有 ARP 缓存条目。
- -d 选项：删除指定或所有 ARP 缓存条目。
- -s 选项：增加一条静态 ARP 缓存条目。

3. 常用选项实验

（1）-a 选项

该选项用来显示主机的 ARP 缓存。首先访问（ping）同一局域网中的主机：

```
C:\Documents and Settings\Administrator>ping 192.168.1.9
C:\Users\Administrator>arp -a

接口: 192.168.1.10 --- 0xa                              # 网卡接口 ID 的十六进制表示
  Internet 地址          物理地址                类型
  192.168.1.1            d4-41-65-ee-5c-c0       动态    # 主机网关的 ARP 缓存
  192.168.1.9            f0-18-98-ee-37-42       动态    # 主机 192.168.1.9 的 ARP 缓存
C:\Documents and Settings\Administrator>arp -a
```

注意：“动态”表示该 ARP 缓存是动态产生的，超过一定时间，该 ARP 缓存会被删除（刷新）掉。

默认情况下，Windows 系统的 ARP 缓存中的条目仅存储 2 分钟。如果一个 ARP 缓存条目在 2 分钟内被用到，则其期限再延长 2 分钟，直到最大生命期限 10 分钟为止。

超过 10 分钟的最大期限后，ARP 缓存条目将被移出，并且通过另外一个 ARP 请求与 ARP 应答交换来获得新的对应关系（需要目的 MAC 地址的时候）。

（2）-d 选项

该选项用来手动删除指定或全部 ARP 缓存条目。

- 删除指定 ARP 缓存条目

```
C:\Documents and Settings\Administrator>arp -d 192.168.1.9
```

再用 arp -a 查看，该 ARP 缓存条目被删除。

- 删除所有 ARP 缓存条目

先通过访问局域网内主机的方法，使本机缓存一定数量的 ARP 缓存条目，然后用下面命令全部删除：

```
C:\Documents and Settings\Administrator>arp -d *

C:\Documents and Settings\Administrator>arp -a
No ARP Entries Found
```

（3）-s 选项

该选项用手动方式增加一条静态 ARP 缓存条目，静态 ARP 缓存条目一直保存，主机只要不关机，静态 ARP 缓存条目就不会被删除（刷新）掉。

```
C:\Documents and Settings\Administrator>arp -s 192.168.1.9 f0-18-98-ee-37-42

C:\Users\Administrator>arp -a

接口: 192.168.1.10 --- 0xa
  Internet 地址         物理地址              类型
  192.168.1.1           d4-41-65-ee-5c-c0     动态
  192.168.1.9           f0-18-98-ee-37-42     静态          # 注意类型为“静态”
```

手动添加一条静态 ARP 缓存条目有时非常必要。著名的 ARP 攻击，其实就是某计算机 A 在局域网中发布一个广播帧，称自己是网关，所有收到该帧的主机就会缓存该 ARP 条目，这些计算机需要访问外网时，就会把数据帧发送给计算机 A（假网关）。

解决方法之一，在网络正常情况下，记下真正网关的 MAC 地址，如果主机不能访问外网或怀疑受到 ARP 攻击时，查看一下计算机的 ARP 缓存条目，对比记下的真正网关的 MAC 地址，如果与记下的 MAC 地址不一致，则可认为受到了 ARP 攻击。这时可以先清除计算机的 ARP 缓存条目，再添加一条真正网关的静态 ARP 缓存条目。用这种方法，能暂时解决访问网络的燃眉之急。

17.5 netstat 命令

netstat 主要用于显示本机与远程主机的 TCP 连接情况、本机监听的端口号、本机路由表等信息。

1. 命令格式

```
netstat [-a] [-b] [-e] [-f] [-n] [-o] [-p proto] [-r] [-s] [-t] [interval]
```

2. 常用选项

- -a：显示所有的 TCP 连接和正在监听的端口。

- -n：以数字形式显示地址和端口（例如 http 会以 80 的形式显示）。
- -e：显示网络接口传输数据的统计信息。此选项可以与-s 选项组合使用。
- -s：按协议分类显示统计信息，默认显示 IP、IPv6、ICMP、ICMPv6、TCP、TCPv6、UDP 和 UDPv6 协议的统计信息。
- -r：查看本机的路由表。
- -p proto：显示 proto 所指定的协议的连接，proto 可以是 TCP、UDP、TCPv6 或 UDPv6，如果与-s 选项一起使用可显示按协议分类的统计信息。

3. 常用选项实验

首先在浏览器中访问 www.baidu.com，然后用 ping 命令访问 www.baidu.com。

（1）-a 选项

该选项用于显示本机监听了哪些端口、与远程主机建立的连接情况，使用者可以根据这些信息来判断主机的安全性，例如，不应该开启的端口、不应该出现的连接等。注意熟知端口不是用数字表示，而是用熟知端口的名称表示的，如 http。

```
C:\Documents and Settings\Administrator>netstat -a
Active Connections
  Proto  Local Address                Foreign Address          State
  TCP    ks100-ff8247d02:epmap        ks100-ff8247d02:0        LISTENING
  TCP    ks100-ff8247d02:microsoft-ds ks100-ff8247d02:0        LISTENING
  TCP    ks100-ff8247d02:1028         ks100-ff8247d02:0        LISTENING
  TCP    ks100-ff8247d02:netbios-ssn  ks100-ff8247d02:0        LISTENING
  TCP    ks100-ff8247d02:1040         www.baidu.com:http       ESTABLISHED  #
远程主机的端口 http
  TCP    ks100-ff8247d02:1041         www.baidu.com:http       ESTABLISHED
  TCP    ks100-ff8247d02:1044         m.baidu.com:http         ESTABLISHED
  UDP    ks100-ff8247d02:microsoft-ds *:*
  UDP    ks100-ff8247d02:isakmp *:*
  UDP    ks100-ff8247d02:1030   *:*
  UDP    ks100-ff8247d02:4500   *:*
......
```

- Proto：协议。
- Local Address：由本地主机地址（以计算机名 ks100-ff8247d02 表示）和端口号组成，microsoft-ds、http 是熟知端口。
- Foreign Address：远程地址，由远程主机地址和端口号组成。
- State：TCP 连接的状态，有 LISTENING 监听状态、连接建立状态等（P251）。

（2）-n 选项

该选项用于以数字的形式显示地址和端口。

```
C:\Documents and Settings\Administrator>netstat -a -n
Active Connections
  Proto  Local Address          Foreign Address        State
  TCP    0.0.0.0:135            0.0.0.0:0              LISTENING
  TCP    0.0.0.0:445            0.0.0.0:0              LISTENING
```

```
  TCP    127.0.0.1:1028         0.0.0.0:0              LISTENING
  TCP    172.16.25.130:139      0.0.0.0:0              LISTENING
  TCP    172.16.25.130:1084     14.215.177.39:80       ESTABLISHED  # 远程主机端口80
  TCP    172.16.25.130:1085     14.215.177.39:80       ESTABLISHED
  TCP    172.16.25.130:1088     14.215.178.37:80       ESTABLISHED
......
```

注意，这里的 0.0.0.0 代表本主机上可用的任意 IP 地址，如 0.0.0.0:135 表示主机上所有 IP 地址监听 135 号端口。

（3）-e 选项

该选项用来统计本机发送和接收的数据量的情况，常与-s 选项结合使用。

```
C:\Documents and Settings\Administrator>netstat -e
Interface Statistics                                   # 网络接口收发数据统计
                     Received        Sent
Bytes                175315          81658             # 收到和发送的字节数量
Unicast packets      371             577               # 收到和发送的单播包数量
Non-unicast packets  139             130               # 收到和发送的广播包数量
Discards             0               0                 # 丢弃包数量
Errors               0               0                 # 错误包数量
Unknown protocols    0                                 # 未知协议包数量
```

（4）-s 选项

该选项用于按协议进行统计。默认情况下，显示 IPv4、IPv6、ICMPv4、ICMPv6、TCP、TCPv6、UDP 和 UDPv6 的统计。

```
C:\Documents and Settings\Administrator>netstat -s
IPv4 Statistics                                        # IPv4分组统计

  Packets Received                   = 634             # 收到634个IP分组
  Received Header Errors             = 0               # 收到首部出错的IP分组为0个
  Received Address Errors            = 17              # 收到地址出错的IP分组为17个
  Datagrams Forwarded                = 0               # 转发的数据报为0个
  Unknown Protocols Received         = 0               # 未知协议接收数为0个
  Received Packets Discarded         = 45              # 丢弃的IP分组为45个
  Received Packets Delivered         = 587             # 接收并交付的IP分组为587个
  Output Requests                    = 846             # 输出请求数为846个
  Routing Discards                   = 0               # 路由丢弃数为0个
  Discarded Output Packets           = 0               # 丢弃的输出数据包为0个
  Output Packet No Route             = 0               # 输出数据包无路由的IP分组为0个
  Reassembly Required                = 0               # 需要重组的为0个
  Reassembly Successful              = 0               # 重组成功的为0个
  Reassembly Failures                = 0               # 重组失败的为0个
  Datagrams Successfully Fragmented = 0                # IP数据报分片成功的为0个
  Datagrams Failing Fragmentation    = 0               # IP数据报分片失败的为0个
  Fragments Created                  = 0               # 创建的IP分片数为0个

ICMPv4 Statistics                                      # ICMPv4统计
```

```
                            Received     Sent
  Messages                  12           13          # 消息数量
  Errors                    0            0           # 错误数量
  Destination Unreachable   0            0           # 目的不可达数量
  Time Exceeded             0            0           # 超时数量
  Parameter Problems        0            0           # 参数错误数量
  Source Quenches           0            0           # 源站抑制数量
  Redirects                 0            0           # 重定向数量
  Echos                     0            13          # 发送 13 个 ICMP 请求
  Echo Replies              12           0           # 收到 12 个 ICMP 应答
  Timestamps                0            0           # 时间戳请求数
  Timestamp Replies         0            0           # 时间戳回复数
  Address Masks             0            0           # 地址掩码请求数
  Address Mask Replies      0            0           # 地址掩码回复数

TCP Statistics for IPv4                              # TCP 连接统计

  Active Opens                      = 26             # 主动打开数
  Passive Opens                     = 0              # 被动打开数
  Failed Connection Attempts        = 4              # 连接失败尝试数
  Reset Connections                 = 17             # 重置连接数
  Current Connections               = 4              # 当前连接数
  Segments Received                 = 303            # 已收到的 TCP 报文数
  Segments Sent                     = 217            # 已发送的 TCP 报文数
  Segments Retransmitted            = 0              # 重传报文数

UDP Statistics for IPv4                              # UDP 统计结果

  Datagrams Received    = 272                        # 接收的 UDP 报文数
  No Ports              = 12             # 无进程接收的 UDP 报文数（端口未开启）
  Receive Errors        = 0                          # 接收出错的 UDP 报文数
  Datagrams Sent        = 608                        # 发送的 UDP 报文数
```

（5）-r 选项

该选项用于显示本机的路由表，其功能类似于“route print”的功能。

```
C:\Documents and Settings\Administrator>netstat -r
Route Table
===================================================================
Interface List                                       # 本机网络接口（网卡）列表
0x1 ........................... MS TCP Loopback interface
0x2 ...00 0c 29 41 3b 83 ...... AMD PCNET Family PCI Ethernet Adapter
0x10004 ...f0 18 98 88 40 25 ...... Bluetooth 设备(个人区域网)
===================================================================
Active Routes:                                       # 活动路由
Network Destination   Netmask        Gateway         Interface        Metric
          0.0.0.0     0.0.0.0        172.16.25.2     172.16.25.130    10
        127.0.0.0     255.0.0.0      127.0.0.1       127.0.0.1        1
```

```
     172.16.25.0     255.255.255.0    172.16.25.130    172.16.25.130    10
   172.16.25.130     255.255.255.255  127.0.0.1        127.0.0.1        10
  172.16.255.255     255.255.255.255  172.16.25.130    172.16.25.130    10
       224.0.0.0     240.0.0.0        172.16.25.130    172.16.25.130    10
 255.255.255.255     255.255.255.255  172.16.25.130    172.16.25.130    1
 255.255.255.255     255.255.255.255  172.16.25.130    10004            1
Default Gateway:     172.16.25.2
============================================================================
Persistent Routes:   #永久路由（静态路由）
  None
============================================================================
```

路由表解析如下：

- Network Destination：目的网络号。
- Netmask：子网掩码。
- Gateway：网关 IP 地址，指明下一跳交付给谁。
- Interface：接口 IP 地址，指明从本机的哪一个接口转发出去。
- Metric：度量（开销）。

0.0.0.0/0 这个特殊的目的网络的路由条目，可以认为是一条默认路由，如果去往目的网络的路由不存在，则使用该条路由。

- 第 1 条路由

笔者认为 0.0.0.0/0 表示任意网络，这样可以更好地理解以下路由表项：

```
Network Destination        Netmask        Gateway       Interface        Metric
0.0.0.0                    0.0.0.0        172.16.25.2   172.16.25.130    10
```

探索未知网络世界，从接口 172.16.25.130（本机网卡 IP 地址）交付给 172.16.25.2（默认网关）。

- 第 2 条路由

```
Network Destination        Netmask        Gateway       Interface        Metric
127.0.0.0                  255.0.0.0      127.0.0.1     127.0.0.1        1
```

访问网络 127.0.0.0/8，交付给 127.0.0.1（回测地址），不会交给网卡。

- 第 3 条路由

```
Network Destination        Netmask        Gateway          Interface        Metric
172.16.25.0      255.255.255.0            172.16.25.130    172.16.25.130    10
```

访问本机所在的 IP 网络（直联的网络），直接从本机网卡转发出去。

这里我们给出“直连网络”与“直联网络”的概念（笔者个人观点）：

“直连网络”，是数据链路层的概念，如 PPP 网络、广播式的以太网络，可以理解为数据链层的一个广播域，注意直连网络中的数据帧不会穿过路由器（参考实验 5）。

“直联网络”，网络层的概念，网络中主机的 IP 地址与子网掩码逻辑与运算得到的网络号一致（即这些主机在同一个 IP 网络中），这些主机不经路由器转发便可以直接收发 IP 分组（即 IP 分组可以直接交付）。注意，不考虑私有 IP 地址重复使用的情况。

请读者完成本实验思考题 1，能更好理解上述概念。

- 第 4 条路由

```
Network Destination    Netmask            Gateway        Interface          Metric
172.16.25.130          255.255.255.255    127.0.0.1      127.0.0.1          10
```

访问 172.16.25.130/32（本机 IP 地址），这其实是本地主机路由，交付给 127.0.0.1。

- 第 5 条路由

```
Network Destination    Netmask            Gateway           Interface           Metric
172.16.255.255         255.255.255.255    172.16.25.130     172.16.25.130       10
```

访问 172.16.255.255/32，本地 IP 网络的广播路由，交付给本机网卡。

- 第 6 条路由

```
Network Destination    Netmask       Gateway            Interface              Metric
224.0.0.0              240.0.0.0     172.16.25.130      172.16.25.130          10
```

这是一条组播（多播）路由。

- 第 7 条路由

```
Network Destination    Netmask            Gateway           Interface           Metric
255.255.255.255        255.255.255.255    172.16.25.130     172.16.25.130       1
```

255.255.255.255/32 为限定广播地址，只能在本网段广播，路由器不转发，交付给本机网卡。

- 第 8 条路由

```
Network Destination    Netmask            Gateway           Interface           Metric
  255.255.255.255      255.255.255.255    172.16.25.130     10004               1
```

同第 7 条路由（另一块 Bluetooth 网卡）。

- 第 9 条路由

```
Default Gateway:        172.16.25.2
```

默认网关，路由表中如果没有去往目的网络的路由，则交给默认网关。

- 静态路由

```
Persistent Routes:
  None                                      # 无静态路由，可以用 route 命令添加静态路由
```

（6）-p proto 选项

该选项的功能是按协议查看连接情况。

```
C:\Documents and Settings\Administrator>netstat -p tcp
Active Connections
  Proto  Local Address              Foreign Address           State
  TCP    ks100-ff8247d02:1149       www.baidu.com:http        ESTABLISHED
  TCP    ks100-ff8247d02:1150       www.baidu.com:http        ESTABLISHED
  TCP    ks100-ff8247d02:1153       m.baidu.com:http          ESTABLISHED
  TCP    ks100-ff8247d02:1154       s1.bdstatic.com:http      ESTABLISHED
  TCP    ks100-ff8247d02:1155       s1.bdstatic.com:http      TIME_WAIT
```

17.6 route 命令

该命令用来显示、增加和删除本地路由表。

1. 命令格式

```
route [-f] [-p] [-4|-6] command [destination]
                  [MASK netmask]  [gateway] [METRIC metric]  [IF interface]
```

command 有以下一些基本操作命令：

- print：打印路由（显示本机路由，类似于命令 netstat -r 的功能）
- add：添加路由
- delete：删除路由
- change：修改现有路由

2. command 中常用选项

（1）destination：目的网络。
（2）MASK：网络掩码。
（3）gateway：指定网关。
（4）METRIC：指定开销。
（5）interface：指定路由的接口号码（送出接口）。

3. command 常用操作实验

（1）print
命令功能与前述 netstat -r 命令完全一致，这里不再介绍。

```
C:\Users\Administrator>route print
```

（2）add 和 delete 操作
如果计算机有两个网络接口，一个接入本地公司网络（该公司网络接入 Internet），一个接 ISP，如图 17.2 所示。访问本地网络时，我们当然不希望经由 ISP，通过 Internet 来访问本地公司的网络（转圈式的访问）。此时，我们可以用“route add”命令添加一条访问本地网络的静态路由（本实验教程中真实计算机连入 GNS3 也是用该命令增加路由）。

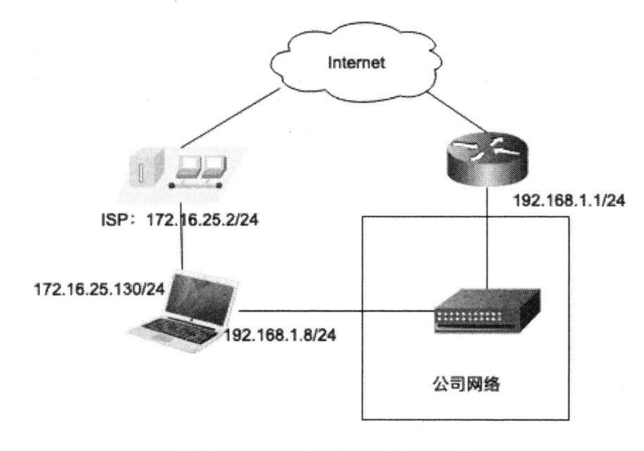

图 17.2　同时接入两个网络

在计算机中添加一块网卡（虚拟机中采用桥接方式新增一块网卡，另一块网卡采用NAT 方式），显示网卡配置情况：

```
C:\Documents and Settings\Administrator>ipconfig
Windows IP Configuration
Ethernet adapter 本地连接:
       Connection-specific DNS Suffix  . :     localdomain
       IP Address. . . . . . . . . . . . :     172.16.25.130
       Subnet Mask . . . . . . . . . . . :     255.255.255.0
       Default Gateway . . . . . . . . . :     172.16.25.2

Ethernet adapter Bluetooth 网络连接:
       Media State . . . . . . . . . . . :     Media disconnected

Ethernet adapter 本地连接 3:
       Connection-specific DNS Suffix  . :     Home
       IP Address. . . . . . . . . . . . :     192.168.1.8
       Subnet Mask . . . . . . . . . . . :     255.255.255.0
       Default Gateway . . . . . . . . . :     192.168.1.1
```

可以看到计算机拥有了 3 块网卡，“本地连接 3”是新增的网卡，它所连接的本地网络为 192.168.1.0/24，网关为 192.168.1.1/24，我们可以做如下操作：

```
c:\>route delete 0.0.0.0                                  # 删除默认路由
c:\>route add -p 0.0.0.0 mask 0.0.0.0 172.16.25.2         # 增加访问外网的默认路由
c:\>route add -p 192.168.1.0 mask 255.255.255.0 192.168.1.1 # 增加访问内网的静态路由
c:\>route print
```

结果中多出 2 条路由（参数-p 请读者参考 route 命令帮助）：

```
Persistent Routes:
Network AddressNetmask         Gateway Address       Metric
0.0.0.0  0.0.0.0               172.16.25.2              1
192.168.1.0 255.255.255.0      192.168.1.1              1
```

（3）-f 选项

该选项的作用是删除所有的路由表，使用命令时请谨慎操作。

```
C:\> route -f
操作完成!
C:\ >route print
===================================================================
接口列表
 14...f0 18 98 88 40 25 ......  Bluetooth 设备(个人区域网)
 11...00 0c 29 16 2c cc ......  Intel(R) PRO/1000 MT Network Connection   #注意 11
  1...........................  Software Loopback Interface 1
 12...00 00 00 00 00 00 00 e0   Microsoft ISATAP Adapter
 15...00 00 00 00 00 00 00 e0   Microsoft ISATAP Adapter #2
===================================================================
IPv4 路由表
===================================================================
```

```
活动路由:
无
永久路由:
无
```

主机删除路由表之后，主机是无法访问 Internet 的，可以通过 add 操作添加一条默认路由：

```
C:\>route add 0.0.0.0 mask 0.0.0.0 172.16.25.2 if 11
操作完成!
```

注意，上述命令给出的是送出接口，送出接口即本机的网络接口，是用接口序号表示的，如上述命令中的 11。本机网络接口序号可以通过 netstat -r、route print 及 arp -a 命令查看。注意，arp -a 命令查看的结果为十六进制形式。

最后，我们验证一下是否可以访问 Internet：

```
C:\>route print
......
IPv4 路由表
===========================================================================
活动路由:
网络目的        网络掩码        网关            接口              跃点数
0.0.0.0         0.0.0.0         172.16.25.2     172.16.25.131     11

C:\Users\Administrator>ping www.baidu.com -n 2

正在 Ping www.a.shifen.com [14.215.177.38] 具有 32 字节的数据:
来自 14.215.177.38 的回复: 字节=32 时间=26ms TTL=55
来自 14.215.177.38 的回复: 字节=32 时间=26ms TTL=55
......
```

17.7　nslookup 命令

该命令用于诊断域名服务器工作是否正常，与之相应的另一个命令是 dig，在 Linux 操作系统中自带该命令，Windows 需另外下载安装。

nslookup 命令有两种使用方式：一种是非交互方式，另一种是交互方式。

1. 非交互方式

（1）直接查询

基本格式如下：

```
nslookup domain [dns-server]
```

未指定 dns-server 时，直接用默认 dns 服务器查询（主机网络接口上配置的 DSN 服务器 IP 地址），注意权威回答和非权威回答（参考实验 14）。

例 1：非权威回答

```
C:\>nslookup www.guat.edu.cn
```

```
Server:  google-public-dns-a.google.com          # 默认域名服务器为Google域名服务器
Address:  8.8.8.8                          # DNS服务器IP地址

Non-authoritative answer:                  # 非权威回答（不是所管辖的域，DNS缓存或查询得到）
Name:    www.guat.edu.cn                   # 查询的域名
Address:  202.193.96.150                   # 返回的IP地址
```

以下操作是在 guat.edu.cn 域中的一台 Linux 计算机上实现的，202.193.96.30 是该域中的域名服务器。

例 2：权威回答

```
li@ubuntu1604:~$ nslookup www.guat.edu.cn 202.193.96.30      # 指定DNS服务器
Server:        202.193.96.30
Address:       202.193.96.30#53

Name:          www.guat.edu.cn                                # 这是一个权威回答
Address:       202.193.96.150
Name:          www.guat.edu.cn
Address:       202.193.96.151
```

例 3：非权威回答

```
li@ubuntu1604:~$ nslookup www.baidu.com 202.193.96.30   # 查询不是管辖区中的域名
Server:        202.193.96.30
Address:       202.193.96.30#53

Non-authoritative answer:                                # 这是一个非权威回答
www.baidu.com   canonical name = www.a.shifen.com.       # 别名
Name:          www.a.shifen.com                          # www.baidu.com别名
Address:       14.215.177.38
Name:          www.a.shifen.com
Address:       14.215.177.39
```

（2）其他记录查询

DNS 记录包括很多类型，请参考表 14.1。nslookup 默认查询 A 记录，即由域名获得 IP 地址，我们可以通过修改查询参数，查询所需要的内容。

基本格式如下：

```
nslookup -qt=type domain [dns-server]
```

例 1：查询域中邮件服务器记录信息

```
C:\>nslookup -qt=mx 189.cn                            # 查询189.cn中的邮件服务器
Server:  cache.nn.gx.cn                               # 注意域名服务器
Address:  202.103.224.68

Non-authoritative answer:
189.cn  MX preference = 10, mail exchanger = mta-189.21cn.com
189.cn  MX preference = 20, mail exchanger = mx2-189.21cn.com
189.cn  MX preference = 30, mail exchanger = mx3-189.21cn.com
```

```
189.cn  nameserver = ns1.chinanet.cn
189.cn  nameserver = ns2.chinanet.cn
```

例 2：查询域名服务器记录信息

```
C:\>nslookup -qt=ns www.guat.edu.cn
Server:  cache.nn.gx.cn                # 主服务器
Address:  202.103.224.68

guat.edu.cn
        primary name server = neptune.guat.edu.cn    # 主域名服务器
        responsible mail addr = XXX.guat.edu.cn      # 联系人邮箱地址
        serial  = 2019012301          # 更新记录，用于辅助域名服务器同步
        refresh = 10800 (3 hours)     # 辅助域名服务器刷新的时间
        retry   = 3600 (1 hour)       # 主服务器未响应，辅助域名服务器重试的时间间隔
        expire  = 604800 (7 days)     # 辅助服务器 7 天未从主服务器收到域信息，丢弃该域
        default TTL = 86400 (1 day)   # 其他域名服务器缓存本域有效期
```

（3）域名查询追踪

DNS 域名查询有两种方式，一种是递归查询，另一种是迭代查询。

域名服务器间的查询方式是迭代查询。由于迭代查询发生在本地域名服务器与外界域名服务器之间，因此，在本机上是无法抓到域名迭代查询过程的。

请读者在本机上安装 DNS 服务器，并且将它用作本地域名服务器，尝试抓取迭代查询过程（参考实验 14.7）。

2. 交互方式

（1）获取命令帮助

需采用交互方式：

```
C:\>nslookup                          # 输入"nslookup"进入交互方式，提示符为">"
Default Server:  google-public-dns-a.google.com
Address:  8.8.8.8
>help
```

在“>”之后输入“help”或“?”，显示帮助信息，输入“exit”退出交互方式。

（2）交互式查询

交互式查询主要通过 set 和一些关键字来实现查询要求的设置。

例 1：查询 baidu.com 邮件服务器记录信息

```
C:\>nslookup                          # 进入 nslookup 交互方式
Default Server:  cache.nn.gx.cn
Address:  202.103.224.68

> server 8.8.8.8                      # 更改域名服务器为 8.8.8.8
Default Server:  google-public-dns-a.google.com
Address:  8.8.8.8

> set type=mx                         # 设置查询记录为 MX
```

```
>baidu.com                                          # 输入域名
Server:  google-public-dns-a.google.com
Address:  8.8.8.8

Non-authoritative answer:                           # 非权威回答
baidu.com        MX preference = 15, mail exchanger = mx.n.shifen.com
baidu.com        MX preference = 20, mail exchanger = mx1.baidu.com
......
mx1.baidu.com    internet address = 220.181.50.185  # 以下为域 baidu.com 的邮件服务
器的 IP 地址
mx1.baidu.com    internet address = 61.135.165.120
......
dns.baidu.com    internet address = 202.108.22.220  # 以下为域 baidu.com 的 DNS 服务
器的 IP 地址
ns2.baidu.com    internet address = 220.181.37.10
ns3.baidu.com    internet address = 112.80.248.64
......
>
```

上面的交互方式的效果等价于以下非交互方式：

```
c:\>nslookup -qt=mx baidu.com 8.8.8.8
```

3. dig 命令

以下实验中，域名服务器为 192.168.1.1。

（1）dig 帮助

```
C:\>dig -h
```

dig 有很多选项和参数，请读者根据帮助信息学习掌握。下面直接给出一些使用实例。

（2）直接查询根

dig 命令不加任何参数，便可直接查询到 13 个根域名服务器。

```
C:\>dig
; <<>> DiG 9.9.7 <<>>
;; global options: +cmd
;; Got answer:
;; ->>HEADER<<- opcode: QUERY, status: NOERROR, id: 62937
;; flags: qr rd ra; QUERY: 1, ANSWER: 13, AUTHORITY: 0, ADDITIONAL: 1
                        #以上各字段值的含义请参考实验 14
;; OPT PSEUDOSECTION:
; EDNS: version: 0, flags:; udp: 4096
;; QUESTION SECTION:                                  # 查询部分
;.                           IN      NS               # 查询“.”，查询根

;; ANSWER SECTION:                                    # 回答部分
.                     7448   IN      NS      j.root-servers.net.
.                     7448   IN      NS      k.root-servers.net.
.                     7448   IN      NS      l.root-servers.net.
```

```
.                    7448    IN      NS      m.root-servers.net.
.                    7448    IN      NS      a.root-servers.net.
.                    7448    IN      NS      b.root-servers.net.
.                    7448    IN      NS      c.root-servers.net.
.                    7448    IN      NS      d.root-servers.net.
.                    7448    IN      NS      e.root-servers.net.
.                    7448    IN      NS      f.root-servers.net.
.                    7448    IN      NS      g.root-servers.net.
.                    7448    IN      NS      h.root-servers.net.
.                    7448    IN      NS      i.root-servers.net.

;; Query time: 15 msec
;; SERVER: 192.168.1.1#53(192.168.1.1)
;; WHEN: Sat Jan 26 09:00:16 中国标准时间 2019
;; MSG SIZE  rcvd: 239
```

（3）追踪查询过程

以下实验可追踪查询过程（在 Linux 下实现），主机向本地域名服务器发起递归查询，本地域名服务器向根域名服务器及其他域名服务器发起迭代查询：

```
li@ubuntu1604:~$ dig +trace www.tsinghua.edu.cn

; <<>> DiG 9.10.3-P4-Ubuntu <<>> +trace www.tsinghua.edu.cn
;; global options: +cmd
.                    86255   IN      NS      m.root-servers.net.
.                    86255   IN      NS      b.root-servers.net.
.                    86255   IN      NS      c.root-servers.net.
.                    86255   IN      NS      d.root-servers.net.
.                    86255   IN      NS      e.root-servers.net.
.                    86255   IN      NS      f.root-servers.net.
.                    86255   IN      NS      g.root-servers.net.
.                    86255   IN      NS      h.root-servers.net.
.                    86255   IN      NS      a.root-servers.net.
.                    86255   IN      NS      i.root-servers.net.
.                    86255   IN      NS      j.root-servers.net.
.                    86255   IN      NS      k.root-servers.net.
.                    86255   IN      NS      l.root-servers.net.
......
;; Received 525 bytes from 8.8.8.8#53(8.8.8.8) in 35 ms
############### www.tsinghua.edu.cn 不是域名服务器 8.8.8.8 所管辖的区，向根域名服务器
查询
cn.                  172800  IN      NS      a.dns.cn.
cn.                  172800  IN      NS      b.dns.cn.
cn.                  172800  IN      NS      c.dns.cn.
cn.                  172800  IN      NS      d.dns.cn.
cn.                  172800  IN      NS      e.dns.cn.
cn.                  172800  IN      NS      f.dns.cn.
cn.                  172800  IN      NS      g.dns.cn.
cn.                  172800  IN      NS      ns.cernet.net.
```

```
......
;; Received 710 bytes from 192.203.230.10#53(e.root-servers.net) in 215 ms
################# 以上管辖 cn 的顶级域名服务器是向根 e.root-servers.net 查询得到
edu.cn.                 172800  IN      NS      dns.edu.cn.
edu.cn.                 172800  IN      NS      ns2.cuhk.hk.
edu.cn.                 172800  IN      NS      ns2.cernet.net.
edu.cn.                 172800  IN      NS      dns2.edu.cn.
edu.cn.                 172800  IN      NS      deneb.dfn.de.
......
;; Received 510 bytes from 203.119.27.1#53(c.dns.cn) in 22 ms
################# 以上管辖 edu.cn 的二级域名服务器是向 c.dns.cn 顶级域名服务器查询得到
tsinghua.edu.cn.        172800  IN      NS      dns2.tsinghua.edu.cn.
tsinghua.edu.cn.        172800  IN      NS      dns2.edu.cn.
tsinghua.edu.cn.        172800  IN      NS      dns.tsinghua.edu.cn.
tsinghua.edu.cn.        172800  IN      NS      ns2.cuhk.edu.hk.
......
;; Received 783 bytes from 103.137.60.203#53(ns2.cernet.net) in 48 ms
################# 以上管辖 tsinghua.edu.cn 区的权限域名服务器是向 ns2.cernet.net 域名服
务器查询得到
www.tsinghua.edu.cn.    21600   IN      A       166.111.4.100
tsinghua.edu.cn.        21600   IN      NS      ns2.cuhk.hk.
tsinghua.edu.cn.        21600   IN      NS      dns2.edu.cn.
tsinghua.edu.cn.        21600   IN      NS      dns2.tsinghua.edu.cn.
tsinghua.edu.cn.        21600   IN      NS      dns.tsinghua.edu.cn.
;; Received 177 bytes from 166.111.8.31#53(dns2.tsinghua.edu.cn) in 55 ms
################# 最终域名对应的 IP 地址 166.111.8.31，是向权限域名服务器
dns2.tsinghua.edu.cn 查询得到
```

具体 DNS 查询过程如图 17.3 所示：

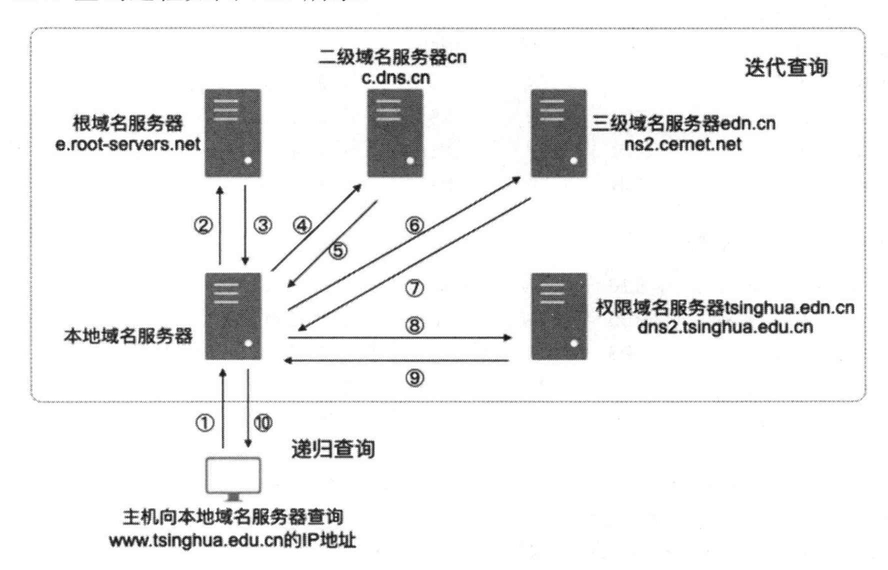

图 17.3　DNS 迭代查询过程

①　主机向本地域名服务器 8.8.8.8 发起 DNS 递归查询，查询 www.tsinghua.edu.cn 对应

的 IP 地址。

② www.tsinghua.edu.cn 不在本地域名服务器 8.8.8.8 所管辖区中，本地域名服务器 8.8.8.8 便向根域名服务器 e.root-servers.net 发送迭代查询。

③ 根域名服务器 e.root-servers.net 告诉 8.8.8.8 下一步需要找的管辖 cn 的二级域名服务器。

④ 本地域名服务器 8.8.8.8 向二级域名服务器 c.dns.cn 发起迭代查询。

⑤ 二级域名服务器告诉 8.8.8.8 下一步要找的管辖 edu.cn 的三级域名服务器。

⑥ 本地域名服务器 8.8.8.8 向三级域名服务器 ns2.cernet.net 发起迭代查询。

⑦ 三级域名服务器告诉 8.8.8.8 下一步要找的管辖 tsinghua.edu.cn 的权限域名服务器。

⑧ 本地域名服务器 8.8.8.8 向权限域名服务器 dns2.tsinghua.edu.cn 发起迭代查询。

⑨ 权限域名服务器向 8.8.8.8 返回 www.tsinghua.edu.cn 的 IP 地址 166.111.4.100。

⑩ 本地域名服务器 8.8.8.8 向主机返回 www.tsinghua.edu.cn 的 IP 地址。

注意，在第⑨、⑩步骤中，本地域名服务器和主机都会缓存这条 DNS 查询结果。

（4）直接查询

```
C:\>dig www.baidu.com
......
;; QUESTION SECTION:                              # 查询部分
;www.baidu.com.              IN      A            # 查询内容

;; ANSWER SECTION:                                # 回答部分
www.baidu.com.          952     IN       CNAME    www.a.shifen.com.
www.a.shifen.com.       273     IN       A        14.215.177.39
www.a.shifen.com.       273     IN       A        14.215.177.38

;; AUTHORITY SECTION:                             # 权威回答的域名服务器
a.shifen.com.         848     IN      NS      ns1.a.shifen.com.
a.shifen.com.         848     IN      NS      ns2.a.shifen.com.
a.shifen.com.         848     IN      NS      ns3.a.shifen.com.
a.shifen.com.         848     IN      NS      ns4.a.shifen.com.
a.shifen.com.         848     IN      NS      ns5.a.shifen.com.

;; ADDITIONAL SECTION:                            # 附加部分查询到的域名服务器的 IP 地址
ns1.a.shifen.com.     536     IN      A       61.135.165.224
ns2.a.shifen.com.     356     IN      A       220.181.57.142
ns3.a.shifen.com.     503     IN      A       112.80.255.253
ns4.a.shifen.com.     269     IN      A       14.215.177.229
ns5.a.shifen.com.     269     IN      A       180.76.76.95

;; Query time: 15 msec                            # 总结部分
;; SERVER: 192.168.1.1#53(192.168.1.1)
;; WHEN: Sat Jan 26 09:11:20 中国标准时间 2019
;; MSG SIZE  rcvd: 271
```

17.8 tracert 命令

1. 功能简介

路由追踪（tracert）命令，用于确定 IP 分组从源访问目标所经过的路径（以经过的路由器来标识），其工作原理参考实验 8。在 Linux 操作系统中，类似的命令为 traceroute。

2. 命令格式

```
用法：tracert    [-d] [-h maximum_hops] [-j host-list] [-w timeout]
                 [-R] [-S srcaddr] [-4] [-6] target_name
```

3. 常用选项

- -d：不将地址解析为主机名，即显示主机的 IP 地址而不是名字。
- -h：maximum_hops 搜索目标的最大跃点数。
- -j：host-list 与主机列表一起的松散源路由（仅适用于 IPv4）。
- -w：timeout 等待每个回复的超时时间（以毫秒为单位）。
- -R：跟踪往返行程路径（仅适用于 IPv6）。
- -S：srcaddr 要使用的源地址（仅适用于 IPv6）。
- -4：强制使用 IPv4。
- -6：强制使用 IPv6。

松散源路由选项（Loose Source Route）：松散源路由选项只是给出 IP 数据报必须经过的一些“要点”，并不能给出一条完整的路径，不是直接连接的路由器之间的路由需要寻址。

严格源路由选项（Strict Source Route）：严格源路由选项规定了 IP 数据报要经过路径上的每一个路由器，相邻路由器之间不得有中间路由器，并且所经过路由器的顺序不可更改。

4. 常用选项实验

（1）无选项

```
C:\>tracert www.baidu.com

通过最多 30 个跃点跟踪                                          # 最多追踪 30 跳
到 www.a.shifen.com [14.215.177.39] 的路由:

  1  2 ms     1 ms     1 ms     192.168.1.1
  2  4 ms     3 ms     4 ms     100.64.0.1
  3  3 ms     3 ms     2 ms     113.16.237.153
  4  14 ms    13 ms    12 ms    113.16.237.141
  5  23 ms    42 ms    37 ms    202.97.23.177
  6  26 ms    23 ms    23 ms    113.96.4.118
  7  *        22ms     54 ms    98.96.135.219.broad.fs.gd.dynamic.163data.com.cn
 [219.135.96.98]                                                # 注意包含路由器的名字
  8  25 ms    24 ms    24 ms    14.29.117.242
  9  *        *        *     请求超时。                          # 注意，有些是路由器屏蔽应答
 10  *        *        *     请求超时。
```

```
11  21 ms20 ms  20 ms  www.baidu.com [14.215.177.39]
```

跟踪完成。

（2）-d 选项

```
C:\>tracert -d www.baidu.com

通过最多 30 个跃点跟踪
到 www.baidu.com [14.215.177.39] 的路由:

  1     4 ms     2 ms     1 ms  192.168.1.1
  2     2 ms     2 ms     1 ms  100.64.0.1
......
  7    24 ms    23 ms    77 ms  219.135.96.98            # 仅显示路由器的 IP 地址
  8    25 ms    26 ms    26 ms  14.29.117.242
......
 11    21 ms    20 ms    20 ms  14.215.177.39
```

跟踪完成。

5. traceroute（Linux 中使用）

这里不做详细介绍，直接给出实例。

例 1：追踪 www.linux.cn 经过的路由

```
li@ubuntu1604:~$ traceroute www.linux.cn
traceroute to www.linux.cn (211.157.2.93), 30 hops max, 60 byte packets
......
16  211.157.14.62.static.in-addr.arpa (211.157.14.62)  55.970 ms  55.880 ms  55.863 ms
                                                              # 注意这里有路由器的名字
17  mail.anti-spam.org.cn (211.157.2.93)  54.777 ms !X  54.732 ms !X  56.636 ms !X
```

例 2：-n 选项

```
li@ubuntu1604:~$ traceroute -n www.linux.cn
traceroute to www.linux.cn (211.157.2.93), 30 hops max, 60 byte packets
......
16  211.157.14.62  55.431 ms  54.348 ms  55.413 ms       # 注意与例 1 的差别
17  211.157.2.93  55.365 ms !X  55.315 ms !X  55.729 ms !X
```

思考题

1. 仔细观察图 17.4（SW 是一个二层交换机，参考本章 netstat -r 命令中给出的概念）。

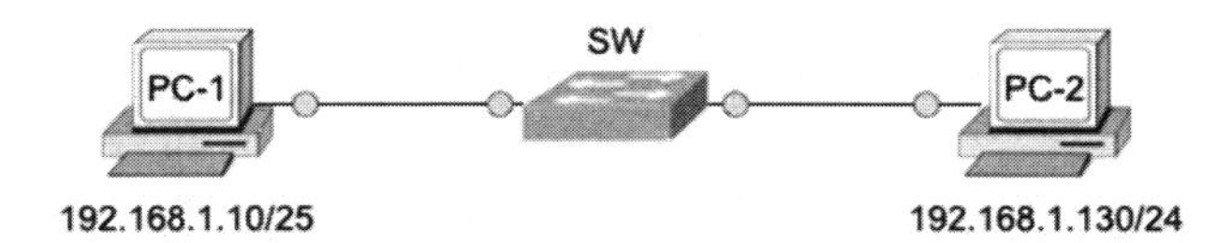

图 17.4　“直连”与“直联”网络

从数据链路层上看，PC-1 与 PC-2 处于一个“直连”的网络中，它们可以直接收发以太网数据帧。但是，从网络层上看，PC-1 是无法 ping 通 PC-2 的：

PC-1 认为 PC-2 和自己不在同一个 IP 网络中（网络号不一样），两者不是“直联”的网络。

但是 PC-2 认为 PC-1 和自己是在同一个 IP 网络中的（网络号一样），两者是“直联”的网络。

请读者仔细思考一下，从 PC-1 上通过 ping 访问 PC-2 与从 PC-2 上通过 ping 访问 PC-1 两者结果有何不同呢？另外，两者的网络号都是 192.168.1.0，为什么不一样呢？

实验 18　IPv6 与 ICMPv6

建议学时：4 学时。

实验知识点：IPv6（P149）、ICMPv6 协议（P156）、隧道技术（P155）。

18.1　实验目的

1. 理解 IPv6 和 ICMPv6 协议。
2. 掌握 IPv6 地址的概念。
3. 掌握 ICMPv6 四种类型的信息报文。
4. 理解邻居、路由器发现。
5. 理解重复地址检测。
6. 理解隧道技术。

18.2　IPv6

1. 基本概念

2017 年 7 月，IPv6 成为正式标准（RFC 8200、STD86），IPv6 主要解决了 IPv4 中存在的一些问题：

- 地址空间耗尽的问题；
- 地址解析的问题；
- 未考虑地址分配聚类导致路由表过大的问题；
- 服务质量不够好的问题；
- 对移动互联支持的问题；
- 安全性问题。

2. 协议语法

IPv6 数据报由基本首部（Base Header）和有效载荷（Payload）两部分构成，如图 18.1 所示。

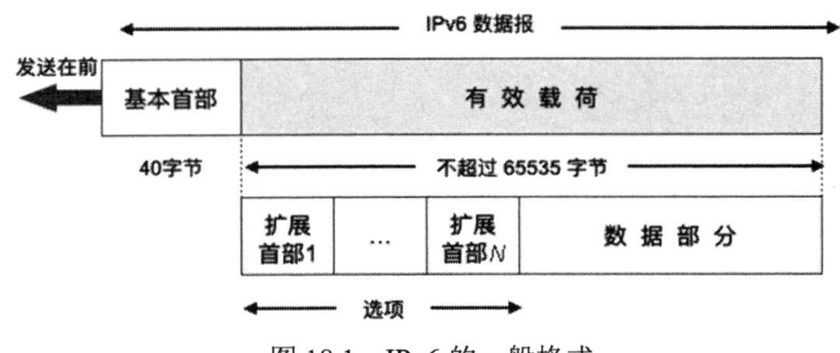

图 18.1　IPv6 的一般格式

IPv6 的基本首部长度是固定的 40 字节，IPv6 使用扩展首部来增加各种新的功能。IPv6 的基本首部格式如图 18.2 所示。

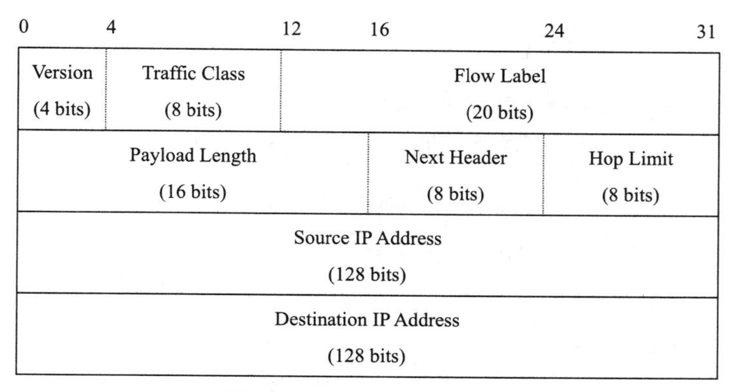

图 18.2　IPv6 基本首部格式

3. 协议语义

（1）Version：版本号，值固定为 6。

（2）Traffic Class：通信量类，与 IPv4 首部中的 ToS 字段等效，没有被广泛使用。

（3）Flow Label：流标识。标识这个 IPv6 分组属于某个源节点和某个目的节点之间的一个特定数据流，经常用于网络资源的预分配，适用于实时音频/视频数据的传送。

（4）Payload Length：有效载荷长度，扩展首部和数据长度之和，不包含 IPv6 首部长度。

（5）Next Header：标明下一个扩展首部的类型，如果没有扩展首部，那么这个字段指明的是运输层的协议类型，例如 TCP 或 UDP。

（6）Hop Limit：跳数限制，与 IPv4 首部中的 TTL 类似，最大为 255。

（7）Source IP Address：源地址，128 位，即 16 字节长。

（8）Destination IP Address：目的地址，128 位，即 16 字节长。

4. IPv6 与 IPv4

我们回顾一下 IPv4 的首部格式，如图 18.3 所示。

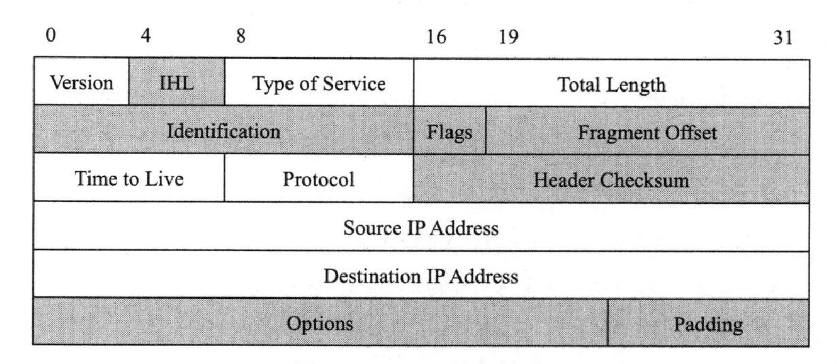

图 18.3　IPv4 首部格式

IPv4 首部一共由 13 个字段构成，而 IPv6 首部只有 8 个字段，相比 IPv4，IPv6 更加简洁，而且基本首部定长 40 字节。图 18.3 中深颜色的字段在 IPv6 中被删除了，其他字段有些原样保留，有些位置和名字发生了变化。在 IPv6 中新增了一个“Flow Label”字段，另外，地址的表示形式也发生了变化，由 IPv4 的点分十进制形式变成了冒号十六进制形式。

5. IPv6 地址

IPv6 地址为 128 位，为了减小其表示长度，以冒号十六进制形式表示（Colon Hexadecimal Notation，简写为 Colon Hex），并且支持 0 压缩（P153）。IPv6 地址的分类如表 18.1 所示。

表 18.1 IPv6 地址的分类

<table>
<tr><th>地址类型</th><th>地址块前缀</th><th>前缀的 CIDR 记法</th><th>说明</th></tr>
<tr><td>未指明地址</td><td>00…0（128 位）</td><td>::/128</td><td></td></tr>
<tr><td>环回地址</td><td>00…1（128 位）</td><td>::1/128</td><td>类似于 IPv4 中的 127.0.0.1</td></tr>
<tr><td>多播（组播）地址</td><td>11111111</td><td>FF00::/8</td><td>注意：FF02::1、FF02::2、FF02::1FFXX:XXXX</td></tr>
<tr><td>本地站点单播地址</td><td>1111111011</td><td>FEC0::/10</td><td>类似 IPv4 中的私有 IP</td></tr>
<tr><td>本地链路单播地址</td><td>1111111010</td><td>FE80::/10</td><td>类似于 168.254.0.0/16，是强制性的，不能过路由器。接口可以分配多个 IPv6 地址，该地址可防止多个不同的下一跳</td></tr>
<tr><td rowspan="2">全球单播地址</td><td rowspan="2" colspan="2">剩余所有的</td><td>2001::/16 是分配给主机用的</td></tr>
<tr><td>2002::/16 是设备使用的，用于实现 6-to-4 隧道</td></tr>
</table>

（1）本实验用到的几个特殊组播[①]（多播）地址

- FF02::1　本链路内所有节点的组播地址（包括路由器和主机，在二层直连网络中使用）。
- FF02::2　本链路内所有路由器的组播地址（在二层直连网络中使用）。
- FF02::1FFXX:XXXX　Solicited-Node 组播地址（被请求的节点组播地址），Solicited-Node 组播地址形成过程为：在固定的前缀 FF02:0:0:0:0:1:FF::/104 之后，加上 IPv6 地址的低 24 位即可。Solicited-Node 组播地址的范围为：FF02:0:0:0:0:1:FF00:0000~FF02:0:0:0:0:1:FFFF:FFFF。例如，某接口的 IPv6 地址为 FE80::0250:79FF:FE66:6801，其 Solicited-Node 组播地址则为：FF02:0:0:0:0:1:FF66:6801。

其他特殊用途组播地址，请参考相关资料。

（2）本地链路单播地址

对于任何一个启用了 IPv6 的接口，IPv6 的无状态配置均机制使用 EUI-64 格式自动为这个接口配置一个本地链路单播地址。每个接口可以分配多个 IPv6 单播地址，并且管理员可以随时改变这些 IPv6 的地址，这就会导致路由表的下一跳接口相同但下一跳 IPv6 地址不一样的情况，利用接口唯一且不会发生变化的本地链路单播地址，就可很好地解决这一问题。

无状态自动配置是指网络中没有 DHCPv6 服务器的情况下，为节点接口自动配置 IPv6 地址的方法，具体实现方法如下：

---

① “多播”与“组播”属于同一概念，本书不做区分。

首先在 48 位的 MAC 地址中间插入 FFFE，然后将第 7 位反转，原来是 1 变为 0，原来是 0 变为 1，这样把 48 位的 MAC 地址变成 64 位，最后再拼接到 FE80::的后面，得到 128 位的本地链路单播地址。

例如，某接口的 MAC 地址为 00:50:79:66:68:01，中间插入 FFFE 并将第 7 位反转得到 0250:79FF:FE66:6801，拼接到 FE80::的后面得到 FE80::0250:79FF:FE66:6801。

（3）必须有的 IPv6 地址

一旦节点的接口启用了 IPv6，那么接口就会自动生成下列地址：

- 本地链路地址；
- 回环地址；
- 所有节点组播地址 FF02::1；
- 如果是路由器，还会有 FF02::2；
- 如果接口分配了一个 IPv6 的单播地址，还会产生被请求节点的组播地址。

例如：

```
R4#show ipv6 int f0/1
FastEthernet0/1 is up, line protocol is up
  IPv6 is enabled, link-local address is FE80::C006:BFF:FE28:1  # 本地链路单播地址
  Global unicast address(es):                                  # 全球单播地址
    2001::1, subnet is 2001::/64
  Joined group address(es):
    FF02::1                                                    # 本地链路节点地址
    FF02::2                                                    # 本地链路路由器地址
    FF02::5                                                    # 所有 OPSF 路由器使用的组播地址
    FF02::6                                                    # OPSF 中 DR 路由器使用的组播地址
    FF02::1:FF00:1                                             # 被请求节点的组播地址
    FF02::1:FF28:1                                             # 被请求节点的组播地址
```

18.3 ICMPv6

1. 基本概念

与 ICMP 类似，ICMPv6 分为两大类，一类是差错报告报文，另一类是信息报文。但是 ICMPv6 的功能得到了大幅度的增强：它把 ICMP 中的 ARP、IGMP 协议的功能全部整合到 ICMPv6 中，解决了 ARP 协议高度依赖数据链路层的问题及 ARP 协议的安全性问题，邻站发现仅需要 ICMPv6 就可以实现，因此 ICMPv6 协议功能较多，相对比较复杂。

2. 协议语法语义

ICMPv6 的基本格式如图 18.4 所示。

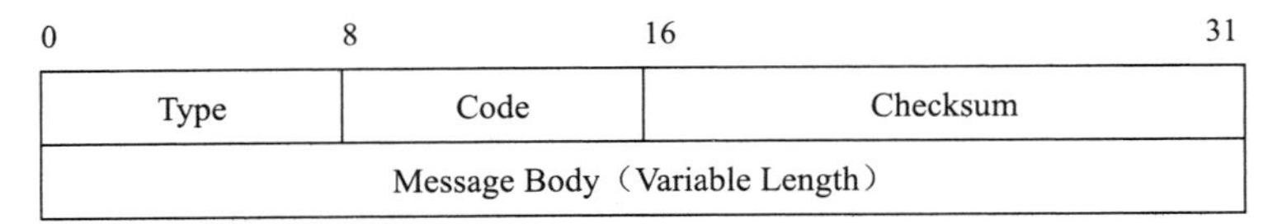

图 18.4　ICMPv6 格式

（1）Type：消息类型，0～127 表示是 ICMPv6 的差错报文，128～255 表示是 ICMPv6 的信息（消息）[①]报文。

（2）Code：表示类型的详细描述，即对类型做进一步的细分。例如，目的不可达的 Type 是 1，如果 Code 为 0，表示没有到达目的的路由，如果 Code 为 4，表示目的主机端口不可达，等等。

3. 邻站发现协议

ICMPv6 的邻站发现协议（Neighbor Discovery Protocol，NDP）是 IPv6 协议体系中的一个重要协议，它实现了路由发现、地址解析、重复地址检测和路由重定向的功能。本实验教程仅对 ICMPv6 的路由发现、地址解析和重复地址检测进行简单的分析。

ICMPv6 使用了五种类型的信息报文，来实现上述功能。五种类型的信息报文如表 18.2 所示。

表 18.2　ICMPv6 邻站发现协议使用的信息报文

类型（Type）	代码（Code）	说明
133	0	路由器请求（RS）
134	0	路由器通告（RA）
135	0	邻居请求（NS）
136	0	邻居通告（NA）
137	0	路由重定向（Redirect）

NDP 协议功能与五种类型的信息报文的对应关系如表 18.3 所示。

表 18.3　NDP 协议功能与信息报文的对应关系

NDP 协议功能	说明	报文类型
路由发现	主机确定本地链路上的路由器和相关配置信息的过程，包含路由器发现、前缀发现和参数发现	RS、RA
地址解析	类似 ARP 协议，根据目的 IP 地址，确定目的链路层地址	NS、NA
重复地址检测	节点判断即将使用的 IP 地址是否被其他节点使用的过程	NS、NA
邻居不可达检测	判断邻居节点是否可达	NS、NA
路由重定向	与 ICMP 路由重定向的功能类似	Redirect

[①] 在本实验教程中，“信息”与“消息”为同一概念。

注意，邻站发现协议仅在本链路范围（即直连[1]网络内）有效。

4. RS 与 RA

（1）RS 消息格式

ICMPv6 路由器请求（Router Solicitation）消息格式如图 18.5 所示。

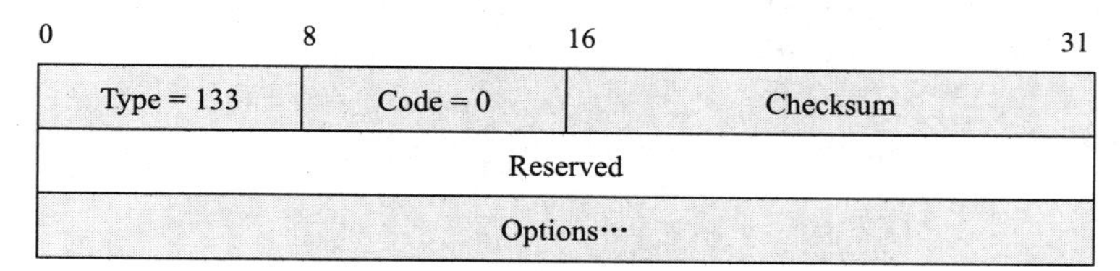

图 18.5　RS 消息格式

节点（主机）启动后，主动向本链路内的路由器发送 RS 消息，请求 IPv6 前缀及其他配置信息，节点通过接收路由发出的 RA 实现自动配置。

（2）RA 消息格式

ICMPv6 路由器通告（Router Advertisement）消息格式如图 18.6 所示。

0	8			16　　　　31
Type = 134	Code = 0			Checksum
Cur Hop Limit	M	O	Reserved	Router Lifetime
Reachable Time				
Retrans Timer				
Options···				

图 18.6　RA 消息格式

RA 消息可以是对 RS 消息的响应，也可以由路由器主动发布，通告其 IPv6 地址前缀信息和标志位等信息（假设没有抑制路由器发送 RA 消息，则参考本实验思考题 4）。

- Cur Hop Limit：告诉本链路上的节点发出的 IPv6 分组中 TTL 的初始值为多少，若为 0 表示未指定。
- M：Managed Address Configuration（M 比特位），指示主机使用何种自动配置方式来获取 IPv6 单播地址。M=1 时，收到该 RA 消息的主机将使用有状态配置协议（DHCPv6）来获取 IPv6 地址，否则使用无状态地址自动配置。
- O：Other Configuration（O 比特位），默认为 0。指示主机使用何种方式来配置除 IPv6 地址外的其他配置信息（如 DNS 等）。该位的值如果为 1，则收到该 RA 消息的主机将使用配置协议（DHCPv6）来获取除 IPv6 地址外的其他配置信息。
- Router Lifetime：告诉节点发出 RA 的路由器作为默认路由器的生存时间，以秒为单位。最大值为 65535 秒，约 18.2 小时。如果 Router Lifetime=0，说明发出 RA 的路由器不是默认路由器。

[1] 参考实验 17 中的 netstat -r 命令。

- Reachable Time：以毫秒为单位，告知本链路上的所有节点，在收到邻居可达性确认后，在 Reachable Time 时间内，认为该邻居是可到达的。如果该值为 0，说明路由器没有指定。
- Retrans Timer：以毫秒为单位，节点没有收到 NA 而重新发送 NS 消息的间隔时间。如果该值为 0，则说明路由器没有指定。
- Options：源站的链路层地址、MTU、IPv6 地址的前缀信息。

（3）NS 消息格式

ICMPv6 邻居请求（Neighbor Solicitation）消息格式如图 18.7 所示。

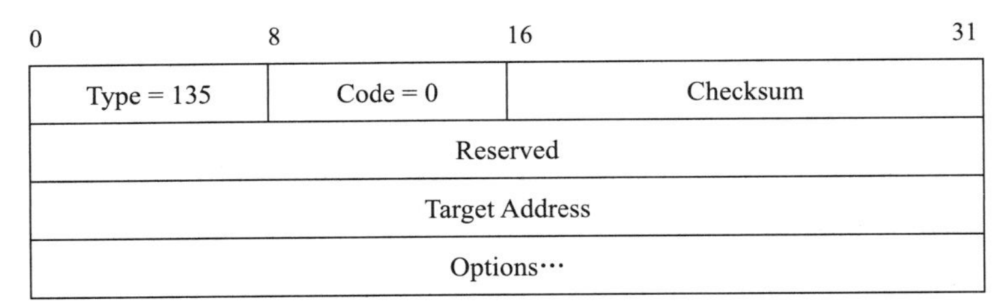

图 18.7　NS 消息格式

Type 字段值为 135，Code 字段值为 0，在地址解析中的作用类似于 IPv4 中的 ARP 请求报文，用来获取邻居的链路层地址。当然，在验证邻居是否可达，进行重复地址检测等主机也使用 NS 消息来实现。

（4）NA 消息格式

ICMPv6 邻居通告（Neighbor Advertisement）消息格式如图 18.8 所示。

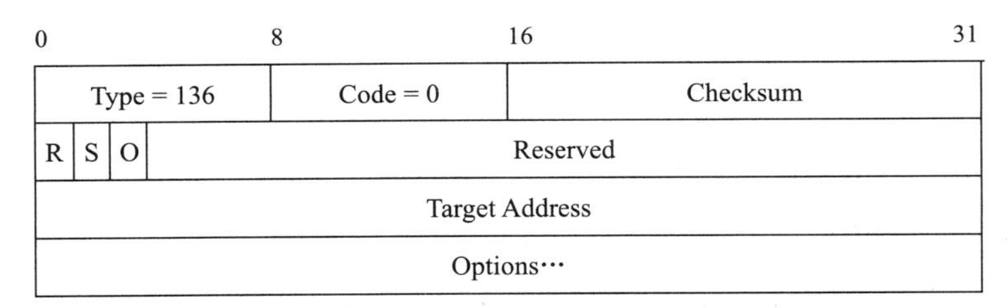

图 18.8　NA 消息格式

Type 字段值为 136，Code 字段值为 0，表示该 ICMPv6 报文是邻居通告报文。

- R：路由器（Router）标志。当 R=1 时，表示发送者是一个路由器。
- S：被请求（Solicited）标志。当 S=1 时，表示这是一个对 NS 消息的响应消息。S 比特在邻居不可达检测机制中用于可达性的确认。在组播的 NA（DAD）和主动发送的 NA 中，S 位不能置为 1。
- O：重载（Override）标志。当 O=1 时，表示这个 NA 应该更新已存在的邻居缓存表项中的链路层地址。当该位为 0 时，只有在邻居缓存的表项中没有链路层地址时，这个 NA 才可以更新邻居缓存表项。
- Target Address：如果是对 NS 消息响应的 NA 消息，Target Address 应与相应 NS 消息中的 Target Address 相同，即被请求的 IPv6 地址。
- Options：其中包含目的节点请求的链路层地址，如果是响应组播 NS 消息（例如，DAD、地址解析），必须使用该选项；响应单播的 NS 时（NUD），可以使用该选项。

18.4 实验拓扑和配置

1. 实验拓扑（如图 18.9 所示）

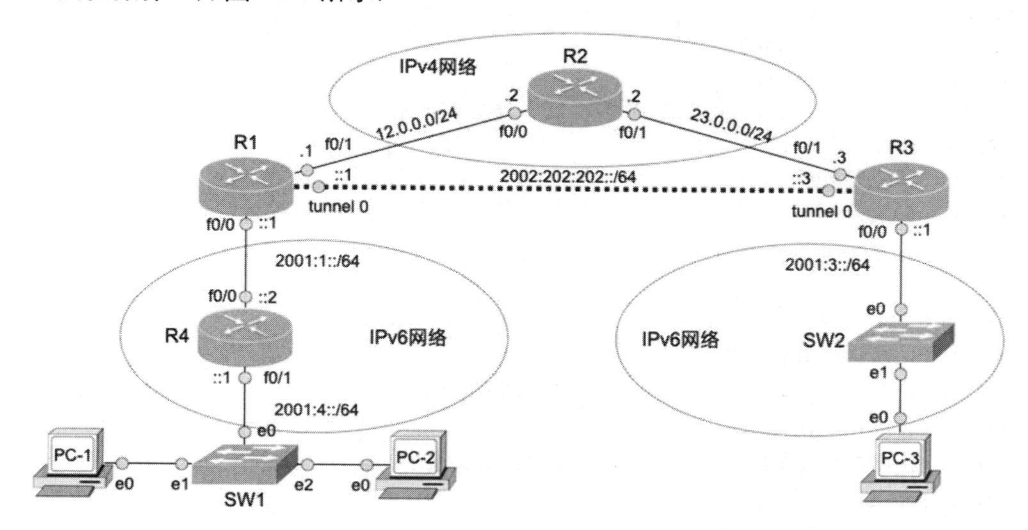

图 18.9　实验拓扑

实验拓扑中的左、右两个 IPv6 网络采用隧道技术通过中间的 IPv4 网络互连互通。

2. 实验配置

（1）接口配置

● R1 接口配置

```
R1#conf t
R1(config)#int lo0
R1(config-if)#ip address 1.1.1.1 255.255.255.0
R1(config-if)#int f0/1
R1(config-if)#ip address 12.0.0.1 255.255.255.0
R1(config-if)#no shut
R1(config-if)#int f0/0
R1(config-if)#ipv6 address 2001:1::1/64            # 配置接口的全局 IPv6 地址
R1(config-if)#no shut

R1(config-if)#int tunnel 0
R1(config-if)#ipv6 address 2002:202:202:202::1/64  # 配置隧道的 IPv6 地址
R1(config-if)#tunnel source f0/1
R1(config-if)#tunnel destination 23.0.0.3          # 隧道对端的 IPv4 地址
R1(config-if)#tun mode ipv6ip                      # IPv6 封装到 IPv4 中
R1(config-if)#no shut
R1(config-if)#end
R1#wr
```

● R2 接口配置

```
R2#conf t
```

```
R2(config)#int lo0
R2(config-if)#ip address 2.2.2.2 255.255.255.0
R2(config-if)#int f0/0
R2(config-if)#ip address 12.0.0.2 255.255.255.0
R2(config-if)#no shut
R2(config-if)#int f0/1
R2(config-if)#ip address 23.0.0.2 255.255.255.0
R2(config-if)#no shut
R2(config-if)#end
R2#wr
```

- R3 接口配置

```
R3#conf t
R3(config)#int lo0
R3(config-if)#ip address 3.3.3.3 255.255.255.0
R3(config-if)#int f0/1
R3(config-if)#ip address 23.0.0.3 255.255.255.0
R3(config-if)#no shut
R3(config-if)#int f0/0
R3(config-if)#ipv6 address 2001:3::1/64
R3(config-if)#no shut
R3(config-if)#int tunnel 0
R3(config-if)#ipv6 address 2002:202:202:202::3/64
R3(config-if)#tunnel source f0/1
R3(config-if)#tunnel destination 12.0.0.1
R3(config-if)#tunnel mode ipv6ip
R3(config-if)#no shut
R3(config-if)#end
R3#wr
```

- R4 接口配置

```
R4#conf t
R4(config)#int lo0
R4(config-if)#ip address 4.4.4.4 255.255.255.0
R4(config)#int f0/0
R4(config-if)#ipv6 address 2001:1::2/64
R4(config-if)#no shut
R4(config-if)#int f0/1
R4(config-if)#ipv6 address 2001:4::1/64
R4(config-if)#no shut
R4(config-if)#int tunnel 0
R4(config-if)#ipv6 address 2002:202:202:202::1/64
R4(config-if)#no shut
R4(config-if)#end
R4#wr
```

（2）配置 IPv4 网络连通性（OSPF 配置）

- 为 R1、R2 和 R3 路由器配置 OSPF 路由选择协议

```
R1#conf t
R1(config)#router ospf 1
R1(config-router)#network 0.0.0.0 0.0.0.0 area 0
R1(config-router)#end
R1#wr

R2#conf t
R2(config-if)#router ospf 1
R2(config-router)#network 0.0.0.0 0.0.0.0 area 0
R2(config-router)#end
R2#wr

R3#conf t
R3(config)#router ospf 1
R3(config-router)#network 0.0.0.0 0.0.0.0 area 0
R3(config-router)#end
R3#wr
```

- 验证 IPv4 网络的连通性

```
R1#ping 3.3.3.3
Type escape sequence to abort.
Sending 5, 100-byte ICMP Echos to 3.3.3.3, timeout is 2 seconds:
!!!!!
Success rate is 100 percent (5/5), round-trip min/avg/max = 24/32/48 ms
```

（3）IPv6 网络配置

- 为 R1 的 IPv6 路由配置 ospf6

```
R1#conf t
R1(config)#ipv6 unicast-routing      # 开启 IPv6 的路由功能
R1(config)#ipv6 router ospf 1
R1(config-rtr)#int f0/0
R1(config-if)#ipv6 ospf 1 area 0
R1(config-if)#int tunnel 0
R1(config-if)#ipv6 ospf 1 area 0
R1(config-if)#end
R1#wr
```

- 为 R3 的 IPv6 路由配置 ospf6

```
R3#conf t
R3(config)#ipv6 unicast-routing
R3(config)#ipv6 router ospf 1
R3(config-rtr)#int f0/0
R3(config-if)#ipv6 ospf 1 area 0
R3(config-if)#int tunnel 0
R3(config-if)#ipv6 ospf 1 area 0
```

```
R3(config-if)#end
R3#wr
```

- 为 R4 的 IPv6 路由配置 ospf6

```
R4#conf t
R4(config)#ipv6 unicast-routing
R4(config)#ipv6 router ospf 1
R4(config-rtr)#int f0/0
R4(config-if)#ipv6 ospf 1 area 0
R4(config-if)#int f0/1
R4(config-if)#ipv6 ospf 1 area 0
R4(config-rtr)#int tunnel 0
R4(config-if)#ipv6 ospf 1 area 0
R4(config-if)#end
R4#wr
```

- 验证 IPv6 网络的连通性

```
R4#ping 2001:3::1
Type escape sequence to abort.
Sending 5, 100-byte ICMP Echos to 2001:3::1, timeout is 2 seconds:
!!!!!
Success rate is 100 percent (5/5), round-trip min/avg/max = 20/36/52 ms
```

18.5 路由发现

我们知道，主机必须正确配置 IP 地址和默认路由等相关信息，才能访问互联网上的其他主机，在 IPv4 中，这种配置工作可以由主机使用者人为配置或使用 DHCP 自动配置。

在 IPv6 中，除有 IPv4 中的两种配置方式外（人工或 DHCPv6），还可以通过 RS、RA 消息实现无状态自动配置：主机收到路由器通告的全局地址前缀之后，根据自己接口的链路层地址，得到一个全局单播地址。

1. 实验流程（如图 18.10 所示）

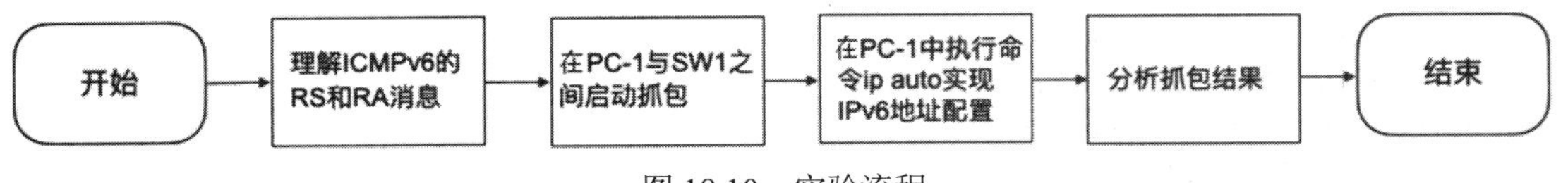

图 18.10　实验流程

2. 实验方法

（1）在如图 18.9 所示的拓扑图中，分别启动路由器 R4 和 PC-1。

（2）在 PC-1 与 SW1 之间启动抓包。

（3）在 PC-1 上按序执行以下命令：

```
PC-1> clear ipv6
IPv6 address/mask and router link-layer address cleared
```

```
PC-1> ip auto
GLOBAL SCOPE       : 2001:4::2050:79ff:fe66:6800/64  # 自动配置的本地链路单播地址
ROUTER LINK-LAYER : c2:04:07:41:00:01               # 路由器 R4 接口 f0/1 的 MAC 地址

PC-1> show ipv6

NAME               : PC-1[1]
LINK-LOCAL SCOPE   : fe80::250:79ff:fe66:6800/64     # 自动配置的本地链路地址
GLOBAL SCOPE       : 2001:4::2050:79ff:fe66:6800/64  # 自动配置的全局单播地址
DNS                :
ROUTER LINK-LAYER : c2:04:07:41:00:01            # 得到了路由器 MAC 地址（地址解析）
MAC                : 00:50:79:66:68:00               # 本主机接口的 MAC 地址
LPORT              : 10032
RHOST:PORT         : 127.0.0.1:10033
MTU:               : 1500
```

3. 结果分析

（1）抓包结果（如图 18.11 所示）

icmpv6

No.	Source	Destination	Protocol	Info
2	::	ff02::2	ICMPv6	Router Solicitation
3	fe80::c004:7ff:fe41:1	ff02::1	ICMPv6	Router Advertisement from c2:04:07:41:00:01

图 18.11　RS、RA 抓包结果

（2）结果分析

- PC-1 发送的 RS 消息如下（图 18.11 中序号为 2 的包）：

```
Ethernet II, Src: 00:50:79:66:68:00, Dst: 33:33:00:00:00:02 # 注意目的 MAC 地址
Internet Protocol Version 6, Src: ::, Dst: ff02::2  #目的地址为本链路上的所有路由器
   0110 .... = Version: 6
   .... 0000 0000 .... .... .... .... .... = Traffic Class: 0x00 (DSCP: CS0,
ECN: Not-ECT)
   .... .... .... 0000 0000 0000 0000 0000 = Flow Label: 0x00000
   Payload Length: 8
   Next Header: ICMPv6 (58)                       # 下一个首部为 ICMPv6
   Hop Limit: 255
   Source: ::
   Destination: ff02::2                           # 注意目的地址
Internet Control Message Protocol v6
   Type: Router Solicitation (133)                # 类型值=133，路由器请求报文
   Code: 0
   Checksum: 0x7bb8 [correct]
   Reserved: 00000000
```

由于 PC-1 没有 IPv6 地址，PC-1 执行命令 ip auto 时，会发送路由器请求 RS 消息，源 IPv6 地址为::，目的 IPv6 地址为 FF02::2，即发送给本链路上所有的路由器。

请注意，33:33:00:00:00:02 这个特殊的 MAC 地址就是本链路上的所有路由器多播地址 FF02::2 相对应的以太网多播 MAC 地址。

- R4 发送的 RA 消息如下（图 18.11 中序号为 3 的包）：

```
Ethernet II, Src: c2:04:07:41:00:01, Dst: 33:33:00:00:00:01 # 注意目的MAC 地址
Internet Protocol Version 6, Src: fe80::c004:7ff:fe41:1, Dst: ff02::1
Internet Control Message Protocol v6
    Type: Router Advertisement (134)  # 类型值=134，路由器通告报文
    Code: 0
    Checksum: 0x6e12 [correct]
    Cur hop limit: 64                  # 告诉主机，在发送的 IPv6 分组中将 TTL 设置为 64
    Flags: 0x00, Prf (Default Router Preference): Medium
        0... .... = Managed address configuration: Not set
                                                # 告诉主机采用无状态自动地址配置
        .0.. .... = Other configuration: Not set  # 告诉主机其他配置也是自动配置
        ..0. .... = Home Agent: Not set
        ...0 0... = Prf (Default Router Preference): Medium (0)
        .... .0.. = Proxy: Not set
        .... ..0. = Reserved: 0
    Router lifetime (s): 1800                   # 告诉主机路由器作为默认路由的时间
    Reachable time (ms): 0                      # 邻居可达时间未设置
    Retrans timer (ms): 0                       # 重传 NS 时间未设置
    ICMPv6 Option (Source link-layer address : c2:04:07:41:00:01)
                                                # 路由器的 MAC 地址，地址解析
    ICMPv6 Option (MTU : 1500)                  # 本链路内网络的 MTU
    ICMPv6 Option (Prefix information : 2001:4::/64)
                                                # 告诉主机自动配置单播地址的网络前缀
```

由于 PC-1 在规定的时间收到了路由器发送的 NA，因此 PC-1 知道这是对它发送 RS 消息的应答报文。

源 IPv6 地址为 R4 路由器接口 f0/1 的本地链路地址，因为路由器 R4 收到的 RS 消息中没有源 IPv6 地址，所以 R4 发送 NA 消息的目的 IPv6 地址是本链路上的所有节点地址，即 FF02::1。

请注意，33:33:00:00:00:01 这个特殊的 MAC 地址是本链路上的所有节点多播地址 FF02::1 相对应的以太网多播 MAC 地址。

通过 RS、RA 消息，PC-1 采用无状态地址自动配置的方式，最终得到了全局单播 IPv6 地址、默认路由器以及默认路由器的 MAC 地址（参考 18.2 节的相关内容）。

18.6 地址解析

在 IPv4 中，从 IP 地址获取 MAC 地址的解析是由 ARP 协议实现的，它必须知道链路层采用的是何种协议。在 IPv6 中，这种地址解析工作是由 ICMPv6 的 NS、NA 消息实现的。

1. 实验流程（如图 18.12 所示）

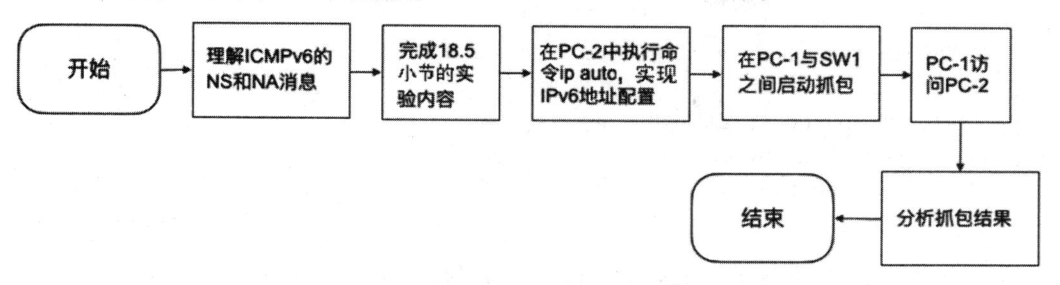

图 18.12　实验流程

2. 实验方法

（1）完成 18.5 的实验。

（2）在 PC-2 中执行以下命令：

```
PC-2> ip auto
GLOBAL SCOPE      : 2001:4::2050:79ff:fe66:6801/64          # PC-2 的全局单播地址
ROUTER LINK-LAYER : c2:04:07:41:00:01                       # 默认路由器的 MAC 地址
```

（3）在 PC-1 与 SW1 之间启动抓包。

（4）在 PC-1 中执行 ping 命令。

```
PC-1> ping 2001:4::2050:79ff:fe66:6801                   # ping 主机 PC-2 的全局单播地址
```

3. 结果分析

（1）抓包结果（如图 18.13 所示）

icmpv6

No.	Source	Destination	Protocol	Info
3	2001:4::2050:79ff:fe66:6800	ff02::1:ff66:6801	ICMPv6	Neighbor Solicitation
4	2001:4::2050:79ff:fe66:6801	2001:4::2050:79ff:fe66:6800	ICMPv6	Neighbor Advertisement
5	2001:4::2050:79ff:fe66:6800	2001:4::2050:79ff:fe66:6801	ICMPv6	Echo (ping) request id
6	2001:4::2050:79ff:fe66:6801	ff02::1:ff66:6800	ICMPv6	Neighbor Solicitation
7	2001:4::2050:79ff:fe66:6800	2001:4::2050:79ff:fe66:6801	ICMPv6	Neighbor Advertisement

图 18.13　NS、NA 消息

（2）结果分析

PC-1 要访问 PC-2，必须知道 PC-2 的 MAC 地址（链路层地址），在 IPv4 中通过 ARP 协议获取目的主机的链路层地址。在 ICMPv6 中，通过 NS 和 NA 消息获得本链路内邻居节点的链路层地址。具体做法是：从 PC-1 向 PC-2（被请求节点的多播地址）发送 NS 消息，PC-2 收到 NS 消息之后发送 NA 消息进行响应，其链路层地址随 NA 消息发送给 PC-1。

- PC-1 发送的 NS 消息如下（图 18.13 中序号为 3 的包）：

```
Ethernet II, Src: 00:50:79:66:68:00, Dst: 33:33:ff:66:68:01 # 注意目的 MAC 地址
Internet Protocol Version 6, Src: 2001:4::2050:79ff:fe66:6800, Dst:
ff02::1:ff66:6801                                          # 注意目的地址
Internet Control Message Protocol v6
    Type: Neighbor Solicitation (135)                      # 类型值=135，邻居请求报文
    Code: 0
    Checksum: 0xee07 [correct]
```

```
    Reserved: 00000000
    Target Address: 2001:4::2050:79ff:fe66:6801          # 目标 PC-2 的 IPv6 地址
    ICMPv6 Option (Source link-layer address : 00:50:79:66:68:00)
                                                          # 选项中包含源的 MAC 地址
        Type: Source link-layer address (1)
        Length: 1 (8 bytes)
        Link-layer address: Private_66:68:00 (00:50:79:66:68:00)
                                                          # 源站 PC-1 的链路层地址
```

NS 消息的源 IPv6 地址是发送站 PC-1 的全局单播地址，目的地址是被请求节点的组播地址 FF02::1:FF66:6801，根据无状态地址自动配置的机制，我们可以知道，这个组播地址与目标的全局单播地址相对应。

在 IPv4 中，ARP 在本地链路范围内使用目标 IPv4 地址（被请求节点）获取目标的 MAC 地址；在 ICMPv6 中，NS 消息是在本地链路范围内使用被请求节点的组播地址获取其 MAC 地址的。

- PC-2 发送的 NA 消息如下（图 18.13 中序号为 4 的包）：

```
Ethernet II, Src: 00:50:79:66:68:01, Dst: 00:50:79:66:68:00
Internet Protocol Version 6, Src: 2001:4::2050:79ff:fe66:6801, Dst:
2001:4::2050:79ff:fe66:6800
Internet Control Message Protocol v6
    Type: Neighbor Advertisement (136)              #类型值=136，邻居通告报文
    Code: 0
    Checksum: 0xd1b5 [correct]
    Flags: 0x60000000, Solicited, Override
        0... .... .... .... .... .... .... .... = Router: Not set# 不是路由器发送的
NA 消息
        .1.. .... .... .... .... .... .... .... = Solicited: Set  # 是对NS 的响应消息
        ..1. .... .... .... .... .... .... .... = Override: Set  # 邻居需更新缓存
中的链路层地址
        ...0 0000 0000 0000 0000 0000 0000 0000 = Reserved: 0
    Target Address: 2001:4::2050:79ff:fe66:6801     # 被请求节点的 IPv6 地址
    ICMPv6 Option (Target link-layer address : 00:50:79:66:68:01)
                                                    # 被请求节点的 MAC 地址
```

请注意 Flags 中的标志位：

R 位置 1，表示该 NA 消息是由路由器发送的，否则表示是主机发送的。这里的 NA 消息是由主机 PC-2 发送的，所以 R 位置 0。

S 位置 1，表示该消息是对 NS 消息的一个响应 NA 消息，可以理解为是 PC-2 被动发送的。如果主机主动发送 NA 消息，则 S 位置 0。S 位还可以用于判断邻居是否可达。

主机向邻居发送 NS 消息，如果在规定的时间内没有收到邻居的 NA 消息，则该主机到邻居是不可达的；如果在规定时间内收到了 NA 消息，但是该消息中的 S 位为 0，则说明该 NA 消息不是对 NS 消息的响应，也就意味着邻居没有收到主机发送给它的 NS 消息，即主机到邻居是不可达的，但是，邻居到主机却是可达的，因为主机收到了邻居主动发出的 NA 消息。

请大家注意，图 18.13 中序号为 6 和 7 的包是 PC-2 与 PC-1 之间的 NS、NA 消息。通

过 PC-1 与 PC-2 的 NS、NA 消息，双方均已知道对方的 MAC 地址了，为什么 PC-2 还要发送 NS 消息呢？我们可以认为，这是 PC-2 利用 NS、NA 消息进行邻居可达性检测。

18.7 重复地址检测

1. 重复地址检测（Duplicate Address Detection，DAD）原理

如果网络中的 IPv6 地址全部都是由手工配置的，则很有可能会出现地址重复使用的问题，为了解决这个问题，在 IPv6 中，我们利用 NS 和 NA 消息实现重复地址检测的功能。

有了前面的理论和实验基础，我们很容易理解重复地址检测的工作原理：

检测方发送一个 NS 消息，源 IP 地址为::，目的 IPv6 地址是被请求节点的组播地址（由自己即将使用的临时地址生成），检测方如果收到了一个 NA 消息的响应，且该消息的源地址就是自己即将使用的临时地址，则说明该临时地址已被使用，如图 18.14 所示（图 18.9 中的部分拓扑）。

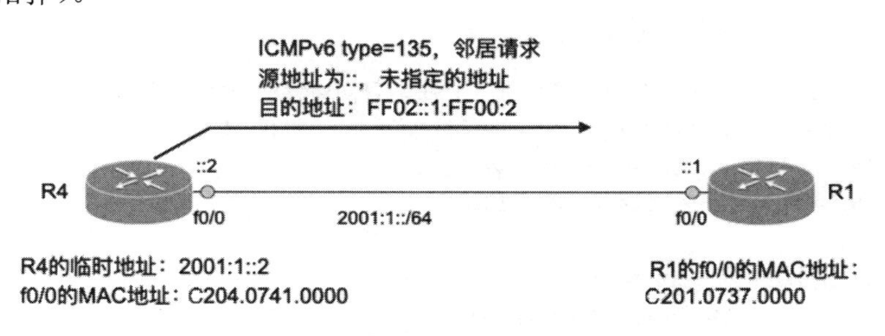

图 18.14　重复地址检测原理

2. 实验流程（如图 18.15 所示）

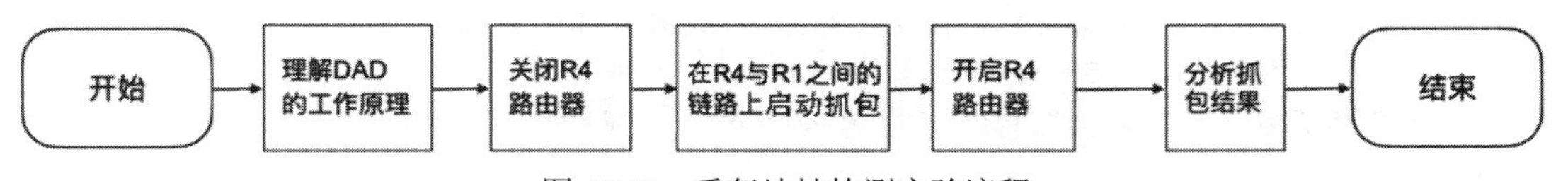

图 18.15　重复地址检测实验流程

3. 结果分析

（1）抓包结果（如图 18.16 所示）

icmpv6.type==135 or icmpv6.type==136

No.	Source	Destination	Protocol	Info
15	::	ff02::1:ff41:0	ICMPv6	Neighbor Solicitation
18	fe80::c004:7ff:fe41:0	ff02::1	ICMPv6	Neighbor Advertisement
23	::	ff02::1:ff00:2	ICMPv6	Neighbor Solicitation
30	2001:1::2	ff02::1	ICMPv6	Neighbor Advertisement
32	fe80::c004:7ff:fe41:0	ff02::1:ff37:0	ICMPv6	Neighbor Solicitation
33	fe80::c001:7ff:fe37:0	fe80::c004:7ff:fe41:0	ICMPv6	Neighbor Advertisement
38	fe80::c001:7ff:fe37:0	fe80::c004:7ff:fe41:0	ICMPv6	Neighbor Solicitation
39	fe80::c004:7ff:fe41:0	fe80::c001:7ff:fe37:0	ICMPv6	Neighbor Advertisement

图 18.16　重复地址检测抓包结果

注意观察序号为 15 和 23 的包，源 IPv6 地址均为未指定地址::，分析这两个包的目的 IPv6 地址，我们可以看出：序号为 15 的包是 R4 发出的，对本地链路单播地址进行重复检

测（注意图 18.14 中的 MAC 地址）；序号为 23 的包是 R4 发出的，对临时分配给它的全局单播地址（2001:1::2）进行重复检测。

注意，在图 18.16 中，并未抓到对序号为 15、23 的包的 NS 消息的响应 NA 消息，也就意味着 R4 接口 f0/0 使用的本地链路单播地址和全局单播地址没有被别的主机使用。

（2）分析 NA 消息

上述抓包结果中包含了 4 个 NA 消息，注意观察这些 NA 消息的源地址：

序号为 18 的消息是路由器 R4 使用本地链路单播地址主动发送的 NA 消息，也就意味着 R4 使用的本地链路单播地址 FE80::C004:7FF:FE41:0 在本链路中没有重复。

序号为 30 的消息是路由器 R4 使用源地址 2001:1::2 主动发送的 NA 消息，也就意味着 R4 使用的全局单播地址 2001:1::2 在本链路中没有重复。

请思考一下，如何判断序号为 18 和序号为 30 的包是由路由器 R4 发送的而不是其他节点发送的呢？如果序号为 30 的包不是 R4 路由器发送的，说明地址 2001:1::2 已被其他节点使用。

- 展开序号为 18 的 NA 消息：

```
Ethernet II, Src: c2:04:07:41:00:00, Dst: IPv6mcast_01 (33:33:00:00:00:01)
Internet Protocol Version 6, Src: fe80::c004:7ff:fe41:0, Dst: ff02::1
Internet Control Message Protocol v6
    Type: Neighbor Advertisement (136)
    Code: 0
    Checksum: 0x83cc [correct]
    Flags: 0xa0000000, Router, Override
        1... .... .... .... .... .... .... .... = Router: Set
        .0.. .... .... .... .... .... .... .... = Solicited: Not set
        ..1. .... .... .... .... .... .... .... = Override: Set
        ...0 0000 0000 0000 0000 0000 0000 0000 = Reserved: 0
    Target Address: fe80::c004:7ff:fe41:0
    ICMPv6 Option (Target link-layer address : c2:04:07:41:00:00)
```

注意观察：

R 位置 1，说明这个 NA 消息是由路由器发送的。在 18.6 节的实验中，NA 消息的发送者是主机。

S 位置 0，说明这个 NA 消息不是对某个 NS 消息的响应，而是 R4 路由器主动向本链路上的所有主机发送的通告，即向本链路上的所有节点通告自己的本地链路单播地址和 MAC 地址。这也说明 R4 没有检测到自己的本地链路地址被重复使用，开始使用本地链路单播地址 FE80::C004:7FF:FE41:0。

- 展开序号为 30 的 NA 消息：

```
Ethernet II, Src: c2:04:07:41:00:00, Dst: IPv6mcast_01 (33:33:00:00:00:01)
Internet Protocol Version 6, Src: 2001:1::2, Dst: ff02::1
Internet Control Message Protocol v6
    Type: Neighbor Advertisement (136)
    Code: 0
    Checksum: 0xcd51 [correct]
    Flags: 0xa0000000, Router, Override
```

```
        1... .... .... .... .... .... .... .... = Router: Set
        .0.. .... .... .... .... .... .... .... = Solicited: Not set
        ..1. .... .... .... .... .... .... .... = Override: Set
        ...0 0000 0000 0000 0000 0000 0000 0000 = Reserved: 0
    Target Address: 2001:1::2
    ICMPv6 Option (Target link-layer address : c2:04:07:41:00:00)
        Type: Target link-layer address (2)
        Length: 1 (8 bytes)
        Link-layer address: c2:04:07:41:00:00 (c2:04:07:41:00:00)
```

同样地，这是 R4 路由器主动向本链路上的所有主机发送的通告，向本链路上的所有节点通告自己的全局单播地址和 MAC 地址，说明 R4 没有检测到自己的要使用的临时地址 2001:1::2 被重复使用，开始使用全局单播地址 2001:1::2。

- 展开序号为 32、33 的消息：

  序号为 32 的消息：R4 发出的邻居请求 NS 消息，其目的地址是被请求节点的组播地址。

  序号为 33 的消息：R1 发出的邻居通告 NA 消息，是对 R4 发出的 NS 的响应。

以上这两条消息的作用就是进行地址解析，是由 OSPF 交互信息时触发的。

同样地，序号为 38 和 39 是一对 NS、NA 消息。

请完成本实验思考题 3，理解这对消息的作用。

请完成本实验思考题 5，给出正确的解释。

18.8 隧道技术

1. 工作原理

IPv6 分组在经过 IPv4 网络时，作为数据封装到 IPv4 分组中进行传输。如图 18.9 所示，左右两端的 IPv6 分组在经过中间的 IPv4 网络时采用了隧道技术。

隧道的配置请参考 18.4 节相关内容。

2. 实验流程（如图 18.17 所示）

图 18.17　隧道技术实验流程

3. 实验过程

（1）在 PC-1 和 PC-3 上分别执行以下命令：

```
PC-1> ip auto
GLOBAL SCOPE      : 2001:4::2050:79ff:fe66:6800/64
ROUTER LINK-LAYER : c2:04:07:41:00:01

PC-3> ip auto
GLOBAL SCOPE      : 2001:3::2050:79ff:fe66:6802/64
```

```
ROUTER LINK-LAYER : c2:03:07:40:00:00
```

（2）在 R1 与 R2 之间启动抓包。

（3）从主机 PC-1 上访问目的主机 PC-3。

```
PC-1> ping 2001:3::2050:79ff:fe66:6802

2001:3::2050:79ff:fe66:6802 icmp6_seq=1 ttl=58 time=112.371 ms
2001:3::2050:79ff:fe66:6802 icmp6_seq=2 ttl=58 time=51.571 ms
......
```

4. 结果分析

（1）抓包结果（如图 18.18 所示）

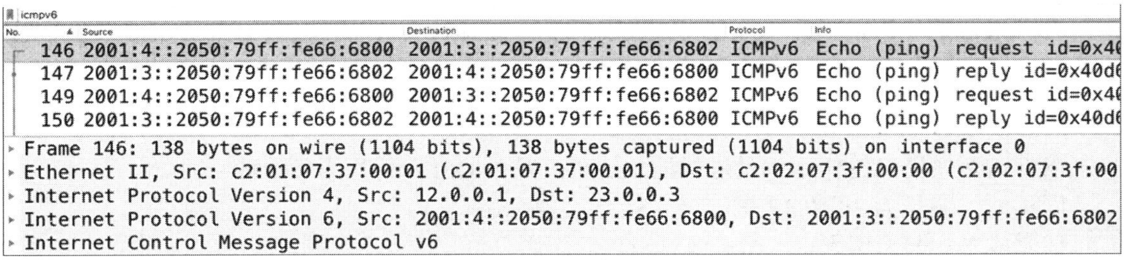

```
icmpv6
No.  Source                      Destination                 Protocol Info
146 2001:4::2050:79ff:fe66:6800 2001:3::2050:79ff:fe66:6802 ICMPv6 Echo (ping) request id=0x4
147 2001:3::2050:79ff:fe66:6802 2001:4::2050:79ff:fe66:6800 ICMPv6 Echo (ping) reply id=0x40d
149 2001:4::2050:79ff:fe66:6800 2001:3::2050:79ff:fe66:6802 ICMPv6 Echo (ping) request id=0x4
150 2001:3::2050:79ff:fe66:6802 2001:4::2050:79ff:fe66:6800 ICMPv6 Echo (ping) reply id=0x40d
Frame 146: 138 bytes on wire (1104 bits), 138 bytes captured (1104 bits) on interface 0
Ethernet II, Src: c2:01:07:37:00:01 (c2:01:07:37:00:01), Dst: c2:02:07:3f:00:00 (c2:02:07:3f:00
Internet Protocol Version 4, Src: 12.0.0.1, Dst: 23.0.0.3
Internet Protocol Version 6, Src: 2001:4::2050:79ff:fe66:6800, Dst: 2001:3::2050:79ff:fe66:6802
Internet Control Message Protocol v6
```

图 18.18　隧道技术抓包结果

展开图 18.18 中序号为 146 的包，结果如下：

```
Ethernet II, Src: c2:01:07:37:00:01, Dst: c2:02:07:3f:00:00
Internet Protocol Version 4, Src: 12.0.0.1, Dst: 23.0.0.3
    0100 .... = Version: 4
    .... 0101 = Header Length: 20 bytes (5)
    Differentiated Services Field: 0x00 (DSCP: CS0, ECN: Not-ECT)
    Total Length: 124
    Identification: 0x001e (30)
    Flags: 0x0000
    Time to live: 255
    Protocol: IPv6 (41)                              # IPv4 中的数据部分为 IPv6 分组
    Header checksum: 0x9837 [validation disabled]
    [Header checksum status: Unverified]
    Source: 12.0.0.1
    Destination: 23.0.0.3
Internet Protocol Version 6, Src: 2001:4::2050:79ff:fe66:6800, Dst:
2001:3::2050:79ff:fe66:6802
Internet Control Message Protocol v6
    Type: Echo (ping) request (128)
    Code: 0
    Checksum: 0x7b9e [correct]
    Identifier: 0xcb59
    Sequence: 1
    Data (56 bytes)
```

（2）结果分析

ICMPv6 的 request 消息封装于 IPv6 分组中，该分组的源地址为 PC-1 的全局单播地址，目的地址为 PC-2 的全局单播地址。IPv6 分组又封装到了 IPv4 分组中，源地址为 R1 接口 f0/1 的 IPv4 地址，目的地址为 R3 接口 f0/1 的 IPv4 地址。

注意，IPv4 分组中的协议值为 41，表明 IPv4 中所封装的数据为 IPv6 分组。

思考题

1. 在 18.6 节中，PC-1 发送的 NS 消息，目的 IPv6 地址为什么采用被请求节点的组播地址而不直接使用被请求节点的单播地址？
2. 请仔细观察图 18.13 的抓包结果，PC-1 和 PC-2 分别发送了 NS 消息和 NA 消息，为什么？
3. 在图 18.16 中，38、39 这对 NS、NA 消息的作用是什么？（参考表 18.3）
4. 在路由器 R1 上执行下列命令：

```
R1(config)#int f0/0
R1(config-if)#ipv6 nd ?
  advertisement-interval  Send an advertisement interval option in RA's
  dad                     Duplicate Address Detection
  managed-config-flag     Hosts should use DHCP for address config
  ns-interval             Set advertised NS retransmission interval
  other-config-flag       Hosts should use DHCP for non-address config
  prefix                  Configure IPv6 Routing Prefix Advertisement
  ra-interval             Set IPv6 Router Advertisement Interval
  ra-lifetime             Set IPv6 Router Advertisement Lifetime
  reachable-time          Set advertised reachability time
  suppress-ra             Suppress IPv6 Router Advertisements
```

   请详细掌握 ipv6 nd 下所有子命令的功能并完成对应的配置，验证这些命令的功能。

5. 以下结果是在图 18.9 拓扑中的 R4 与 R1 之间的链路上抓取的，请仔细分析并给出详细的分析结果。

   抓包结果 1：

```
Ethernet II, Src: c2:04:07:41:00:00, Dst: IPv6mcast_ff:00:00:01 (33:33:ff:00:00:01)
Internet Protocol Version 6, Src: ::, Dst: ff02::1:ff00:1
Internet Control Message Protocol v6
    Type: Neighbor Solicitation (135)
    Code: 0
    Checksum: 0x5aa4 [correct]
    Reserved: 00000000
    Target Address: 2001:1::1
```

   抓包结果 2：

```
Ethernet II, Src: c2:01:07:37:00:00, Dst: IPv6mcast_01 (33:33:00:00:00:01)
Internet Protocol Version 6, Src: 2001:1::1, Dst: ff02::1
```

```
Internet Control Message Protocol v6
    Type: Neighbor Advertisement (136)
    Code: 0
    Checksum: 0xcd60 [correct]
    [Checksum Status: Good]
    Flags: 0xa0000000, Router, Override
        1... .... .... .... .... .... .... .... = Router: Set
        .0.. .... .... .... .... .... .... .... = Solicited: Not set
        ..1. .... .... .... .... .... .... .... = Override: Set
        ...0 0000 0000 0000 0000 0000 0000 0000 = Reserved: 0
    Target Address: 2001:1::1
    ICMPv6 Option (Target link-layer address : c2:01:07:37:00:00)
```

实验 19　MPLS

建议学时：4 学时。

实验知识点：MPLS 的原理、LDP 协议（P189）。

19.1　实验目的

1. 理解 MPLS 的工作原理。
2. 理解 LDP 协议。
3. 了解 MPLS 的工作过程。

19.2　MPLS 简介

1. 路由器“转发”（Forwarding）工作

在互联网中，路由器功能分为两个方面：数据层面和控制层面，数据层面实现分组的快速转发，而控制层面用来告诉数据层面数据转发的依据是什么。在了解 MPLS 之前，我们先回顾一下路由器转发分组的过程中具体做了哪些工作。

（1）入接口

- 物理层上接收比特流；
- 数据链路层上识别帧；
- 网络层上提取帧中的 IP 分组；
- 查找路由表以确定分组从哪个接口转发出去。

（2）出接口

- 获取下一跳路由器接口的硬件地址；
- 将 IP 分组封装成数据链路层上的帧；
- 从出接口物理层上发送比特流。

通过上述描述可以看出，路由器为了转发分组，需要拆/封装数据，比较耗时。

2. 路由器“转发”IP 分组的方式

（1）进程转发：也称为基于数据包的转发，其特点是，路由器对每一个 IP 分组分别独立查找路由，IP 分组处理速度慢、效率低。

（2）快速转发：路由器对每个流中的第一个 IP 分组进行路由查找，并且将第一个 IP 分组的转发信息缓存起来，后续流中的 IP 分组根据缓存信息进行转发，不再查找路由表，因此快速转发是一次路由多次交换，也称为基于缓存的转发。这种转发方式的缺点也是显而易见的：在网络拓扑变化、路由改变、路由震荡等场景下，这种快速转发的性能受到很大的限制。

（3）特快转发：CEF（Cisco Express Forwarding，Cisco 特快转发）是针对快速转发的不足而提出的，它是基于 FIB（Forwarding Information Base，转发信息库）表和邻接表对数据包进行转发的，这些表在数据包到来之前就已经准备好了，由路由器根据路由表自动生成，并且会定时更新。因此，每个流量的第一个 IP 分组到来时，可直接由 FIB 表获得新的 MAC 头信息进行“交换”[①]。我们可以这样理解 CEF：

- FIB 表：是由路由表下发的（从路由表中优化得到的），准备好了从哪个接口转发出去，下一跳是谁。
- 邻接表：已经准备好了准备封装 IP 分组的新的 MAC 帧头部信息（如源 MAC 地址、目的 MAC 地址、类型）。

因此，CEF 被认为是基于拓扑的转发。另外，CEF 是采用硬件进行转发的，速度更快。

3. MPLS

前面讲述的路由器“转发”IP 分组的方式，都是三层转发方式，需要拆/封装数据。是否能够找到一种办法，将路由器的三层转发映射为二层交换呢？MPLS 实现了这样的功能。

MPLS（MultiProtocol Label Switching，多协议标签交换）的工作原理：在 MPLS 域的入口，为每一个数据流（FEC）的 IP 分组打上固定长度的“标签”，中间的 LSR（标签交换路由器，例如图 19.1 中的 R2 和 R3）用硬件对打上标签的 IP 分组进行转发，不再需要到三层查找转发表，而是在数据链路层用硬件进行转发。

4. 实验拓扑

本章实验拓扑如图 19.1 所示。

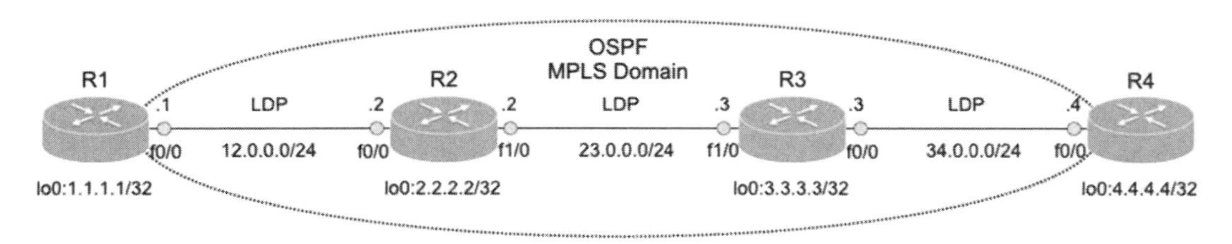

图 19.1　实验拓扑

5. 网络基本配置

从本实验开始，我们不再给出路由器、交换机的逐步配置过程，而是直接用“show run”命令的结果给出各路由器、交换机的配置信息。

- R1 路由器的基本配置

```
ip cef                          # 开启 Cisco 特快转发，默认开启。在全局模式下配置
mpls ldp router-id Loopback0    # 指定 LSR-ID。全局模式下配置
mpls label range 100 199        # 指定本地标签范围，0~15 为保留值。在全局模式下配置
```

[①] “转发”是三层概念，“交换”是二层概念。

```
!
interface Loopback0                    # 在接口模式下配置
 ip address 1.1.1.1 255.255.255.255
!
interface FastEthernet0/0              # 在接口模式下配置
 ip address 12.0.0.1 255.255.255.0
 mpls ip                               # 接口 f0/0 收发 LDP 报文
!
router ospf 1                          # 配置 OSPF 路由选择协议。在全局模式下配置
 router-id 1.1.1.1
 network 1.1.1.1 0.0.0.0 area 0
 network 12.0.0.1 0.0.0.0 area 0
!
```

- R2 路由器的基本配置

```
ip cef
mpls ldp router-id Loopback0
mpls label range 200 299
!
interface Loopback0
 ip address 2.2.2.2 255.255.255.255
!
interface FastEthernet0/0
 ip address 12.0.0.2 255.255.255.0
 mpls ip
!
interface FastEthernet1/0
 ip address 23.0.0.2 255.255.255.0
 mpls ip
!
router ospf 1
 router-id 2.2.2.2
 network 2.2.2.2 0.0.0.0 area 0
 network 12.0.0.2 0.0.0.0 area 0
 network 23.0.0.2 0.0.0.0 area 0
!
```

- R3 路由器的基本配置

```
ip cef
mpls ldp router-id Loopback0
mpls label range 300 399
!
interface Loopback0
 ip address 3.3.3.3 255.255.255.255
!
interface FastEthernet1/0
 ip address 23.0.0.3 255.255.255.0
 mpls ip
```

```
!
!
interface FastEthernet0/0
 ip address 34.0.0.3 255.255.255.0
 mpls ip
!
router ospf 1
 router-id 3.3.3.3
 network 3.3.3.3 0.0.0.0 area 0
 network 23.0.0.3 0.0.0.0 area 0
 network 34.0.0.3 0.0.0.0 area 0
!
```

- R4 路由器的基本配置

```
ip cef
mpls ldp router-id Loopback0
mpls label range 400 499
!
interface Loopback0
 ip address 4.4.4.4 255.255.255.255
!
interface FastEthernet0/0
 ip address 34.0.0.4 255.255.255.0
 mpls ip
!
router ospf 1
 router-id 4.4.4.4
 network 4.4.4.4 0.0.0.0 area 0
 network 34.0.0.4 0.0.0.0 area 0
!
```

在完成上述配置之后，查看一下路由器的 FIB 表和邻接表。

- 以下为部分 FIB 表：

```
R2#show ip cef
Prefix              Next Hop             Interface
......
1.1.1.1/32          12.0.0.1             FastEthernet0/0
3.3.3.3/32          23.0.0.3             FastEthernet1/0
4.4.4.4/32          23.0.0.3             FastEthernet1/0
12.0.0.0/24         attached             FastEthernet0/0
23.0.0.0/24         attached             FastEthernet1/0
34.0.0.0/24         23.0.0.3             FastEthernet1/0
......
Prefix              Next Hop             Interface
```

- 以下为 R2 的部分邻接表：

```
R2#show adjacency detail
```

```
Protocol Interface               Address
IP       FastEthernet0/0          12.0.0.1(8)
                                0 packets, 0 bytes
                                CC0103270000CC03032C00000800
                                ARP         02:57:31
                                Epoch: 0
IP       FastEthernet1/0          23.0.0.3(14)
                                0 packets, 0 bytes
                                CC02032A0010CC03032C00100800
                                ARP         02:57:30
                                Epoch: 0
```

仔细观察可以看出：

FIB 表给出的是目的网络、一下跳、送出接口；

邻接表给出的是去往目的 IP 地址的送出接口、源 MAC 地址和目的 MAC 地址。

邻接表第一条中的“CC0103270000CC03032C00000800”的含义是：成帧的目的 MAC 地址是 R1 接口 f0/0 的 MAC 地址“CC0103270000”,源 MAC 地址是“CC03032C0000”，帧中的类型字段值是“0800”，表示封装的数据采用 IP 协议。邻接表就像一个已经准备好的“盒子”，等待封装从 R2 发往 R1 的 IP 分组。

6. 实验流程

在完成上述网络基本配置之后，按图 19.2 所示的流程抓取数据包并完成后续实验协议分析。

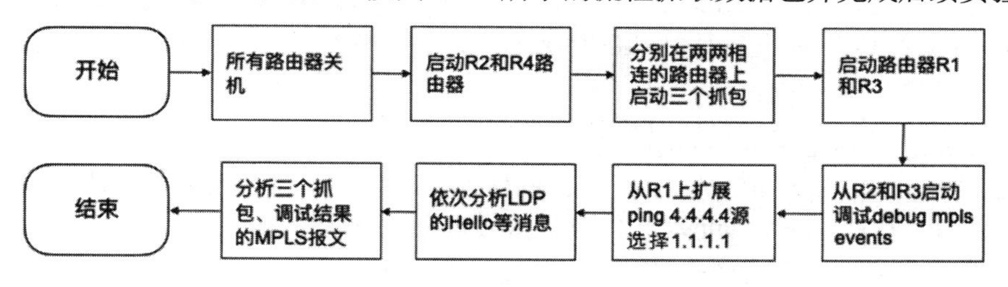

图 19.2 实验流程

19.3 标签分配协议 LDP

1. LDP 的基本功能

LDP（Label Distribution Protocol，标签分配协议）协议用来找出特定标签相对应的路径 LSP（Label Switched Path，标签交换路径），也就是说对一个特定的数据流（FEC），MPLS 域中的 LSR 分配的标签是什么。

标签均由下游节点发往上游节点，有两种标签分发方法，一种称为 DU（Distribution Unsolicited），另一种称为 DoD（Distribution on Demand）。

（1）DU：在这种方式下，上游 LSR 不需要发出请求，下游的 LSR 在某种触发策略下主动向上游 LSR 发送目的网络的标签映射消息（Label Mapping Message）。

（2）DoD：下游的 LSR 只有在收到上游 LSR 发出的请求某个目的网络的标签消息（Label Request Message）时，才被动发送标签映射消息给上游 LSR。

如图 19.3 所示，下游节点向上游节点发送目的网络的标签消息，最终每个 LSR 都有一个 LIB（标签信息库）表，该表中存放的是：本路由器上针对所有目的网络所分配的标签及所有 LDP 邻居分配到的标签信息。

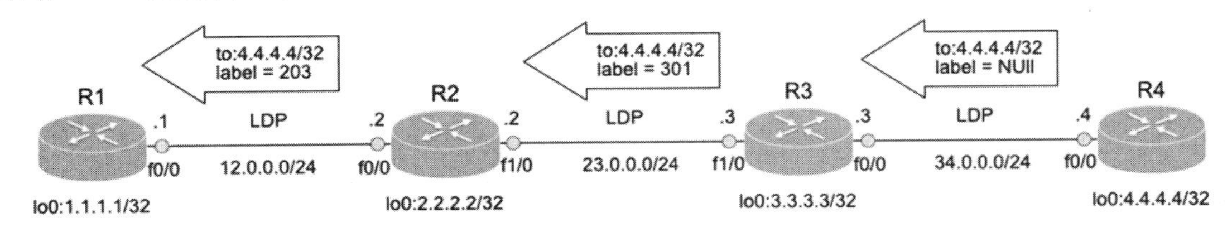

图 19.3　标签交换的过程

FEC：转发等价类，指使用相同 LSP 转发数据流。对于 LSR 而言，相同的 FEC 的报文具有相同的标签。

在完成上述网络基本配置之后，可以在路由器上查看标签分配的详细信息：

```
R2#show mpls ldp bindings
  ......
  tib entry: 4.4.4.4/32, rev 14                          # 去往4.4.4.4/32的标签
        local binding:  tag: 203                         # 本地标签为203
        remote binding: tsr: 3.3.3.3:0, tag: 301         # R3的标签为301
        remote binding: tsr: 1.1.1.1:0, tag: 104         # R1的标签为104
  ......
```

请注意，标签仅具有本地意义，对于打上标签的 IP 分组，MPLS 是根据 LFIB（标签转发信息库）表进行转发的，该表由 FIB 和 LIB（标签信息库）共同生成，包含目标、入标签、出标签、出接口和下一跳等：

```
R2#show mpls forwarding-table
Local  Outgoing    Prefix            Bytes tag  Outgoing   Next Hop
tag    tag or VC   or Tunnel Id      switched   interface
200    Pop tag     34.0.0.0/24       0          Fa1/0      23.0.0.3
201    Pop tag     3.3.3.3/32        0          Fa1/0      23.0.0.3
202    Pop tag     1.1.1.1/32        0          Fa0/0      12.0.0.1
203    301         4.4.4.4/32        0          Fa1/0      23.0.0.3
```

仔细观察最后一条：目标为 4.4.4.4，入标签为 200，出标签为 301，出接口为 Fa1/0，下一跳为 23.0.0.3。

这里我们不妨猜测一下，R2 收到 R1 发来的、标签为 203 的 MPLS 报文之后，查找自己的 LFIB 表，匹配到上述结果中的最后一条，然后根据这条信息把 R1 交来的 MPLS 报文中的标签换成出标签 301，并从 Fa0/1 接口转发出去，交付给 R3。

2. LDP 消息的分类和会话建立

（1）LDP 消息的分类

LDP 协议主要包含以下四种类型的消息报文。

- 发现（Discovery）消息：宣告网络中 LSR 的存在；
- 会话（Session）消息：用来建立、维护和终止 LDP 邻居（对等体）之间的会话；

- 通告（Advertisement）消息：用来创建、改变和删除 FEC 的标签映射；
- 通知（Notification）消息：用来进行差错通知。

发现消息使用 UDP 协议，其余消息采用 TCP 协议实现可靠传输。

以下我们着重分析 Hello、Initialization、KeepAlive 和 Label Mapping 消息。

（2）LDP 会话建立（如图 19.4 所示）

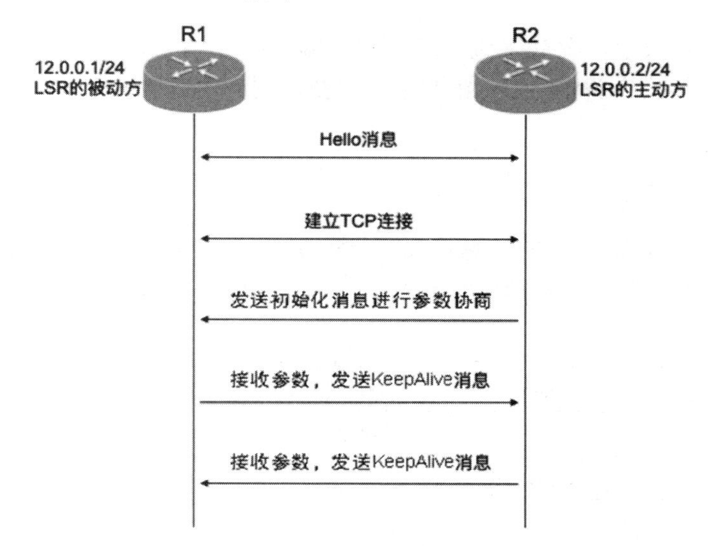

图 19.4　LDP 会话的建立

图 19.5 为拓扑图 19.1 中在 R1 与 R2 之间的抓包结果（具体抓包过程参考实验流程）。注意，过滤条件为“ldp or tcp”。

ldp or tcp

No.	Source	Destination	Protocol	Info
66	12.0.0.2	224.0.0.2	LDP	Hello Message
70	12.0.0.1	224.0.0.2	LDP	Hello Message
71	2.2.2.2	1.1.1.1	TCP	37191 → 646 [SYN] Seq=0 Win=4128 Len=0 MSS=536
72	1.1.1.1	2.2.2.2	TCP	646 → 37191 [SYN, ACK] Seq=0 Ack=1 Win=4128 Len=0 MSS=536
73	2.2.2.2	1.1.1.1	TCP	37191 → 646 [ACK] Seq=1 Ack=1 Win=4128 Len=0
74	2.2.2.2	1.1.1.1	LDP	Initialization Message
75	1.1.1.1	2.2.2.2	LDP	Initialization Message Keep Alive Message
76	2.2.2.2	1.1.1.1	TCP	37191 → 646 [ACK] Seq=37 Ack=45 Win=4084 Len=0
77	2.2.2.2	1.1.1.1	LDP	Address Message Label Mapping Message Label Mapping Messa
78	1.1.1.1	2.2.2.2	TCP	646 → 37191 [ACK] Seq=45 Ack=284 Win=3845 Len=0
79	1.1.1.1	2.2.2.2	LDP	Address Message Label Mapping Message Label Mapping Messa
80	2.2.2.2	1.1.1.1	TCP	37191 → 646 [ACK] Seq=284 Ack=270 Win=3859 Len=0

图 19.5　LDP 会话建立的抓包结果

图 19.5 包含了 Hello 消息、三报文握手建立 TCP 连接、Initialization 消息、Keep Alive 消息及 Label Mapping 消息。

Hello 消息是由邻居间 IP 地址大的 LSR（12.0.0.2）主动发出的，目的 IP 地址为多播地址 224.0.0.2。Hello 消息中包含一个传输地址，类似于 OSPF 中的 RouterID，用于建立 TCP 连接及收发其他 LDP 报文。在抓包结果中可以看出，R2 的传输地址为 2.2.2.2，R1 的传输地址为 1.1.1.1。

传输地址在网络配置中使用以下命令指定：

```
mpls ldp router-id Loopback0                    # 指定 Loopback0 接口为传输地址
```

R2 发送并收到邻居的 Hello 消息之后，便和邻居三报文握手建立 TCP 连接。

TCP 连接建立之后，R2 向邻居发送 Initialization 消息协商参数，这些参数包括 LDP 协议版本、标签分发方式、KeepAlive 保持定时器的值、最大 PDU 长度和标签空间等。R1 如果能够接收这些参数，便发送初始化消息和 KeepAlive 消息，注意 R1 也会发送 Initialization 消息，它将 Initialization 消息和 KeepAlive 消息封装到一个 LDP 报文中发送给 R2（图 19.5 中序号为 75 的包）。

另外，在抓包结果中，没有抓到 R2 发送的 KeepAlive 消息。

双方如果都不能接收邻居初始化消息中的参数，则会发送 Notification 消息终止 LDP 会话。

3. LDP 报文头部格式

LDP 报文由报文头部和 LDP 消息构成，LDP 消息则由消息头部和消息参数构成。

（1）LDP 报文头部（如图 19.6 所示）

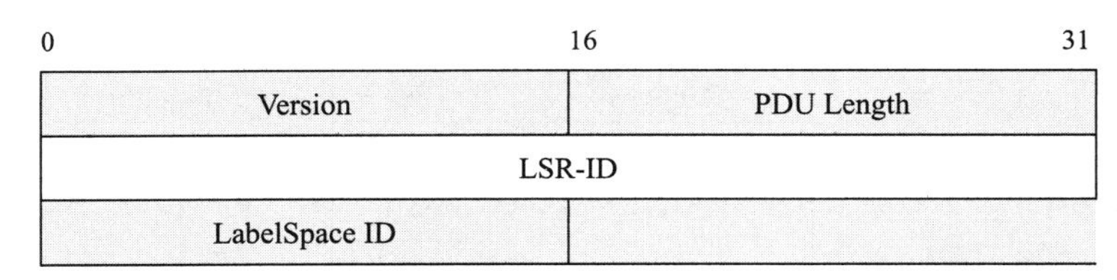

图 19.6　LDP 报文头部格式

- Version：版本号，目前仅为 1。
- PDU Length：表示 LDP 协议数据单元（LDP 报文）的长度，不包括 Version 和 PDU Length 字段。
- LSR-ID：用于标识一台 LSR，必须全局唯一，一般人为指定为 Loopback 接口。
- LabelSpace ID：标签空间。该值为 0 表示该标签是基于平台的，即 LSR 为每个目的网络只分配一个标签，并且将该标签分发给所有的 LDP Peers；可以用于本 LSR 上的任意接口，这样就节约了标签空间，MPLS 默认使用的就是这种方法。另外的一种标签分配方法是 LSR 为每一个端口分配一个标签。

（2）LDP 通用消息格式（如图 19.7 所示，每个消息都有这部分内容）

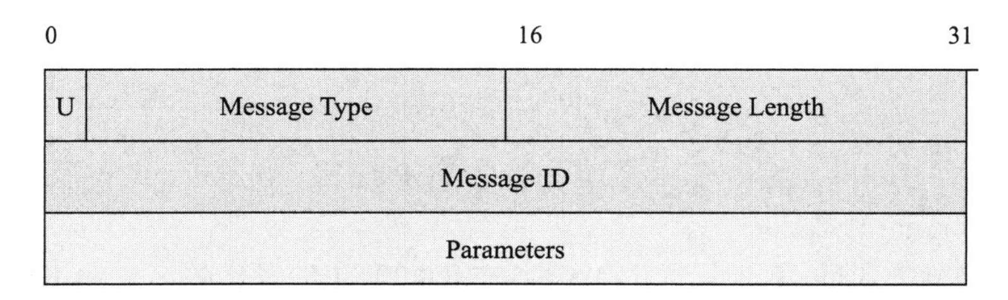

图 19.7　LDP 消息格式

- U：未知消息。如果接收端收到的消息中，Message Type 是未知的消息类型，并且 U 位置 0，则向源端发送通知（Notification）消息，否则接收端忽略该消息。
- Message Type：消息类型。
- Message Length：消息长度，是 Message ID 及 Parameters 长度之和。

- Message ID：LDP 消息编号，用于识别一个消息。
- Parameters：包含强制参数和可选参数，由 0～n 个 TLV 组成。

（3）Hello 消息格式（如图 19.8 所示）

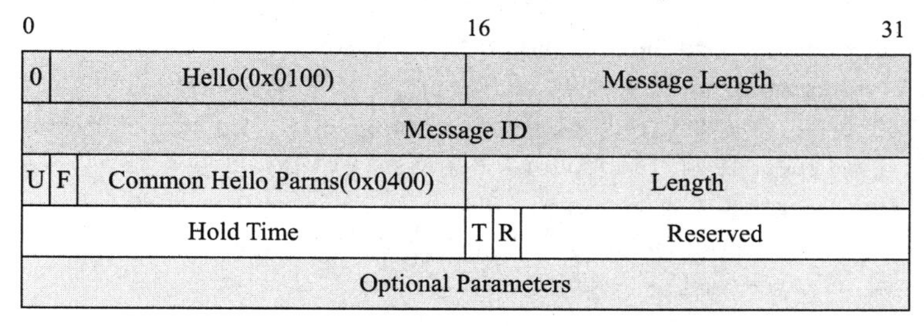

图 19.8　Hello 消息格式

LDP 的 Hello 消息主要用来发现 LSR 和维护 LSR 的关系。

- U：未知 TLV 位。
- F：转发未知 TLV 位。
- Hold Time：以秒为单位的 Hello 保持时间。
- T（Targeted Hello）：值为 1 表示远端 Hello 消息，值为 0 表示本地 Hello 消息。
- R（Request Send Targeted Hello）：值为 1 表示请求接收者周期性地发送远端 Hello 消息给该 Hello 的发送源端，值为 0 表示没有此需求。
- Length：表示 TLV 的 Value 域的字节数。
- Optional Parameters：可选参数，包含 0～n 个 TLV。

Hello 消息抓包结果如下（图 19.5 中序号为 66 的包）：

```
Ethernet II, Src: cc:03:03:2c:00:00, Dst: IPv4mcast_02 (01:00:5e:00:00:02)
Internet Protocol Version 4, Src: 12.0.0.2, Dst: 224.0.0.2   # 注意目的 IP 地址为
组播地址
User Datagram Protocol, Src Port: 646, Dst Port: 646       # 端口
Label Distribution Protocol                      # LDP 报文头部
    Version: 1                                   # 版本为 1
    PDU Length: 30                               # 报文长度
    LSR ID: 2.2.2.2                              # 路由器 R2 的 LSR-ID
    Label Space ID: 0                            # 基于平台的标签空间
------------以上为 LDP 报文头部-----------------
    Hello Message
        0... .... = U bit: Unknown bit not set
        Message Type: Hello Message (0x100)      # 消息类型，0x100 标明是 Hello 消息
        Message Length: 20                       # 消息长度
        Message ID: 0x00000000                   # 消息 ID
-----以上为 LDP 通用的消息格式，所有消息均含有这部分格式内容-----
       Common Hello Parameters                   # 消息参数部分
           00.. .... = TLV Unknown bits: Known TLV, do not Forward (0x0)  # U、F
位为 0
           TLV Type: Common Hello Parameters (0x400)
           TLV Length: 4
```

```
        Hold Time: 15                         # Hello 保持时间 15 秒
        0... .... .... .... = Targeted Hello: Link Hello
        .0.. .... .... .... = Hello Requested: Source does not request
periodic hellos
        ..0. .... .... .... = GTSM Flag: Not set
        ...0 0000 0000 0000 = Reserved: 0x0000
    IPv4 Transport Address
        00.. .... = TLV Unknown bits: Known TLV, do not Forward (0x0)
        TLV Type: IPv4 Transport Address (0x401)       # 类型为传输地址
        TLV Length: 4                                  # 长度 4 字节
        IPv4 Transport Address: 2.2.2.2                # 值：R2 的传输地址
————-————-以上为 Hello 消息————-————-
```

（4）Initialization 消息格式（如图 19.9 所示）

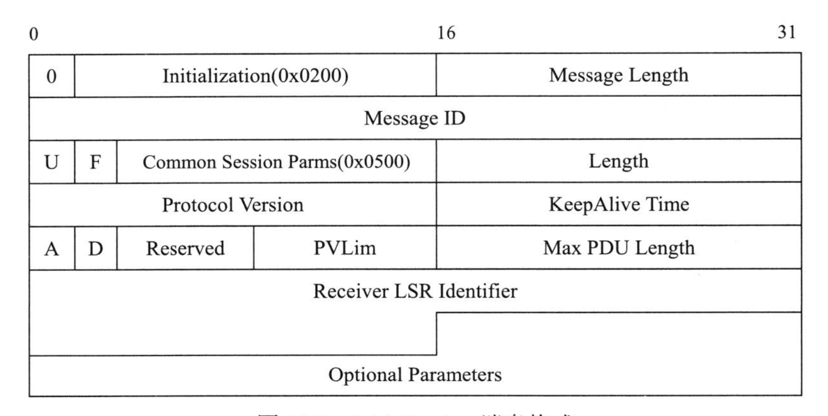

图 19.9　Initialization 消息格式

LDP 的 Initialization 消息是在 LDP 会话建立时发送的，用来协商一些必要的参数。

- Protocol Version：协议版本，目前为 1。
- KeepAlive Time：保持 TCP 连接的时间，只有收到 LDP 报文，该时间才会被刷新。
- A：标明标签的分配方式，0 表示 DU（Downstream Unsolicited，下游自主方式），1 表示 DoD（Downstream on Demand，下游按需方式）。
- D：标明是否开启环路检测，0 表示不开启，1 表示开启。
- PVLim（Path Vector Limit）：LSP 路径的最大跳数（D 位为 1 时有效，默认为 32 跳）。
- Max PDU Length：定义 LDP 报文的最大长度，默认为 4096 字节。
- Receiver LSR Identifier：消息接收者的 LSR-ID。
- Optional Parameters：可选参数，包含 0~*n* 个 TLV。

Initialization 消息抓包结果如下（图 19.5 中序号为 74 的包）：

```
Ethernet II, Src: cc:03:03:2c:00:00, Dst: cc:01:03:27:00:00
Internet Protocol Version 4, Src: 2.2.2.2, Dst: 1.1.1.1  # 注意 IP 地址变为 LSR-ID
Transmission Control Protocol, Src Port: 37191, Dst Port: 646, ……
Label Distribution Protocol
    Version: 1
    PDU Length: 32
```

```
   LSR ID: 2.2.2.2
   Label Space ID: 0
   Initialization Message
      0... .... = U bit: Unknown bit not set
      Message Type: Initialization Message (0x200)   # 消息类型为 Initialization
      Message Length: 22
      Message ID: 0x0000000c
      Common Session Parameters
         00.. .... = TLV Unknown bits: Known TLV, do not Forward (0x0)
                                                     # U、F 位为 0
         TLV Type: Common Session Parameters (0x500)
         TLV Length: 14
         Parameters
            Session Protocol Version: 1              # 协议版本为 1
            Session KeepAlive Time: 180              # TCP 保持连接的时间
            0... .... = Session Label Advertisement Discipline: Downstream
Unsolicited proposed
                                                     # 标签分配方式为 DU
            .0.. .... = Session Loop Detection: Loop Detection Disabled
                                                     # 未开启环路检测
            Session Path Vector Limit: 0             # LSP 最大路径跳数，默认为 0
            Session Max PDU Length: 0                # LDP 最大报文长度，默认为 0
            Session Receiver LSR Identifier: 1.1.1.1
                                              # 消息接收者的 LSR-ID，为 R1 路由器
            Session Receiver Label Space Identifier: 0    # 基于平台的标签空间
```

（5）KeepAlive 消息格式（如图 19.10 所示）

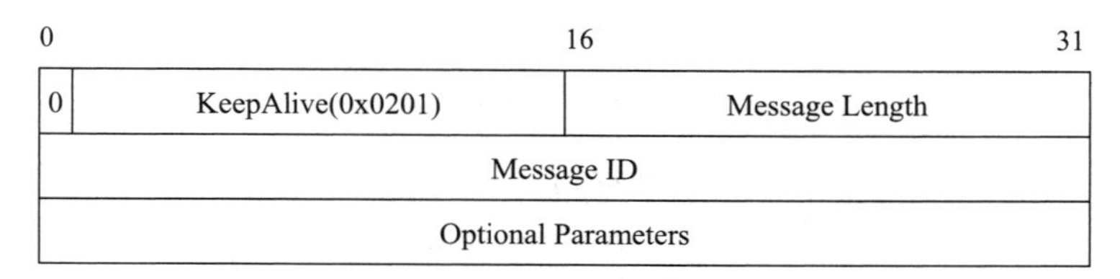

0	KeepAlive(0x0201)	Message Length
Message ID		
Optional Parameters		

图 19.10 KeepAlive 消息格式

KeepAlive 消息用于维护会话的状态。

KeepAlive 消息抓包结果如下（图 19.5 中序号为 75 的包）：

```
Ethernet II, Src: cc:01:03:27:00:00, Dst: cc:03:03:2c:00:00
Internet Protocol Version 4, Src: 1.1.1.1, Dst: 2.2.2.2
Transmission Control Protocol, Src Port: 646, Dst Port: 37191, ……
Label Distribution Protocol
   Version: 1
   PDU Length: 40
   LSR ID: 1.1.1.1
   Label Space ID: 0
   Initialization Message     # 注意 Initialization 消息和 KeepAlive 消息封装在一个
                              # LDP 报文中发送
   Keep Alive Message         # KeepAlive 消息
```

```
    0... .... = U bit: Unknown bit not set
    Message Type: Keep Alive Message (0x201)
    Message Length: 4
    Message ID: 0x00000002
```

（6）Label Mapping 消息格式（如图 19.11 所示）

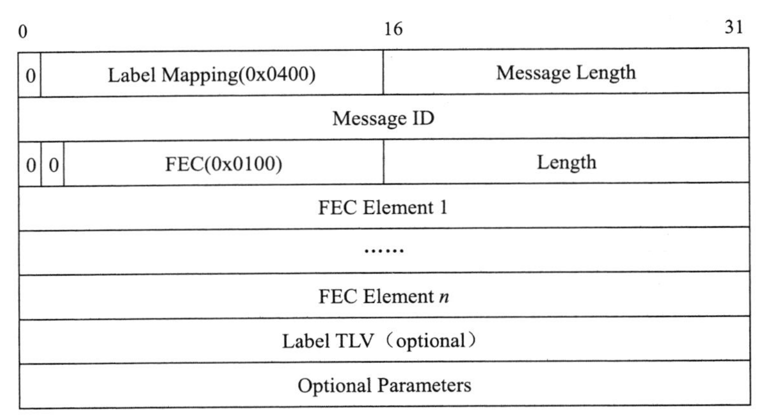

图 19.11　Label Mapping 消息格式

对于特定的 FEC，下游用 Label Mapping 消息为上游分配标签。

- FEC Element：用于说明本标签是为哪个特定的数据流（FEC）分配的。FEC Element 的格式如图 19.12 所示。

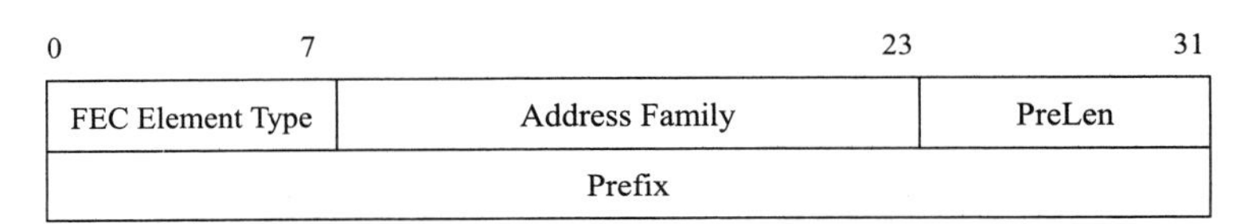

图 19.12　FEC Element 格式

FEC Element Type 的值为 0x01，表示反掩码，在 Label Withdraw 和 Label Release 消息中使用，该值若为 0x02，表示网络前缀。Address Family 表示地址类型，该值为 0x01，表示 IPv4。PreLen 表示网络前缀的长度。Prefix 表示具体的网络前缀是什么。

- Label TLV：下游为上游分配的具体标签，其格式如图 19.13 所示。

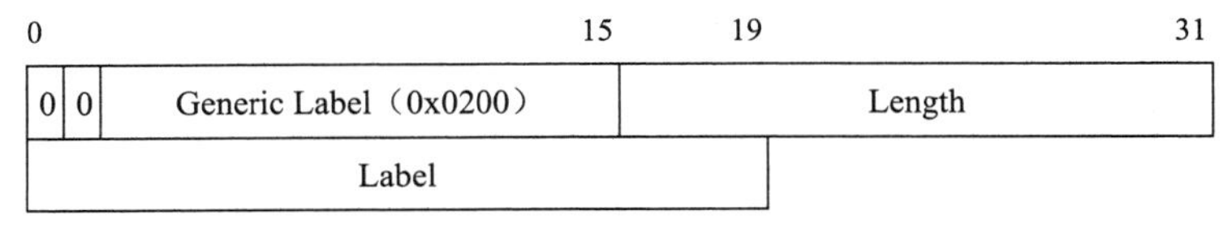

图 19.13　Label TLV 格式

Label 为 20 比特长的标签值。

Label Mapping 消息抓包结果如下（图 19.5 中序号为 77 的包），注意 LDP 中包含多个 Label Mapping 消息，以下只展开其中一个 Label Mapping 消息：

```
Ethernet II, Src: cc:03:03:2c:00:00 , Dst: cc:01:03:27:00:00
Internet Protocol Version 4, Src: 2.2.2.2, Dst: 1.1.1.1
Transmission Control Protocol, Src Port: 37191, Dst Port: 646, ……
```

```
......
Label Distribution Protocol
   Version: 1
   PDU Length: 225
   LSR ID: 2.2.2.2
   Label Space ID: 0
......
   Label Mapping Message
      0... .... = U bit: Unknown bit not set
      Message Type: Label Mapping Message (0x400)
      Message Length: 23
      Message ID: 0x00000012                                  # 消息 ID
      FEC
         00.. .... = TLV Unknown bits: Known TLV, do not Forward (0x0)
         TLV Type: FEC (0x100)
         TLV Length: 7
         FEC Elements
            FEC Element 1
               FEC Element Type: Prefix FEC (2)               # 值为 2，表示网络前缀
               FEC Element Address Type: IPv4 (1)             # 地址类型为 IPv4
               FEC Element Length: 24                         # 前缀长度为 24 位
               Prefix: 34.0.0.0                               # 网络前缀
      Generic Label
         00.. .... = TLV Unknown bits: Known TLV, do not Forward (0x0)
         TLV Type: Generic Label (0x200)                      # 标签类型为通用标签
         TLV Length: 4
         .... .... .... 0000 0000 0000 1100 1000 = Generic Label: 0x000c8
                                                              # 分配的标签
......
```

19.4 MPLS 的工作原理

1. MPLS 报文的格式

MPLS 报文的格式如图 19.14 所示。

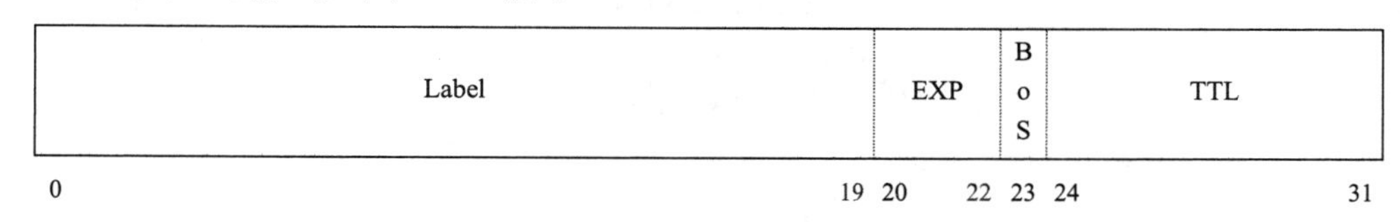

图 19.14　MPLS 报文格式

（1）Label：MPLS 根据 LDP 协议为 FEC 事先分配好标签，建立去往目的网络的 LSP，然后才能进行报文转发（注意，0～15 为特殊标签）。

（2）EXP：实验位，用于 QoS。

（3）BoS：栈底位，MPLS 报文的标签可以嵌套，最后一个标签的 BoS 位置 1，当 LSR 处理到这层标签时，分组就为普通的 IP 数据分组。注意，路由器只处理顶层标签。

（4）TTL：最大 255，标签中直接复制普通 IP 分组的 TTL，用于防止分组环路。

2. MPLS 报文的封装及多层标签（如图 19.15 所示）

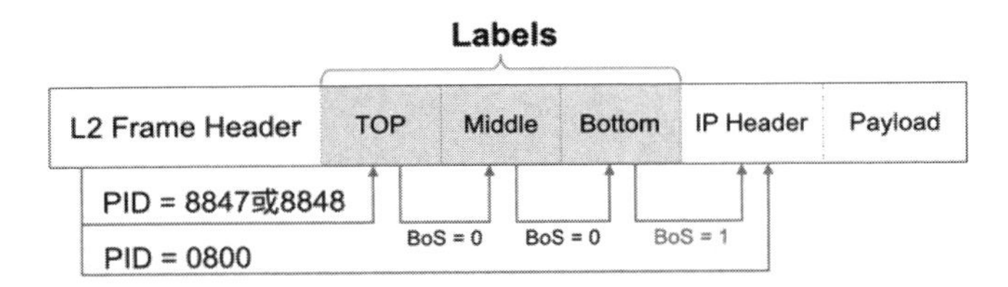

图 19.15　MPLS 多层标签

MPLS 处于二层和三层之间，在二层帧头中有一个用于标识上层协议的字段，对于以太网为：

（1）0x8847：单播的 MPLS 报文。

（2）0x8848：多播的 MPLS 报文。

3. MPLS 基本的标签操作

（1）Push：当 IP 报文进入 MPLS 域时，MPLS 边界设备（LER，标签边缘路由器，又称为边缘 LSR，如拓扑图 19.1 中的 R1 和 R4 路由器）在二层首部和 IP 首部之间插入一个新标签；或者 MPLS 中间设备（LSR）根据需要，在标签栈顶增加一个新标签（标签嵌套）。

（2）Swap：报文在 MPLS 域内转发时，依据标签转发表，用下一跳分配的标签替换 MPLS 报文的栈顶标签。

（3）Pop：当 MPLS 报文离开 MPLS 域或到达支持倒数第二跳弹出的 LSR 时，将 MPLS 报文的标签弹出。

4. MPLS 工作过程

我们来了解一下 Cisco 的 LSR、LER 路由器的两个层面，如图 19.16 所示。

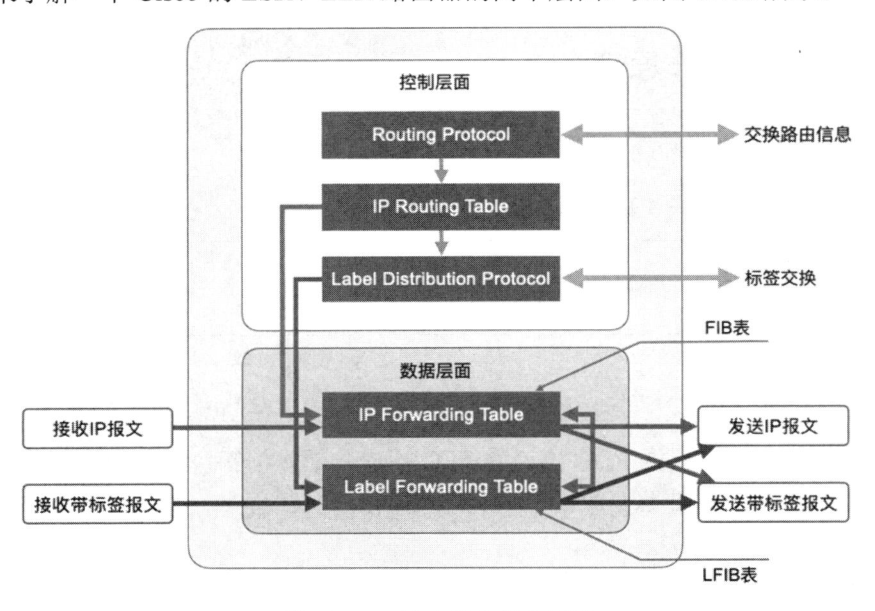

图 19.16　路由器的两个层面

（1）控制层面：路由选择协议（RIP、OSPF、BGP 等）获得去往目的网络的路由表。LDP 协议为路由表中的目的网络分配标签，得到 LDP 标签信息库（LIB）。

（2）数据层面：通过优化路由表得到转发普通 IP 分组的 FIB 表（CEF 还需要邻接表），然后再依据 FIB 表和 LIB 表得到转发 MPLS 报文的 LFIB 表。

总结一下 Cisco 路由器的几个表，如表 19.1 所示。

表 19.1 Cisco 路由器中的表

表名	含义	说明	命令
RIB	Route Information Base，路由信息库	由路由选择协议计算得到	show ip route (ospf 等)
邻接表	准备好的二层基本头部，以实现 CEF	由 ARP 协议得到	show adjacency detail
FIB	Forwarding Information Base，转发信息库	由路由表优化得到	show ip cef detail
LIB	Label Information Base，标签信息库	由路由表和 LDP 协议得到，没有下一跳信息	show mpls ldp bindings
LFIB	Label Forwarding Information Base，标签转发信息库	由 FIB 表和 LIB 表得到，有下一跳信息	show mpls forwarding-table

路由器如何处理收到的报文？请读者完成本实验思考题 2。

（1）LSR 路由器的 LFIB 表

实验拓扑图 19.1 中各路由器的 LFIB 表如图 19.17 所示。

R1的LFIB表

Netw	Local Label	Outgoing Label	NH
23.0.0.0	100	Pop	12.0.0.2
34.0.0.0	101	201	12.0.0.2
2.2.2.2	102	Pop	12.0.0.2
3.3.3.3	103	200	12.0.0.2
4.4.4.4	104	203	12.0.0.2

R2的LFIB表

Netw	Local Label	Outgoing Label	NH
3.3.3.3	200	Pop	23.0.0.3
34.0.0.0	201	Pop	23.0.0.3
1.1.1.1	202	Pop	12.0.0.1
4.4.4.4	203	303	23.0.0.3

R3的LFIB表

Netw	Local Label	Outgoing Label	NH
2.2.2.2	300	Pop	23.0.0.2
12.0.0.0	301	Pop	23.0.0.2
1.1.1.1	302	202	23.0.0.2
4.4.4.4	303	Pop	23.0.0.4

R4的LFIB表

Netw	Local Label	Outgoing Label	NH
23.0.0.0	400	Pop	34.0.0.3
12.0.0.0	401	301	34.0.0.3
1.1.1.1	402	302	34.0.0.3
2.2.2.2	403	300	34.0.0.3
3.3.3.3	404	Pop	34.0.0.3

图 19.17 路由器的 LFIB 表

（2）工作过程（如图 19.18 所示）

- Push：R1 收到去往 4.4.4.4 的 IP 分组之后（源 IP 地址是 1.1.1.1，读者可以在 R1 上连接一台 PC，进行一些必要的配置，然后从 PC 上 ping 4.4.4.4），根据自己的标签信息表（Cisco 的 LIB 表，不包含下一跳信息），打上分配给它的本地标签 104。
- Swap：R1 查找自己的标签交换表（Cisco 的 LFIB 表，包含下一跳信息），将标签为 104 的 MPLS 报文中的标签替换成出标签 203，并交付给 R2。

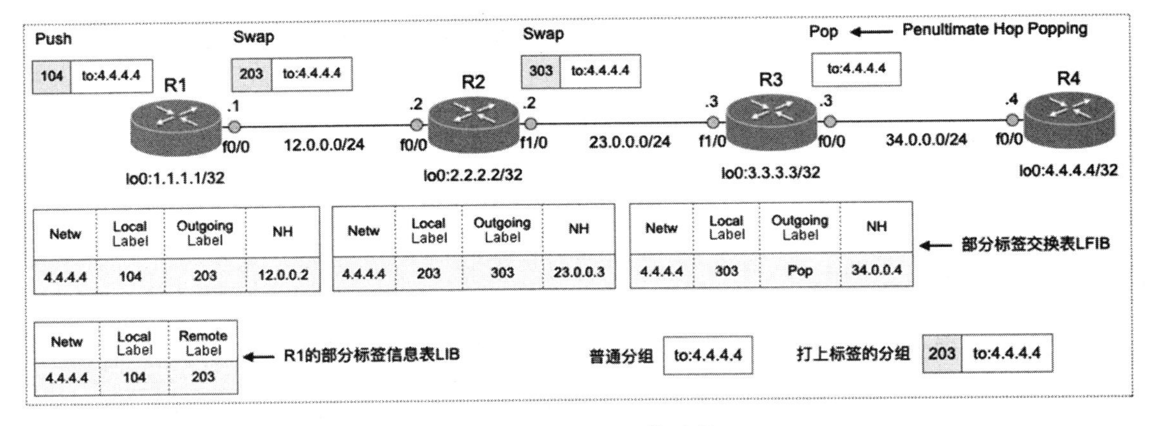

图 19.18　MPLS 工作过程

- Swap：R2 收到带有标签 203 的 MPLS 报文，查找自己的标签交换表，将标签 203 的 MPLS 报文中的标签替换成出标签 303，并交付给 R3。
- Pop：如果 R3 支持 PHP（Penultimate Hop Popping，倒数第二跳弹出），那么它在收到带有标签 303 的 MPLS 报文后，不会做标签交换，而是将 MPLS 报文中的标签 303 直接弹出，将收到的 MPLS 报文变为普通的分组交付给 R4。
- R4 收到 R3 发来的普通分组，直接交付给目的主机 4.4.4.4。

5. 实验结果分析

（1）实验命令如下。

- 在 R2 和 R3 上开启 MPLS 报文调试

```
R2#debug mpls packets
R3#debug mpls packets
```

- 从 R1 访问 4.4.4.4（扩展 ping）

```
R1#ping
Protocol [ip]:                              # 直接回车，默认 IP 协议
Target IP address: 4.4.4.4                  # 目标 IP 地址
Repeat count [5]: 1                         # 发送的分组数为 1 个
Datagram size [100]:
Timeout in seconds [2]:                     # 默认，直接回车
Extended commands [n]: y                    # 输入“y”，选择扩展
Source address or interface: 1.1.1.1        # 指定源 IP 地址
Type of service [0]:
Set DF bit in IP header? [no]:
Validate reply data? [no]:
Data pattern [0xABCD]:
Loose, Strict, Record, Timestamp, Verbose[none]:
Sweep range of sizes [n]:
Type escape sequence to abort.
Sending 1, 100-byte ICMP Echos to 4.4.4.4, timeout is 2 seconds:
Packet sent with a source address of 1.1.1.1
```

```
!
Success rate is 100 percent (1/1), round-trip min/avg/max = 20/20/20 ms
```

（2）实验结果如下（R2 路由器标签交换和弹出）。

- R2 路由器的输出结果

```
*Mar  1 01:47:07.339: MPLS: Fa0/0: recvd: CoS=0, TTL=255, Label(s)=203
                                                        # 收到标签为 203 的分组
*Mar  1 01:47:07.343: MPLS: Fa1/0: xmit: CoS=0, TTL=254, Label(s)=303
                                                        # 标签替换为 303 并发送
*Mar  1 01:47:07.387: MPLS: Fa1/0: recvd: CoS=0, TTL=254, Label(s)=202
                                                        # 收到标签为 202 的分组
*Mar  1 01:47:07.387: MPLS: Fa0/0: xmit: (no label)     # 倒数第二跳弹出标签
```

前两条表示 R2 路由器接收 R1 发来的 ICMP 回显请求报文并转发该请求报文，其中：

第 1 条：表示 R2 从 Fa0/0 收到 R1 发来的 MPLS 报文，标签为 203。

第 2 条：表示 R2 将收到的 MPLS 报文中的标签替换为 R3 的本地标签 303 后，从接口 Fa1/0 发送给 R3。

后两条表示 R2 路由器接收 R3 发来的 ICMP 回显回答报文并转发该回答报文，其中：

第 3 条：表示 R2 从 Fa1/0 收到 R3 发来的 MPLS 报文，标签为 202。

第 4 条：表示 R2 将收到的 MPLS 报文中的标签弹出后，根据 FIB 表从接口 Fa0/0 发送给 R1。

- R3 路由器的输出结果

```
*Mar  1 01:47:07.387: MPLS: Fa1/0: recvd: CoS=0, TTL=254, Label(s)=303
                                                        # 收到标签为 303 的分组
*Mar  1 01:47:07.387: MPLS: Fa0/0: xmit: (no label)     # 倒数第二跳弹出标签
*Mar  1 01:47:07.419: MPLS: Fa0/0: recvd: CoS=0, TTL=255, Label(s)=302
                                                        # 收到标签为 302 的分组
*Mar  1 01:47:07.419: MPLS: Fa1/0: xmit: CoS=0, TTL=254, Label(s)=202
                                                        # 标签替换为 202 并发送
```

请读者分析上述输出结果。

（3）抓包结果对比

注意，有两个方向的包，分别是一去一回。其他两两路由器之间抓的包也是如此。

- 在 R1 与 R2 之间的抓包结果（如图 19.19 所示）

```
icmp
No.  Source   Destination Protocol Info
101  1.1.1.1  4.4.4.4     ICMP     Echo (ping) request  id=0x0000, seq=0/0, ttl=255 (reply in 102)
102  4.4.4.4  1.1.1.1     ICMP     Echo (ping) reply    id=0x0000, seq=0/0, ttl=253 (request in 101)
▸ Frame 101: 118 bytes on wire (944 bits), 118 bytes captured (944 bits) on interface 0
▸ Ethernet II, Src: cc:01:03:27:00:00 (cc:01:03:27:00:00), Dst: cc:03:03:2c:00:00 (cc:03:03:2c:00:00)
▸ MultiProtocol Label Switching Header, Label: 203, Exp: 0, S: 1, TTL: 255
▸ Internet Protocol Version 4, Src: 1.1.1.1, Dst: 4.4.4.4
▸ Internet Control Message Protocol
```

图 19.19　在 R1 与 R2 之间的抓包结果

以下为 R1 发往 R2 的 MPLS 报文，目标 IP 地址是 4.4.4.4（ICMP 回显请求是图 19.19 中序号为 101 的包）：

```
Ethernet II, Src: cc:01:03:27:00:00, Dst: cc:03:03:2c:00:00
```

```
    Destination: cc:03:03:2c:00:00
    Source: cc:01:03:27:00:00
    Type: MPLS label switched packet (0x8847)   # 帧中封装的数据类型为单播 MPLS 报文
MultiProtocol Label Switching Header, Label: 203, Exp: 0, S: 1, TTL: 255
    0000 0000 0000 1100 1011 .... .... .... = MPLS Label: 203    # R1 压入标签 203
    .... .... .... .... .... 000. .... .... = MPLS Experimental Bits: 0
    .... .... .... .... .... ...1 .... .... = MPLS Bottom Of Label Stack: 1
                                                                 # 只有一个标签
    .... .... .... .... .... .... 1111 1111 = MPLS TTL: 255
                                                      # R1 始发路由器，TTL 值为 255
Internet Protocol Version 4, Src: 1.1.1.1, Dst: 4.4.4.4
Internet Control Message Protocol
```

以下为 R2 发往 R1 的普通包，目标 IP 地址是 1.1.1.1（ICMP 回显回答是图 19.19 中序号为 102 的包）：

```
Ethernet II, Src: cc:03:03:2c:00:00, Dst: cc:01:03:27:00:00
    Destination: cc:01:03:27:00:00 (cc:01:03:27:00:00)
    Source: cc:03:03:2c:00:00 (cc:03:03:2c:00:00)
    Type: IPv4 (0x0800)                 # 倒数第二跳弹出，封装的是普通 IP 分组
Internet Protocol Version 4, Src: 4.4.4.4, Dst: 1.1.1.1
Internet Control Message Protocol
```

目标 IP 地址是 1.1.1.1，R2 是目标 IP 地址的倒数第二跳，R2 弹出标签，将 MPLS 报文变成普通的分组，查找 FIB 表发送给 R1。

- 在 R2 与 R3 之间的抓包结果（如图 19.20 所示）

```
icmp
No.  Source    Destination  Protocol  Info
96 1.1.1.1   4.4.4.4   ICMP  Echo (ping) request  id=0x0000, seq=0/0, ttl=255 (reply in 97)
97 4.4.4.4   1.1.1.1   ICMP  Echo (ping) reply    id=0x0000, seq=0/0, ttl=255 (request in 96)
Frame 96: 118 bytes on wire (944 bits), 118 bytes captured (944 bits) on interface 0
Ethernet II, Src: cc:03:03:2c:00:10 (cc:03:03:2c:00:10), Dst: cc:02:03:2a:00:10 (cc:02:03:2a:00:10)
MultiProtocol Label Switching Header, Label: 303, Exp: 0, S: 1, TTL: 254
Internet Protocol Version 4, Src: 1.1.1.1, Dst: 4.4.4.4
Internet Control Message Protocol
```

图 19.20　在 R2 与 R3 之间的抓包结果

以下为 R2 发往 R3 的 MPLS 报文（ICMP 回显请求是图 19.20 中序号为 96 的包）：

```
Ethernet II, Src: cc:03:03:2c:00:10, Dst: cc:02:03:2a:00:10
MultiProtocol Label Switching Header, Label: 303, Exp: 0, S: 1, TTL: 254
    0000 0000 0001 0010 1111 .... .... .... = MPLS Label: 303    # R2 压入标签 303
    .... .... .... .... .... 000. .... .... = MPLS Experimental Bits: 0
    .... .... .... .... .... ...1 .... .... = MPLS Bottom Of Label Stack: 1
    .... .... .... .... .... .... 1111 1110 = MPLS TTL: 254      # TTL 值为 254
Internet Protocol Version 4, Src: 1.1.1.1, Dst: 4.4.4.4
Internet Control Message Protocol
```

以下为 R3 发往 R2 的 MPLS 报文（ICMP 回显回答是图 19.20 中序号为 97 的包）：

```
Ethernet II, Src: cc:02:03:2a:00:10, Dst: cc:03:03:2c:00:10
MultiProtocol Label Switching Header, Label: 201, Exp: 0, S: 1, TTL: 254
    0000 0000 0000 1100 1001 .... .... .... = MPLS Label: 201    # R3 压入标签 201
```

```
    .... .... .... .... .... 000. .... .... = MPLS Experimental Bits: 0
    .... .... .... .... .... ...1 .... .... = MPLS Bottom Of Label Stack: 1
    .... .... .... .... .... .... 1111 1110 = MPLS TTL: 254      # TTL 值为 254
Internet Protocol Version 4, Src: 4.4.4.4, Dst: 1.1.1.1
Internet Control Message Protocol
```

- 在 R3 与 R4 之间的抓包结果（如图 19.21 所示）

```
icmp
No.  Source   Destination Protocol Info
  96 1.1.1.1  4.4.4.4     ICMP     Echo (ping) request  id=0x0000, seq=0/0, ttl=253 (reply in 97)
  97 4.4.4.4  1.1.1.1     ICMP     Echo (ping) reply    id=0x0000, seq=0/0, ttl=255 (request in 96)
▸ Frame 96: 114 bytes on wire (912 bits), 114 bytes captured (912 bits) on interface 0
▸ Ethernet II, Src: cc:02:03:2a:00:00 (cc:02:03:2a:00:00), Dst: cc:04:04:b2:00:00 (cc:04:04:b2:00:00)
▸ Internet Protocol Version 4, Src: 1.1.1.1, Dst: 4.4.4.4
▸ Internet Control Message Protocol
```

图 19.21　在 R3 与 R4 之间的抓包结果

以下为 R3 发往 R4 的普通包（ICMP 回显请求是图 19.21 中序号为 96 的包）：

```
Ethernet II, Src: cc:02:03:2a:00:00, Dst: cc:04:04:b2:00:00
    Destination: cc:04:04:b2:00:00 (cc:04:04:b2:00:00)
    Source: cc:02:03:2a:00:00 (cc:02:03:2a:00:00)
    Type: IPv4 (0x0800)                      # 倒数第二跳弹出标签，封装的是普通 IP 分组
Internet Protocol Version 4, Src: 1.1.1.1, Dst: 4.4.4.4
Internet Control Message Protocol
```

目标 IP 地址是 4.4.4.4，R3 是目标 IP 地址的倒数第二跳，R3 弹出标签，将 MPLS 报文变成普通的分组，查找 FIB 表发送给 R4。

以下是 R4 发往 R3 的 MPLS 报文（ICMP 回显回答是图 19.21 中序号为 97 的包）：

```
Ethernet II, Src: cc:04:04:b2:00:00, Dst: cc:02:03:2a:00:00
MultiProtocol Label Switching Header, Label: 301, Exp: 0, S: 1, TTL: 255
    0000 0000 0001 0010 1101 .... .... .... = MPLS Label: 301    # R4 压入标签 301
    .... .... .... .... .... 000. .... .... = MPLS Experimental Bits: 0
    .... .... .... .... .... ...1 .... .... = MPLS Bottom Of Label Stack: 1
    .... .... .... .... .... .... 1111 1111 = MPLS TTL: 255      # R4 始发路由器，
                                                                 # TTL 值为 255
Internet Protocol Version 4, Src: 4.4.4.4, Dst: 1.1.1.1
Internet Control Message Protocol
```

思考题

1. LSR 路由器为什么需要在倒数第二跳弹出标签？
2. 请分析 LSR、LER 收到报文（普通 IP 分组、MPLS 报文）的转发过程。（查什么表？转发出去是什么报文？）

实验 20　IP 多播

建议学时：4 学时。

实验知识点：IGMP 协议、多播路由协议 PIM-DM（P181）。

20.1　实验目的

1. 理解多播的概念。
2. 掌握多播地址的概念。
2. 理解 IGMP 协议。
3. 理解多播路由协议 PIM-DM 的工作原理。

20.2　多播概述

1. 多播简介

在人与人交互的社交场景中，除了一对一的会话方式，还经常会出现一对多的会话方式，这种一对多的会话方式又可分为一对部分和一对全部两种方式。在计算机网络中，节点间的通信也有这样两种形式，一种称为多播，另一种称为广播。这种一对多的应用场景非常多，如网络直播、线上课堂（会议）等。

在互联网中，两个节点间采用单播进行通信，IP 分组中有明确的源 IP 地址和目的 IP 地址，如果源需要将数据发送给多个目的节点，就需要发送与接收数目一致的多个 IP 分组，如图 20.1 所示。

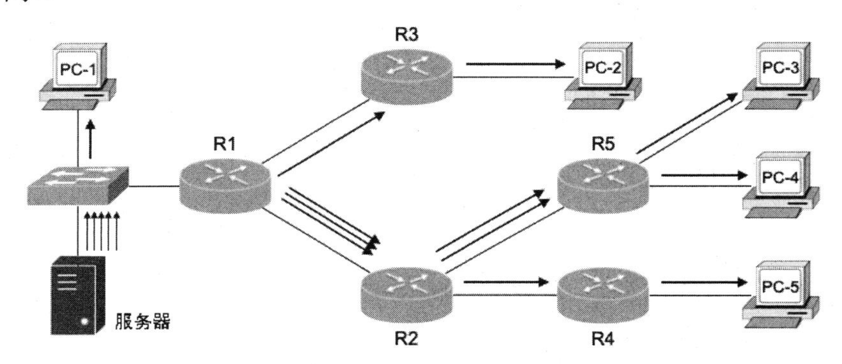

图 20.1　“一对多”单播模型

以“一对多”的单播形式发送，其缺点是显然的：如果有大量的接收者，这种方式会大大增加服务器的工作负担，网络资源也存在大量的浪费。在同一段链路上，有多份相同的数据在传输，产生了过多的数据流量。

解决上述问题的办法之一就是采用广播方式发送，也就是发送的 IP 分组的目的地址填上广播地址。事实上，这种方法在互联网上是不行的，因为互联网上的路由器不会转发目的为广播地址的 IP 分组。如图 20.2 所示，服务器发送一个广播 IP 分组（目的地址为广播地址），这个广播 IP 分组仅能够被服务器所在的直联网络中的节点接收，R1 路由器不会将该广播 IP 分组转发至 R2 和 R3，因此这种方式传输“一对多”数据的地理范围会受到限制。

采用上述广播方式还有一个问题：那些与服务器在同一直联网络中的节点，它们原本没有打算接收服务器发送的数据，结果也收到了相关的 IP 广播分组，这就导致了安全性问题和网络资源浪费问题。

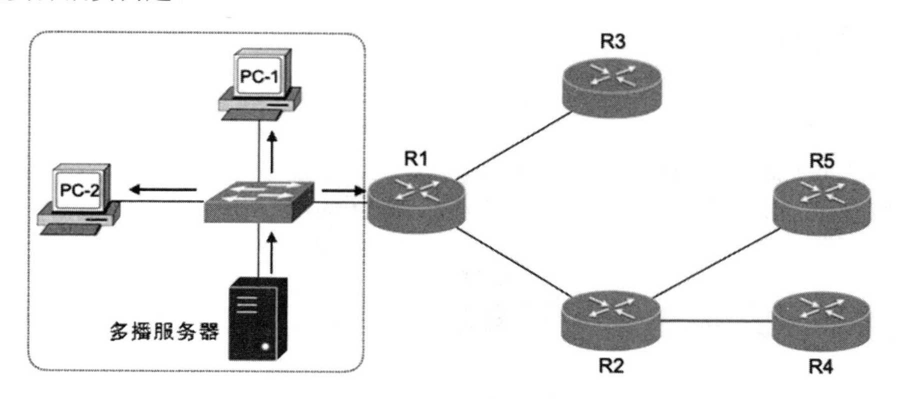

图 20.2 广播“一对多”模型

在互联网上，解决“一对多”问题采用的是多播（组播）[①]的方式。多播类似于电视频道，观众选择相应的频道观看不同的电视节目（注意，有很多观众同时观看）。对应于互联网的多播，就是选择多播组（类似电视频道）来接收相应的数据，如线上课堂、线上学术会议等。

多播的工作方式如图 20.3 所示。

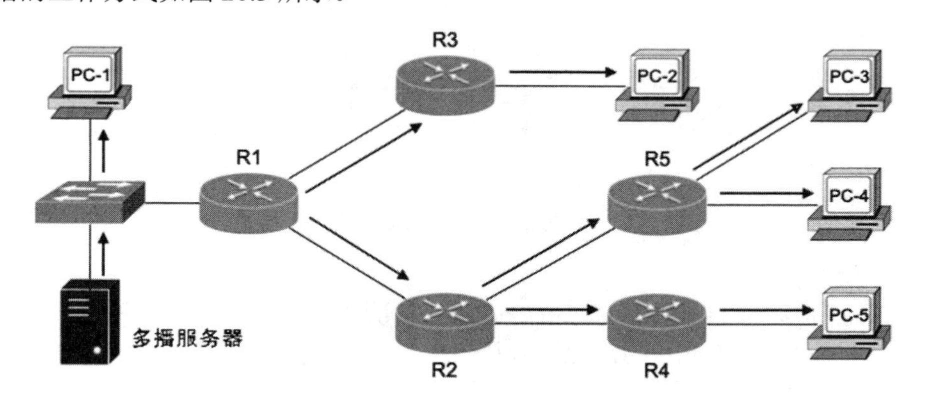

图 20.3 多播的工作方式

多播服务器只要发送一份数据，中间的多播路由器 R1～R5 就根据是否有多播组成员来转发或复制数据进行下发，并且只有加入多播组的那些节点才能收到这些数据。在这种情况下，同一段链路上只有一份数据在传输，节约了网络资源。

---

① 多播也称为组播，本实验教程中两者混用。

2. 多播的应用场景

（1）很多接收者期望收到相同数据流量的情况。
（2）接收数据者地址未知的情况。
（3）网络电视。
（4）在线直播。
（5）其他的“一对多”数据传输情况。

20.3 多播架构

1. 基本架构

多播的基本架构如图 20.4 所示，由三部分组成：多播源、多播路由器和互联网多播组成员管理协议 IGMP。

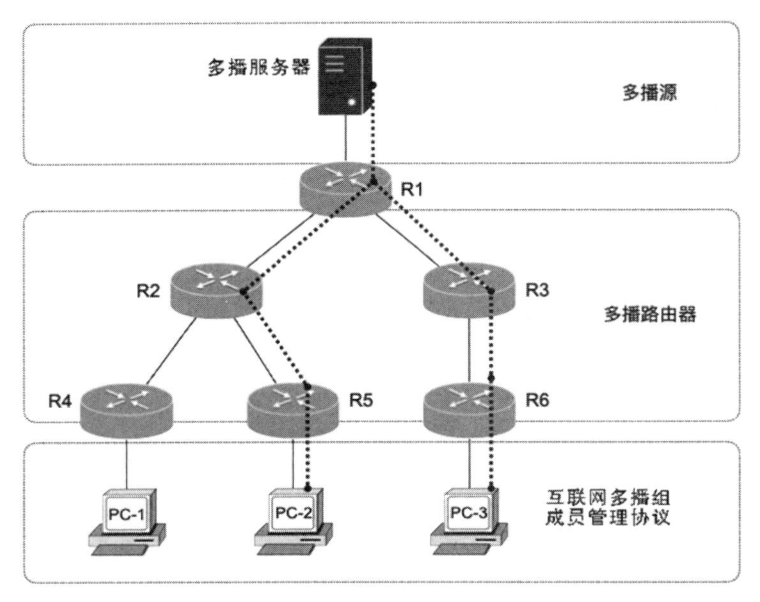

图 20.4 多播的基本架构

（1）多播源（Source）

多播源即多播流量的产生和发送者，它向特定的多播组发送多播数据，而不必知道多播组成员在哪里，类似电视台通过电视频道（多播组）发送电视信号，没有必要关心观众（多播组成员）在什么地方收看。

（2）多播路由器（Multicast Router）

多播路由器是指运行多播路由协议的路由器。除路由器可以支持多播路由协议外，其他网络设备（如一些交换机和防火墙）也可以运行多播路由协议。多播路由器的功能是依据多播路由协议（如 PIM）生成转发多播流量的多播分发树（Multicast Distribution Tree，图 20.4 中的粗黑虚线条），然后通过该树将多播数据复制并发送给需要该数据的接收者（如图 20.4 中的 R5、R6 路由器），或者发送给存在多播组成员的网络分支（如图 20.4 中的 R1、R2、R3 路由器）。

（3）互联网多播组管理协议（Internet Group Management Protocol，IGMP）

节点可以随时加入或者离开某个多播组，类似观众随时可以选择电视频道观看电视节目。图 20.4 中的路由器 R4、R5、R6 通过 IGMP 协议来了解多播组成员的变化情况，在多播架构中，它们被称为最后一跳路由器，也就是说，它们是和组成员直接相连的，它们除管理直连网络中的多播组成员，还要把多播流量转发给多播组成员。

有最后一跳路由器，当然就有第一跳路由器，如图 20.4 中的路由器 R1，它直接与多播源相连，负责将多播源发出的多播流量转发到多播网络中。

下面我们思考一个问题：在单播 IP 分组中，目的地址一定是一个具体的目的 IP 地址，指明是哪个节点接收该 IP 分组，而在多播中，多播发出的原始 IP 分组（多播流量）中如何指明是哪一些目的节点（多播组成员）接收多播流量呢？解决的办法是目的 IP 地址使用 D 类多播地址。

20.4　多播地址

在 IPv4 中，分类 IP 地址的 D 类地址 224.0.0.0/4 用于多播，每个多播地址代表一个接收者的集合，可能是一个节点或多个节点，如可以认为某个电视频道的名称是一个多播地址。

（1）多播地址的分类

多播地址的分类情况如表 20.1 所示。

表 20.1　多播地址的分类

范围	含义
224.0.0.0～224.0.0.255	为路由协议预留的永久组地址
224.0.1.0～231.255.255.255 233.0.0.0～238.255.255.255	Any-Source 临时多播组地址（公有），全网有效
232.0.0.0～232.255.255.255	Source_Specific 临时多播组地址，全网有效
239.0.0.0～239.255.255.255	本地管理的 Any-Source 临时多播地址（私有）

（2）部分众所周知的多播地址

一些常用的知名多播地址如表 20.2 所示。

表 20.2　常用的知名多播地址

多播地址	含义	多播地址	含义
224.0.0.0	基准地址（保留）	224.0.0.10	Eigrp 路由器
224.0.0.1	所有主机的地址（包括所有路由器地址）	224.0.0.11	活动代理
224.0.0.2	所有多播路由器的地址	224.0.0.12	DHCP 服务器/中继代理
224.0.0.3	不分配	224.0.0.13	所有 PIM 路由器
224.0.0.4	DVMRP	224.0.0.14	RSVP 封装
224.0.0.5	所有 OSPF 路由器	224.0.0.15	所有 CBT 路由器
224.0.0.6	OSPF DR/BDR	224.0.0.16	指定 SBM
224.0.0.7	ST 路由器	224.0.0.17	所有 SBMs
224.0.0.8	ST 主机	224.0.0.18	VRRP
224.0.0.9	RIPv2 路由器	224.0.0.22	IGMPv3

请注意，这些知名的多播地址仅在本地链路上作为目的地址使用，路由器不会转发目的地址为知名多播地址的 IP 分组。这里请大家特别记住 224.0.0.1、224.0.0.2 和 224.0.0.13 三个多播地址的含义。

（3）多播 MAC 地址

最后一跳多播路由器与多播接收者同处于一个直连网络中，我们用一个多播地址可以表示这些多播接收者，但在直连网络中（我们讨论以太网中）最终要将多播 IP 分组封装到 MAC 帧中发送给接收者，也就是说在直连二层以太网中，我们也需要进行多播，那么以太网帧中的目的 MAC 地址是什么呢？如图 20.5 所示。如果目的 MAC 地址采用二层广播 MAC 地址 FF:FF:FF:FF:FF:FF，对于那些不想接收多播 IP 分组的节点就是一种资源的浪费。

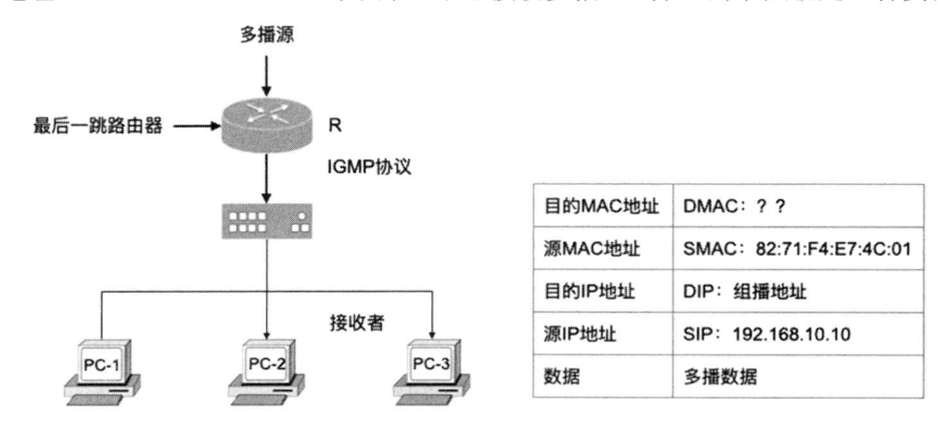

图 20.5　多播 MAC 地址

最后一跳路由器 R 将多播 IP 分组封装成帧的时候，目的 MAC 地址是以太网的多播 MAC 地址，它是由 IP 多播地址映射到多播 MAC 地址中得到的。最容易想到的映射办法是，用 32 位 IP 多播地址直接替换掉 MAC 地址的低 32 位来生成组播 MAC 地址，这种方法简单易行，但事实并不是如此，实际的替换方法如图 20.6 所示。

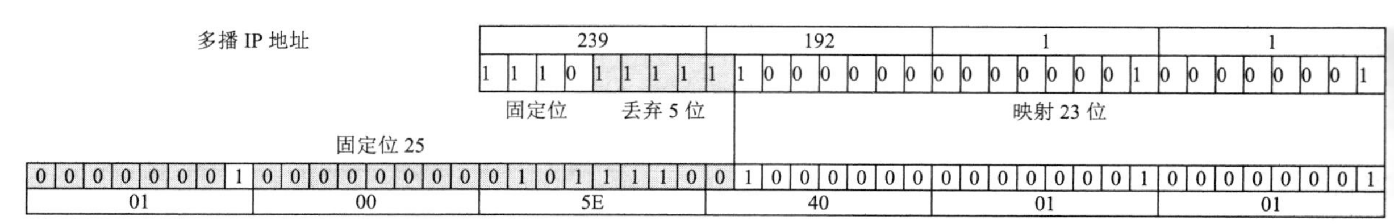

图 20.6　多播 IP 地址与多播 MAC 地址的映射

注意，以太网 MAC 地址第 1 个字节（从左至右）中的最低位置 1 表示是多播 MAC 地址。从图 20.6 中可以看出，多播 IP 地址映射到多播 MAC 地址采用了看上去十分奇怪的方法，这是有历史原因的：为了节约资金，仅仅购买了一块多播 MAC 地址的 0x01005E（24 位），并且只用了这块地址空间的一半来作为组播 MAC 地址（第 25 位固定为 0）。所以多播 IP 地址到多播 MAC 地址的映射是按以下方法得到的：

多播 MAC 地址 ＝0x01005E＋0＋ 多播 IP 地址的低 23 位

这种映射方法，由于丢弃了多播 IP 地址中的 5 位，就会出现 32 个不同的多播 IP 地址映射到同一个多播 MAC 地址的情况。

20.5　多播路由协议

1. 实验拓扑

由于以下内容需要用到实验输出结果进行分析，因此这里我们给出实验拓扑、网络配置及实验过程。本实验教程仅介绍 PIM-DM 多播路由协议。

（1）实验拓扑

实验拓扑及 IP 地址规划如图 20.7 所示，注意路由器与路由器之后都是通过 Serial 接口相连的，并且所有设备（包括多播服务器、PC-1、PC-2）都由 Cisco 3725 仿真，其中多播服务器为多播源，PC-1 和 PC-2 为多播组成员（多播接收者）。

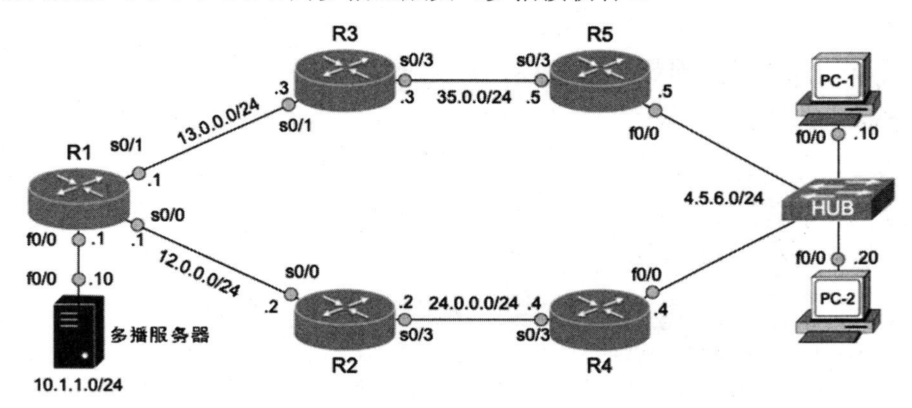

图 20.7　实验拓扑及 IP 地址规划

（2）网络基本配置

- 多播源的基本配置

```
MulticastServer#show run
......
!
interface FastEthernet0/0                        # 接口模式下配置
 ip address 10.1.1.10 255.255.255.0              # 多播服务器的 IP 地址
 no shutdown
 no ip route-cache
 duplex auto
 speed auto
!
ip default-gateway 10.1.1.1                      # 多播服务器的默认网关
......
```

- 多播组成员 PC-1 的基本配置

```
PC-1#show run
......
!
interface Loopback0
 ip address 11.11.11.11 255.255.255.255
!
```

```
interface FastEthernet0/0
 ip address 4.5.6.10 255.255.255.0
 ip igmp join-group 239.1.1.1                    # PC-1 加入多播组 239.1.1.1
 duplex auto
 speed auto
!
router ospf 1                                    # 配置 OSPF 路由选择协议
 router-id 11.11.11.11
 log-adjacency-changes
 network 0.0.0.0 255.255.255.255 area 0          # 通告所有直连网络
!
......
```

- 多播组成员 PC-2 的基本配置

```
PC-2#show run
......
!
interface Loopback0
 ip address 22.22.22.22 255.255.255.255
!
interface FastEthernet0/0
 ip address 4.5.6.20 255.255.255.0
 ip igmp join-group 239.1.1.1                    # PC-2 加入多播组 239.1.1.1
 duplex auto
 speed auto!
router ospf 1                                    # 配置 OSPF 路由选择协议
 router-id 22.22.22.22
 log-adjacency-changes
 network 0.0.0.0 255.255.255.255 area 0          # 通告所有直连网络
!
......
```

- 多播路由器 R1 的基本配置

```
R1#show run
......
ip multicast-routing                             # 开启多播路由功能，在全局模式下配置
!
interface Loopback0
 ip address 1.1.1.1 255.255.255.255
!
interface FastEthernet0/0
 ip address 10.1.1.1 255.255.255.0
 ip pim dense-mode                               # 在接口模式下配置 PIM-DM 多播路由协议
 no shutdown
 duplex auto
 speed auto
!
interface Serial0/0
```

```
 ip address 12.0.0.1 255.255.255.0
 no shutdown
 ip pim dense-mode                              # 在接口模式下配置 PIM-DM 多播路由协议
 clock rate 2000000
!
interface Serial0/1
 ip address 13.0.0.3 255.255.255.0
 no shutdown
 ip pim dense-mode                              # 在接口模式下配置 PIM-DM 多播路由协议
 clock rate 2000000
!
router ospf 1                                   # 配置 OSPF 路由选择协议（单播路由协议）
 router-id 1.1.1.1
 log-adjacency-changes
 network 0.0.0.0 255.255.255.255 area 0
!
......
```

- 多播路由器 R2 的基本配置

```
R2#show run
......
ip multicast-routing
!
interface Loopback0
 ip address 2.2.2.2 255.255.255.0
!
interface Serial0/0
 ip address 12.0.0.2 255.255.255.0
 no shutdown
 ip pim dense-mode
 clock rate 2000000
!
interface Serial0/3
 ip address 24.0.0.2 255.255.255.0
 no shutdown
 ip pim dense-mode
 clock rate 2000000
!
router ospf 1
 router-id 2.2.2.2
 log-adjacency-changes
 network 0.0.0.0 255.255.255.255 area 0
!
......
```

多播路由器 R3、R4、R5 的基本配置参考 R2 和网络拓扑中的 IP 地址规划进行配置。

（3）实验流程

本次实验流程如图 20.8 所示，实验中抓取的包用于理解 PIN-DIM 的各种报文（参见

20.6 节“PIM-DM 报文分析”）。

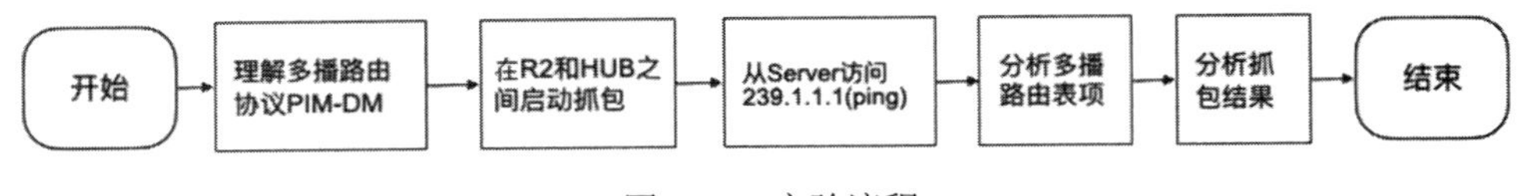

图 20.8　实验流程

2. 多播路由协议

（1）概述

路由器转发单播 IP 分组时，采用单播路由选择协议计算出到达目的节点的最优路径。转发单播 IP 分组时，路由器不关心单播 IP 分组的源地址。

多播 IP 分组的接收者是分散在互联网上的一组节点，如果在环路上进行多播 IP 分组的转发，会严重影响网络的性能。所以，多播路由器转发多播 IP 分组的时候，必须知道多播的来源方向，确保多播 IP 分组从来源方向向目标方向下发。为了实现这个目的，多播路由器维护一个多播前传表（多播路由表）。

多播路由协议分为域内多播路由协议和域间多播路由协议，这里只介绍域内多播路由协议。

（2）多播路由协议的主要功能

- 判断收到的多播 IP 分组是否是从正确的接口到达的，以确保多播路由没有环路。
- 生成一棵多播分发路径树（多播转发表项），以实现多播流量沿着该分发路径树向前下发。

（3）多播路由器协议的分类

- 密集模式协议（如 PIM[①]-DM）

这种方式采用扩散、剪枝和嫁接三种机制来维护多播分发树（SPT）。

其基本原理是：假设网络里的每个子网至少有一个多播接收者，采用 Push 方式将多播流扩散（广播）至所有节点，没有多播接收者的路由器再向上游发送剪枝消息报文，被剪枝的多播路由器在有多播成员加入时，向上游路由器发送嫁接消息报文。

- 稀疏模式协议（如 PIM-SM）

假设网络中没有多播数据的接收者，当有节点加入多播组时，才将多播流发送给接收者，它采用 Pull 模式，多播流被拉入网络中的接收点，这种方式适用于组成员分散、范围较广、大规模的网络。

（4）多播路由表项的结构

在 PIM 网络中有两种路由表项：(S, G)和(*, G)，S 表示多播源，G 表示目的多播组，*表示任意。在表项中还包含多播 IP 分组从哪个接口到达、从哪些接口转发出去等信息。

- (S, G)路由表项：已经知道多播源的位置，用于在 PIM 路由器上建立从源到接收者的一棵 SPT（源树）。
- (*, G)路由表项：路由器仅仅知道多播组 G 的存在，用于在 PIM 路由器上建立 RPT（共享树）。

---

① PIM 的全称为 Protocol Independent Multicast（协议无关多播）。

```
MulticastServer#ping 239.1.1.1                    # 确保网络中生成 SPT 树，不能 ping 通
Type escape sequence to abort.
Sending 1, 100-byte ICMP Echos to 239.1.1.1, timeout is 2 seconds:
.
MulticastServer#ping 239.1.1.1                    # 可能要多 ping 几次才有结果
Type escape sequence to abort.
Sending 1, 100-byte ICMP Echos to 239.1.1.1, timeout is 2 seconds:

Reply to request 0 from 4.5.6.20, 120 ms          # 两个多播组成员发送的响应
Reply to request 0 from 4.5.6.10, 152 ms
```

多播路由表项实例如下所示。

```
R5#show ip mroute 239.1.1.1
IP Multicast Routing Table
......
(*, 239.1.1.1), 00:45:57/stopped, RP 0.0.0.0, flags: DC
                                             # D 表示 PIM-DM，C 表示直接相连
  Incoming interface: Null, RPF nbr 0.0.0.0
  Outgoing interface list:                   # 注意(*, G)表项给出了所有参考出接口
    Serial0/3, Forward/Dense, 00:45:30/00:00:00
    FastEthernet0/0, Forward/Dense, 00:45:57/00:00:00

(10.1.1.10, 239.1.1.1), 00:00:12/00:02:51, flags: T          # SPT 树
  Incoming interface: Serial0/3, RPF nbr 35.0.0.3             # 流入接口
  Outgoing interface list:                                    # 一组输出接口
    FastEthernet0/0, Forward/Dense, 00:00:13/00:00:00, A      # 流出接口，A 表示是
                                                              # Assert 获胜者
```

Assert 参考 20.6 节中的 Assert 断言报文。

- 反向路径转发（Reverse Path Forwarding，RPF）

RPF 检查用于确保多播 IP 分组在转发过程没有环路，它直接利用单播路由表的路由信息来确定上、下游邻居设备，创建多播路由表项，确保多播数据流能够沿组播分发树（路径）正确地下发，同时可以避免下发路径上环路的产生。

具体的实现方法就是看多播流的来源接口是否与路由器单播路由表中去往多播源的送出接口一致，如图 20.9 所示，R2 路由器的 Eth0 就是 RPF 接口（通过了 RPF 检查），而 Eth1 不是 RPF 接口。因为 R2 去往多播源 S 的单播路由的送出接口是 Eth0，多播流又从该接口流入 R2。

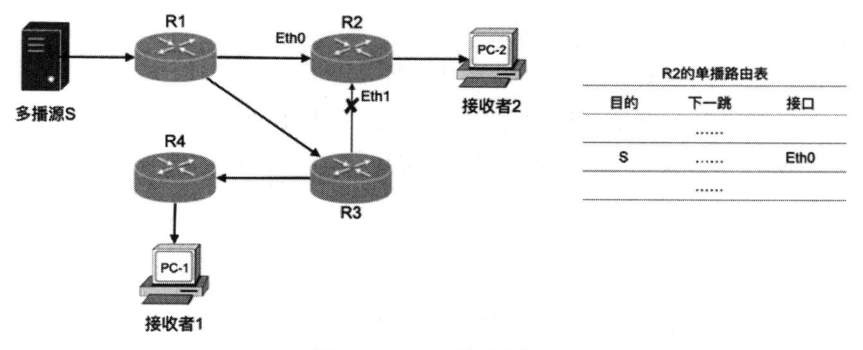

图 20.9 RPF 检查原理

通过以下命令可以查看图 20.7 中路由器的哪些接口通过了 RPF 检查：

```
R5#show ip rpf 10.1.1.10
RPF information for ? (10.1.1.10)                        # 多播源为 10.1.1.10
  RPF interface: Serial0/3                               # Serial0/3 为 RPF 接口
  RPF neighbor: ? (35.0.0.3)                             # RPF 的上游邻居
  RPF route/mask: 10.1.1.0/24                            # 多播源所在网络的掩码
  RPF type: unicast (ospf 1)                             # 通过 OSPF 单播路由协议进行 RPF 检查
  RPF recursion count: 0
  Doing distance-preferred lookups across tables
```

- PIM 的转发规则

在通过 RPF 检查的情况下，按如下规则转发 IP 多播分组：

如果 PIM 路由器中存在(S, G)路由表项，则按该表项转发。如果不存在该表项，只存在(*, G)路由表项，则根据(*, G)路由表项创建(S, G)路由表项，再按(S, G)路由表项进行转发。

20.6 PIM-DM 报文分析

PIM-DM 报文的基本格式如图 20.10 所示。

0		8	16	31
Version	Type	Reserved	Checksum	

图 20.10 PIM 报文的基本格式

（1）Version：4 比特，PIM 的版本，本实验教程分析的是版本 2。

（2）Type：4 比特，对于 PIM-DM 来说，报文类型及功能如表 20.3 所示。

表 20.3 PIM-DM 报文类型

类型	类型 ID	报文功能
Hello	0	发现、维护邻居关系，协商参数
Join/Prune	3	加入/剪枝，J 位=1，表明为 Join 报文，P 位=1，表明为 Prune 报文
Assert	5	断言
Graft	6	嫁接
Graft-Ack	7	嫁接确认

（3）Reserved：8 比特，保留未使用。

（4）Checksum：16 比特，校验和。

PIM-DM 报文是直接封装到 IP 分组中的，协议代码为 103。

前面实验中 R5 与 HUB 之间的抓包结果如图 20.11 所示，在无特别说明的情况下，结果分析均来自以下抓包结果。

1. Hello 报文（发现邻居）

PIM 路由器通过 Hello 报文来发现直连网络中的邻居（封装到 IP 分组中，其 TTL 为 1，不能穿越路由器），目的地址是 224.0.0.13，该地址代表了直连网络中的所有 PIM 路由器

（一个 PIM 路由器可能会有多个邻居）。

pim or igmp

No.	Source	Destination	Protocol	Info
5	4.5.6.5	224.0.0.13	PIMv2	Hello
6	4.5.6.4	224.0.0.13	PIMv2	Hello
16	4.5.6.5	224.0.0.13	PIMv2	Assert
17	4.5.6.4	224.0.0.13	PIMv2	Assert
20	4.5.6.4	224.0.0.13	PIMv2	Join/Prune
24	4.5.6.5	224.0.0.13	PIMv2	Assert
25	4.5.6.4	224.0.0.13	PIMv2	Join/Prune
41	4.5.6.4	224.0.0.1	IGMPv2	Membership Query, general
46	4.5.6.4	224.0.1.40	IGMPv2	Membership Report group 224.0.1.40
51	4.5.6.5	224.0.0.13	PIMv2	Hello
52	4.5.6.20	239.1.1.1	IGMPv2	Membership Report group 239.1.1.1
53	4.5.6.4	224.0.0.13	PIMv2	Hello
79	4.5.6.5	224.0.0.13	PIMv2	Hello
80	4.5.6.4	224.0.0.13	PIMv2	Hello
101	4.5.6.4	224.0.0.1	IGMPv2	Membership Query, general
104	4.5.6.10	239.1.1.1	IGMPv2	Membership Report group 239.1.1.1
107	4.5.6.5	224.0.0.13	PIMv2	Hello
112	4.5.6.4	224.0.0.13	PIMv2	Hello
113	4.5.6.5	224.0.1.40	IGMPv2	Membership Report group 224.0.1.40

图 20.11　在 R5 与 HUB 之间的抓包结果

邻居参数的协商是通过 Hello 报文中的 Option 来传递的，采用 TLV 格式。PIM 路由器每隔 30 秒发送一次 Hello 消息报文，超过 105 秒没有收到邻居的 Hello 消息报文，则该邻居失效。

展开图 20.11 中序号为 5 的包，结果如下：

```
Ethernet II, Src: c2:04:03:90:00:00, Dst: IPv4mcast_0d (01:00:5e:00:00:0d)
Internet Protocol Version 4, Src: 4.5.6.4, Dst: 224.0.0.13    # 目的 IP 地址为所有的 PIM 路由器
    0100 .... = Version: 4
    .... 0101 = Header Length: 20 bytes (5)
    Differentiated Services Field: 0xc0 (DSCP: CS6, ECN: Not-ECT)
    Total Length: 54
    Identification: 0x01c3 (451)
    Flags: 0x0000
    Time to live: 1                                 # TTL 的值为 1
    Protocol: PIM (103)                             # IP 分组中封装的是 PIM 报文
    Header checksum: 0xccc8 [validation disabled]
    [Header checksum status: Unverified]
    Source: 4.5.6.4
    Destination: 224.0.0.13                         # 目的为所有 PIM 路由器
Protocol Independent Multicast                      # PIM 报文
    0010 .... = Version: 2                          # 版本 2
    .... 0000 = Type: Hello (0)                     # 值为 0，类型为 Hello 消息报文
    Reserved byte(s): 00                            # 保留，未使用
    Checksum: 0xe1f0 [correct]
    PIM Options: 4                                  # 选项参数，TLV 格式
        Option 1: Hold Time: 105                    # 维持邻居关系的时间，默认为 105 秒
            Type: 1
            Length: 2
            Holdtime: 105
        Option 20: Generation ID: 3612943616
```

```
        Option 19: DR Priority: 1        # 优先级，在 PIM-SM 用于选举 DR（指定路由器）
        Option 21: State Refresh Capable: Version = 1, Interval = 0s
                                         # 状态刷新选项，参考剪枝报文
```

2. Join/Prune 加入/剪枝报文

PIM 路由器从某个接口收到 IP 多播分组之后，对该接口进行 RPF 检查，检查通过之后向路由器的邻居或 IGMP 的接收者复制转发 IP 多播分组，并在本地建立(S,G)表项，这个过程称为 PIM-DM 扩散，类似于上级向所有部门下发通知（有些部门需要，有些部门可能不需要）。

叶子 PIM 路由器收到 IP 多播分组之后，判断本路由器上是否有多播接收者，如果有多播接收者，则创建本地(S,G)表项，如果没有多播接收者，则向上游发送剪枝消息报文，其目的地址为 224.0.0.13，通知上游 PIM 路由器不要再发送 IP 多播分组到本路由器。

考虑图 20.12 的情况，三个路由器处于一个 BMA（广播多路访问）网络中，R3 没有多播 IP 分组的接收者，它向 R1 发送 Prune 消息报文，R1 收到该报文之后，不能将 f0/0 剪枝，因为 R2 下面有 IP 多播分组的接收者。为了解决这个问题，PIM 路由器设计了剪枝延迟计时器。

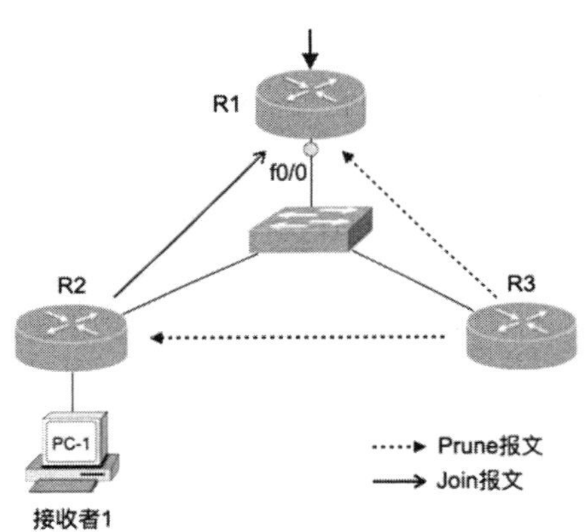

图 20.12　Join/Prune

收到 Prune 消息报文的 PIM 路由器，如果只有一个邻居，则立即将该接口设置为剪枝状态；如果有多个邻居，PIM 路由器则启动剪枝延迟计时器，时间为 3 秒，在这个时间之内，收到了某个邻居的 Join 报文，PIM 路由器启动否决剪枝。如图 20.12 所示，R2 收到 R3 发送的 Prune 消息报文，R2 在 2.5 秒之内发送 Join 消息报文给 R1，R1 收到之后启动否决剪枝。

Prune 消息报文的最大传输时间为 0.5 秒，Join 消息报文默认的发送时间间隔为 2.5 秒，所以剪枝延迟计时器的时间为 3 秒。

展开图 20.11 中序号为 20 的包，结果如下：

```
Ethernet II, Src: c2:04:03:90:00:00, Dst: IPv4mcast_0d (01:00:5e:00:00:0d)
Internet Protocol Version 4, Src: 4.5.6.4, Dst: 224.0.0.13    # 源是路由器 R4，请完
成本实验思考题 2
Protocol Independent Multicast
    0010 .... = Version: 2
    .... 0011 = Type: Join/Prune (3)              # 类型值为 3，为加入/剪枝报文
    Reserved byte(s): 00
```

```
Checksum: 0xd3d3 [correct]
PIM Options
    Upstream-neighbor: 4.5.6.5                  # 上游路由器
    Reserved byte(s): 00
    Num Groups: 1                               # 多播组的数量为 1 个
    Holdtime: 210                               # 剪枝保持时间
    Group 0: 239.1.1.1/32
        Num Joins: 0                            # J 位置 0，不是加入报文
        Num Prunes: 1                           # P 位置 1，说明是剪枝报文
            IP address: 10.1.1.10/32
```

通过上述扩散与剪枝，最终得到一棵 SPT 树，多播流沿着这棵树将多播源的流量发送给接收者。不需要接收多播流的路由器，定期向上游发送 Prune 消息报文。

考虑一下这种情形：如果"剪枝保持时间"到期，在没有多播组成员的情况下，路由器接口恢复下发多播流，然后又开始向上游发送剪枝消息报文。这种情况可能会周而复始不断重复，如何解决这个问题呢？

为了避免被裁剪的接口因为"剪枝保持时间"到期而恢复转发，PIM-DM 路由器在 Hello 报文中协商了 State Refresh Capable 参数，第一跳路由器周期性地发送 State Refresh 消息报文。PIM 路由器收到 State Refresh 报文之后，刷新"剪枝保持时间"。

采取以上操作方法，没有多播组成员加入的被裁剪的接口，会一直处于抑制转发状态，当收到下游路由器发送嫁接消息报文时，才恢复流量下发。

3. Assert 断言报文

在拓扑图 20.7 中，R4 和 R5 同处一个 BMA 网络中，IP 多播分组分别从 R4 和 R5 的接口 f0/0 到达 BMA 网络中，出现了重复的 IP 多播分组流。这种情况下（即 R4 和 R5 从其下游接口发送了一份 IP 多播分组，又从其下游接口收到该 IP 多播分组），R4 和 R5 启动 Assert 机制，竞争 IP 多播分组的前传者，竞争规则如下：

首先比较各个路由器到达多播源网段的 IGP 路由 AD（Administrative Distance，管理距离，小的优先级高）值，再比较到达源网段的 Metric 值（小的优先），如果前两者都相同，则将 Assert 包中的源地址（另一个路由器的出接口）与自己的入接口的 IP 地址进行比较（大的优先）。胜出者称为 Winner，落选者称为 Loser，因此在 BMA 网络中只有一个 Winner。

以下为路由器 R4 发送的 Assert 消息报文（R5 发送的 Assert 消息报文，除源 IP 地址外，其余内容与之基本一致）。

展开图 20.11 中序号为 17 的包，结果如下：

```
Ethernet II, Src: c2:04:03:90:00:00, Dst: IPv4mcast_0d (01:00:5e:00:00:0d)
Internet Protocol Version 4, Src: 4.5.6.4, Dst: 224.0.0.13  # R4 发送的 Assert 消息报文
Protocol Independent Multicast
    0010 .... = Version: 2
    .... 0101 = Type: Assert (5)                # 类型值为 5，表示是 Assert 消息报文
    Reserved byte(s): 00
    Checksum: 0xdcc4 [correct]
    PIM Options
```

```
Group: 239.1.1.1/32                                    # 多播组
Source: 10.1.1.10                                      # 多播源 IP 地址
0... .... = RP Tree: False
.000 0000 0000 0000 0000 0000 0110 1110 = Metric Preference: 110
                                                       # OSPF 的 AD=110
Metric: 138                                            # R4 到多播源的开销
```

比较 R4 和 R5 发送 Assert 的源 IP 地址，最终 R5 的接口 f0/0 成为前传者，R4 会发送剪枝消息报文。Winner 会周期性地向下游接口发送状态刷新报文，让 Loser 刷新自己的断言计时器。上述工作过程如图 20.13 所示。

pim

No.	Source	Destination	Protocol	Info	
657	4.5.6.4	224.0.0.13	PIMv2	Assert	← R4发送的Assert
658	4.5.6.5	224.0.0.13	PIMv2	Assert	← R5发送的Assert
661	4.5.6.4	224.0.0.13	PIMv2	Join/Prune	← R4发送的Prune
670	4.5.6.5	224.0.0.13	PIMv2	Assert	← R5发送刷新Assert
671	4.5.6.4	224.0.0.13	PIMv2	Join/Prune	← R4发送的Prune

图 20.13　Assert 竞选

4. Graft 嫁接报文

当原来不在 SPT 树上的网络中有新出现的 IP 多播分组接收者（通过 IGMP 协议获知）时，最后一跳路由器向它的上游路由器发送 Graft 消息报文，希望将自己嫁接到 SPT 中，上游路由器发送 Graft-Ack 报文同意嫁接。Graft 报文如图 20.14 所示（请读者思考，如何可以得到如下抓包结果）。

pim or igmp

No.	Source	Destination	Protocol	Info	
734	4.5.6.4	224.0.0.1	IGMPv2	Membership Query, general	← R4发送多播成员查询报文
749	4.5.6.10	239.1.1.1	IGMPv2	Membership Report group 239.1.1.1	← 多播成员响应报文
750	4.5.6.4	4.5.6.5	PIMv2	Graft	← R4发送的Graft报文
751	4.5.6.5	4.5.6.4	PIMv2	Graft-Ack	← R5发送的Graft-Ack报文
752	4.5.6.5	224.0.1.40	IGMPv2	Membership Report group 224.0.1.40	

图 20.14　Graft 报文

以下为 R4 发送的 Graft 消息报文：

```
Ethernet II, Src: c2:04:03:90:00:00, Dst: c2:05:03:9c:00:00
Internet Protocol Version 4, Src: 4.5.6.4, Dst: 4.5.6.5
Protocol Independent Multicast
    0010 .... = Version: 2
    .... 0110 = Type: Graft (6)                 # 类型值为 6，表示 Graft 消息报文
    Reserved byte(s): 00
    Checksum: 0x4acd [correct]
    PIM Options
        Upstream-neighbor: 4.5.6.5              # 上游邻居 PIM 路由器
        Reserved byte(s): 00
        Num Groups: 1                           # 多播组数量为 1 个
        Holdtime: 210                           # 嫁接保持时间
        Group 0: 239.1.1.1/32                   # 多播组地址为 239.1.1.1
            Num Joins: 1                        # J 位为 1，表示申请加入
            Num Prunes: 0
```

R5 发送的 Graft-Ack 消息报文与 Graft 消息报文基本一样，请读者自己分析。R5 路由器继续向上游路由器发送 Graft 消息报文，直到到达第一跳路由器，通过这种方法，最终生成了一棵新的 SPT 树。

另外，当网络拓扑结构发生变化时，可能会导致 PIM 路由器到源的上一跳路由器发生变化。例如，图 20.7 中的 R3 路由器接口 s0/3 失效的情况，路由器 R5 向新的 RPF 路由器发送 Graft 消息报文，重新建立 SPT 树，它还会发送 Prune 消息报文进行剪枝。

请注意，嫁接是逐跳向多播源方向进行的。

具体实验步骤如下：

- 在 R5 与 HUB 之间启动抓包，在 R2 与 R4 之间启动抓包。
- 在 R5 中执行 debug ip pim 命令。

```
R5#debug ip pim
PIM debugging is on
```

- 将 R3 路由器接口 s0/3 关闭。

```
R3#conf t
R3(config)#int s0/3
R3(config-if)#shut
```

- 从 MulticastServer 上执行 ping 239.1.1.1。

R5 与 HUB 之间的抓包结果如图 20.15 所示。R2 与 R4 之间的抓包结果请读者自己分析。

pim

No.	Source	Destination	Protocol	Info
178	4.5.6.5	4.5.6.4	PIMv2	Graft
179	4.5.6.4	4.5.6.5	PIMv2	Graft-Ack
234	4.5.6.5	224.0.0.13	PIMv2	Hello
251	4.5.6.5	224.0.0.13	PIMv2	Join/Prune

图 20.15　抓包结果

前两个包为嫁接、嫁接确认消息报文，最后一个为剪枝消息报文。

R5 上输出的调试结果：

```
*Mar  1 00:45:12.935: PIM(0): Neighbor 35.0.0.3 (Serial0/3) timed out
R5#
*Mar  1 00:45:12.935: %PIM-5-NBRCHG: neighbor 35.0.0.3 DOWN on interface
Serial0/3 non DR
R5#
*Mar  1 00:45:15.923: PIM(0): Prune Serial0/3/224.0.1.40 from (*, 224.0.1.40)
*Mar  1 00:45:15.927: PIM(0): Prune Serial0/3/239.1.1.1 from (*, 239.1.1.1)
*Mar  1 00:45:15.927: PIM(0): Prune Serial0/3/239.1.1.1 from (10.1.1.10/32,
239.1.1.1)
*Mar  1 00:45:15.927: PIM(0): Insert (10.1.1.10,239.1.1.1) prune in nbr
4.5.6.4's queue
*Mar  1 00:45:15.931: PIM(0): Building Join/Prune packet for nbr 4.5.6.4
*Mar  1 00:45:15.935: PIM(0): Adding v2 (10.1.1.10/32, 239.1.1.1) Prune
*Mar  1 00:45:15.935: PIM(0): Send v2 join/prune to 4.5.6.4 (FastEthernet0/0)
```

注意：224.0.1.40、224.0.1.139 是 Cisco 私有的多播 IP 地址，用于在 PIM-SM 中进行

Auto-RP 选举。

20.7 IGMP 协议

1. IGMP 概述

在多播网络中，最后一跳路由器如何判断是否有多播接收者呢？它是通过 IGMP（Internet Group Management Protocol，因特网组管理协议）来实现的，也就是说最后一跳路由器通过 IGMP 协议来维护多播组成员的信息。IGMP 直接封装到 IP 中，协议代码为 2，并且把 TTL 置为 1，只能在直连网络中使用。一共有三个版本，目前使用较为广泛的是 IGMPv2。IGMP 的特点如下：

- IGMP 的作用范围限于多播组成员和最后一跳路由器之间。
- 默认情况下，最后一跳路由器接口下如果没有多播组成员，它不会向接口下发多播数据流。
- 主机（多播组成员）使用 IGMP 报文向最后一跳路由器申请加入或退出某个多播组。
- 最后一跳路由器会周期性地检查接口的网络中是否有多播组成员。
- 在 BMA 网络中，如图 20.7 中的路由器 R4 和 R5 所示，它们两者之间会产生一个多播组成员的查询器。查询器选举机制：接口 IP 地址最小的路由器成为该网段的 IGMPv2 查询器，它将负责向这个网段执行查询操作，避免产生多余的多播组成员查询信息。参考本小节第 3 部分内容。

2. IGMPv2 报文格式（如图 20.16 所示）

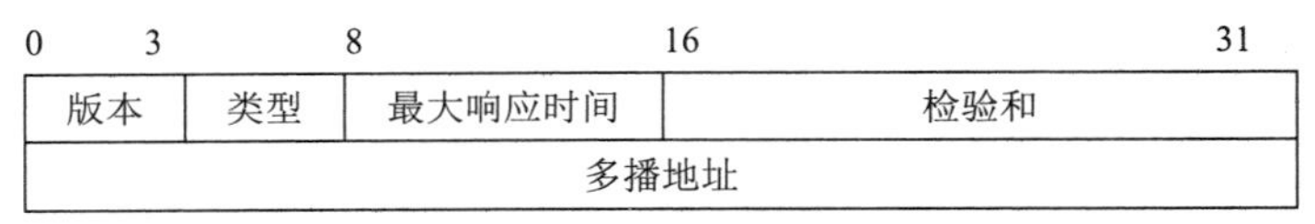

图 20.16　IGMPv2 报文的基本格式

（1）版本：IGMPv2。

（2）类型：成员关系查询报文（0x11）、成员关系报告报文（0x16)、成员离组报文（0x17）。

（3）最大响应时间：仅在成员关系查询报文中有效，用来告知成员响应成员关系查询报文的最长等待时间，默认为 10 秒。

（4）多播地址：

- 在普遍组查询报文中，该字段为 0。
- 在特定组查询报文中，该字段为查询组的多播地址。
- 在成员关系报告报文中，该字段为目的多播地址。

3. IGMPv2 查询报文

（1）普遍查询报文（也称常规查询，General Query）和成员关系报告报文（Membership Report）

最后一跳路由器向直连网络内所有主机进行查询，目的 IP 地址为 224.0.0.1，直连网络中的多播组成员收到该查询报文，需要在 0~**最大响应时间**内回应一个成员关系报告报文。如果在此之前收到了同一个多播成员发出的成员关系报告报文，则不会发送自己的报告。例如，多播组成员 1 选择了 5 秒之后发送响应报文，而多播组成员 2 选择了 2 秒之后发送响应报文。在这种情况下，多播组成员 1 一定在 5 秒之前收到了多播组成员 2 发送的响应报文，因此多播组成员 1 就不用再发送响应报文了。这种机制，类似于知识竞赛的抢答题环节。

- 普遍查询报文（图 20.11 中序号为 101 的包）

```
Internet Protocol Version 4, Src: 4.5.6.4, Dst: 224.0.0.1
    0100 .... = Version: 4
    .... 0101 = Header Length: 20 bytes (5)
    Differentiated Services Field: 0xc0 (DSCP: CS6, ECN: Not-ECT)
    Total Length: 28
    Identification: 0x022f (559)
    Flags: 0x0000
    Time to live: 1                                 # TTL=1
    Protocol: IGMP (2)                              # 协议代码为 2，表示封装的是 IGMP
    Header checksum: 0xc354 [validation disabled]
    Source: 4.5.6.4                                 # 源为 IGMP 查询器 R4
    Destination: 224.0.0.1                          # 目的为所有直连网络中的主机
Internet Group Management Protocol
    [IGMP Version: 2]
    Type: Membership Query (0x11)                   # 类型为 0x11 表示普遍查询
    Max Resp Time: 10.0 sec (0x64)                  # 最大响应时间
    Checksum: 0xee9b [correct]
    Multicast Address: 0.0.0.0                      # 普遍查询这里设置为 0
```

- 成员关系报告报文（图 20.11 中序号为 104 的包）

```
Internet Protocol Version 4, Src: 4.5.6.10, Dst: 239.1.1.1
Internet Group Management Protocol
    [IGMP Version: 2]
    Type: Membership Report (0x16)
    Max Resp Time: 0.0 sec (0x00)
    Checksum: 0xf9fc [correct]
    [Checksum Status: Good]
    Multicast Address: 239.1.1.1
```

（2）特定组查询报文（Group-Specific Query）和离组报文（Leave Group）

主机在离开已加入的多播组时，它会主动发送离组报文，查询器收到该离组报文之后，需要确认该多播组中是否还有其他成员。这时查询器会发送一个特定组查询报文，针对这个特定的多播组进行查询，其目的 IP 地址即为其所查询的多播地址，即报文中的“多播地址”字段填入这个多播地址。

如果在一定时间内，查询器没有收到任何多播组成员回应，它就认为该直连网络内没有该多播组成员，随即删除相关的 IGMP 表项。

实验步骤如下：

- 从 MulticastServer 上执行 ping 239.1.1.1，确保 SPT 已经生成，并且 R4 和 R5 均已

知道多播成员信息。

```
MulticastServer#ping 239.1.1.1
```

- 在 R4 与 HUB 之间启动抓包。
- 在 PC-1 上执行下列命令，让 PC-1 离开多播组 239.1.1.1。

```
PC-1#conf t
PC-1(config-if)#no ip igmp join-group 239.1.1.1
```

抓包结果如图 20.17 所示。

No.	Source	Destination	Protocol	Info
238	4.5.6.10	224.0.0.2	IGMPv2	Leave Group 239.1.1.1
239	4.5.6.4	239.1.1.1	IGMPv2	Membership Query, specific for group 239.1.1.1
241	4.5.6.20	239.1.1.1	IGMPv2	Membership Report group 239.1.1.1

图 20.17　抓包结果

图 20.17 中序号为 238 的包为多播组成员 PC-1 发送的离组报文，序号为 239 的包为查询器发送的特定组查询报文，询问多播组 239.1.1.1 是否还有多播成员，序号为 241 的包是多播组成员 PC-2 的响应报文，告诉查询器多播组 239.1.1.1 中有成员存在。报文详细信息，请读者参考前面的分析结果。

请注意观察，离组报文的目的 IP 地址是 224.0.0.2，表示所有的多播路由器；另一个前面见到的 IP 地址 224.0.0.13，它表示所有的 PIM 路由器。

4. IGMPv2 查询器和计时器

如前所述，为了减少在 BMA 网络中的 IGMPv2 查询报文的流量，在 BMA 网络中的多播路由器会选取一个 IGMPv2 的查询器，它负责查询直连网络中的成员信息。查询器的竞选规则比较简单，IP 地址小的路由器就成为查询器，在图 20.7 中，R4 为直连网络中的查询器。

SPT 存在的情况下有以下结果，因此首先需要从组播源 ping 239.1.1.1 之后执行以下命令。

```
R5#show ip igmp interface f0/0
FastEthernet0/0 is up, line protocol is up
  Internet address is 4.5.6.5/24
  IGMP is enabled on interface
  Current IGMP host version is 2
  Current IGMP router version is 2
  IGMP query interval is 60 seconds      # 发送查询的时间间隔
  IGMP querier timeout is 120 seconds  # 120 秒内没有收到查询器的包，自己充当这个角色
  IGMP max query response time is 10 seconds          # 最大响应时间
  Last member query count is 2           # 特定多播组查询次数
  Last member query response interval is 1000 ms     # 特定多播组查询的时间间隔
  Inbound IGMP access group is not set
  IGMP activity: 2 joins, 0 leaves       # 有 2 个多播组成员
  Multicast routing is enabled on interface
  Multicast TTL threshold is 0
  Multicast designated router (DR) is 4.5.6.5 (this system) # R5 是 DR（指定路由器）
  IGMP querying router is 4.5.6.4        # IGMP 查询路由器是 R4，R4 的 IP 地址小
  Multicast groups joined by this system (number of users):
```

```
    224.0.1.40(1)
```

从上面结果可以看出，在图 20.7 的 BMA 网络中，只有 R4 路由器会发出 IGMP 查询消息报文。

20.8 PIM-DM 其他相关命令

1. 查询 PIM-DM 邻居

```
R5#show ip pim neighbor
PIM Neighbor Table
Mode: B - Bidir Capable, DR - Designated Router, N - Default DR Priority,
      S - State Refresh Capable
Neighbor          Interface              Uptime/Expires    Ver   DR
Address                                                          Prio/Mode
4.5.6.4           FastEthernet0/0         00:05:30/00:01:40 v2    1 / S
35.0.0.3          Serial0/3              00:05:04/00:01:35 v2    1 / S
```

Expires 为邻居失效时间。

2. 多播组查询

```
R5#show ip igmp groups
IGMP Connected Group Membership
Group Address  Interface        Uptime    Expires   Last Reporter   Group Accounted
239.1.1.1      FastEthernet0/0 00:07:44  00:02:19  4.5.6.20
224.0.1.40     FastEthernet0/0 00:07:46  00:02:21  4.5.6.5
```

3. 多播流量查询

```
R5#show ip mroute 239.1.1.1 count
IP Multicast Statistics
5 routes using 3306 bytes of memory
3 groups, 0.66 average sources per group
Forwarding Counts: Pkt Count/Pkts(neg(-) = Drops) per second/Avg Pkt Size/Kilobits
per second
Other counts: Total/RPF failed/Other drops(OIF-null, rate-limit etc)

Group: 239.1.1.1, Source count: 1, Packets forwarded: 1, Packets received: 2
  Source: 10.1.1.10/32, Forwarding: 1/1/100/0, Other: 2/1/0
```

思考题

1. 在实验拓扑图 20.7 中，请将 RPF 接口和非 RPF 接口填入表 20.4 中。

表 20.4　路由器 RPF 接口

路由器	RPF 接口	非 RPF 接口
R1		
R2		
R3		
R4		
R5		

2. 在 R4 下有 IP 多播分组接收者，它为什么发送 Prune 消息报文？为什么要设置剪枝保持时间？
3. 如果 R5 的接口 f0/0 失效了，那么 R4 要经过多长时间才能将接口 f0/0 变为前传者？
4. 为什么 MulticastServer 需要多执行 ping 239.1.1.1，才能收到多播成员的响应？
5. 将图 20.7 中的路由器 R4 和 R5 的 s0/1 接口连接（当然可以有更多的连接），并在这两个路由器上增加以下配置。

   R4 路由器：

```
R4#conf t
R4(config)#int s0/1
R4(config-if)#ip address 45.0.0.4 255.255.255.0
R4(config-if)#no shut
R4(config-if)#ip pim dense-mode
R4(config-if)#end
R4#wr
```

   R5 路由器：

```
R5#conf t
R5(config)#int s0/1
R5(config-if)#ip address 45.0.0.5 255.255.255.0
R5(config-if)#no shut
R5(config-if)#ip pim dense-mode
R5(config-if)#end
R5#wr
```

   参考本章实验内容，观察多播路由表、RPF 接口、PIM 消息报文、IGMP 报文等信息。例如，比较以下输出结果：

```
R5#show ip mroute 239.1.1.1
IP Multicast Routing Table
......
(*, 239.1.1.1), 00:42:04/00:02:59, RP 0.0.0.0, flags: DC
  Incoming interface: Null, RPF nbr 0.0.0.0
  Outgoing interface list:
    Serial0/1, Forward/Dense, 00:02:25/00:00:00
    Serial0/3, Forward/Dense, 00:41:36/00:00:00
    FastEthernet0/0, Forward/Dense, 00:42:04/00:00:00
=================================================================
```

```
MulticastServer#ping 239.1.1.1
==============================================================
R5#show ip mroute 239.1.1.1
IP Multicast Routing Table
......
(*, 239.1.1.1), 00:52:35/stopped, RP 0.0.0.0, flags: DC
  Incoming interface: Null, RPF nbr 0.0.0.0
  Outgoing interface list:
    Serial0/1, Forward/Dense, 00:12:57/00:00:00
    Serial0/3, Forward/Dense, 00:52:07/00:00:00
    FastEthernet0/0, Forward/Dense, 00:52:35/00:00:00

(10.1.1.10, 239.1.1.1), 00:00:05/00:02:58, flags: T
  Incoming interface: Serial0/3, RPF nbr 35.0.0.3
  Outgoing interface list:
    FastEthernet0/0, Forward/Dense, 00:00:06/00:00:00, A
    Serial0/1, Prune/Dense, 00:00:06/00:02:54, A
```

附录 A　GNS3 安装与使用（Windows）

在 Linux 下安装请参考：

```
https://docs.gns3.com/1QXVIihk7dsOL7Xr7Bmz4zRzTsJ02wklfImGuHwTlaA4/index.html#h.
o7sfyaajzcww
```

在 Mac OS 下安装请参考：

```
https://docs.gns3.com/1MlG-VjkfQVEDVwGMxE3sJ15eU2KTDsktnZZH8HSR-
IQ/index.html#h.utn7igxtyx01
```

了解 GNS3 的安装和使用教程：

```
https://blog.csdn.net/zhangpeterx/article/details/86407065
```

以下安装是在 Windows 7 环境（Windows 10 连接 GNS3 会出现一些问题）下实现的（如图 A.1 所示）。对于学习计算机相关专业的同学，建议在 Linux（如 Ubuntu）下使用 GNS3。

图 A.1　Windows 7 环境

如果计算机内存在 8G 以上，建议读者在虚拟机里搭建实验环境，让 GNS3 有一个比较干净的运行环境，以免 GNS3 运行时出现各种不可预测的问题。

1．安装准备

这一步不是必需的，可以在安装 GNS3 时选择安装（建议读者在 GNS3 中在线安装）。
安装之前，请先安装 WinPCAP 和 Wireshark。
Wireshark 的下载地址：https://www.wireshark.org/download.html。

2．安装 GNS3

（1）GNS3 的下载地址：https://gns3.com。
说明： GNS3-all-in-one 目前最新版本为 2.2.22，以下安装的是 GNS3-2.1.14 版本。
（2）双击 GNS3-2.1.14-all-in-one-regular.exe 文件，出现如图 A.2 所示的安装向导。

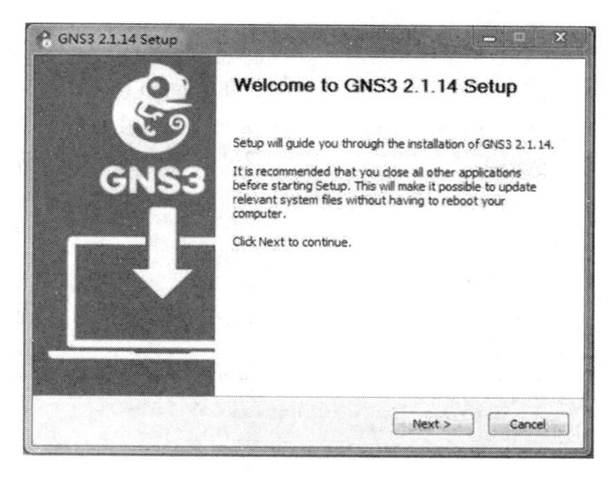

图 A.2　安装向导

（3）单击“Next”按钮，对话框提示进行安装。当出现如图 A.3 所示的对话框时，选择必要的组件进行安装。如果已安装 Wireshark，可以取消选择“Wireshark 2.6.5”选项，因为笔者已经安装了 WinPCAP，所以这里取消了该组件的安装。注意，计算机必须连接到互联网，才能安装选择的组件。

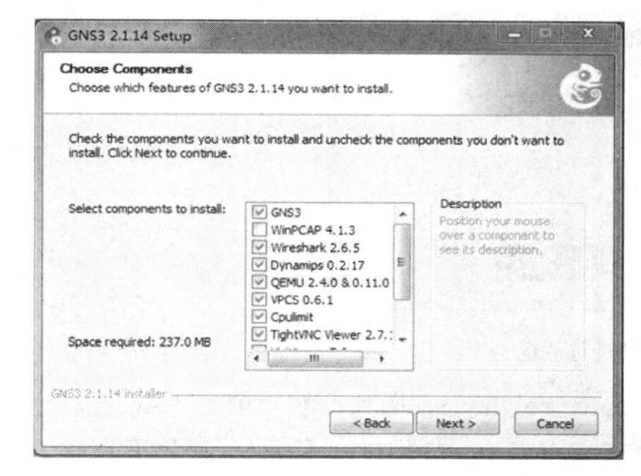

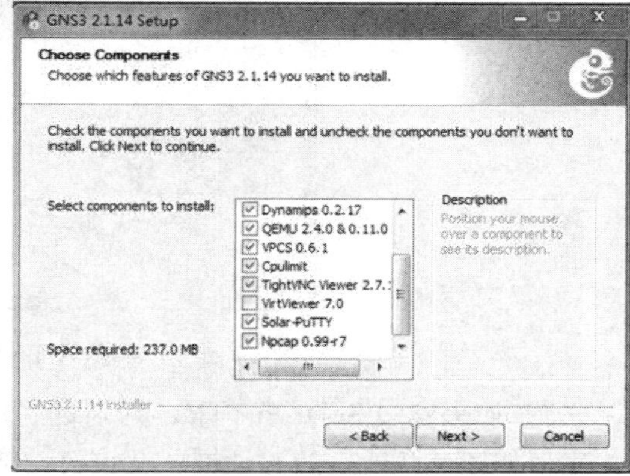

图 A.3　Choose Components 对话框

（4）单击“Next”按钮，出现如图 A.4 所示的对话框。

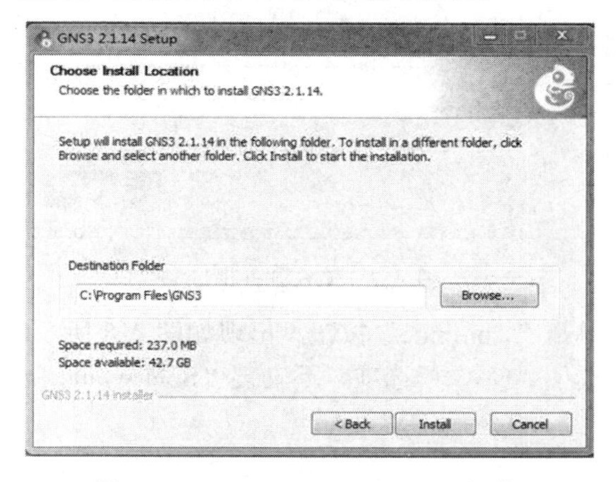

图 A.4　Choose Install Location 对话框

笔者选择默认安装路径（注意，路径中不要出现中文名称）。

（5）单击“Install”按钮，出现如图 A.5 所示的对话框。

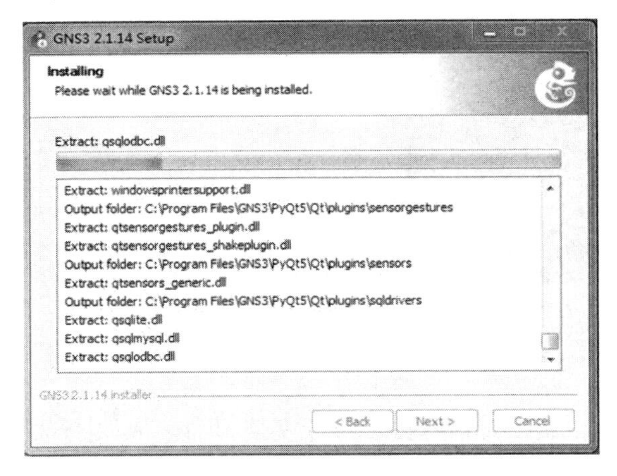

图 A.5　Installing 对话框

（6）上述过程完成之后，出现如图 A.6 所示的对话框。

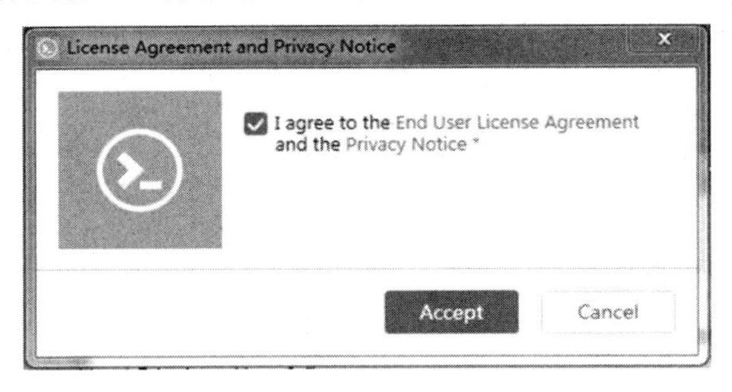

图 A.6　授权对话框

（7）如果安装 Solar-PuTTY，请勾选“I agree to the…”选项，然后单击“Accept”按钮，出现如图 A.7 所示的对话框。在该对话框中输入电子邮件地址，安装 Solar-PuTTY。

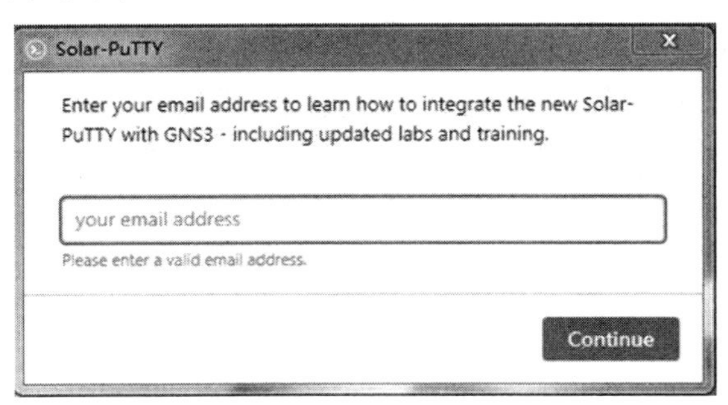

图 A.7　输入邮件地址

（8）在图 A.7 中，单击“Continue”按钮，出现如图 A.8 所示的对话框。

（9）在图 A.8 中，选中“No”单选项，不安装“Solarwinds Standard Toolset”，然后单击“Next”按钮，出现如图 A.9 所示的对话框。

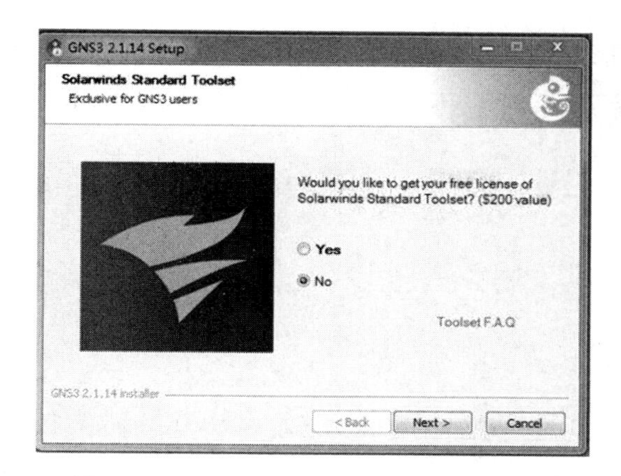

图 A.8　Solarwinds Standard Toolset 对话框

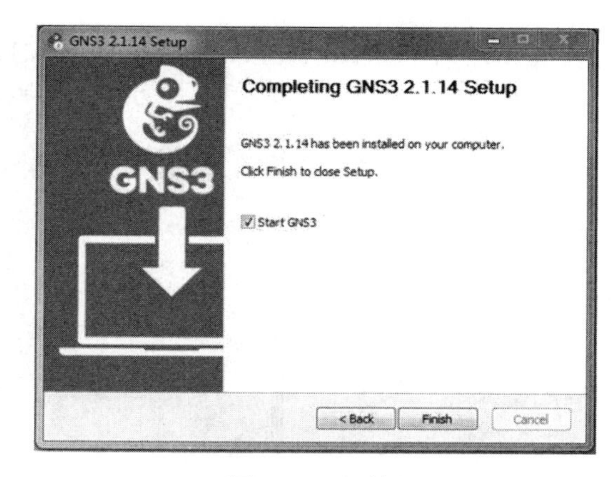

图 A.9　对话框

（10）单击“Finish”按钮，出现如图 A.10 所示的对话框。

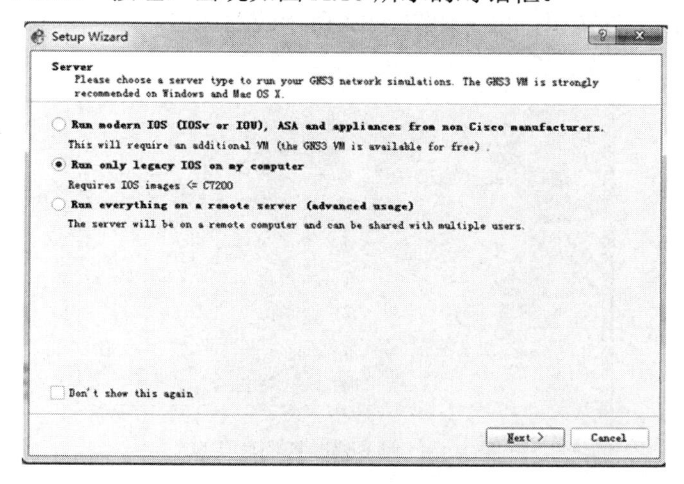

图 A.10　安装向导对话框

（11）选中“Run only legacy IOS on my computer”单选项，然后单击“Next”按钮，出现如图 A.11 所示的对话框。

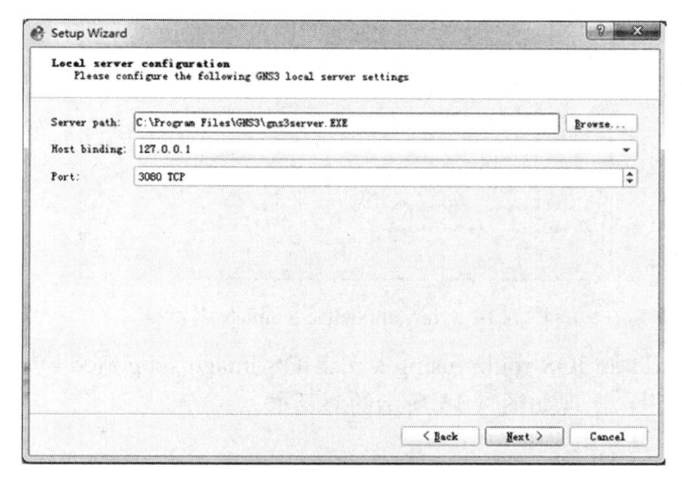

图 A.11　本地服务器确认

（12）单击“Next”按钮，出现如图 A.12 所示的对话框。

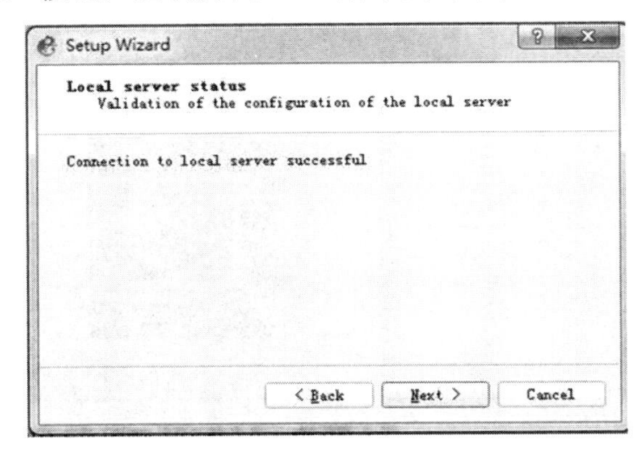

图 A.12　本地服务器状态

（13）单击“Next”按钮，出现如图 A.13 所示的对话框。

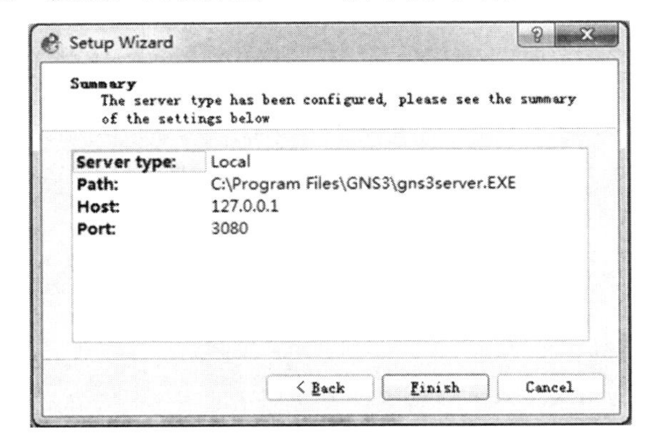

图 A.13　服务器配置摘要信息

（14）单击“Finish”按钮，出现如图 A.14 所示的对话框。

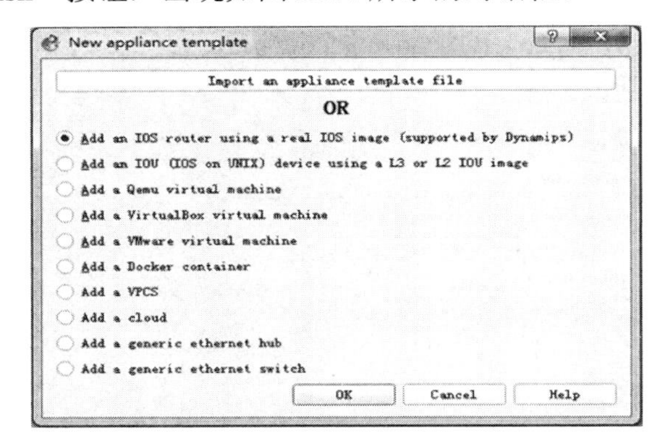

图 A.14　New appliance template 对话框

（15）选中“Add an IOS router using a real IOS image(supported by Dynamips)”单选项，然后单击“OK”按钮，出现如图 A.15 所示的对话框。

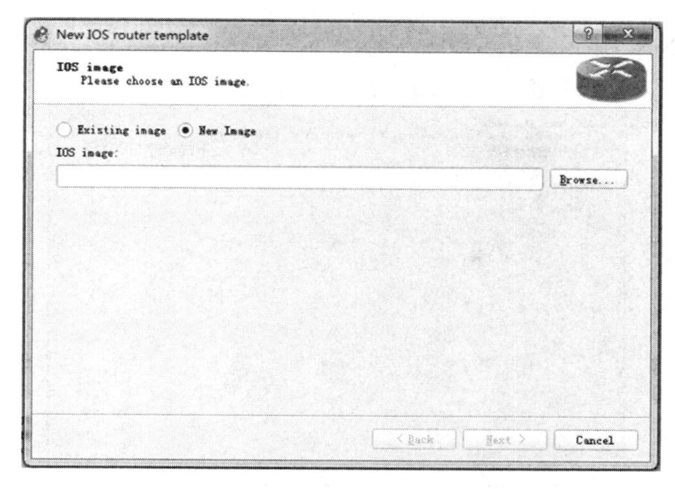

图 A.15　New IOS router template 对话框

（16）选中“New Image”单选项，然后单击“Browse”按钮，出现如图 A.16 所示的对话框。

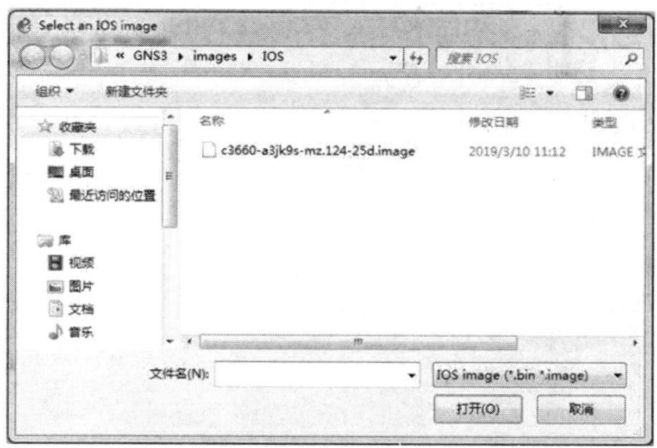

图 A.16　Select an IOS image 对话框

（17）选中“c3660-a3jk9s-mz.124-25d.image”文件（本主机上选择），然后单击“打开”按钮，出现如图 A.17 所示的对话框（该文件为 Cisco IOS 文件，请读者准备好）。

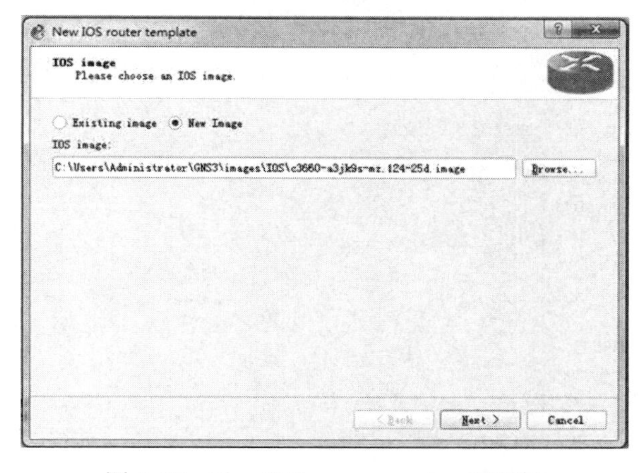

图 A.17　New IOS router template 对话框

（18）单击“Next”按钮，出现如图 A.18 所示的对话框，将设备名称“Name”更改为 Route。

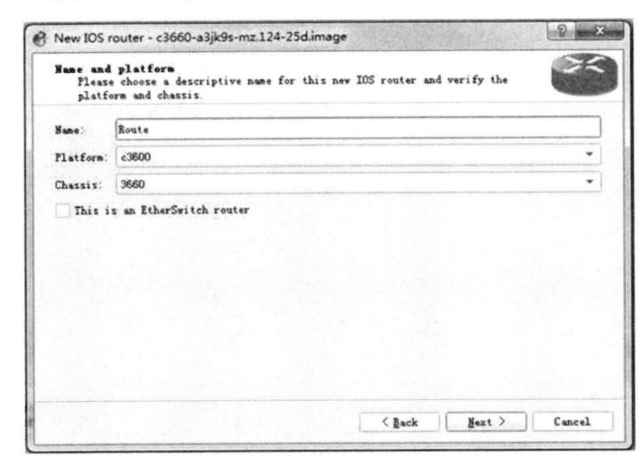

图 A.18　Name and platform 对话框

（19）单击“Next”按钮，出现如图 A.19 所示的对话框，设置内存（默认即可）。

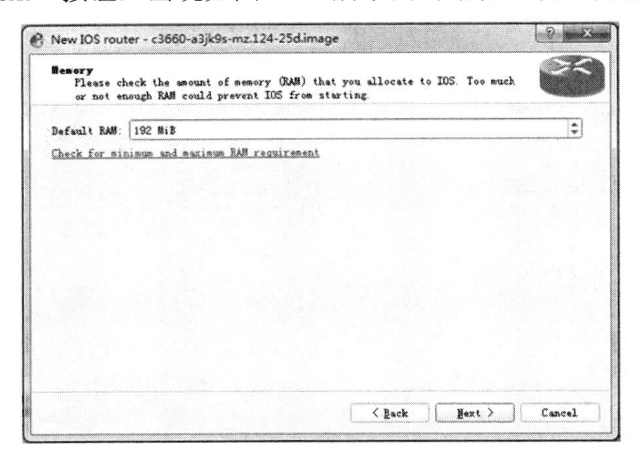

图 A.19　Memory 对话框

（20）然后单击“Next”按钮，出现如图 A.20 所示的对话框，在此添加接口模块（后续可以添加）。

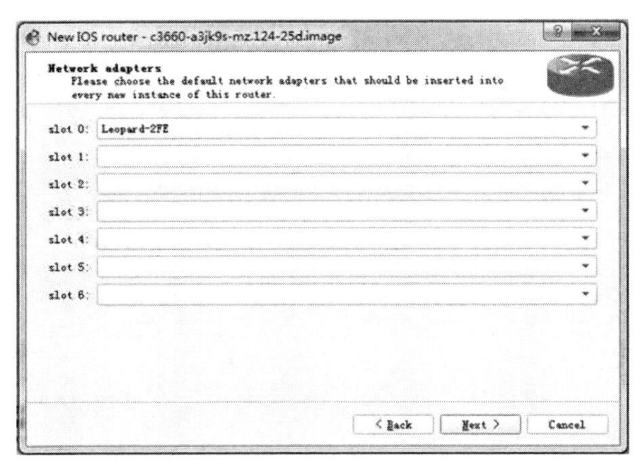

图 A.20　Network adapters 对话框

（21）单击“Next”按钮，出现如图 A.21 所示的对话框（默认即可）。

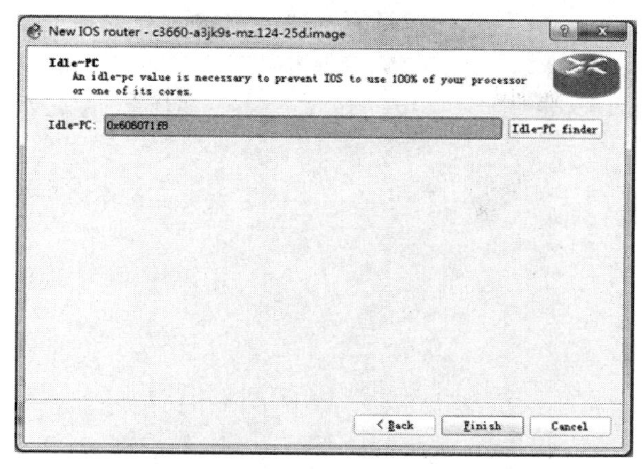

图 A.21　Idle-PC 对话框

（22）单击“Next”按钮，出现如图 A.22 所示的对话框。

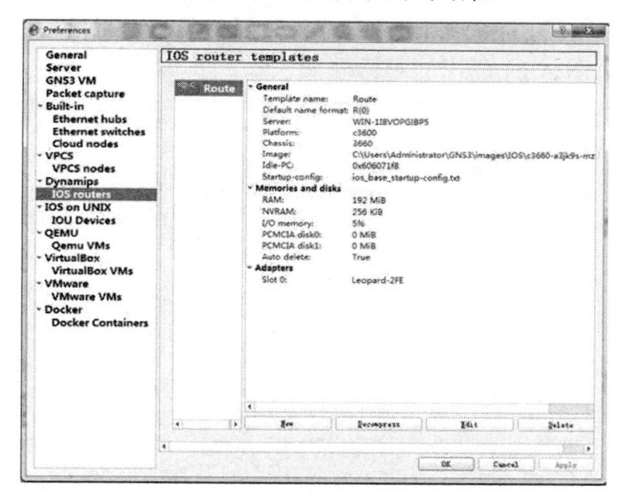

图 A.22　增加 IOS 对话框

（23）单击“New”按钮，出现如图 A.23 所示的对话框。再添加一台三层交换设备。

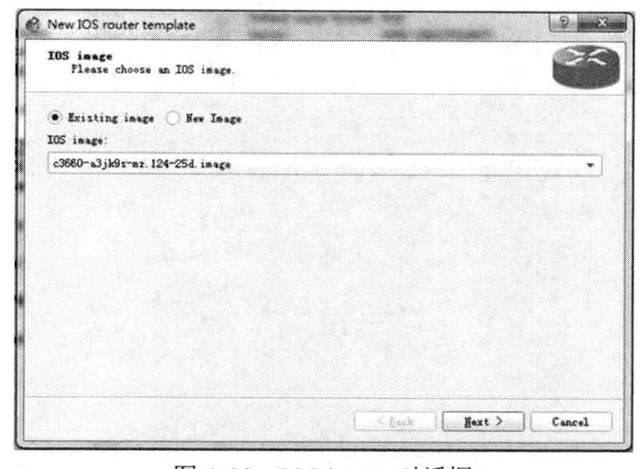

图 A.23　IOS image 对话框

（24）选用已有的 IOS 或新的 IOS 文件（这里选前面 Route 使用的 IOS），然后单击“Next”按钮，出现如图 A.24 所示的对话框（同一 IOS 又仿真成三层交换机）。

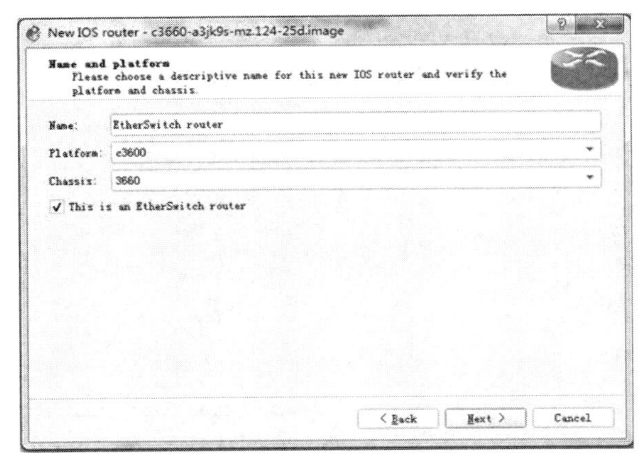

图 A.24　Name and platform 对话框

（25）选中“This is an EtherSwitch router”复选项，用来仿真三层交换机。然后单击“Next”按钮，出现如图 A.25 所示的对话框。

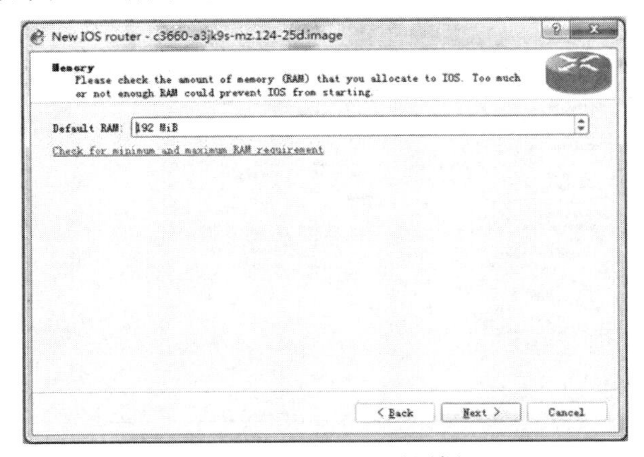

图 A.25　Memory 对话框

（26）设置好内存之后（默认即可），单击“Next”按钮，出现如图 A.26 所示的对话框。

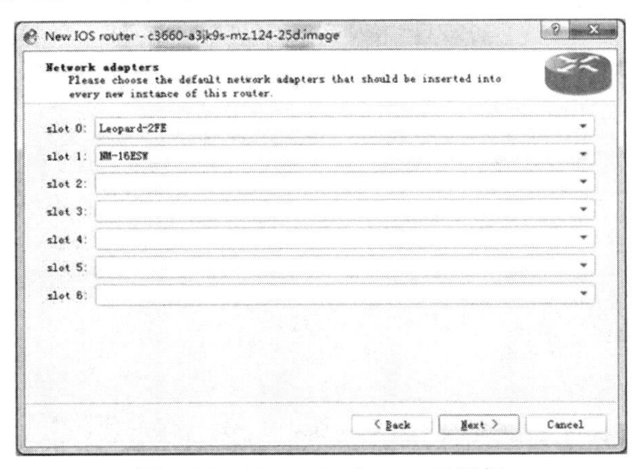

图 A.26　Network adapters 对话框

（27）单击“Next”按钮（注意，多了“NM-16ESW”二层接口模块），出现如图 A.27 所示的对话框。

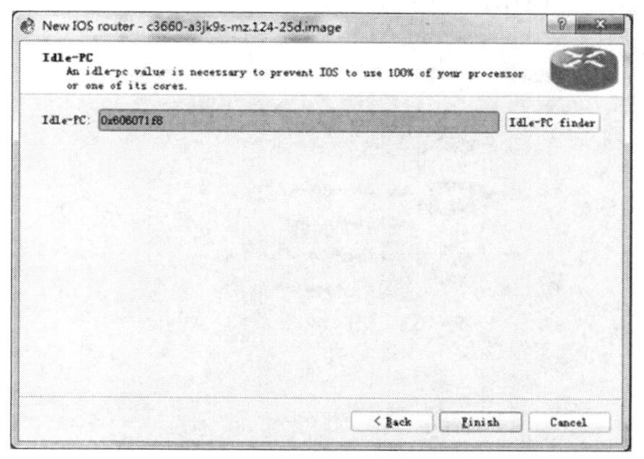

图 A.27　计算 Idle 对话框

（28）单击“Next”按钮，出现如图 A.28 所示的对话框。

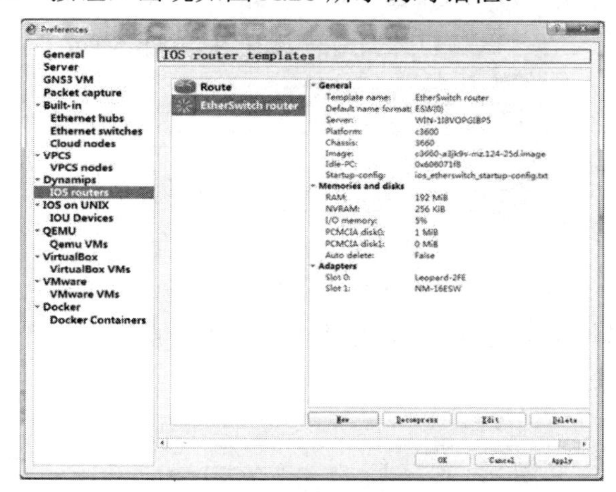

图 A.28　增加 IOS 对话框

（29）单击“Apply”按钮，然后单击“OK”按钮完成安装。

3. GNS3 使用

完成上述安装步骤之后，会弹出如图 A.29 所示的新建工程对话框，单击“OK”按钮或“Cancel”按钮。注意，创建的工程文件（路径、文件名称）只能使用英文字符。

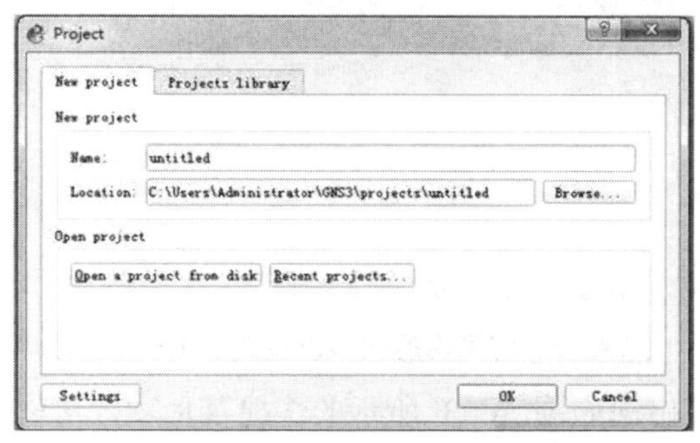

图 A.29　新建工程对话框

单击 GNS3 运行界面最左侧的第 5 个图标，在下拉列表中选择“Installed appliances”选项，出现如图 A.30 所示的可使用的网络设备。

图 A.30 可使用的网络设备

通过“Edit”菜单中的“Preferences”命令（如图 A.31 所示），也可以添加网络设备。

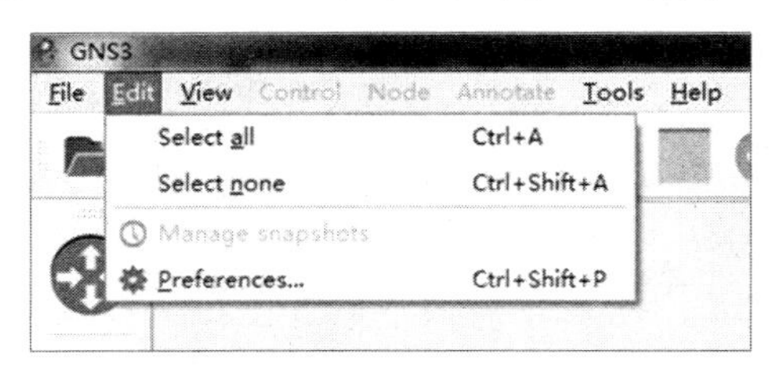

图 A.31 “Edit”菜单

将可用的网络设备拖至工程应用中，单击上方绿色三角箭头，启动网络设备，如图 A.32 所示。

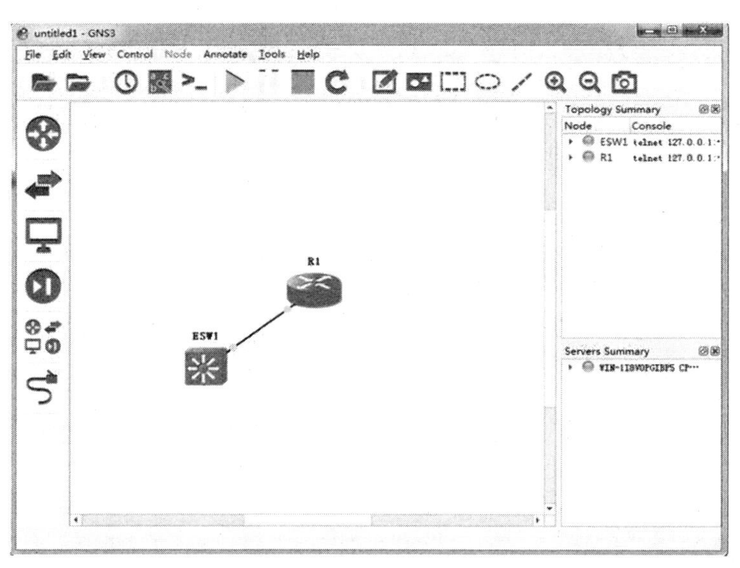

图 A.32 将可用的网络设备拖至工程应用中

在设备上右击鼠标，出现如图 A.33 所示的快捷菜单项，可以选择相关菜单对设备进行配置与管理。例如，修改设备名称（Change hostname）、修改图标（Change symbol）等。选择其中的“Configure”命令会出现如图 A.34 所示的配置对话框，在该对话框中，最常见的就是“Slots”配置，用来增加网络接口。

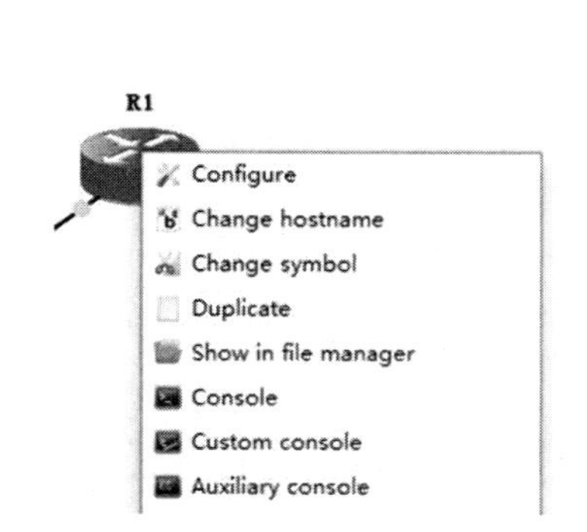

图 A.33　快捷菜单

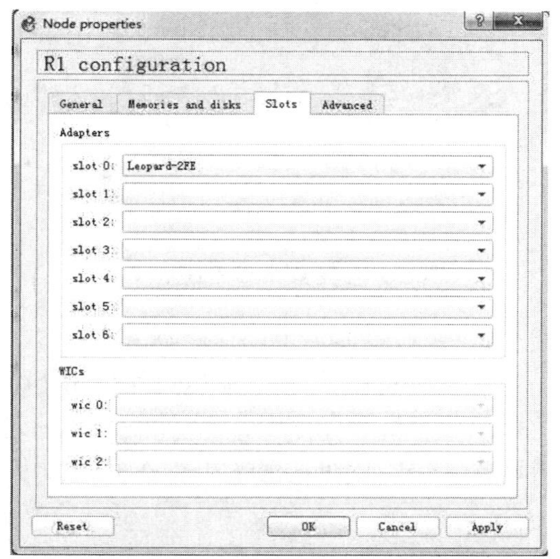

图 A.34　Node properties 对话框

双击网络设备，默认 Putty 为设备远程终端，登录窗口如图 A.35 所示。

也可右击网络设备，在出现的快捷菜单中（如图 A.33 所示），选择“Custom console”选项，选择已经安装了的、GNS3 支持的其他远程登录软件，如“Solar-PuTTY”，如图 A.36 所示。

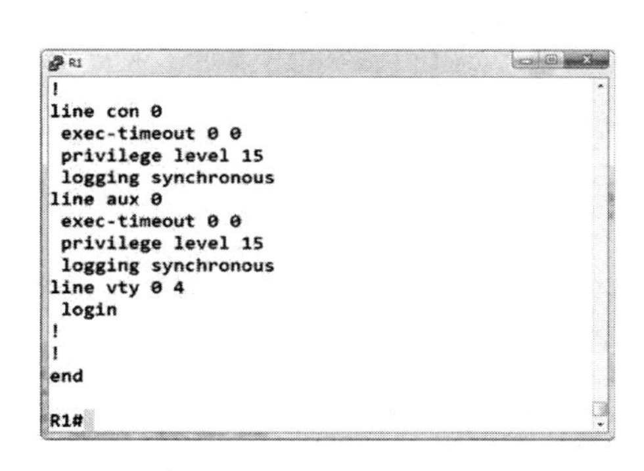

图 A.35　Putty 登录窗口

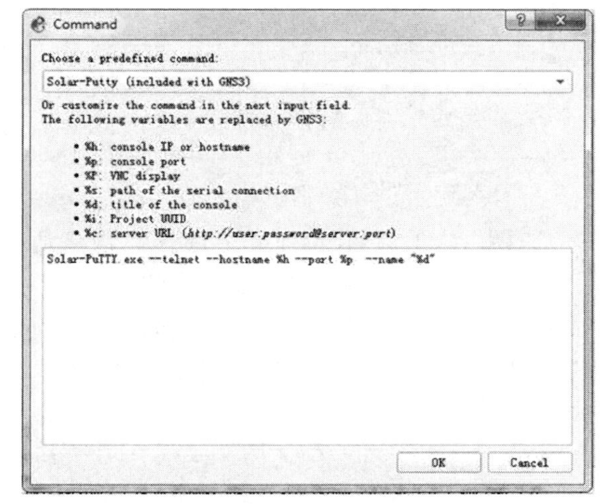

图 A.36　选择其他的远程登录软件

4. Wireshark 抓包

在设备间的链路上右击鼠标，从出现的快捷菜单中选择“Start capture”选项（如图 A.37 所示），便可启动抓包软件，如图 A.38 所示。

这里要注意“Link type”的选择：设备间的连接如果是以太口连接，则 Link type 选择 Ethernet；如果设备间连接是串口，则 Cisco 设备默认封装为 HDLC。在实验 7 中，我们将路由器之间相连的接口封装为 PPP 协议，这个时候，Link type 为 PPP。

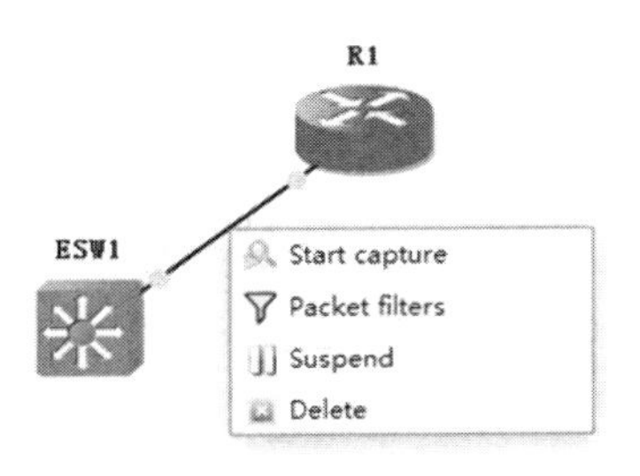

图 A.37　快捷菜单

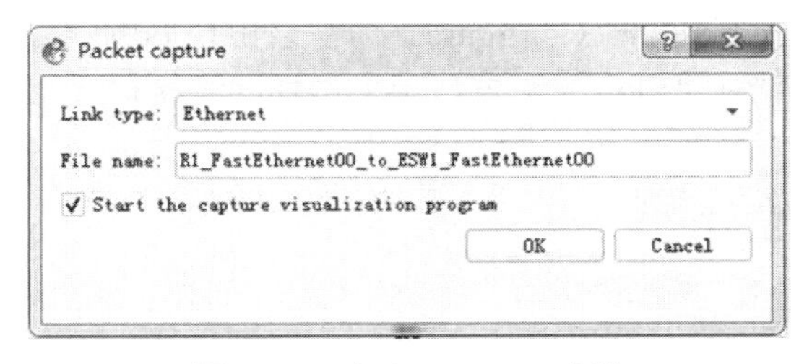

图 A.38　启动 Wireshark 抓包

5. GNS3 与真实 PC 相连

（1）通过 Loopback 接口连接

在 Windows 7 中添加 Loopback 接口的方法：在 Windows 中，按下“Windows + R”组合键，在“打开”框中输入“hdwwiz”，如图 A.39 所示。hdwwiz 用来手动添加硬件驱动。单击“确定”按钮，根据如图 A.40 所示的向导进行安装。

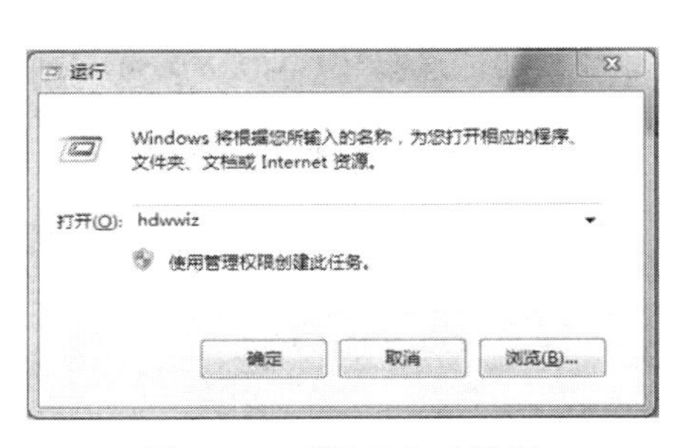

图 A.39　“运行”对话框

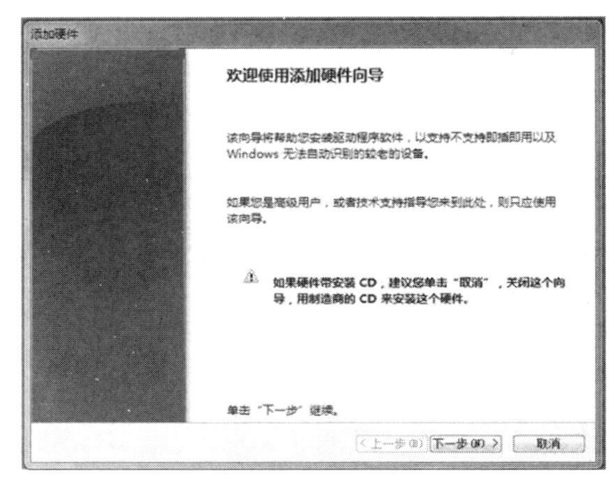

图 A.40　安装向导

在图 A.41 所示的列表中选择“网络适配器”选项，然后单击“下一步”按钮。在图 A.42 所示的对话框中，在左方的“厂商”栏里选择“Microsoft”选项，在右方“网络适配器”栏中，选择“Microsoft Loopback Adapter”选项。

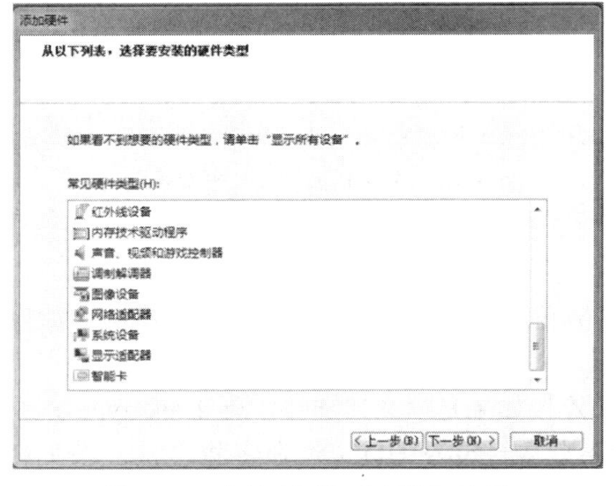

图 A.41　选择“网络适配器”选项

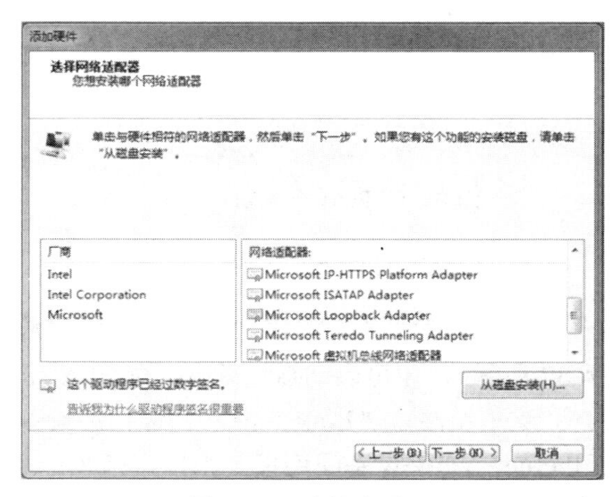

图 A.42　选择选项

安装完成后，在网络连接中，可以看到新增的 Loopback 网络接口，注意网络接口的名称，如图 A.43 所示（接口名称为“本地连接”）。

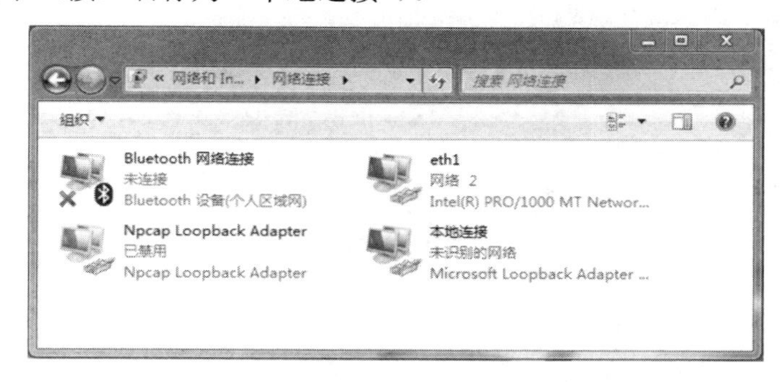

图 A.43　新增的 Loopback 网络接口

根据实验要求，在如图 A.44 所示的对话框中配置 Loopback 接口 IP 地址，然后在 GNS3 中添加 Cloud 设备，如图 A.45 所示，图中显示为“Cloud-1”。

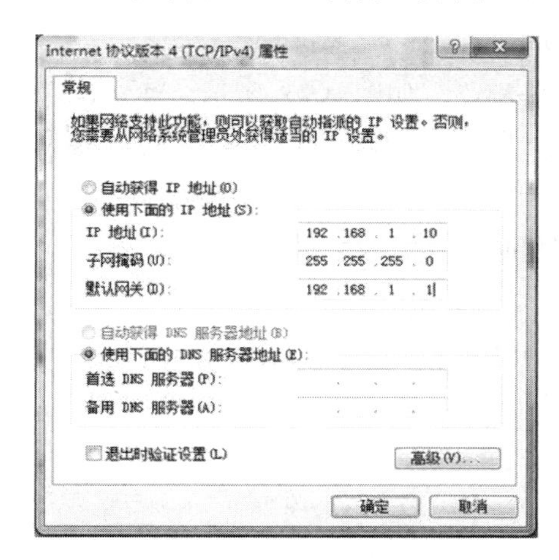

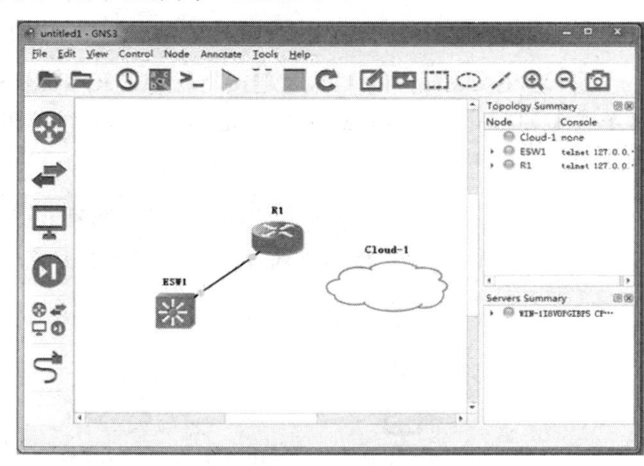

图 A.44　“常规”选项卡　　　　图 A.45　添加“Cloud-1”设备

在“Cloud-1”上右击鼠标，从出现的快捷菜单中选择“Configure”选项，出现如图 A.46 所示的配置对话框。

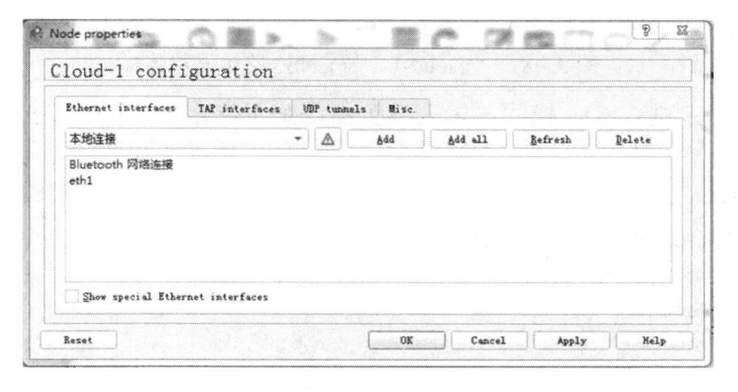

图 A.46　配置对话框

在如图 A.46 所示的对话框中，选择“本地连接”选项（新增加的 Loopback 网络接口），单击“Add”按钮，为“Cloud-1”增加一个网络接口，如图 A.47 所示（如果未出现

Loopback 接口，请在图 A.46 中勾选“Show special Ethernet interfaces”选项）。单击“OK”按钮，完成添加网络接口。

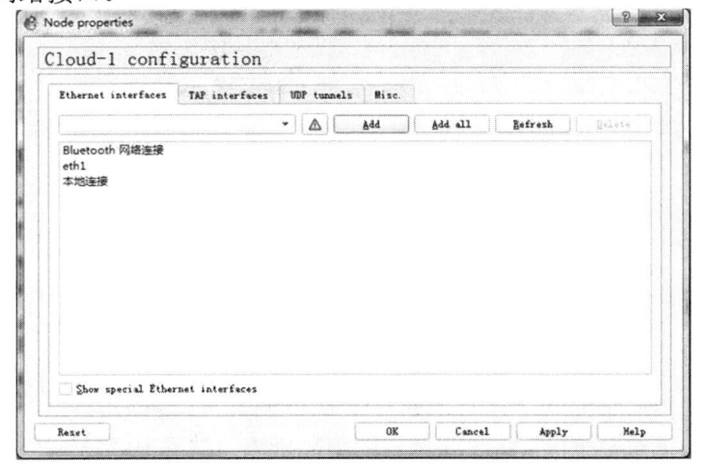

图 A.47　增加一个“本地连接”

将该“Cloud-1”的“本地连接”接口与 GNS3 路由器相连，如图 A.48 所示。注意，通过单击工具栏上的“Show/Hide interface labels”按钮（工具栏上的第 4 个图标），可以看到网络设备各接口的名称，如 f0/0、f0/1 等。

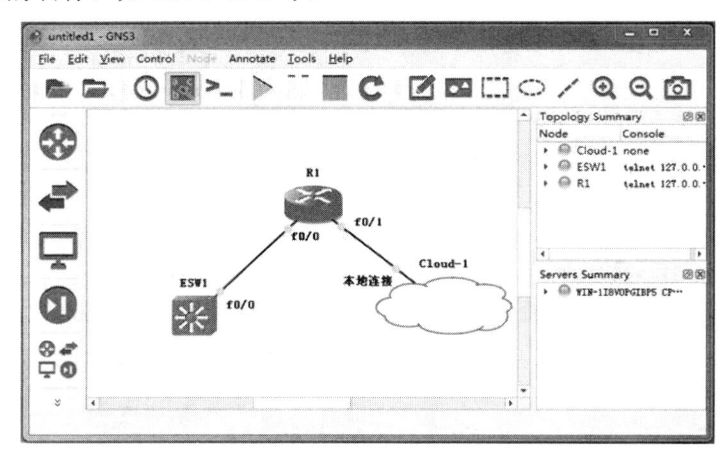

图 A.48　“Cloud-1”与 GNS3 路由器相连

双击路由器 R1，进入 CLI 模式，输入下列命令配置路由器 R1 接口 f0/1 的 IP 地址：

```
R1#conf t
R1(config)#int f0/1
R1(config-if)#ip address 192.168.1.1 255.255.255.0
R1(config-if)#no shut
R1(config-if)#end
R1#copy run star
```

验证 PC 与 R1 的连通性：

```
C:\Users\Administrator>ping 192.168.1.1 -n 2
```

```
正在 Ping 192.168.1.1 具有 32 字节的数据:
来自 192.168.1.1 的回复: 字节=32 时间<1ms TTL=64
来自 192.168.1.1 的回复: 字节=32 时间=1ms TTL=64
......
```

更改设备标示：在“Cloud-1”设备上右击鼠标，从弹出的菜单中选择“Change symbol”选项，出现如图 A.49 所示的对话框，更改“Cloud-1”设备图标为“computer”，最终效果如图 A.50 所示。

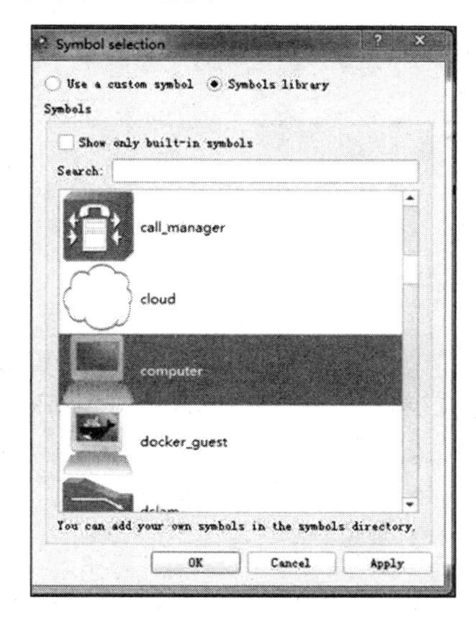

图 A.49　更改图标图

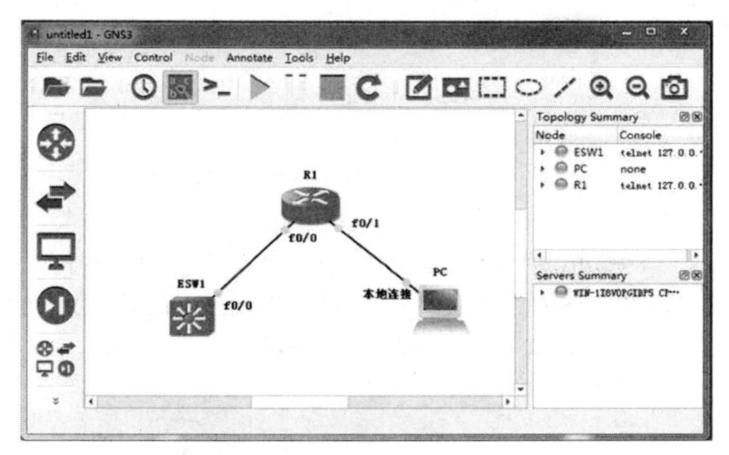

图 A.50　最终效果

（2）通过虚拟网络接口连接

如果在计算机中安装了虚拟机软件，例如，VMware Workstation，计算机中会出现两个虚拟网络接口，如图 A.51 所示。

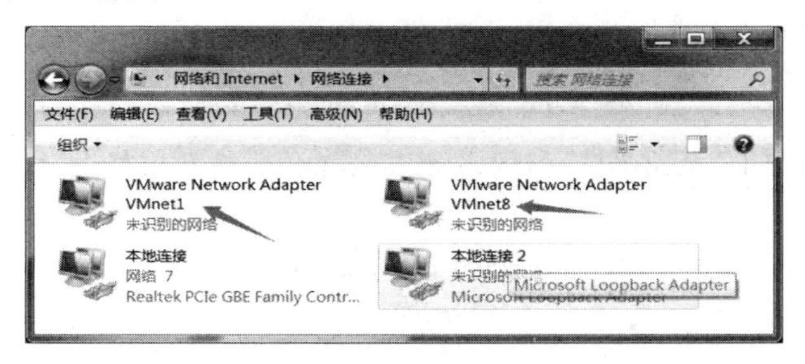

图 A.51　网络连接

查看并记下 VMnet1 的 IP 地址：192.168.30.1/24（在 Windows 中使用 ipconfig 命令查看）。

GNS3 连接 VMnet1 网络接口的具体方法如下：

（1）在 GNS3 中添加 Cloud 设备后，用鼠标右击“Cloud 1”，出现如图 A.33 所示的快捷菜单，选择“Configure”选项，出现如图 A.52 所示的对话框。

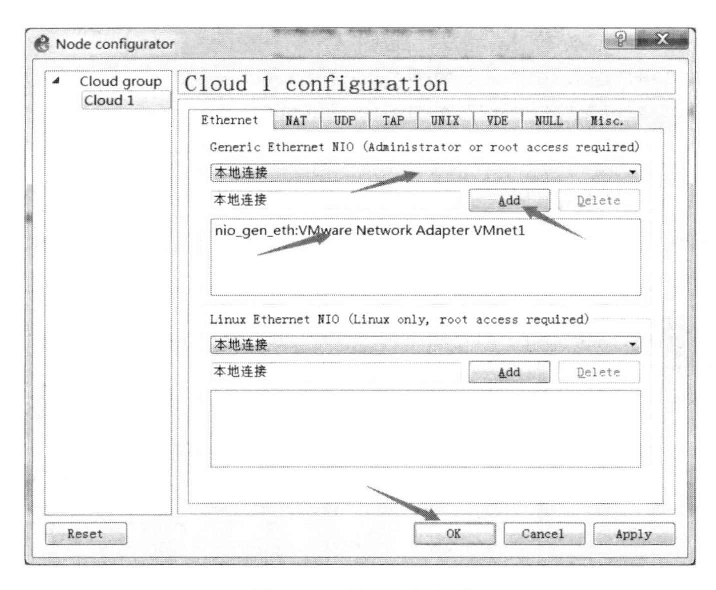

图 A.52 配置对话框

（2）单击“Cloud 1”之后，再单击“本地连接”下拉框，选择“VMware Network Adapter VMnet1”选项，单击“Add”按钮，最后单击“OK”按钮。

（3）将 R1 接口 f0/1 与“Cloud 1”接口“VMnet1”连接起来，如图 A.53 所示。

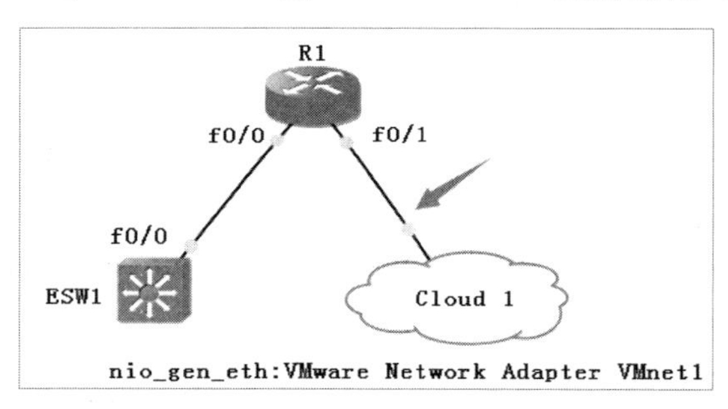

图 A.53 连接了“Cloud 1”设备

（4）更改“Cloud 1”设备图标和网络接口名称，最终效果如图 A.54 所示。

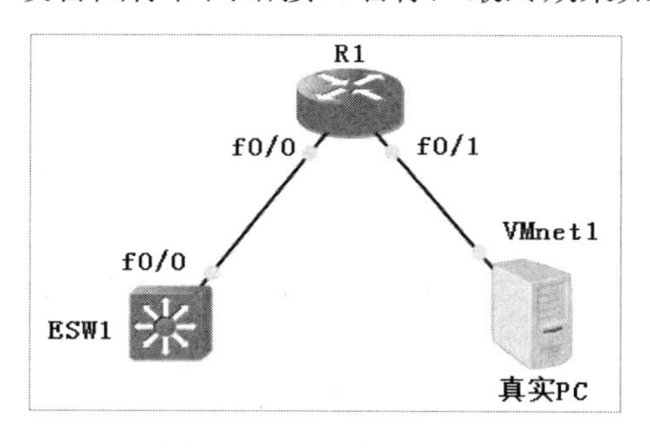

图 A.54 更改接口名称

（5）配置路由器接口“f0/1”的 IP 地址并验证连通性。

VMnet1 网卡 IP 的地址为 192.168.30.1，配置 R1 接口 f0/1 的 IP 地址与 VMnet1 在同一网络中：

```
R1#conf t
R1(config)#int f0/1
R1(config-if)#ip address 192.168.30.254 255.255.255.0
R1(config-if)#no shut
R1(config-if)#end
R1#copy run star

R1#ping 192.168.30.1

Type escape sequence to abort.
Sending 5, 100-byte ICMP Echos to 192.168.30.1, timeout is 2 seconds:
.!!!!
Success rate is 80 percent (4/5), round-trip min/avg/max = 16/29/36 ms
```

GNS3 与 Mac、Linux 相连的方法，请读者参考相关资料。

附录 B　Wireshark 过滤方法

Wireshark 抓包的使用方法请读者参考以下网站链接：

https://www.wireshark.org/faq.html

这里给出 Wireshark 过滤的一些方法。

过滤分为两类，一类为抓包过滤，另一类为结果显示过滤。抓包过滤是在抓包开始之前进行设置，用来减小抓取包的数量规模，这种过滤贯穿整个抓包过程，不允许修改。结果显示过滤，即在抓包结果中，仅显示所需要的包，过滤条件可以修改。

B.1　抓包过程过滤

1. 选择网络接口（如图 B.1 所示）

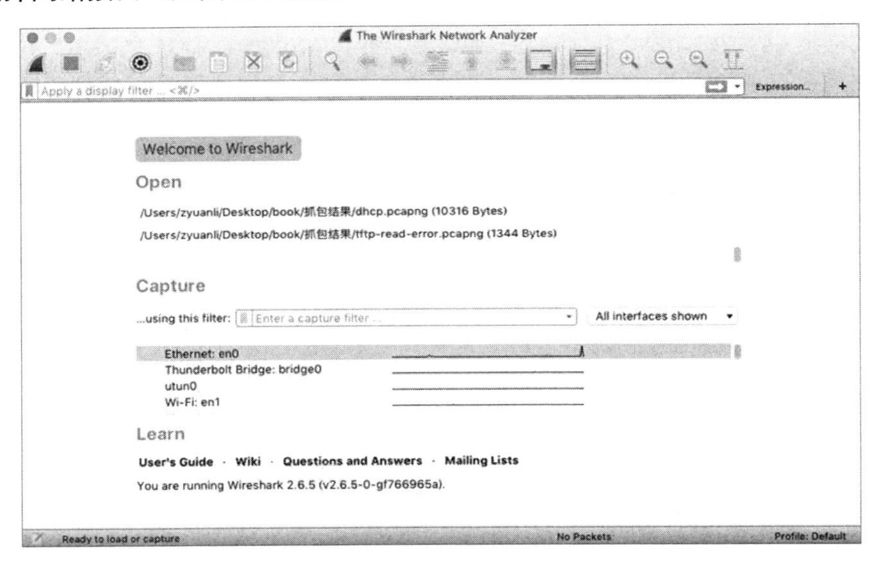

图 B.1　选择网络接口

如图 B.1 所示，默认选择了“Ethernet:en0”接口，即抓取的全部为 en0 接口上发送或接收的数据包。

2. 过滤条件（如图 B.2 所示）

Capture

...using this filter: Enter a capture filter ...

图 B.2　过滤条件

在图 B.2 中的“Enter a capture filter …”框中输入过滤条件。

常用的过滤条件如下。

（1）仅抓取某个主机流量的过滤条件。

```
host 172.18.5.4
```

（2）抓取一个 IP 网络的流量。

```
net 192.168.0.0/24
```

或者：

```
net 192.168.0.0 mask 255.255.255.0
```

（3）基于源 IP 地址过滤。

```
src net 192.168.0.0/24
```

或者：

```
src net 192.168.0.0 mask 255.255.255.0
```

（4）基于目标 IP 地址过滤。

```
dst net 192.168.0.0/24
```

或者：

```
dst net 192.168.0.0 mask 255.255.255.0
```

（5）基于协议（端口号）过滤。

- port 53：即只抓取 DNS 流量。
- port not 53 no arp：即除 DNS 和 ARP 流量外，全部抓取。
- tcp port range 1501-1549：抓取端口号从 1501 到 1579 的流量。
- ip：仅抓取 IPv4 流量。
- not broadcast and not multicast：不抓广播和组播。
- port 80 and tcp[((tcp[12:1] & 0xf0) >> 2):4] = 0x47455420：抓取 HTTP 中的 GET。

B.2 抓包结果过滤

这里给出的是本实验教程中部分协议抓包结果的过滤方法，详细过滤方法请参考相关资料。

1. HTTP 协议（三报文建立 TCP 连接四报文挥手释放 TCP 连接过滤）

（1）启动 Wireshark 抓包。

用浏览器访问 www.guat.edu.cn。

输入以下过滤表达式 ip.addr==202.193.96.151 and tcp.port==80，如图 B.3 所示。客户向服务器多次发起一报文握手建立连接。

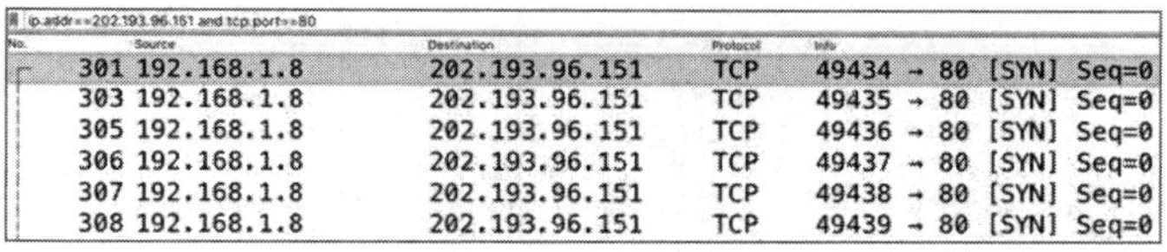

ip.addr==202.193.96.151 and tcp.port==80

No.	Source	Destination	Protocol	Info
301	192.168.1.8	202.193.96.151	TCP	49434 → 80 [SYN] Seq=0
303	192.168.1.8	202.193.96.151	TCP	49435 → 80 [SYN] Seq=0
305	192.168.1.8	202.193.96.151	TCP	49436 → 80 [SYN] Seq=0
306	192.168.1.8	202.193.96.151	TCP	49437 → 80 [SYN] Seq=0
307	192.168.1.8	202.193.96.151	TCP	49438 → 80 [SYN] Seq=0
308	192.168.1.8	202.193.96.151	TCP	49439 → 80 [SYN] Seq=0

图 B.3　显示 3 次握手

（2）单击 Wireshark 菜单中的“Analyze”→“Follow”→“TCP Stream”选项，如图 B.4 所示（当前选中的包序号为 301），也可在序号为 301 的包上右击鼠标，在弹出的快捷菜单中选择“Follow”→“TCP Stream”选项。

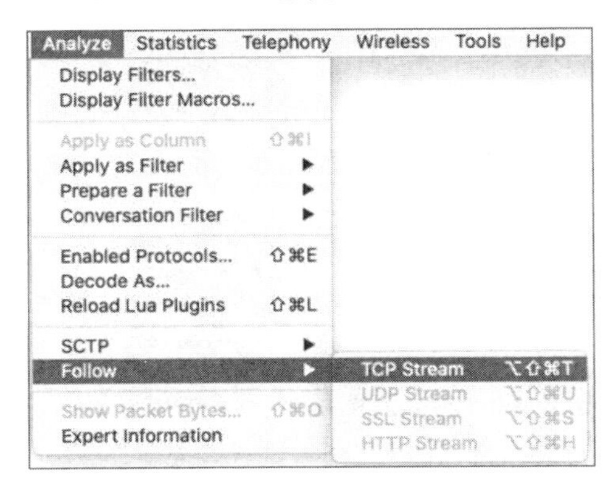

图 B.4　选择菜单选项

在图 B.5 中可以看到过滤表达式变为“tcp.stream eq 15”。Wireshark 为每一个 TCP 连接分配一个序号，其中一个访问 www.guat.edu.cn 网站的 TCP 流序号为 15。图 B.5 给出了部分结果，流的最后是四报文挥手释放连接，如图 B.6 所示。

tcp.stream eq 15

No.	Source	Destination	Protocol	Info
301	192.168.1.8	202.193.96.151	TCP	49434 → 80 [SYN] Seq=0 Win=655
392	202.193.96.151	192.168.1.8	TCP	80 → 49434 [SYN, ACK] Seq=0 Ac
393	192.168.1.8	202.193.96.151	TCP	49434 → 80 [ACK] Seq=1 Ack=1 W
394	192.168.1.8	202.193.96.151	HTTP	GET / HTTP/1.1
433	202.193.96.151	192.168.1.8	TCP	80 → 49434 [ACK] Seq=1 Ack=448

图 B.5　三报文握手和 HTTP 数据交互

tcp.stream eq 15

No.	Source	Destination	Protocol	Info
1424	202.193.96.151	192.168.1.8	TCP	80 → 49434 [FIN, ACK]
1427	192.168.1.8	202.193.96.151	TCP	49434 → 80 [ACK] Seq=
1430	192.168.1.8	202.193.96.151	TCP	49434 → 80 [FIN, ACK]
1436	202.193.96.151	192.168.1.8	TCP	80 → 49434 [ACK] Seq=

图 B.6　四报文挥手释放 TCP 连接

2. arp 过滤

过滤表达式为“arp”，如图 B.7 所示。

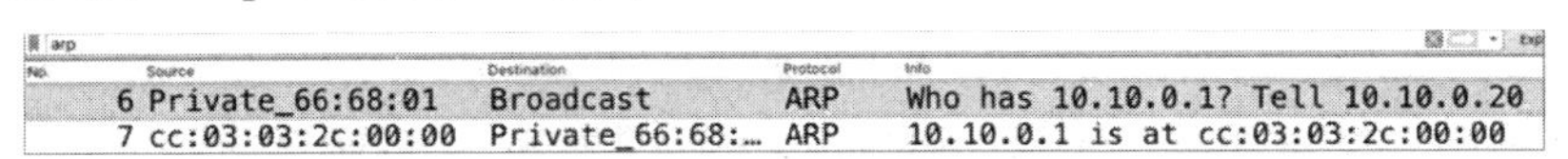

arp

No.	Source	Destination	Protocol	Info
6	Private_66:68:01	Broadcast	ARP	Who has 10.10.0.1? Tell 10.10.0.20
7	cc:03:03:2c:00:00	Private_66:68:…	ARP	10.10.0.1 is at cc:03:03:2c:00:00

图 B.7　过滤表达式为“arp”

3. dns 过滤

过滤表达式为“dns”，如图 B.8 所示。

dns

No.	Source	Destination	Protocol	Info
2	192.168.1.3	8.8.8.8	DNS	Standard query 0x788a PT
3	192.168.1.3	8.8.8.8	DNS	Standard query 0xda05 PT
4	8.8.8.8	192.168.1.3	DNS	Standard query response
5	8.8.8.8	192.168.1.3	DNS	Standard query response
6	192.168.1.3	8.8.8.8	DNS	Standard query 0xdd69 PT
7	8.8.8.8	192.168.1.3	DNS	Standard query response

图 B.8　过滤表达式为“dns”

过滤表达式：dns.qry.name==www.guat.edu.cn，如图 B.9 所示。

dns.qry.name==www.guat.edu.cn

No.	Source	Destination	Protocol	Info
97	192.168.1.3	8.8.8.8	DNS	Standard query 0x1670 A
98	8.8.8.8	192.168.1.3	DNS	Standard query response
167	192.168.1.3	202.193.96.30	DNS	Standard query 0x5826 A
168	202.193.96.30	192.168.1.3	DNS	Standard query response

图 B.9　过滤表达式：dns.qry.name==www.guat.edu.cn

4. ICMP 过滤

过滤表达式为“icmp”，如图 B.10 所示。

icmp

No.	Source	Destination	Protocol	Info
19	10.10.0.20	1.1.1.2	ICMP	Echo (ping) request
20	1.1.1.2	10.10.0.20	ICMP	Echo (ping) reply
21	10.10.0.20	1.1.1.2	ICMP	Echo (ping) request
22	1.1.1.2	10.10.0.20	ICMP	Echo (ping) reply

图 B.10　过滤表达式为“icmp”

5. OSPF 过滤

过滤表达式为“ospf.msg==x”，其中，x 的取值为 1、2、3、4、5。

1 为 hello，2 为数据库描述，3 为链路状态请求，4 为链路状态更新，5 为链路状态确认， hello 报文抓包结果如图 B.11 所示。

ospf.msg ==1

No.	Source	Destination	Protocol	L	Info
1	192.168.12.2	224.0.0.5	OSPF		Hello Packet
3	192.168.12.2	224.0.0.5	OSPF		Hello Packet
5	192.168.12.2	224.0.0.5	OSPF		Hello Packet

图 B.11　hello 报文抓包结果

OSPF 链路状态通告摘要的过滤表达式为“ospf.lsa.summary”，如图 B.12 所示。

ospf.lsa.summary

No.	Source	Destination	Protocol	L	Info
27	192.168.12.2	192.168.12.1	OSPF		DB Description
31	192.168.12.2	192.168.12.1	OSPF		LS Update
36	192.168.12.1	224.0.0.5	OSPF		LS Acknowledge

图 B.12　OSPF 链路状态通告

OSPF 更新过程，过滤表达式为“not ospf.msg==1 and ospf”，如图 B.13 所示。

not ospf.msg ==1 and ospf

No.	Source	Destination	Protocol	L	Info
29	192.168.12.2	192.168.12.1	OSPF		DB Description
30	192.168.12.1	192.168.12.2	OSPF		LS Request
31	192.168.12.2	192.168.12.1	OSPF		LS Update
32	192.168.12.1	192.168.12.2	OSPF		DB Description
33	192.168.12.2	224.0.0.5	OSPF		LS Update
34	192.168.12.2	224.0.0.5	OSPF		LS Update
36	192.168.12.1	224.0.0.5	OSPF		LS Acknowledge
39	192.168.12.1	224.0.0.5	OSPF		LS Update
41	192.168.12.2	224.0.0.5	OSPF		LS Acknowledge

图 B.13　过滤表达式为“not ospf.msg==1 and ospf”

6. TFTP 过滤

一般过滤表达式为“tftp”。

详细报文的过滤表达式为“tftp.opcode==x”，其中，x 的取值为 1、2、3、4、5。

1 为 TFTP 读请求过滤，2 为 TFTP 写请求过滤，3 为 TFTP 读写数据块过滤，4 为 TFTP 读写数据块确认过滤，5 为 TFTP 读写数据错误过滤。图 B.14 为读写数据块确认过滤。

tftp.opcode==4

No.	Source	Destination	Protocol	Info
13	192.168.1.10	192.168.1.20	TFTP	Acknowledgement, Block: 0
15	192.168.1.10	192.168.1.20	TFTP	Acknowledgement, Block: 1
17	192.168.1.10	192.168.1.20	TFTP	Acknowledgement, Block: 2

图 B.14　读写数据块确认过滤

7. TELNET 过滤（三报文建立 TCP 连接四报文挥手释放 TCP 连接过滤）

一般过滤表达式：tcp and tcp.port==23，如图 B.15 所示，端口值根据实验需求不一样，例如，如果访问的是 WWW 服务器，则 port == 80。

tcp and tcp.port==23

No.	Source	Destination	Protocol	Info
11	1.1.1.1	1.1.1.2	TCP	23351 → 23 [SYN] Seq=0
12	1.1.1.2	1.1.1.1	TCP	23 → 23351 [SYN, ACK]
13	1.1.1.1	1.1.1.2	TCP	23351 → 23 [ACK] Seq=1
14	1.1.1.1	1.1.1.2	TELN...	Telnet Data ...

图 B.15　一般过滤表达式：tcp and tcp.port==23

选项协商过滤：telnet.cmd（如图 B.16 所示）

telnet.cmd

No.	Source	Destination	Protocol	Info
14	1.1.1.1	1.1.1.2	TELN...	Telnet Data ...
16	1.1.1.2	1.1.1.1	TELN...	Telnet Data ...
17	1.1.1.1	1.1.1.2	TELN...	Telnet Data ...

图 B.16　选项协商过滤：telnet.cmd

传输数据过滤：telnet.data（如图 B.17 所示）

telnet.data

No.	Source	Destination	Protocol	Length	Info
20	1.1.1.2	1.1.1.1	TELNET	96	Telnet Data ...
25	1.1.1.1	1.1.1.2	TELNET	60	Telnet Data ...
26	1.1.1.1	1.1.1.2	TELNET	60	Telnet Data ...

图 B.17　传输数据过滤：telnet.data

8. DHCP 过滤

一般过滤表达式：bootp.dhcp（或 bootp），如图 B.18 所示。

bootp.dhcp

No.	Source	Destination	Protocol	Length	Info
60	0.0.0.0	255.255.255.255	DHCP	406	DHCP Discover
61	10.10.3.1	10.10.3.2	DHCP	342	DHCP Offer
63	0.0.0.0	255.255.255.255	DHCP	406	DHCP Request
64	10.10.3.1	10.10.3.2	DHCP	342	DHCP ACK

图 B.18　一般过滤表达式：bootp.dhcp

附录C　参考文献

[1] 谢希仁编著. 计算机网络（第 8 版）. 北京: 电子工业出版社, 2021.

[2] Kurose,j.F. and Ross,K.W., Computer Networking, A Top-Down Approach Featuring the Internet,6ed, Pearson Education, 2013(中译本, 陈鸣译). 北京: 机械工业出版社, 2016.

[3] Tanenbaum,A. S.,Computer Network, 5ed. 北京: 机械工业出版社, 2011.

[4] W.Richard Stevens, TCP/IP 详解(卷 1：协议) (中译本，范建华等译). 北京: 机械工业出版社, 2016.

[4] 陈鸣编著. 计算机网络原理与实践. 北京: 高等教育出版社, 2013.

[5] 崔北亮编著. CCNA 认证指南（640-802）. 北京: 电子工业出版社, 2010.

[6] Todd Lammle, CCNA: Cisco Certified Network Associate Study Guide Seventh Edition, (中译本，袁国忠等译). 北京: 人民邮电出版社, 2012.